科學全球發展史的真貌

被蒙蔽的
視野

The Global Origins of Modern Science
Horizons

James Poskett

詹姆士·波斯克特 著　蔡承志 譯

獻給愛麗絲和南希

目次

原文拼寫與英譯說明

　　本書內容涉及繁多語言、地區和歷史時期。大體上我都遵循我在各章內容撰述介紹的地方和時期所常採用的拼寫、排序之慣例。不過其中有少數情況，我為了提高可讀性而破了例。非拉丁文字的區別記號在音譯時全都予以省略。除非另有說明，所有翻譯全都出自註釋中所列來源。

緒論 現代科學的起源

　　現代科學是從哪裡來的？迄至非常晚近以來，多數歷史學家都會告訴你底下這段情節：在公元一五〇〇到一七〇〇年之間的某個時候，現代科學在歐洲被發明了。這段歷史通常都以波蘭天文學家尼古拉‧哥白尼（Nicolaus Copernicus）為起點。哥白尼在《天體運行論》（*On the Revolutions of the Heavenly Spheres,* 1543）一書中論稱地球繞日運行。這是一項基進的想法，自古希臘時代以來，天文學家始終相信地球位於宇宙的中心，到了十六世紀，歐洲科學思想家第一次開始挑戰古老的智慧。哥白尼之後，其他先驅人物繼之而起，如今一般都把他們的開創成果稱為「科學革命」。這些人包括在一六〇九年觀測木星衛星群的義大利天文學家伽利略‧伽利萊（Galileo Galilei），還有在一六八七年提出運動定律的英國數學家艾薩克‧牛頓（Isaac Newton）。接著多數歷史學家都會告訴你，這種模式在往後四百年間還一直延續下來。現代科學的歷史，依傳統說法，幾乎完全就是專注講述諸如查爾斯‧達爾文（Charles Darwin），這位推廣自然汰擇演化理論的十九世紀英國自然歷史學家，以及阿爾伯特‧愛因斯坦（Albert Einstein），這位提出狹義相對論的德國物理學家等人的故事。從十九世紀的演化思想到二十世紀的宇宙物理學，現代科學 —— 依我們所聽聞的說法 —— 是歐洲單獨開創的產物。[1]

這種故事是個神話。在本書中，我想就現代科學的起源，講述一種非常不同的情節。科學並不是歐洲獨特文化的產物，事實上，現代科學向來都取決於從全世界各地不同文化匯聚而來的人才與理念。就這點，哥白尼就是個好例子。他為文著述的時期，歐洲正與亞洲建立新的聯繫，絲路上商旅絡繹於途，印度洋上大帆船魚貫往返。從事科學工作時，哥白尼必須借鑑阿拉伯和波斯文本所論述的數學技術，其中許多文本都是直到不久之前才傳入歐洲。當時在亞洲和非洲各地，也都有相仿的科學交流。就在這同一時期，鄂圖曼天文學家穿越地中海，把他們的伊斯蘭科學知識和借鑑自基督宗教和猶太思想家的新理念結合起來。在西非，廷布克圖（Timbuktu）和卡諾（Kano）宮廷中的數學家研讀的阿拉伯手稿，都是跨越撒哈拉沙漠遠道傳入的。望向東方，北京的天文學家除了展閱中文典籍之外，也研讀拉丁科學文本。還有在印度，一位富裕的摩訶羅闍（maharaja，意指「大君主」）僱用了印度教教徒、穆斯林和基督宗教教徒數學家，編纂出歷來最準確的幾組天文學星曆表。[2]

所有的這一切，點出了一種非常不同的現代科學史解讀方式。在本書中，我著眼於我們必須依循全球歷史的關鍵時刻來思考現代科學史。我們從十五世紀歐洲人殖民美洲開始，接著延續論述至今。這一路上我們探索科學史上的重大發展，從十六世紀的新天文學到二十一世紀的遺傳學。就這每起事例，我都會表明現代科學的進展，是如何仰賴全球文化的交流。不過我也必要強調，這並不僅僅只是個全球化取得勝利的故事；畢竟，文化交流有眾多不同形式，其中許多都深具強烈剝削意味。就現代早期大

部分時期，科學都由奴役體系和帝國發展所塑造成形。到了十九世紀，科學受了工業資本主義發展影響而轉型。接著到了二十世紀，科學史則可以依循冷戰和去殖民化視角來予以解釋。然而儘管存在這些嚴重的權力不平衡現象，世界各地的人們，依然對現代科學的發展做出了重大貢獻。不論我們著眼哪個時期，科學史都不能作為一個單只專注於歐洲的故事來講述。[3]

對這樣一種歷史的需求從未如此強烈，科學界的均勢正出現變化。就科學資金方面，中國已經超越美國，而且過去幾年來，以中國為大本營的研究人員所產出的科學論文數，已經凌駕世界其他所有地方。阿拉伯聯合大公國（United Arab Emirates）在二〇二〇年夏季發射執行一次無人火星任務，而肯亞和迦納的電腦科學家，則在人工智能的發展上，扮演愈見重要的角色。在此同時，歐洲科學家則面臨英國脫歐的餘波，而俄羅斯和美國的安全部門則不斷鼓吹掀起網路戰爭。[4]

科學本身也飽受爭議困擾。二〇一八年十一月，中國生物學家賀建奎宣布他成功編輯了兩名人類嬰兒的基因，撼動了全世界。許多科學家認為，這種程序太過冒險，採用人類受試者做試驗是說不通的。然而，全世界很快就意識到，要推動一套國際間通用的科學倫理準則是非常困難的。就官方上，中國政府正式與賀建奎的研究切割，判處他三年徒刑。然而到了二〇二一年，俄羅斯研究人員揚言要複製他的爭議性實驗。除了倫理相關問題之外，如今的科學就像過往一般，也飽受嚴重的不平等問題。少數族裔背景的科學家在專業頂尖層級的人數不成比例，猶太科學家和學生持續遭受反猶太主義的凌虐，而在歐洲和美國之外從事工

作的研究人員，則往往在簽證申請上遭遇刁難，無法前往參與國際研討會。若想解決這些問題，我們就需要一部新的科學史，一部能更真實反映我們所生活世界的科學史。[5]

今天的科學家能很快體認到他們所從事工作的國際性本質。不過他們往往認為這是一種比較新穎的現象，那是二十世紀「大科學」的一種產物，而不是具有五百多年歷史的一段故事。當出自歐洲之外的科學貢獻獲得認可，它們通常都被歸入遙遠過去的發展情節，而不是科學革命與現代科學興起的故事環節。我們聽了很多關於中世紀伊斯蘭科學的「黃金時代」，那是約在公元九世紀和十世紀時期，當時巴格達的科學思想家，率先發展出了代數和其他許多新穎的數學技術。關於古代中國的科學成就，也以類似的形式被強調，好比指南針和火藥的發明，都是遠超過千年之前的成果。然而這些故事只會強化一種說法，那就是諸如中國和中東等地區，與現代科學史幾乎沒有絲毫關係。確實，我們經常忘了，所謂「黃金時代」的概念，最初是在十九世紀發明的，目的是為歐洲帝國強權的擴張自圓其說。英國和法國的帝國主義者推廣一種錯誤觀點，宣稱亞洲和中東文化自中世紀以來就不斷衰頹，因此需要現代化。[6]

有一件事或許令人驚訝，那就是這些故事在亞洲就如同在歐洲一樣受到歡迎。把你的思緒回頭投放到二〇〇八年北京奧運會。開幕儀式起頭就是一幅龐大捲軸開展，象徵中國古代的紙張發明。在整個開幕式上，超過十億電視觀眾看著中國展現它的其他古代科學成就，包括指南針。開幕式尾聲也恰如其分地以一項精彩演出，來炫示另一項中國的發現：煙火照亮了鳥巢體育場的

天空，向宋朝時期的火藥發明致敬。然而，在整場開幕式中，卻幾乎完全沒提到，自此以後中國所貢獻出的眾多科學突破，包括十八世紀的自然歷史學發展，或者二十世紀的量子力學。中東也有這相同情況。二〇一六年，土耳其總統雷傑普·艾爾多安（Recep Tayyip Erdoğan）在土耳其 —— 阿拉伯高等教育聯合會伊斯坦堡大會（Turkish–Arab Congress on Higher Education in Istanbul）—— 發表一場演說。發言時艾爾多安描述在「伊斯蘭文明黃金時代」，中世紀時期，「伊斯蘭眾都市……扮演科學中心的角色」。然而艾爾多安卻似乎並不知道一項事實，那就是許多穆斯林，包括現今土耳其的一些民眾，也對現代科學的發展，做出了同等重大的貢獻。從十六世紀伊斯坦堡（譯註：伊斯坦堡是現代名稱，當時稱為君士坦丁堡）的天文學，到二十世紀開羅的人類遺傳學，伊斯蘭世界的科學發展遠遠不只中世紀那段「黃金時代」。[7]

為什麼這樣的故事那麼常見？就像許多神話，現代科學是在歐洲發明的觀點，也不是偶然出現的。二十世紀中葉，英國和美國的一群歷史學家開始出版諸如《現代科學的起源》（*The Origins of Modern Science*）等一類的書籍。他們幾乎全都深信，現代科學 —— 連帶還有現代文明 —— 在十六世紀左右發源於歐洲。「科學革命，我們必須視之為……西方的創造產物，」深具影響力的劍橋歷史學家赫伯特·巴特菲爾德（Herbert Butterfield）於一九四九年便這樣寫道。大西洋對岸也表達出了這樣的觀點。一九五〇年代的耶魯大學學生都受教認為「西方產生出自然科學……東方沒有」，而《科學》期刊（*Science*，舉世

最富盛名的科學期刊之一）的讀者則被告知，「西歐少數國家，為現代科學提供了最早的故鄉」。[8]

　　這一切當中的政治手腕再清楚不過了。這些歷史學家經歷了冷戰早期幾十年歲月，見識了資本主義和共產主義的鬥爭，如何支配了全世界的政治運作。他們以界線分明的東、西方劃分來思索當代世界，接著——不論是否有意——回過頭來把它投射到過去。在這段期間，科學和技術都廣泛被視為政治成功的標誌，特別是在蘇聯於一九五七年十月間發射全球第一顆人造衛星旅伴號（Sputnik）之後。現代科學乃是在歐洲發明的想法，也因此成為一種方便的虛構幻想。就西歐和美國的領導人而言，重點在於讓他們的國民都從歷史的正確一方來審視自己，並自認為是促成科學和技術進步的功臣。而這樣一部科學史，也正是為了說服世界各地後殖民時期國家走資本主義道路，並偏離共產主義而設計。在整個冷戰期間，美國投注了數十億美元來對外援助，在亞洲、非洲和拉丁美洲各國推廣自由市場經濟並結合促進科學發展；這樣做的目的是為了對抗蘇聯施行的對外援助計畫。當「西方科學」與「市場經濟」兩相結合，所許諾的前景無異於一次經濟「奇蹟」，起碼就美國政策制定者看來是這樣的。[9]

　　諷刺的是，蘇聯歷史學家也以一種非常相似的方式描述了現代科學起源的面向，他們往往忽略較早期階段沙皇統治下俄羅斯科學家做出的成就，卻大力宣揚科學在共產主義治理期間的驚人崛起。「迄至二十世紀，俄羅斯事實上是沒有物理學的，」蘇聯科學院的院長便曾在一九三三年這樣寫道。後面我們就會見到，這並非事實。彼得大帝支持了十八世紀早期最重要的幾項天文學

觀測研究，而俄羅斯物理學家則在十九世紀期間扮演了無線電發展的關鍵角色。晚近部分蘇聯歷史學家的確曾努力凸顯俄羅斯的較早期科學成就，不過起碼在二十世紀初那幾十年間，強調在共產主義統治下產生的革命進步，比起在舊政權下取得的任何成果都還更為重要。[10]

亞洲和中東的情況略有不同，不過最終都產生出相仿的結果。冷戰是一段去殖民化的時期，許多國家都在這時終於從歐洲殖民列強掌控中獨立出來。印度和埃及等地的政治領導人迫切期望建立一種新的民族認同感。許多人都回頭瞻望古老的過去。他們頌揚中世紀和古代科學思想家的成果，卻把殖民時期發生的事蹟大半都給忽略了。事實上，伊斯蘭或印度的「黃金時代」概念，都是在一九五〇年代才開始普及 —— 這不只是發生在十九世紀歐洲的情況，而在中東和亞洲也同樣如此。印度和埃及歷史學家緊抓過去曾有一段輝煌科學過往，而且如今還等待重新被發現的想法。採行這樣的做法，他們也在不知不覺之間強化了歐洲和美國歷史學家所兜售的神話。現代科學是西方的，古代科學是東方的，或者說，這就是民眾接受的教導。[11]

冷戰過去了，然而科學史依然停滯在過去。從通俗歷史到學術教科書，現代科學是在歐洲發明的觀點，依然是現代史上最廣泛流傳的神話。然而卻幾乎全無證據來支持這點。在本書中，我提出了一種新的現代科學史，這種歷史更能獲得現有證據的支持，同時也更適合於我們所生活的時代。我將說明現代科學的發展，是如何從根本上仰賴於世界各地不同文化之間的思想交流。這在十五世紀是正確的，而且到今天也仍是事實。

從阿茲特克宮殿和鄂圖曼天文台，到印度的實驗室和中國各大學，本書關注論述全球現代科學的歷史。不過有個重點仍得記住，這並不是一部百科全書。我並沒有試圖把世上所有國家全都含括在內，也沒有兼及每一項科學發現。那樣的手法會顯得莽撞，也不會特別吸引人閱讀。實際上，本書的目的是要表明，全球歷史如何塑造出現代科學。因此我挑選了世界歷史變遷的四個關鍵時期，並將它們分別與科學史上最重大的進展連繫起來。本書將科學史安置於世界史的核心地位，也為現代世界的形成提供了一個嶄新視角——從帝國的歷史到資本主義的歷史，若我們希望認識現代史，我們就必須關注全球科學史。

最後我想強調一點，我認為科學在很大程度上是種人類的活動，現代科學無疑是由更廣泛的世界事件所塑造成形，不過它依然得齊集真實民眾之力才能完成。這些人雖然生活在非常不同的時間和地點，不過與你或我並沒有根本上的不同。他們有家庭和親友，他們為情感和健康掙扎奮鬥，而且他們每個人最希望的就是能更深入認識我們所棲居的宇宙。縱貫本書所有篇幅，我都試圖提出科學的那種更人性面的識見：鄂圖曼一位天文學家在地中海遭海盜擄走；一位受奴役的非洲人在南美洲一處屯墾區採集藥草；一位中國物理學家在日本侵襲北京時逃出生天；還有一位墨西哥遺傳學家採集奧運運動員的血液樣本。他們每個人都對現代科學的發展做出了重大貢獻，儘管如今他們很大程度上都已被人遺忘。這就是他們的故事——被歷史遺忘的科學家。

1. 墨西哥奧克斯特佩克（Oaxtepec）地圖，阿茲特克藝術家創作，一五八〇年納入《地理報告》一併呈遞印度議會。（University of Texas Library）

2. 墨西哥的人民、植物和動物圖示，由阿茲特克藝術家創作並納入一五七八年發表的《新西班牙事物通史》。（Alamy）

3. 伊斯坦堡天文台，始建於一五七七年。首席天文學家塔居丁手持一件星盤。注意擺在他面前桌上的科學儀器藏品，包括一台機械鐘。（Alamy）

4. 阿拉伯天文學手抄本，十八世紀於廷布克圖寫成。（Getty）

5. 北京欽天監，包含好幾件十七世紀科學儀器。（Alamy）

6. 簡塔・曼塔天文觀測台，眺望恆河，一七三七年建於印度瓦拉納西（Varanasi）。
（James Poskett）

7. 大溪地船隻油畫，大溪地馬塔瓦伊灣（Matavai Bay）。一七六九年，玻里尼西亞航海家圖帕伊亞在大溪地加入奮進號船員行列。（Wikipedia）

8. 十八世紀中國、日本和荷蘭學者的科學交流。注意桌上的解剖學教科書和自然歷史標本。（Wikipedia）

9. 法蘭西斯·威廉斯油畫，一七四五年繪於他的牙買加西班牙鎮（Spanish Town）書房。他前方桌上擺了一本牛頓的《自然哲學》。（Alamy）

10. 格雷島，前奴隸貿易站，位於塞內加爾外海。法國天文學家里希就是在這處要塞完成擺錘實驗，後來這項成果為牛頓引用並納入他的一六八七年《數學原理》書中。（Getty）

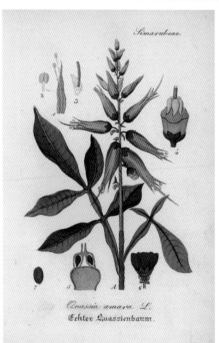

11. 蘇利南苦木，學名得自非洲奴隸苦瓦西的名字。這種植物是他在十八世紀初發現於荷屬蘇利南。（Alamy）

12. 十六世紀蒙兀兒自然歷史手抄本插畫，分別描繪一株露兜樹（底）和夾竹桃（頂）。（Alamy）

享保十四年廣南國象貢
四月廿八日召于内裏
叡覽次召于 院

牡象 七歳
頸長二尺七寸
鼻長三尺三寸
背高五尺七寸
胴圍一丈
長七尺四寸
尾長三尺三寸

13. 日本手抄本插畫，描繪一七二九年一頭越南大象送交江戶幕府將軍的情景。
（National Diet Library）

14. 十九世紀在馬德里展出的大地懶骨架。這批骨頭原於一七八八年發掘出土，地點在阿根廷盧漢河（Luján River）附近。（Alamy）

15. 俄羅斯動物學家暨演化思想家伊利亞・梅契尼可夫，一九〇八年諾貝爾生理學或醫學獎得主。（Wikipedia）

16. 孟加拉物理學家賈格迪什·鮑斯，一八九七年在倫敦皇家研究院發表演說。
（Getty）

17. 一九〇〇年巴黎世界博覽會的明信片，博覽會與第一屆國際物理學會議恰好同時舉辦。（Alamy）

18. 理論物理學家周培源（左一）為廣義相對性研究做出重大貢獻，圖示為他與二十世紀早期的其他中國領導知識分子合影。（Wikipedia）

19. 愛因斯坦和他的太太艾爾莎（Elsa）於一九二二年十一月間訪問日本時出席一場接風宴。（Wikipedia）

20. 日本物理學家田中館愛橘攝於東京大學他的辦公室。（Alamy）

21. 錢德拉塞卡拉‧拉曼，第一位贏得諾貝爾獎的印度科學家，畫面顯示他在班加羅爾的拉曼研究院（Raman Research Institute）檢視鑽石構造。（Alamy）

22. 物理學家湯川秀樹，一九四九年成為第一位贏得諾貝爾獎的日本科學家。
（Getty）

23. 一九六〇年代中國共產黨的宣傳海報，畫面顯示學生在實驗室中檢視種籽。注意海報標題為「培育新苗」。（Getty/Translation: Anne Gerritsen）

24. 遺傳學家奧貝德・西迪奇（後排左一）和薇蘿妮卡・羅德里格斯（後排左二）與孟買塔塔基礎研究所的其他科學家合影，攝於一九七六年。（Archives at NCBS）

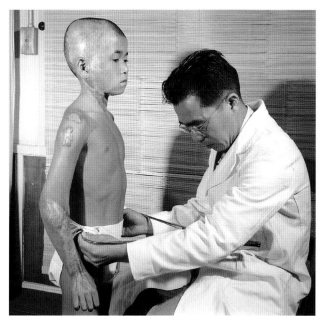

25. 一位原子彈傷害委員會的日本醫師於一九四九年在廣島檢查一位年輕病患。這位受害者遭輻射燒傷，醫師測量髖骨來查核他們的生長率。（Getty）

26. 葉門猶太家庭於一九四九年抵達以色列一處移民營。群體遺傳學家在二十世紀中期那幾十年間對猶太移民進行了廣泛研究。（Wikipedia）

27. 以色列的群體遺傳學家伊莉莎白‧戈德施密特。一九一二年生於德國，出身猶太家庭，一九三〇年代，希特勒和納粹黨崛起掌權之後，她被迫逃離。（Wellcome Collection）

28. 莎拉‧阿米里，阿拉伯聯合大公國太空總署署長暨二〇二〇年阿聯大公國火星任務計畫項目副經理。（Wikipedia）

29. 穆斯塔法‧西塞，迦納阿克拉（Accra）谷歌人工智能中心主任暨專任研究科學家。（Getty）

壹 ——————

科學革命

約一四五〇至一七〇〇年

第一章　新世界

　　走出戶外進入墨西哥的陽光，蒙特蘇馬二世（Moctezuma II）皇帝聆聽著鳥鳴聲。他的宮殿——位於阿茲特克首都特諾奇提特蘭（Tenochtitlan）的中心地帶——裡面設了一處鳥園，園中飼養了來自全美洲各地的鳥類。綠色小鸚鵡棲息在格架上，紫色蜂鳥閃現穿梭林間。沿著那處鳥園，蒙特蘇馬的宮殿還建了一處動物園，裡面豢養了大型動物，包括一隻美洲豹和一隻郊狼。不過在所有大自然奇珍當中，蒙特蘇馬最鍾愛花朵。每天早上，他都會在皇家植物園中轉一圈。園中小徑兩旁遍植玫瑰和香草花朵，庭院還有好幾百名阿茲特克園丁照料成排藥用植物。[1]

　　阿茲特克植物園成立於一四六七年，比歐洲的植物園早了將近一個世紀。而且它不單只是用來展示，阿茲特克人發展出了一套對自然界的深刻理解。他們根據結構和用途將植物分門別類，還特別區分裝飾用和醫藥用植物類別。阿茲特克學者還反思自然界和天界之間的關係，並論稱——與基督宗教傳統十分雷同——植物和動物是眾神的創作。蒙特蘇馬本人對所有這一切都很感興趣。他派人從事阿茲特克帝國的自然歷史研究，並大規模蒐集獸皮與乾燥花。蒙特蘇馬本身就是位高明的學者，阿茲特克編年史形容他是「先天睿智的占星家、哲學家，嫻熟所有技藝」。他身為一個龐大帝國的首腦，帶領科學達到新的高峰。[2]

特諾奇提特蘭是個工程奇蹟。這座阿茲特克首都在一三二五年建立，座落於特斯科科湖（Lake Texcoco）中的一座島上，必須穿越三條堤道之一才能抵達，而這幾條堤道都橫跨水域數英里。就像威尼斯，這座城市也有運河縱橫交錯，河上有阿茲特克商人划著獨木舟往返從事日常事務。這座城市由一條引水道供應淡水，同時湖邊還有農民照料一道道開墾出來的土地，種植玉米、番茄和辣椒。城市中心矗立著一座超過六十公尺高的宏偉石製金字塔，稱為大神廟（Great Temple）。阿茲特克建築師設計那座神廟時，特別讓它與重大節慶的日升、日落方位完美契合。蒙特蘇馬會親自參加儀式，讚美神明並獻上貢禮，那可以是花朵、獸皮，有時還以活人獻祭。到了十五世紀中葉，特諾奇提特蘭已經發展到前所未見的規模。城中人口超過了二十萬，在那時候，這座阿茲特克巨型都市，比歐洲多數首都都宏偉得多，包括倫敦和羅馬。往後數十年間，阿茲特克帝國繼續擴張，橫跨整片墨西哥高原，並納入了超過三百萬人。[3]

　　這一切都歸功於阿茲特克科學和技術的先進水平。從觀天到研究自然界，阿茲特克人非常重視知識學養。不像那個時代的多數歐洲王國，阿茲特克的兒童，包括男女兩性都有相當大比例接受了某種正規教育。此外還有專門的學校，供希望接受祭司培訓的貴族男童就讀，那種神職行業必須具備天文學和數學等專業知識，才有能力編制阿茲特克曆法。除了祭司之外，另有一個名為「知事」（knowers of things）的特殊階層；這些人都是訓練有素的才智之士，相當於歐洲接受了大學教育的人。他們蒐羅浩瀚藏書，通常還親身提出新的著述。阿茲特克人還發展出了當時世

界上極其先進的醫療體系。在特諾奇提特蘭，你能找到提供各式各樣醫療諮詢的從業人員，從稱為「帝夕特爾」（ticitl）的內科醫師乃至於外科醫師、助產士和藥劑師等。那座城市甚至還設有一處藥材市場，來自帝國各地的貿易商來到這裡販售草藥、根莖和藥膏。如今我們知道，許多阿茲特克藥用植物確實具有藥理活性。這其中包括一種可用於催產的雛菊，還有一種有助於減輕炎症的墨西哥金盞花。[4]

我們對特諾奇提特蘭的認識，大半得自摧毀它的人所留下的記載。一五一九年十一月八日，西班牙征服者埃爾南·科爾特斯（Hernán Cortés）第一次進入這座城市。起初蒙特蘇馬很歡迎西班牙人，接待科爾特斯和他的手下住進皇宮。他們被眼前的景象給震懾住了。其中一位陪同科爾特斯的士兵貝爾納爾·迪亞斯·德爾·卡斯蒂略（Bernal Díaz del Castillo）後來在一五七六年出版的《征服新西班牙信史》（*The True History of the Conquest of New Spain*）一書中描述了蒙特蘇馬的花園：

> 我們去了果園和花園，在那裡漫步十分賞心悅目，觀賞那裡繽紛多樣的林木，嗅聞它們各自散發的香氣，永遠不會讓我厭倦，園中小徑沿路種滿了玫瑰和花朵，遍布果樹和原生玫瑰，還有淡水豐沛的池塘。

迪亞斯還描述了鳥園。他回憶當時看到了「種種鳥類，從王鷹……乃至於長了五顏六色羽毛的纖小鳥兒……五種顏色的羽毛——綠、紅、白、黃和藍」。那裡還有一處「大型淡水貯水池，

池裡有長了高蹺長腿，身體、翅膀和尾巴全都是紅色的其他種種不同鳥類」。[5]

　　寧靜生活沒有持續多久。科爾特斯趁機把蒙特蘇馬劫為人質，一路殺入城中。儘管西班牙最初被擊退了，兩年過後，科爾特斯帶著更為強大的軍力回來。西班牙士兵蜂擁穿過城門之時，裝配艦砲的船隻也包圍了湖上的城市。蒙特蘇馬遭謀殺，大神廟被摧毀。科爾特斯親自縱火焚燒宮殿。鳥園、動物園和花園全都燒毀了。如迪亞斯之所註記，就一名士兵感到有點悲哀的景象，「當年我眼中所見的奇景……如今全都毀了，失去了，什麼都沒有留下來了。」阿茲特克征服行動，標誌著美洲西班牙帝國的開始。一五三三年，查理五世（Charles V）（神聖羅馬帝國皇帝）建立了新西班牙總督轄區（Viceroyalty of New Spain）。首都墨西哥城建立在蒙特蘇馬宮殿的灰燼之上。[6]

　　多數科學史學者都不認為科學始自墨西哥的阿茲特克。傳統上，現代科學史的起點都訂在十六世紀的歐洲，從我們常說的「科學革命」開始。我們被告知，大概在一五〇〇年和一七〇〇年之間的那段時期，科學思想發生了令人難以置信的轉變。在義大利，伽利略對木星的衛星群進行觀察，同時在英格蘭的羅伯特・波以耳（Robert Boyle）率先描述了氣體的行為。在法國，勒內・笛卡兒（René Descartes）發展出了一種處理幾何的新手法，而在荷蘭，安東尼・范・雷文霍克（Antonie van Leeuwenhoek）率先使用顯微鏡來觀察細菌。通常這段故事都在進入英國偉大數學家牛頓的成果時達到最高峰，牛頓是在一六八七年提出了運動定律。[7]

有關科學革命的本質和起因，長久以來歷史學家始終爭論不休。有些人認為，這是一段知識進步的時期，在這段期間，幾位天才隻身做了新的觀測，並挑戰了中世紀的迷信。另有些人則論稱，這是一段社會和宗教出現重大改變的時期，在這段期間，英國內戰和基督新教改革迫使民眾重新評估關於世界本質的一系列基本信念。接著還有些人認為，科學革命是技術變革的產物。從印刷機到望遠鏡，這段期間見證了各式各樣新穎工具的發明，這每種工具都讓我們能以前所未有的尺度，來探究自然並傳播科學思想。最後，有些歷史學家則否認這是段真正出現重大改變的時期。畢竟，許多偉大的科學革命思想家，在某些方面依然依賴著更為古老的見解，好比見於《聖經》或者古希臘哲學中的理念。[8]

　　然而，迄至晚近以來，很少有歷史學家止步尋思，他們是否從一開始就在正確地點尋覓。科學革命的歷史，是不是真的就只是關於歐洲的故事？答案是否定的。從阿茲特克帝國到中國的明朝，科學革命史是一部含括全世界的故事。而且也不單只是美洲、非洲和亞洲各地民眾，碰巧與歐洲人同時發展出先進的科學文化；實際上，須得要依循不同文化彼此遭逢的歷史，才能準確地解釋科學革命為什麼在這時發生。

　　心中秉持這一點，於是我想講述科學革命的一種新歷史。本章我們要探討，歐洲和美洲之間彼此遭逢，是如何啟動了對自然歷史、醫學和地理學的一次大規模重新評估。我們對這一時期新大陸所創造之科學的認識，大多出自歐洲探險家的觀點，而本章會投入探討這項殖民歷史遺產。不過若是我們動用阿茲特克手抄

本和印加歷史等文獻來源，再更仔細深入觀察，我們還會發現這段故事的另一面，彰顯出各土著民族對科學革命之隱藏貢獻的層面。到下一章我們會向東移動，披露歐洲、非洲和亞洲之間的聯繫，如何形塑了數學和天文學的發展。這些章節結合在一起，便呈現出一個反覆出現的主題的起點，而那個議題就牽涉到全球歷史對於現代科學史之認識的重要影響。最後，為了解釋科學革命，我們不能單只檢視倫敦和巴黎，還有必要關注聯繫早期現代世界的船隻和商隊。[9]

1. 新世界的自然歷史

在海上航行兩個月之後，克里斯多福·哥倫布（Christopher Columbus）終於看到了陸地。他代表西班牙王室搭乘聖瑪利亞號（*Santa Maria*）出航，搜尋通往印度群島的西方航道，結果他來到了一片全新的大陸。一四九二年十月十二日，哥倫布登上一座島嶼，屬於巴哈馬群島的一部分，他把它命名為聖薩爾瓦多（San Salvador）。這是歐洲人殖民美洲漫長歷史的起點。就像後續來到新世界的許多旅人一樣，哥倫布也對他所遇見的動、植物的多樣性深感詫異。他在日記裡面記錄了「所有樹木都和我們那裡的不同，如同白晝與黑夜的差別，果實、草葉、根莖和一切事物也全都同樣如此」。哥倫布也很快地認識到美洲的商業潛力，並指出，那裡的「許多植物和許多樹木在西班牙作為染料和藥物具有很高的價值」。最令人擔憂的是，那座島上有人居住。登陸時，西班牙船員遇上了一群土著民眾。哥倫布依然相信他來

到了東印度地帶，於是稱他們為「印第奧人」（indios），翻成英文就是 Indians（印第安人）。那裡有豐富的動、植物和人類生命，哥倫布大受鼓舞，在接下來的幾個月期間繼續探索西印度群島，抵達古巴和伊斯帕尼奧拉島（Hispaniola）。後來他又三度航海回到這裡，遠至中美洲和南美洲。[10]

　　殖民美洲是世界歷史最重大事件之一。這起事件深遠地影響了現代科學，形塑了它的發展，並就長久以來關於科學知識之最佳取得方式的諸般假設提出了挑戰。十六世紀之前，民眾總認為科學知識幾乎只有在古籍當中才能夠尋覓得到。歐洲的情況尤其如此，不過我們在下一章就會見到，在亞洲和非洲的大半地區，實際上也都存有這類相仿傳統。儘管在今天看來有可能很令人驚訝，不過在中世紀時，大半思想家心中都沒有進行觀察或做實驗的概念。實際上，中世紀歐洲各大學的學生，大半時間都花在閱讀、背誦與討論古希臘和古羅馬作家的著述。這樣的傳統稱為經院哲學（scholasticism）。常見讀物包括亞里士多德在公元前四世紀時寫成的《物理學》（*Physics*），還有老普林尼（Pliny the Elder）在公元一世紀時寫成的《自然歷史》（*Natural History*）。這相同取徑在醫藥上也很常見。在中世紀歐洲大學讀醫學專業，幾乎完全不必與人體實際接觸。當然那時也不做解剖或者對特定器官的機能進行實驗。實際上，中世紀醫學生只閱讀和背誦古希臘醫師蓋倫（Galen）的著述。[11]

　　那麼，為什麼到了一五〇〇年和一七〇〇年間的某個時期，歐洲學者卻背離古籍並開始自行探索自然界？這個答案很大程度牽涉到新世界殖民，以及連帶剽竊得來的阿茲特克與印加知識，

因為那些事項以原先的科學傳統是沒辦法解釋的。就如同早期歐洲探險家很快體認到的狀況，他們在美洲遇到的動、植物和人，在任何古代著述中都不曾描述。亞里士多德從來沒有見過番茄，更別提阿茲特克宮殿或者印加神廟了。正是這一項啟示，讓歐洲人對科學的理解，產生了根本上的轉變。[12]

　　義大利探險家亞美利哥・維斯普奇（Amerigo Vespucci）是最早體認到哥倫布的「發現」，對於自然歷史具有何種意義的人士之一（後來「美洲」〔America〕就是沿用他的名字來命名的）。維斯普奇本人也曾在一四九九年航向新世界，返航後他寫信給佛羅倫斯（Florence）的一位朋友。他表示見到了形形色色不可思議的動物，包括一種「毒龍」（serpent）——非常可能就是種鬣蜥——而且土著民眾會拿牠烤來吃。維斯普奇還回顧表示他看到的禽鳥「多不勝數，而且品種類別和羽毛樣式之繁多更令人目瞪口呆」。最重要的是，維斯普奇拿新世界的自然歷史，來與古代典籍記載的知識直接連繫起來。他在結論中臧否普林尼的《自然歷史》，對這部自然歷史傳統權威著述提出了嚴苛批評。誠如維斯普奇所述，「普林尼所論及者，還不到在亞美利加所見之鸚鵡和其他鳥類與動物種類之千分之一。」[13]

　　維斯普奇對普林尼的批評只是個起點。在接下來幾年期間，好幾千名旅客從新世界回來，述說了古代人從未知曉的事情。其中最有影響力的文獻之一，是一位西班牙祭司所寫的，他的名字叫做何塞・德・阿科斯塔（José de Acosta）。阿科斯塔在一五四〇年生於一個富商家庭，他始終想要逃離這種很舒適卻也平庸乏味的成長環境。十二歲時，他逃家加入耶穌會（Society of Jesus），這是個天主教傳教組織，在早期現代科學的發展上，扮演很重要的推動角色。那個教團的創始人羅耀拉的依納爵（Ignatius of Loyola）敦促他的追隨者「在萬事萬物中尋找上帝」（find God in all things），不論那是閱讀《聖經》或者是研究自然界。因此，耶穌會士都非常重視對科學的研究，因為這既是領會上帝智慧的一種方式，藉此還能向潛在皈依者展示基督宗教信仰的力量。加入耶穌會後，阿科斯塔進入阿爾卡拉大學（University of Alcalá），學習亞里士多德和普林尼的經典著作。畢業後，阿科斯塔奉派前往新世界傳教，並於一五七一年啟航。接下來的十五年間，他都在美洲度過，周遊安地斯山脈尋找皈依者。回到西班牙之後，阿科斯塔開始撰寫一本書，描述他所見所聞，從秘魯的火山到墨西哥的鸚鵡。完成的作品名為《西印度的博物學和倫理歷史》（Natural and Moral History of the Indies），並於一五九〇年發表。[14]

　　阿科斯塔在美洲見識了繁多奇異事物。不過其中最重要的經歷，或許就是阿科斯塔在第一次橫渡大西洋航行途中的體驗。這位年輕的祭司對於這趟旅行深感企盼，特別是由於古代權威對於赤道的說法。根據亞里士多德所見，世界區分為三個氣候帶。北極和南極的特點是極冷，稱為「寒帶」。赤道周圍是「熱帶」，這是一處炎熱乾燥的地區。最後，在這兩個極端區域之間就是與歐洲緯度約略相等的「溫帶」。重點在於，亞里士多德認為生命，尤其是人類生命，只能在「溫帶」中存續；其他地方不是太熱就是太冷。[15]

　　因此，阿科斯塔料想，接近赤道之時就會經歷難以置信的高

溫。然而事實並非如此。「實際情況截然不同，就在我跨越時，我感到相當寒冷，甚至有時我還外出曬太陽取暖，」阿科斯塔解釋道。這對古代哲學的影響是顯而易見的。阿科斯塔繼續寫道：

> 我必須承認，我對亞里士多德的氣象學理論和他的哲學都嗤之以鼻，因為我們見識到，在依照他的規則，一切都必定要起火燃燒的地方，我和我的所有同伴，卻都感到寒冷。

阿科斯塔周遊南美洲和中美洲各地之時，驗證確認了赤道周圍的地區，並不總是像亞里士多德所說的那麼炎熱，當然也不是像亞里士多德所認定的那麼乾燥。事實上，阿科斯塔經歷了形形色色的多樣氣候，這就說明了，為何「在基多（Quito）以及在秘魯各處平原」會是「相當溫和的」，而在波托西（Potosí）則是「非常寒冷」。不僅如此，最引人矚目的是，那處地區充滿生機──不單只是植物和動物，還有人。正如阿科斯塔總結所述，「熱帶地區是適宜居住的，而且人煙十分稠密，然而古人卻說這是不可能的」。[16]

這無疑是對古典權威的重大打擊。如果亞里士多德弄錯了氣候帶，那麼其他還有哪些地方，他也可能認識錯誤？這個想法讓阿科斯塔深感憂心，於是他終身大半時間，都投入嘗試將他從古代文獻中學來的東西，來與他在新世界的經歷兩相調和。先前未知的動物的多樣性，經過驗證確實特別難以解釋。從秘魯的樹懶到墨西哥的蜂鳥，「一千種鳥、禽和森林動物，不論是名稱或是

形狀，牠們先前全都不為人所知，而且就拉丁人和希臘人，還有在我們這處世界的任何國家，對牠們也全都沒有任何記憶」，阿科斯塔解釋道。顯然，普林尼的《自然歷史》是不完備的。[17]

阿科斯塔明白他的發現代表什麼意義。然而，他還沒有準備好完全放棄經典學識。身為一個基督徒，阿科斯塔仍然非常看重古代權威，畢竟，《聖經》是最終極的經典文獻。就像許多早期來到美洲的旅客一樣，阿科斯塔也因此將新舊混雜在一起。在某些情況下，他聲稱，雖然亞里士多德有可能是錯誤的，但其他古老的資料來源是正確的。就熱帶地區方面，阿科斯塔指出，古希臘地理學家托勒密抱持了不同的觀點，並「認為在熱帶範圍內，仍有適宜居住的地區」。阿科斯塔還指出，有些古代文獻甚至暗示了，在已知海洋之外存有新的世界。柏拉圖描述了神話之島亞特蘭提斯（Atlantis），《聖經》還提到了一處名叫俄斐（Ophir）的遙遠地方，所羅門王便曾收到從那裡運來的大量白銀。事實上，古典文本中充滿了未知的國家，那每個國家都可以很容易地被解釋為美洲。於是與新世界的接觸經歷並沒有導致完全拒絕古代學識，反之，歐洲學者是被迫秉持新的經驗，來重新審視經典文本。[18]

貝爾納迪諾・德・薩阿貢（Bernardino de Sahagún）一生大半歲月都待在美洲。一四九九年，薩阿貢生於西班牙，在薩拉曼卡大學（University of Salamanca）就讀期間加入方濟會。就像阿科斯塔，他也接受了當時代的典型教育，研讀亞里士多德和普林尼的古代著述，為祭司聖職預做準備。一五二九年，薩阿貢橫渡大西洋抵達新世界，成為第一批來到新世界的傳教士之一。他的

餘生都在美洲度過，最後在墨西哥城過世，享年九十歲。待在那裡的期間，薩阿貢協助編纂了關於十六世紀時期墨西哥最包羅萬象的記述之一，他稱之為《新西班牙事物通史》（General History of the Things of New Spain），並於一五七八年發表。這部劃時代鉅著還有個較為人知的名稱，叫做《佛羅倫斯手抄本》（Florentine Codex），內容不只描述新世界的動、植物，還介紹了阿茲特克的醫學、宗教和歷史。全書共十二冊，還收入了兩千多幅手繪彩圖。[19]

　　《佛羅倫斯手抄本》並不是薩阿貢一個人完成的作品，而是與土著民眾協同努力而成。抵達新西班牙之後不久，薩阿貢便在設於墨西哥城郊區特拉特洛爾科（Tlatelolco）的聖克魯斯皇家學院（Royal College of Santa Cruz）擔任教職，講授拉丁文。那所皇家學院設於一五三四年，旨在訓練阿茲特克貴族子弟擔任神職人員。超過七十名土著男童在學院裡面生活，接受傳統學術教育，和薩阿貢當初在西班牙的情況相同。那批男童學習拉丁文並研讀亞里士多德、柏拉圖和普林尼學說。除此之外，皇家學院的阿茲特克學生還被教導以拉丁字母來書寫他們自己的語言 —— 納瓦特爾語（Nahuatl）。這是一項重大進展，因為傳統上阿茲特克人並不使用書面字母。納瓦特爾語文實際上是種圖像語言，以特定圖形來代表不同單詞或語句。西班牙人經常蔑視阿茲特克的圖符書籍，說那些都很原始，甚至是偶像崇拜。誠如另一位傳教士所稱，阿茲特克人是「一個沒有書寫文字、沒有字母、沒有書面歷史，也沒有絲毫教化的民族」。如今我們知道，這並非事實。不過這種態度對西班牙人來講很好用，因為他們試圖把阿茲

特克人轉變為歐洲化的基督徒。這就是歐洲人宏大企圖心的一部分，他們就以此來自圓其說，打著把基督宗教傳進新世界為幌子，實則只是為了征服美洲。[20]

　　然而，薩阿貢比他同時代的許多人都更深入認識阿茲特克文化的價值。他學習納瓦特爾語，並在一五四七年時開始動手著述《佛羅倫斯手抄本》。薩阿貢意識到，要真正認識新世界的自然歷史，他就必須向已經在那裡生活的民眾學習。有鑑於此，薩阿貢便在皇家學院召集了一批學生。我們知道他們當中四個人的姓名：安東尼奧‧瓦萊里亞諾（Antonio Valeriano）、阿隆索‧韋格拉諾（Alonso Vegerano）、馬丁‧雅各比塔（Martín Jacobita）和佩德羅‧德‧聖布埃納文圖拉（Pedro de San Buenaventura）。（不幸的是，他們的納瓦特爾語真名已經佚失。）薩阿貢和他的團隊啟程跨越新西班牙，尋求阿茲特克知識。來到城鎮時，薩阿貢都會安排探訪一群土著耆宿。那群老者通常都會吟誦阿茲特克的古代歷史，或者描述一種未知的植物或動物。有時老者甚至還會取出一部殘存的阿茲特克手抄本，每頁篇幅都描畫了種種複雜的圖像文字。「他們提供給我所有素材，而我們就藉由圖像來討論，因為那就是在古代運用的書寫方式，」薩阿貢解釋說道。由於他沒辦法自行詮釋，薩阿貢只能靠他的學生來把他們所見翻譯成書面納瓦特爾語文。隨後回到了皇家學院，薩阿貢就和他的助理群把納瓦特爾語文翻譯成西班牙文。他還聘任了一群土著藝術家，來為文本繪製插圖。一五七八年，工作超過二十年之後，薩阿貢終於把完成的手稿進獻給西班牙國王腓力二世（Philip II of Spain）。[21]

就像阿科斯塔，薩阿貢也把舊的與新的融合起來。《佛羅倫斯手抄本》依循普林尼的《自然歷史》為範本。事實上，薩阿貢的皇家學院學生，對這部古代著述應該是非常熟悉。就像普林尼，《佛羅倫斯手抄本》也是以含括了地理、醫學、人類學、植物、動物農業和宗教等系列內容的書籍所組成，其中一冊關於自然歷史的書名叫做《塵俗事物》（Earthly Things）。不過翻開這部卷冊，我們會發現不為古代世界所知的動、植物世界。這冊也是當中插圖最密集的一部，包含描繪三十九種哺乳動物、一百二十種鳥，還有超過六百種植物的畫作。這些圖像的蓬勃生機十分搶眼，不只描繪了自然界，還勾勒出動物行為、植物的用途以及相關的阿茲特克信仰。[22]

《佛羅倫斯手抄本》羅列了好幾百種新世界植物，全都按照阿茲特克分類系統區分。阿茲特克人一般都把植物區分為四大類：食用、裝飾用、經濟類以及醫藥用途。這些劃分也反映在植物的命名上：好比名稱字尾帶了 –patli 後綴的植物都是藥用的，而具有 –xochitl 後綴的植物則為裝飾用。這套組織方式接著便複製納入《佛羅倫斯手抄本》。所有藥用植物全都列在一起，名稱如 iztac patli（這是種可用來治療發燒的草藥）。接下來就是所有的開花植物，名稱如 cacaloxochitl（這在歐洲稱為緬梔花〔Plumeria〕，通稱為 frangipani〔弗蘭吉帕尼〕，本俗名得自十六世紀進口該植物的義大利貴族之姓氏）。[23]

動物在《佛羅倫斯手抄本》書中也占有重要地位。裡面有一幅響尾蛇捕捉兔子的圖像，還有一幅是螞蟻搭建蟻丘。其中，蜂鳥出現在特別多插圖之中，當中的一幅描繪了蜂鳥吸食花蜜，另

1-1 《佛羅倫斯手抄本》（一五七八年）的一幅蜂鳥插圖。請注意吊掛樹上的那隻蜂鳥，是處於代謝率和體溫下降以節省能量的「蟄伏」（torpor）狀態。（私人藏品）

有一幅則呈現一群蜂鳥南飛遷徙過冬。這樣對蜂鳥的關注實際上反映出了一項重要的阿茲特克信仰。

維齊洛波奇特利（Huitzilopochtli）意為「蜂鳥之神」，是特諾奇提特蘭的守護神。該城城內的大神廟供奉的便是維齊洛波奇特利，而且相傳戰死的勇士都轉變為蜂鳥，因此阿茲特克人對蜂鳥有很深入的研究。他們對蜂鳥有辦法進入一種號稱「蟄伏」的休眠狀態深感著迷。從來沒有歐洲人見過這種狀況，所以薩阿貢只能仰賴他的阿茲特克消息來源所提說法，而且那群人當中有些還實際在蒙特蘇馬的鳥園工作過：

到了冬天牠就會休眠。牠會把嘴喙插入樹；接著牠就會枯萎、皺縮並脫毛⋯⋯當陽光溫暖了，樹木發了新芽，葉子長了出來，（蜂鳥）就也重新長出羽毛。接著到了打雷下雨之時，牠就會醒過來，開始行動並活了過來。[24]

蜂鳥的行為完全符合阿茲特克的一種世界觀，在這種觀點下，世界乃是由規律生死週期所規範。勇士就像蜂鳥，有可能重生，死亡絕對不是終點。[25]

2. 阿茲特克醫學

就薩阿貢而言，《佛羅倫斯手抄本》主要就是部宗教著作。藉由針對阿茲克特智識編纂出一部包羅萬象的文獻，他試圖驗證「這支墨西哥民族的完美程度」。薩阿貢期盼，這能有助於讓歐洲老家的基督徒相信，阿茲特克人是「文明的」種族，他們能夠接受神的話。然而另有些人則是從較偏商務的角度來看待新世界。一五八〇年，托斯卡納大公（Grand Duke of Tuscany）暨義大利美第奇（Medici）家族族長費迪南多・德・美第奇（Ferdinando de' Medici）買下了《佛羅倫斯手抄本》，並把它陳列在佛羅倫斯著名的烏菲茲美術館（Uffizi Gallery），那部作品的當今書名就是這樣來的。在烏菲茲美術館中，《佛羅倫斯手抄本》和美第奇家族從世界各地蒐羅而來的藝術、雕塑和奇珍異寶精妙藏品比肩並列。在這當中還包括一頂綠色羽毛頭飾以及一

個阿茲特克綠松石面具。到這時候，美第奇家族對新世界產生了濃厚的商業興趣。費迪南多·德·美第奇開始從墨西哥和秘魯進口胭脂蟲（cochineal，用來製造緋紅色染料），同時他們還在佛羅倫斯美第奇宮（Medici palazzo in Florence）的花園裡面種植玉米和番茄（兩樣都是美洲原生植物）。對費迪南多·德·美第奇而言，《佛羅倫斯手抄本》基本上就是一部商務型錄——新世界所能供應的最高價值自然資源清單。[26]

正是這種對新世界的商業態度，真正改變了對自然歷史的研究。商人和醫師往往更為重視蒐集和實驗，而非強調古典權威。美洲的植物代表了一種具有潛在豐厚利潤的收入來源，而且把這些發現當成新穎事物來推廣，也具有明顯的商業優勢。菸草、酪梨和辣椒全都被拿來當成不可思議的新式治療劑來行銷，而關於馬鈴薯在歐洲銷售的最早期紀錄，則是出自一家十六世紀西班牙醫院的帳簿。在此同時，歐洲全境各處大學，也都開始建立自己的植物園。這些設施和西班牙人在墨西哥見到的阿茲特克植物園並沒有什麼不同，也都是投入研究藥草的專業場所。一五四五年，帕多瓦大學（University of Padua）建立了歐洲第一座植物園。接著比薩和佛羅倫斯也都很快地建立了自己的植物園。到了十七世紀中葉，歐洲每一所主要大學，全都有了自己的植物園——而且都用來種植新世界植物。甚至有些富裕的醫師也開始建立自己的私人植物園，行銷源於美洲植物的新式治療藥劑。[27]

歐洲人對於新世界植物之醫藥用途的認識，大半得自阿茲特克資料來源。西班牙王室還特別投入了龐大力量，不僅蒐集並編目來自新世界的種類標本，他們還記錄了阿茲特克人對那

些植物具有哪些認識。一五七〇年，西班牙國王腓力二世飭令對新世界自然歷史進行大規模調查研究。這項調查研究的負責人，腓力國王指派他的御醫弗朗西斯科·埃爾南德茲（Francisco Hernández）來主持。往後七年期間，埃爾南德茲周遊新西班牙各處，採集藥草並學習阿茲特克的醫療實務。[28]

埃爾南德茲生於一五一四年，後於阿爾卡拉大學就讀，接著便在塞維亞（Seville）建立一處成功的醫療機構。就像多數十六世紀醫師，並如同前面所述，埃爾南德茲的醫學訓練幾乎都只涉及閱讀古代文獻。他讀了蓋倫和迪奧斯科里德斯（Dioscorides）的著作，兩人都是古希臘醫師。迪奧斯科里德斯的《藥物論》（*On Medical Material*）針對種種不同病症，列出了一份草藥療法清單，而蓋倫的浩瀚文集則描述了古希臘醫學的根本理論。該理論核心是要在四種體液（包括：血液、黏液、黑膽汁和黃膽汁）之間取得平衡。遇發燒患者，醫師常建議採放血來治療，月桂葉可用於清除過量的黃膽汁。[29]

不過埃爾南德茲生活在醫學出現劇烈變革的時期。許多醫師開始背離古代權威，改為更重視解剖和實驗。許多人受到安德雷亞斯·維薩里（Andreas Vesalius）的著述所啟發，他的《人體的構造》（*On the Fabric of the Human Body*, 1543）就人類解剖結構以解剖檢驗為本提出了一項新的論述。另有些人則遵照瑞士一位頗富爭議性的鍊金術士帕拉塞爾蘇斯（Paracelsus）的著述，採用他所推廣的種種新式草藥和礦物治療劑。埃爾南德茲本人也大力推動這些醫療改革，在西班牙西部一所醫院任職期間，也親自投入解剖，並建立了一座植物園。然而，倘若我們假定，僅只

檢視歐洲的情況，就能解釋這種醫療方面的新思潮，那就錯了。事實上，根源自新世界並且由美洲土著民眾所開創的知識，協助塑造了一種把醫學當成實驗和實踐科學的一種看法。[30]

一五七一年二月，埃爾南德茲在他的兒子胡安（Juan），以及一支包含抄寫員、畫家與通譯的隊伍陪同下，來到了墨西哥城。那座都市正處於一次疫情期間，土著民眾稱之為科科利茲利流行病（cocoliztli），西班牙人則稱之為「大瘟疫」（the great pestilence）。受害者罹病之後數日期間就會死亡，生前遭受巨大痛苦，而且鼻、眼都會出血。埃爾南德茲奉派擔任西印度醫療總監，於是頭幾週期間，他都投入解剖新近死者遺體。疫情平息之後，埃爾南德茲和他的團隊便啟程周遊新西班牙，花了七年時間在這片土地上尋覓任何有可能具有醫療用途的新植物、動物和礦物等。他甚至還探訪了特斯科科湖上一座廢棄的阿茲特克植物園，從廢墟牆上臨摹了一些花朵畫作。埃爾南德茲總共辨識出了超過三千種歐洲人前所未知的植物。相形之下，古希臘醫師迪奧斯科里德斯在他的《藥物論》中也只列出了五百種植物。那麼，對於古代作者無所不知的想法，這真正是個重大的挑戰。[31]

進行這項調查研究時，埃爾南德茲完全依賴土著民眾以及他們的醫學知識。事實上，腓力二世便明確吩咐埃爾南德茲要向當地民眾請教。這次探勘行動的官方指示便命令埃爾南德茲「不論你到哪裡，都要諮詢所有了解這些事項的醫師、醫療人員、草藥師、印第安人與其他民眾」。埃爾南德茲非常認真看待這些指令，而且開始學習納瓦特爾語。接著他還開始訪問土著醫師，細心記錄他們所描述的植物和動物的名稱，並確保使用當地的原有

說法。埃爾南德茲描述了扎卡內爾瓦特爾（zacanélhuatl）的特性，那是種植物的根，土著醫師把它搗碎添水，有助於治療腎結石。埃爾南德茲注意到，這種混合藥材「能刺激排尿並清理尿道」。他還得知有種藥草名叫「佐科布」（zocobut），它的「葉片像桃，但更寬也更厚」。這種藥草能用來治療偏頭痛，還能消腫並「對抗毒素、毒刺與叮咬」。然而這種藥草「很受當地人士高度評價」，以至於「很難讓他們對你透露它的特性」。埃爾南德茲還調查了新世界動物的醫療用途。他先描述了負鼠，隨後便指出「這種動物的尾巴是種極佳藥材」；拿來研磨混水，「它能清理泌尿道……治療骨折和急性絞痛……撫慰肚腹」。最有趣的是，土著醫師指稱，負鼠尾巴具有催情藥效，埃爾南德茲寫道，「它能激發性活動」。儘管我們沒辦法完全確認埃爾南德茲所羅列的每種植物，但現今科學家已經證實，其中有些確實具有醫療價值。例如，曼陀羅（thorn apple）的葉片便含有一種止痛成分。其他種類，好比香肉果（Mexican apple）的種子，也已經證實能幫助預防某些癌症。[32]

描述動、植物的外觀和特性確實很有幫助，但當所有事物都是那麼新，起碼就歐洲人來講，只有圖片才能真正傳達出美洲的自然歷史多樣性。於是就像薩阿貢，埃爾南德茲也決定聘請一批土著藝術家，把他眼中所見的一切事物都描繪下來。超過六年以來，這群藝術家──分別叫做佩德羅・巴斯格斯（Pedro Vázquez）、巴爾塔扎・以利亞（Baltazar Elías）和安東・以利亞（Antón Elías）──創作出好幾百幅畫作，全都在原棲地完成，包括一幅向日葵和一幅犰狳圖作。這許多圖像後來又經複製納

1-2 犰狳版畫,十六世紀一位墨西哥土著藝術家畫作之複製品,原畫出自弗朗西斯科·埃爾南德茲的一六二八年著作,《新西班牙醫療材料寶典》（*The Treasury of Medical Matters of New Spain*）。（私人藏品）

入歐洲人的自然歷史著述,包括埃爾南德茲本人的出版品。一五七七年,埃爾南德茲帶著十六部手寫卷冊連同畫作返回西班牙。後來埃爾南德茲把著述命名為《新西班牙醫療材料寶典》（*The Treasury of Medical Matters of New Spain*）並於一六二八年發表,原著手稿則收藏於馬德里城外近郊的埃斯科里亞爾宮圖書館（Escorial Palace Library）。王室圖書館長何塞·德·西貢薩（José de Sigüenza）深為感佩,還特別賞識書中插圖:「這是可見於西印度之所有動、植物的博物史,並依其原有色彩繪製而成。」接著他又補充說明,「它為觀賞的人士帶來了極大的樂趣和多樣變化;而且對於以思量自然為使命的人來講,這是個不小的收穫」。[33]

　　埃爾南德茲的《新西班牙醫療材料寶典》是一種自然歷史新

體裁的典型代表，這種體裁為歐洲讀者重新包裝了阿茲特克的醫學知識。然而，追根究柢，它依然是征服者的作品。埃爾南德茲是奉西班牙國王派遣從事一趟遠征，而其核心則是為了擷取知識與劫奪財富。沒錯，書名的選擇很能道出實情——這的確是西班牙人的一座「寶庫」。然而，這段時期的重要自然歷史著述，並不是完全由歐洲人完成的。約略就在埃爾南德茲著書的這段期間，一位阿茲特克學者也編纂了他自己的新世界自然歷史著述，後來這部作品傳到了歐洲，並影響了許多早期現代醫學文獻。

馬丁・德拉・克魯斯（Martín de la Cruz）出生於西班牙征服之前的墨西哥，不幸的是，我們對他的早年生活知之甚少。我們連他的納瓦特爾名字都不知道。克魯斯後來只描述他自己「是個印第安醫師」，並且有可能是位中等級別的阿茲特克醫師。我們所知道的是，克魯斯皈依了基督教，並在特拉特洛爾科的聖克魯斯皇家學院教授醫學，而且薩阿貢也正是在這所機構著手投入《佛羅倫斯手抄本》著述工作。一五五二年五月二十二日，他向學院院長提交了一份名為《關於印第安草藥的小書》（*The Little Book of the Medicinal Herbs of the Indians*）的手稿。克魯斯原本是以納瓦特爾語著述，後來才由學院的另一位土著導師，胡安・巴迪亞諾（Juan Badiano）翻譯成拉丁文。比起當代其他任何作品，《關於印第安草藥的小書》更能代表歐洲和阿茲特克知識的融合。乍看之下，那本書很像是一部典型的古典草藥概略，與迪奧斯科里德斯的《藥物論》不無相仿。克魯斯把他的書劃分為十三章，從頭部開始，接著往下挪動到身體，並一路向下到雙腳。每頁都指出某種病症，好比「牙痛」或者「排尿困難」，接著就

描述用來治療的草藥的配製作法。多數頁面都附帶一幅個別草藥的插圖，而且畫作草圖和成品都由克魯斯本人完成。[34]

不過再仔細端詳，就能清楚看出，克魯斯在很大程度上都借用了阿茲特克的醫學知識來作畫。所有的植物名稱都採用納瓦特爾語音，而且就像《佛羅倫斯手抄本》，也反映出阿茲特克的分類架構。就這方面，名稱不只是指出了植物的用途，也表明了它可以在哪裡採集：好比名字帶了前綴 -a（意思是「水」）的植物，都可以在湖泊河川附近找到，而帶了前綴 xal-（意思是「沙子」）的植物，則可以在沙漠中找到。縱貫全書，克魯斯也都借用了阿茲特克人對身體的傳統知識。阿茲特克人通常都認為身體包含三股力量，分別位於頭、肝和心。疾病是肇因於這些力量的失衡狀況，而這往往是由於身體的特定部位過熱或過寒所致。（這與古希臘四體液理論也沒有太大差別。）[35]

仔細閱讀克魯斯對草藥的描述，我們可以看出，他論述的重點是如何恢復這種平衡。例如，眼睛的疼痛和腫脹，就被克魯斯認為是頭部過熱的結果。治療程序包括配製寒性草藥混合劑。在歐洲稱為紫鴨跖草（spiderwort）的植物，阿茲特克人稱為 matlal-xochitl，它的花朵和採自牧豆樹（mesquite）的葉片一道研磨並調入母乳和「純淨的水」。接著這款軟膏就可以塗敷在臉上。克魯斯還建議在病情好轉之前戒絕「性活動」，也避免進食辣椒醬，因為這兩種狀況也可能導致過熱。[36]

阿茲特克影響的最後一條線索最為重要，卻也是最難以察覺的。較早期的歷史學家研讀克魯斯的插圖時，一般都認為那是模仿典型歐洲植物繪畫手法的產物，每株植物分別單獨描畫出來，

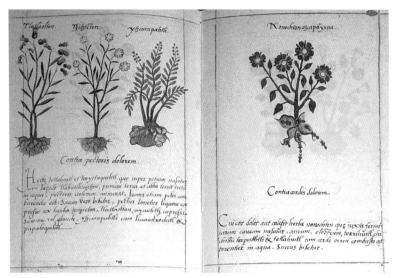

1-3 植物與根部插圖，引自馬丁‧德拉‧克魯斯的一五五二年版《關於印第安草藥的小書》。左起第三株稱為 itzquin-patli，其根部呈現了代表「石頭」的納瓦特爾字符。（Wellcome Images）

而且根和葉都清晰可辨。然而晚近以來，阿茲特克文化專家重新檢視了那些圖像，並注意到，它們其實都包含了納瓦特爾字符。實際上，克魯斯是嘗試把歐洲的植物插圖風格，與傳統阿茲特克圖像手抄本兩相結合。他從頭到尾都使用字符來指出植物可以在哪處地方找到，強化了前面描述的命名系統。代表「石頭」的阿茲特克字符，出現在克魯斯的好幾幅植物圖像根部附近，代表「水」的字符也是如此。克魯斯終究仍是把歐洲和阿茲特克傳統結合起來，而且兼及醫學和藝術兩方面，從而得以創造出一種全新的自然歷史學。他採用這種做法，正是沿襲了十六世紀科學的典型實踐方式，而這也就是文化交流和接觸所得產物。[37]

到了十六世紀末，歐洲全境各地庭園都見得到新世界植物了。向日葵在波隆那（Bologna）盛開，甚至還有一種絲蘭（yucca）在倫敦開了花。這些植物很快就出現在新的自然歷史和醫學相關著述當中，其中許多都顯示出經驗的價值勝過於古代文本之處。在倫敦，藥劑師約翰・杰勒德（John Gerard）在他一五九七年的暢銷著述《藥草》（Herball）中，描述了菸草的醫療用途；同時在塞維亞，醫師尼古拉斯・蒙納德斯（Nicolás Monardes）則在他一五六五年的著述《針對從我們的西印度占領地進口的產物之醫學研究》（Medical Study of the Products Imported from Our West Indian Possessions）中建議患者購買可可。（蒙納德斯還經營一家成功的企業，在他的私人植物園裡種植美洲植物。）就連維薩里（Andreas Vesalius，十六世紀最著名的解剖學家之一）也對新世界感到興趣，著述討論使用癒創樹（guaiacum，這是種墨西哥原生開花植物）的樹脂來治療梅毒的可能性。這種想法萌生自一種流傳甚廣──然時至今日則廣受質疑──的信念，那就是梅毒本身根源自美洲，因此治療方法也最有可能在那裡找到。[38]

歐洲自然歷史學家和藥劑師很快就蒐羅了大批異國動、植物。他們由富裕的贊助者支持，好比佛羅倫斯的美第奇和馬德里的西班牙國王，為歐洲各處博物館帶來了新世界的事物和標本。這種自然歷史新取徑也體現在圖像使用的增長上。自然歷史古代文本通常都沒有附帶插圖，十六世紀和十七世紀新的自然歷史著述，則滿滿都是素描和版畫作品，其中許多還以手工著色。這部分是針對所發現的新穎奇珍做出的反應，不這樣做的話，歐洲人

又怎麼能知道香草植物或蜂鳥是什麼模樣？不過採取這樣的手法，也是為了將阿茲特克以字符來編纂知識的現存傳統手法融合納入。

最重要的是，這整個事業不只是得依賴來自新世界的標本，它還得仰仗土著的知識。阿茲特克人對身體和自然的認識，微妙地點滴滲入這個時期的歐洲文本。在拿坡里（Naples），植物學家卡羅盧斯·克盧修斯（Carolus Clusius）在撰寫他深具影響力的一六〇一年著述——《罕見植物之自然歷史》（*History of Rare Plants*）之時，也參考查閱了埃爾南德茲的手稿。同樣地，在帕多瓦，彼得羅·馬蒂奧利（Pietro Mattioli）也把克魯斯的《關於印第安草藥的小書》納入了他的古希臘醫學評述當中。如今，阿茲特克自然歷史的影響依然伴隨著我們，「tomato」（番茄）和「chocolate」（巧克力）都衍生自納瓦特爾語，其他許多新世界動、植物，也都有相同的情況。從「coyote」（郊狼）到「chilli」（辣椒），我們論述自然歷史的方式，追根究柢就是舊世界和新世界接觸所留下的遺產，當我們只專注論述歐洲自然歷史學者所開創的成就時，往往忘了這一點。還有，稍後我們就會看到，歐洲和美洲在十六世紀時的接觸，所塑造的不僅只是醫學和自然歷史——這些接觸經歷也形塑了我們對於人類起源的科學認識。[39]

3. 發現人類

安東尼奧·皮加費塔（Antonio Pigafetta）簡直不敢相信他自己的眼睛。一五二〇年六月，在美洲大陸南端，那位義大利探

險家親眼見到一個「巨人」。九個月之前，皮加費塔加入了一趟西班牙人的環球航行，那趟航行是由斐迪南・麥哲倫（Ferdinand Magellan）領軍，第一項挑戰是要橫越大西洋，並繞過南美海岸。冬季已經降臨，船員駕船駛進一處海灣，他們把那裡命名為聖朱利安港（Port San Julián），位於現今阿根廷。「我們在那裡度過了兩個月，完全沒有見到任何人，」皮加費塔回顧道。不過接著，「有一天我們突然在港岸上看到一名身形巨大的赤裸男子，邊唱歌邊跳舞，還把沙子拋灑在他的頭上」。皮加費塔估計那個人的身高超過八尺，有點不可思議。「他十分高大，我們當中最高的，都只到他的腰際，」皮加費塔在他的日記裡面寫道。這位「巨人」的臉「完全塗上紅色，不過他的雙眼周圍則是塗上了黃色」。剛開始，那群歐洲探險家還試著擺出和平姿勢，他們邀請那位「巨人」登船，取出飲食來招待他。不過這次的友善相逢，很快就轉變成暴力相向。幾天過後，麥哲倫下令他的船員捕捉兩名「巨人」，打算當成戰利品來呈獻給西班牙國王。打鬥爆發，一名西班牙船員遇害，「巨人」都逃走了，而且跑得顯然「比馬匹更快」。[40]

在美洲的經歷讓歐洲人接觸到了新的動、植物。不過就許多人來講，有關新世界最引人注目的事物就是那裡的人。在十六世紀，有許多關於先前未知之民族的報導從美洲傳抵歐洲，皮加費塔的日記只是這其中一份。有關人吃人行為和以活人獻祭的描述，激發了大眾的想像力，新世界民族出現在那個時期的戲劇和詩歌當中，包括莎士比亞的《暴風雨》（The Tempest）。還有，儘管麥哲倫完全捕捉不到俘虜，其他好些探險家則的確

動用武力，把土著民眾從美洲帶到了歐洲。哥倫布本人俘虜了六名加勒比海島民，並在一四九三年把他們帶到西班牙王宮，進獻給西班牙的伊莎貝拉女王和斐迪南國王（Queen Isabella and King Ferdinand）。科爾特斯也在攻打特諾奇提特蘭時，圍捕了七十名被擊敗的阿茲特克人，並在一五二八年把他們銬起來，運送橫渡大西洋。那群人包括蒙特蘇馬的三個兒子，連同一些鸚鵡和一隻美洲豹一起被運到馬德里，進獻給查理五世。[41]

對歐洲人來說，美洲有土著居民引發了一些有關人類本質的重大問題。這些人是人類嗎？或者他們是怪物？倘若他們是人類，那麼他們是不是如同《聖經》所述，也是亞當的後裔？或者他們是單獨創造出來的？還有倘若他們根源自歐洲，那麼他們又是如何到達美洲的？要解答這些問題，必須就人類產生一種全新的思考方式。這次同樣顯示，古代文本的用途是有限的。畢竟，普林尼並沒有想過，世上會有不知名民族，而亞里士多德則否認，像美洲這樣的地方，居然會有人居住。史上第一次，歐洲學者開始採用類似他們開始研究自然歷史的方式來研究人類，也就是藉由蒐集證據並對照經驗來測試不同的想法。一旦他們開始這樣做時，人類族群也就愈來愈被視為隸屬自然界的環節，而非與之分離的部分。因此十六世紀見證了第一批人文科學的發展，而且這並不是因應歐洲之宗教或知識變革所做出的反應，而是因應在與美洲之接觸經歷所表現的反應。發現新世界也就是發現人類。[42]

皮加費塔有關南美洲「巨人」的描述，就是早期與新世界民族眾多接觸的典型事例。歐洲人非常願意相信，美洲住著恐怖怪

異的生物。登陸古巴時，哥倫布描述他看到了「獨眼人和其他長了犬隻口鼻的吃人生物」。同樣地，維斯普奇則報導道，巴西人「長了稀疏的羽毛」，能「活到一百五十歲」。這些信念實際上萌生自一個古老的傳統。普林尼便曾描述地中海之外的世界滿滿都是奇異事物──巨人、侏儒和穴居人。後來這又併入了一項基督宗教理念，認為愈遠離耶路撒冷的人就愈可怕。不過儘管有這些早期奇幻描述，不久歐洲探險家就得知了事實：美洲人確實是人類。一五三七年時，教宗保祿三世（Pope Paul III）解決了這項問題，宣布「印第安人是真正的人，他們不只能夠理解天主教信仰，而且根據我們所得資訊，他們還非常渴望能接受它。」對歐洲人來說，這在某些方面還更令人不安，因為這又一次意味著，古代哲學是有缺憾的。就連《聖經》也令人憂心地對這些事情缺乏描寫。我們前面見過的耶穌會傳教士阿科斯塔注意到了這點，他寫道：「許多古人都認為，這些地方沒有人、沒有土地，甚至也沒有天空。」[43]

顯然需要採行另一種取徑。阿科斯塔特別強調了，研究美洲人的起源時，經驗是多麼重要。他控訴表示，有些作家「沒根沒據就斷言，印第安人的一切全都是迷信的產物」。阿科斯塔反其道而行，他主張像他研究動、植物那樣來研究人。事實上，阿科斯塔的取徑從他的書名就能瞧見端倪：《西印度的自然歷史和倫理歷史》（*Natural and Moral History of the Indies*），這是一部「自然的」歷史，同時也是一部「倫理的」歷史，意指它是與人類有關的。二者結合為一。因此阿科斯塔著手鑽研自然界的歷史之時，也投入探索人類的歷史。他再一次嘗試將新舊混合在

一起，身為耶穌會傳教士，阿科斯塔的出發點依然是《聖經》。「《聖經》明白教導，所有人都以某位第一人為先祖，」阿科斯塔解釋道。他在旅程途中遇見的阿茲特克人、印加人和其他土著民族，必定全都是亞當的後裔。[44]

　　然而，這就帶來了一個很嚴肅的問題：他們是怎麼到那裡的？阿科斯塔排斥一切不可思議的解釋。「我們可別認為還有第二艘諾亞方舟……更別設想，這個世界的最早居民是由某位天使拽著他們的頭髮帶來的，」他寫道。阿科斯塔也排斥美洲人是在遠古的過往，從歐洲橫渡大西洋而來的想法。「我在古代一切重要又馳名的事物當中，全都找不到絲毫跡象來說明情況會是這樣，」他解釋道。結果阿科斯塔提出的說法是，「西印度的土地和世界上其他陸地是相連的，或者起碼某些部分是非常接近的」。簡而言之，阿科斯塔認為，舊世界和新世界之間，肯定有某種陸橋相連，或許就位於北方某處地方。（如今我們知道他是對的，大約在一萬五千年前，人類首次跨越西伯利亞和阿拉斯加之間的陸橋，來到了美洲。）這項解釋還有個優點，阿科斯塔指出，可以用來解釋發現於新世界的動、植物——它們肯定也像人類一樣跨越那同一道陸橋。[45]

　　美洲人的起源議題，不只是個科學議題，還是個政治議題。縱貫整個十六世紀的歐洲，有關西班牙征服的道德問題引發激辯並持續不止。有些人受了前面概述的信念誤導，認為阿茲特克人不過就是一群野蠻人，必須動用武力來把他們驅逐。當時常與新世界殖民相比較的是天主教對穆斯林西班牙的征服行動，那起事件與對新世界的殖民同時發生。不過另有些人則指出，阿茲特克

明顯是個先進文明。美洲土著民族擁有先進的醫學理論，還建造了令人嘆服的都市，並發展出複雜的法律和政治體系。西班牙人摧毀特諾奇提特蘭城，還奴役那裡的人民，這樣的舉止是不道德的。儘管論稱西班牙應該完全撤出美洲的歐洲人少之又少，不過確實有許多人主張，應該賦予土著民眾更多的權益。提出這項論述的人之中最積極有力的一個，是位西班牙祭司，名叫巴托洛梅・德・拉斯・卡薩斯（Bartolomé de las Casas）。[46]

拉斯・卡薩斯第一次看到阿茲特克人時才九歲。他的父親曾在哥倫布第二趟航行時跟隨前往美洲，一四九九年帶著一個「印度人」以及「許多綠色的和紅色的鸚鵡」回來，這一切全都收藏在位於塞維亞的家族宅第。起初，拉斯・卡薩斯打算追隨他的父親也當個征服者。一五○一年，他前往西班牙聖多明哥（Santo Domingo）殖民地，此地隸屬於當今的多明尼加共和國，經管一處奴役加勒比海人來做工的小型農園。然而，西班牙殖民手段的現實處境，很快就讓他大感失望。一五二三年，他加入了道明會（Dominican order），成為土著原民權益的偉大捍衛者之一。[47]

往後幾年期間，拉斯・卡薩斯在歐洲和美洲之間往返穿梭，徒步穿越秘魯和新西班牙，嘗試認識他所接觸之民族的文化。一五五○年，拉斯・卡薩斯回到西班牙參與一場在瓦拉多利德（Valladolid）的雷戈里奧學院（College of San Gregorio）舉辦的重大辯論。辯論一方是保守派神學家胡安・吉內斯・德・塞普爾韋達（Juan Ginés de Sepúlveda），他論稱美洲土著是沒有理性的生物，沒資格享有自由。「我們怎麼還能質疑，這些人——那麼沒有文明、那麼野蠻，受到那麼多的罪和淫穢所嚴重毒害的人

——被征服的合理與正當性，」塞普爾韋達怒吼道。拉斯·卡薩斯採取了相反立場。根據拉斯·卡薩斯所述，「這些西印度地區的原住民」都是「自然地擁有好的思維能力和知識」。這裡的關鍵單詞是「自然地」，就像阿科斯塔，拉斯·卡薩斯也開始把人類看成自然界的產物。在辯論中，拉斯·卡薩斯羅列出了「印第安人具有理性的自然起因」。這裡面包括了「土地的條件」、「內、外感官的部位和器官之組成」、「氣候」以及「食物的卓越和有益健康的程度」。簡而言之，拉斯·卡薩斯提出了一項完全自然的解釋，來說明人類族群之間的相似性和差異性。[48]

　　顯然，美洲人在許多方面都與歐洲人相似。他們很有智慧，他們建造了宏偉的都市，而且——誠如《聖經》清楚闡述——他們肯定是亞當的後裔。不過在此同時，像阿茲特克人和印加人這樣的民族，在外表上和行為上都明顯與歐洲人大不相同。他們的膚色通常都更深，他們的個子較高，而且他們的臉上很少長鬚。他們還從事活人獻祭並崇拜太陽。拉斯·卡薩斯並不從古代文本尋求解答，卻暗指以氣候、景觀和食物或能解釋這些差異。拉斯·卡薩斯指出，阿茲特克人的飲食主要是由「根、草葉與來自土地的事物」所組成，而西班牙人則主要吃麵包和肉。相同道理，拉斯·卡薩斯還主張，炎熱氣候或許就是美洲人為什麼膚色較深的最佳解釋。[49]

　　這相同論點也同樣適用於歐洲人。畢竟，倘若氣候能夠解釋阿茲特克人為什麼那麼不同，那麼，把新世界當成家園的西班牙人會發生什麼事呢？我們之前見過的西班牙醫師，埃爾南德茲便擔心，歐洲人說不定會「墮落到採行印第安人習俗的地步」。有

關飲食方面也有類似的爭論。儘管許多人都把新世界食物當成仙丹妙藥來上市銷售，另有些人則論稱，吃玉米或馬鈴薯對歐洲人有可能是很危險的，因為這有可能導致退化或甚至死亡。就某些方面而論，這些想法是有一些古典先例的；古希臘醫師希波克拉底（Hippocrates）便曾論稱，氣候有可能影響疾病以及四體液的平衡。不過在十六世紀時，新一代思想家還更進一步，他們發展出了一種環境理論，不只針對疾病，還針對人性本身，而且在此過程當中，他們還把自然歷史、醫學以及人類學的研究結合在一起。[50]

這些辯論對一群人特別切身相關。新世界殖民開始之後的那幾年期間，好些征服者讓土著女性受胎生子。西班牙人稱這些孩子為「麥士蒂索人」（mestizos，特指歐美混血兒），這場人性相關辯論，對於這些混種人有至關重大的影響。飲食或血統最重要嗎？阿茲特克人是文明人或是野蠻人？這些問題的答案將會決定麥士蒂索人生活的所有層面，從他們能與誰婚配，乃至於他們能不能繼承。許多人為土著文化發起熱情辯護，反擊歐洲針對野蠻和無理性的指控。有些麥士蒂索人為文詳細闡述美洲土著種種，其中許多文獻後來都為歐洲作家引用。那些麥士蒂索人在遠離歐洲學識中心的美洲長大，對於古希臘和羅馬權威理念並不是那麼熱衷。他們明白，就像自然歷史，有關美洲歷史的最佳資訊來源，就是在那裡生活的那群人，你只要開口問就得了。[51]

加西拉索・德拉維加（Garcilaso de la Vega），一五三九年生於（位於秘魯的）印加首都庫斯科（Cusco）。他的父親是位征服者，出身西班牙貴族世系。他的母親是位印加公主，印加最

後統治者的姪女。加西拉索是在征戰不止的衝突當中來到這個世界，因為西班牙是直到一五七二年才完全擊敗印加人。不論如何，在相對安全的庫斯科，加西拉索早年階段便航行穿梭兩個世界。他在父親的宅第受教學習讀寫西班牙文，同時也在他母親的屋宇受教學習印加的克丘亞語（Quechua）。不過值得注意的是，加西拉索從來沒有上過大學，儘管後來他學到了亞里士多德和普林尼的著作，他並沒有特別看重這些古代作家。實際上他對於人類歷史和文化的認識，主要都得自於他的母親，由她向他傳授印加人悠遠輝煌的傳統。[52]

　　一五六〇年，加西拉索離開秘魯前往西班牙，在那裡他被稱為「印加人」（El Inca）。他的父親不久之前才剛去世，因此他必須向西班牙王宮訴請保留他的貴族頭銜。加西拉索來到西班牙之時，正值有關美洲人人性論戰達到高峰。他結識了拉斯·卡薩斯——捍衛土著權益的那位道明會化緣修士——也聽聞了那場與塞普爾韋達——認為土著不過就是群野蠻人的那位西班牙神學家——的論戰。回憶起母親講述的故事，加西拉索認為這就是該澄清事實的時候了，於是提筆寫下《印卡王室述評》（*The Royal Commentaries of the Incas*），並於一六〇九年發表。書中他批評歐洲學者的論述並未能以證據和經驗為本。「儘管有些博學的西班牙人士寫下了關於新世界狀況的論述……他們並沒有如他們所可能辦到得那般完整地描述這些領域，」加西拉索解釋道。「我擁有的資訊，比先前那些作者所掌握的還更全面，也更為準確，」他補充說道。印加人有一點與阿茲特克人不同，那就是他們並沒有書寫系統。因此印加歷史的記誦和重述，便是年輕

印加貴族教育的重要組成成分，而這也就是加西拉索和他的家庭明顯非常認真看待的事項。《印卡王室述評》內容大半是憑記憶寫出來的。「在我看來，最好的規劃……就是把我童年時經常從我母親以及她的兄弟叔伯聽來的情節重新講述出來，」加西拉索解釋道。憑藉這段口述歷史，加西拉索承諾要披露「印加人的起源」。[53]

　　《印卡王室述評》卷首便從西班牙征服之前許久，印加帝國在十二世紀建立時開始談起。加西拉索闡述了傳統的起源神話，第一位印加統治者曼科・卡帕克（Manco Cápac）由太陽神創生，從一座大湖升起。隨後曼科・卡帕克便帶領他的人民進入安地斯山脈，建立了首都庫斯科以及印加帝國。就像他的歐洲同時代人，加西拉索也討論了氣候形塑人類歷史的重要影響。庫斯科被描繪成一處塵世中的世外桃源。那座都市安置於一處「美麗的山谷……四面環繞崇山峻嶺，四條溪水灌溉土地」。位居安地斯山脈高處，不會太熱，也不會太冷。「這裡的氣候最為宜人、清新、溫和，天氣始終晴朗，不熱也不冷，」加西拉索解釋道。不像低地的情況，那裡的「蒼蠅非常少」，而且「沒有蚊子叮咬」。在這個田園牧歌般背景當中，曼科・卡帕克把加西拉索原本四處遊蕩生活的祖先，轉變為一個先進的文明。不久，印加人開始犁田耕作，種植莊稼，並建造寺廟——為被當時歐洲人理解為文明之標誌的所有活動。於是印加人便開始，依加西拉索的解釋，「像理性生物般使用大地的果實」。信息很明確，塞普爾韋達錯了，美洲人並不是野蠻人。[54]

4. 測繪美洲

　　一四九三年五月，教宗亞歷山大六世（Pope Alexander VI）
把世界一分為二。從「發現」新世界起，西班牙和葡萄牙就一直
為它爭執不休，各自宣稱加勒比海島嶼和巴西周圍的海岸線是自
己的。為解決這項紛爭，教宗亞歷山大頒布了一項飭令，一條線
把新世界從正中央向下畫開兩半。這條線以西的所有土地，全部
劃歸西班牙，這條線以東的所有土地，全部劃歸葡萄牙。西班牙
和葡萄牙同意了，在一年之後的一四九四年簽署了《托德西利亞
斯條約》（Treaty of Tordesillas）。他們確立以維德角群島（Cape
Verde Islands）以西一千英里處垂線為界，葡萄牙得到了巴西，
西班牙得到了墨西哥和秘魯。只有一個問題。當時還沒有人有張
新世界的好地圖。[55]

　　十六世紀之前繪製的歐洲地圖，大半都是以古希臘地理學家
克勞狄烏斯·托勒密（Claudius Ptolemy）的著述為本。托勒密
的《地理學指南》（*Geography*）原著是在第二世紀寫成，過了
一千多年，在十五世紀時期的歐洲依然為人廣泛閱讀。書中通
常都附了一幅世界地圖，從西非海岸一直延伸到東方的泰國灣
（Gulf of Thailand）。托勒密知道印度和中國，而且他也知道地
球是圓的，然而托勒密對於美洲大陸是一無所知，他只假定大西
洋一路延伸到東印度地帶。事實上，最早也正是這個想法鼓舞了
哥倫布。他在一四九二年八月啟航，目的並不是要發現新的大
陸，而是期望能發現通往中國的西向航路。[56]

　　哥倫布本人從未完全放棄這個想法。他在一五〇六年死時，

依然相信他到達了東印度地帶。不過其他人很快就指出了，新世界的「發現」，在地理學上所蘊含的意義。「古人的看法是，地球的晝夜平分線以南的大部分地區都不是陸地，而是只有海洋，」一五○三年當維斯普奇從巴西返航之後，便曾這樣解釋。「不過這種看法是錯的，也完全與事實背道而馳，」他總結說道。就如同自然歷史和醫學，在美洲的接觸經歷，也促成了地理學研究的一次變革。許多人開始質疑古代文本的權威性，轉而強調蒐集證據以及秉持經驗來檢驗想法的重要性。[57]

最初，歐洲的製圖師發現，美洲地理有許多說法相互矛盾，很難予以調和。現存的最早期新世界地圖，可以追溯至一五○○年，它將美洲描繪成一系列島嶼。那主要是根據哥倫布對他的第一次和第二次航行的描述，以及他聲稱到達了「恆河以外的印度群島」的說法。其他十六世紀的早期地圖則描繪南、北美洲陸塊是分開的，暗指有可能航行穿越兩陸塊之間。製圖師還得因應種種挑戰，在遠比以往都更廣大的尺度內工作。測繪地中海地圖是一回事，換成整個世界和一處新大陸，那又是另一回事了。[58]

基本問題出自一項事實，而且到今天這點又更為緊迫得多，那就是世界是圓的，而地圖則是平坦的。那麼要在二維平面上呈現三維空間的最佳方式為何？托勒密使用了如今所稱的「圓錐」投影（'conic' projection），把世界劃分為從北極向外放射的一些弧形地帶，模樣就像折扇。這適用於描繪單一半球的情況，卻不能兼顧兩個半球。這種投影還讓海員很難依循羅盤方位領航，因為距離北極愈遠，這些直線就會向外扇張。十六世紀時的歐洲製圖師開始試驗採用新的投影方法。一五六九年，

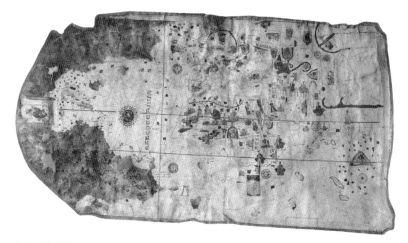

1-4 歐洲製作且把美洲納入的現存最古老地圖，由聖瑪利亞號船長胡安·德·拉·科薩（Juan de la Cosa）於一五〇〇年繪製。（Wikipedia）

佛拉蒙（Flemish，譯註：這是個作為地名的形容詞，其名詞型態為 Flanders，中譯「法蘭德斯」）製圖師傑拉杜斯·麥卡托（Gerardus Mercator）製作了一幅深具影響力的地圖，他給它下的標題是「適用於導航且更完整的全新地球儀」（New and More Complete Representation of the Terrestrial Globe Properly Adapted for Use in Navigation）。實際上麥卡托是在兩極處拉伸地球，並在中間範圍把它收縮。這樣一來，他所繪製出的世界地圖，緯線和經線始終都能保持相互垂直。這對海員來講特別有用，因為這讓他們讀羅盤時，可以把所有方位都看成地圖上的直線。現今，麥卡托的投影 —— 原本設計來輔助導航前往美洲 —— 已經被沿用為現代世界地圖的基礎。[59]

　　由於利弊影響相當深遠，西班牙王室很快就意識到，自己

必須採行一種比較系統化的方法來研究美洲。一五〇三年，伊莎貝拉女王和斐迪南國王在塞維亞設立了西印度貿易廳（House of Trade），這個機構成為彙整新世界資訊的一處樞紐核心。每份關於新島嶼的報告，每種新的動物或新的植物，都被送來塞維亞進行記錄與編目。貿易廳和一五二四年設立的印度議會（Council of the Indies）密切合作，將西班牙帝國的行政機構中央化。這兩個組織共同提供了歐洲大學之外的科學研究的第一批帶薪職位，地理學家、天文學家、自然歷史學家以及航海家，全都直接受僱於西班牙王室。他們一起製作了新的海圖與地圖，最終目標都是為了依循《托德西利亞斯條約》來確保西班牙的領土。從新世界回來的每位船長，也都必須向貿易廳報告，指出他的這趟航程與他得到的地圖記載是否有任何偏差。這是現代科學第一次在歐洲朝向完全制度化發展。這並不是發生在大學或學術社群，而是成為西班牙了解、征服美洲的一個環節。[60]

胡安・洛佩斯・德・貝拉斯科（Juan López de Velasco）是最高博學代表，他在印度議會擔任首席宇宙學家（Cosmographer）一職，那是西班牙王室所支持的新角色之一。宇宙學學科結合了地理學、自然歷史、人類學和製圖學的各方層面；事實上，它匯集了我們在本章披露的許多不同科學學門。貝拉斯科的工作，基本上就是要運用這所有知識，並提出西班牙帝國在美洲的最完整記述，接著這就能幫助帝國的管理工作。測繪地圖是首要待辦事項。然而，貝拉斯科很快就意識到，為製作出真正準確的美洲地圖，他就必須動員整個西班牙帝國；而這也正是他在一五七七年嘗試進行的事情。

藉由他在印度議會的職位，貝拉斯科編纂了一份問卷，發送到每個西班牙屬美洲省分。問卷含五十道題目，詢問從該區有哪些自然產物到主要城鎮的精確經、緯度等問題。「沿著海岸有哪些港口和登陸地點？」貝拉斯科問道，「寫出山脈、山谷和地區的名稱，並分別說明這些名稱在土著語言中代表什麼意思。」好幾項問題還直接要求受訪者畫出地圖。接著地方總督或者省長就得做出回應。完成的問卷往往還附帶了當地的手繪地圖，一道送回西班牙交給貝拉斯科，這些回應便稱為「地理報告」（Geographical Reports）。貝拉斯科總共收到了兩百零八份報告，範圍從秘魯到伊斯帕尼奧拉島。然而絕大多數回覆，都是來自最大殖民區——新西班牙。[61]

問卷看來似乎是收集地理資訊顯而易見的方法，不過在十六世紀，這卻是種全新的構想。它代表了做地理學的一種新方式，那種做法——就像那個時期的更廣泛範圍的科學——愈來愈不依賴古希臘和羅馬權威。它也代表了一種特別中央化與制度化的科學門路，那種門路之前在歐洲還不曾嘗試過。不論如何，有關「地理報告」最耐人尋味之處乃在於土著民眾對於那項計畫做出的貢獻，就如同自然歷史和醫學，要真正認識美洲的地理，就得請教住在那裡的人。

歐洲人對於土著民眾所擁有的地理學知識常感佩服。哥倫布本人便描述了加勒比海地區的阿拉瓦克人（Arawak people）如何「在這所有海域航行，而且奇妙的是，這些人竟然能就所有事物提出那麼好的解釋」。哥倫布甚至還表示，他發現了一個「能畫出一幅類似海岸圖」的人。同樣地，在一五四〇年代，西班牙探

險家弗朗西斯科・巴斯克斯・德・科羅納多（Francisco Vázquez de Coronado）從當地美洲原住民祖尼（Zuni）部落得到一幅新墨西哥地圖。那幅地圖就像各土著族群所常見做法，是在鹿皮上繪製的。其他土著民眾就乾脆記住地圖，必要時才畫在沙地上或者在營地拿細枝排列呈現。不過就所有的美洲民族當中，同樣是阿茲特克人擁有最先進的地圖測繪方法，究其根源，部分也是出自阿茲特克帝國身為一個大型中央化受朝貢國的地位。[62]

就像西班牙人，阿茲特克人也認識到地圖作為政府工具的重要性。蒙特蘇馬本人就曾在一五一〇年代授命繪製一幅龐大的阿茲特克帝國輿圖。該地圖繪製於布疋上，把整個墨西哥灣全都納入，圖上畫了首都特諾奇提特蘭周圍的所有道路、河川和都市。這是在帝國一項大型的地理學和歷史性測量研究之後編纂完成的，而且完全以一系列的納瓦特爾語圖文抄本記錄下來。阿茲特克這種測繪地圖的傳統做法，到頭來便成為送往印度議會的「地理報告」的重要資料來源。事實上，貝拉斯科從新西班牙收到的六十九幅地圖當中，有四十五幅是土著藝術家製作的。這是合理的，畢竟，多數西班牙地方總督都不曾旅行遠離他們工作的都市。貝拉斯科本人很微妙地認可這點。貝拉斯科在問卷隨附的填答說明中指出，若有問題總督無法回答，他就可以「把問題交給了解該領域事項的聰明人代勞」。通常這就表示那就是位阿茲特克尊長。[63]

因此，美洲地圖的測繪過程和薩阿貢對自然歷史的研究工作並沒有什麼不同。當地西班牙總督會諮詢一群土著長者，他們會拿到問卷，有時還口頭翻譯成納瓦特爾語，要他們回答。接著長

者就會吩咐一位「原住民畫家」來製作地圖——通常是從現存的阿茲特克手抄本直接臨摹。就如同自然歷史與醫學著述，這些作品往往融合了納瓦特爾語字符或者阿茲特克的傳統圖像。例如，一五八二年，貝拉斯科收到了一幅令人驚嘆的地圖，描繪了一處稱為尊潘戈礦山（Minas de Zumpango）的地區。乍看之下，它和那個時期的歐洲地圖並沒有兩樣。不過稍微仔細端詳，就能看見納瓦特爾字符又出現在其中。地圖頂端出現了系列象形符號，記錄下周遭城鎮的納瓦特爾名稱。接著這又以連串微小腳印區隔開來，這是傳統上用來代表邊界的阿茲特克符號。[64]

貝拉斯科收到的其他地圖也依循相仿模式。其中一幅地圖描繪的地區稱為米斯基亞瓦拉（Misquiahuala），由一位土著藝術家在動物皮革上繪製，圖上也畫出了系列納瓦特爾字符。就像尊潘戈礦山地圖，象形符號也以邊框圈繞，標出了附近城鎮的名稱。一條大河流經圖中央，此外還有一座大山——同樣是以納瓦特爾字符標注——座落在西側。接著繪製該地圖的藝術家，還提供了一份圖符回應，來解答貝拉斯科所提眾多自然歷史相關問題，並在山丘上畫滿了代表仙人掌和動物的象形符號。考慮到貝拉斯科有可能難以解譯納瓦特爾字符，接著還由一位西班牙傳教士為地圖註解並寫道，「這是米斯基亞瓦拉的一座山丘，那裡有許多獅子、大蛇、鹿、野兔和兔子。」這也是少數畫了土著民眾的地圖之一。位於正中央處，就在米斯基亞瓦拉主教堂旁邊有一位阿茲特克長者，坐在王座上，頭上還帶了一頂羽冠。這幅影像提醒了西班牙人他們所處尷尬境況。就一方面，西班牙人希望測繪美洲地圖，目的是要讓他們更容易宣稱並管理殖民地領土。然

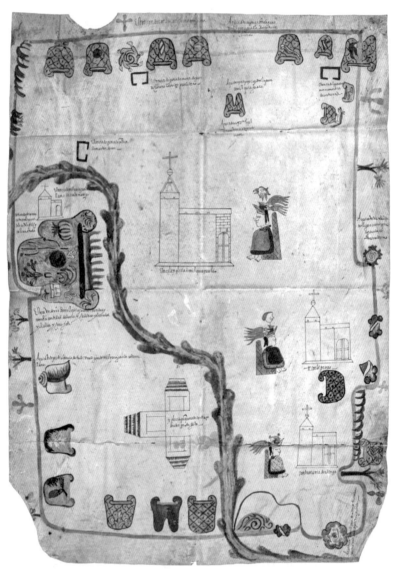

1-5　新西班牙米斯基亞瓦拉的阿茲特克地圖，約一五七九年作為「地理報告」附件送往印度議會。（University of Texas）

而就另一方面，若是沒有特定人士的幫助，顯然那項計畫是不可能實現的，而那些人正是他們希望撤換的。[65]

5. 結論

「走得愈遠，學得愈多。」哥倫布在他的第三趟新世界航行結束，於一五〇〇年回來之後不久，寫下了這段話。他說得對，從十六世紀早期開始，科學就被征服者、傳教士和旅行往返美洲的麥士蒂索人改變了。本章我們開始揭示，全球歷史對於了解現代科學史的關鍵重要影響。從一四九二年美洲殖民行動開始，我們已經看到，要真正解釋科學革命，就必須檢視歐洲和更廣闊世界之間的聯繫。我們看到了，自然歷史、醫學和地理學的發展，是如何與西班牙帝國在美洲的政治和商業目標扯上密切關係。地圖被用來主張領土，探險家則搜尋有價值的植物和礦物。這些征服和殖民美洲的努力，引發了一場變革，不只體現在已知的領域，還落實在科學的實際運作上頭。[66]

十六世紀之前，歐洲學者幾乎完全仰賴古希臘和羅馬文本。就自然歷史方面，他們研讀普林尼；就地理學，他們研讀托勒密。然而，在美洲殖民行動之後，新世代思想家開始強調以經驗來作為科學知識的主要來源。他們進行實驗、蒐集標本，並籌組地理測量研究。這在今天的我們看來，似乎就是做科學顯而易見的一種方法，然而在那個時候，這卻是種啟示。這種強調經驗的新情勢，部分是針對美洲完全不為古人所知這一實情所做回應。普林尼從來沒有見過馬鈴薯，而托勒密則認為大西洋是一直延伸

到亞洲。如今我們依然在談論科學家成就「發現」，這是種隱喻，而其根源則是出自十六世紀，在那時候，科學發現乃是與地理發現齊頭並進。儘管如此，科學革命並不完全就是出自與古代文本相互矛盾的新證據而已，它還是不同文化彼此接觸所得產物。[67]

如今經常被遺忘的是，美洲土著民眾擁有自己的先進科學文化。歐洲人對於阿茲特克和印加的想法，還有這些理念有可能帶來的影響都深自著迷。秉持這套知識，探險家和傳教士——以及土著民眾——創造出了自然歷史、醫學和地理學的新成果。這裡有一點帶了諷刺意味。歐洲老家的學者愈來愈自詡為排斥古代文本，改以一手經驗來取代普林尼和托勒密所寫的東西。然而就實際而言，許多人不過是以一種文本來取代另一種，像薩阿貢這樣的傳教士搜尋阿茲特克手抄本，把它們從納瓦特爾語翻譯成拉丁文和西班牙文。這些手抄本許多都在十六世紀被天主教傳教士摧毀，因為他們認為這些著述威脅基督宗教教義，然而它們也構成了一五〇〇年至一七〇〇年間，歐洲所創作之早期現代科學最重要著述的基礎。

歐洲人不只是在美洲接觸到了新的科學思考方式。一四九七年，也就是哥倫布首度航抵美洲短短五年之後，葡萄牙航海家瓦斯科・達伽馬（Vasco da Gama）駕船繞過了好望角，率先來到了印度洋。而他也因此開創了歐洲和亞洲接觸的新時代，對於科學的發展發揮了同等深遠影響的一個時代。還有一點也很重要，那就是要體認到，在這段時期接觸到新文化的族群，並不只是歐洲人而已。我們在下一章就會見到，來自亞洲和非洲各地的科學

思想家，也同樣周遊世界並交換理念。隨著宗教與貿易網絡在十六和十七世紀逐步擴張，科學革命很快就會轉變成一起全球運動。

第二章　天與地

　　烏魯伯格（Ulugh Beg）站在天文台頂上凝望天空。每天晚上，這位年輕的穆斯林王子都會走到撒馬爾罕（Samarkand）城郊的天文觀測台，那個地方就位於當今烏茲別克（Uzbekistan）。撒馬爾罕天文台據有伊斯蘭世界科學進步的核心地位，隨後還深深影響了基督宗教歐洲的天文學與數學發展。撒馬爾罕天文台成立於一四二〇年，建在俯瞰該城的一座山丘上，這裡是觀看星辰的理想地點。在屋頂上，烏魯伯格可以辨識星座並找出彗星。就像許多十五世紀統治者，不論是歐洲、亞洲或非洲，他對占星術也抱持高度信任。星辰不當排列，好比若巨蟹座在天空位置過低，或許就預示了災難，隨後也可能出現瘟疫和農作歉收。儘管如今我們會把占星術與迷信連結在一起，然而在現代早期，這是宗教和政治生活的一個重要層面。統治者使用占星術預言來協助下達重要的政治決策，好比什麼時候要參戰，或者該與誰結盟，而且多數世界性宗教也都將重大節慶（不論那是齋戒月或者復活節）與天文現象連結在一起。

　　從一四二〇到一四四七這二十五年期間，撒馬爾罕的天文學家進行了一項細緻的觀測計畫，測定並預測恆星與行星的運動。撒馬爾罕天文台的主建築包含一棟三層樓高的大型塔樓，外牆覆蓋了閃閃發光的綠松石瓦片，鑲嵌出當年伊斯蘭建築的典型

2-1　法赫利六分儀，一四二〇年建於撒馬爾罕，
位於現今的烏茲別克。（Wikipedia）

幾何圖案。天文台中央矗立著宏偉的「法赫利六分儀」（Fakhri Sextant），那是當時全世界最準確的科學儀器之一，高度超過四十公尺。法赫利六分儀是以磚頭和石灰岩製成，用來測定恆星和行星在天空中的確切位置。如今，若是你到撒馬爾罕天文台參觀，你依然能見到這件龐大石造結構的底部段落。雖然只殘留幾公尺，不過你很快就會感受到那種尺度。法赫利六分儀深深植入

地下，直接建在岩床上。[1]

烏魯伯格生於一三九四年，祖父是帖木兒帝國（Timurid Empire）肇建人帖木兒（Tamerlane）。縱貫十四世紀期間，帖木兒征服了中亞大半範圍，期望能將該地區統一在一位伊斯蘭統治者治下。烏魯伯格早年追隨祖父參加軍事行動，也就是在這段時期，他第一次對天文學產生了興趣。在他的旅行過程當中，這位年輕的王子參觀了波斯北部在十三世紀建造的馬拉蓋天文觀測台（Maragheh astronomical observatory）遺跡。受了這處本身便擁有龐大石造象限儀的天文台的啟發，烏魯伯格下令在撒馬爾罕設立一所相仿的機構。這是在烏魯伯格成為該城市總督之時，他所發起的一項更大規模工作計畫的一個部分。從大學和公共澡堂到清真寺，乃至於園藝庭園，烏魯伯格把撒馬爾罕轉變為一處充滿活力的文化樞紐，而且它就位於絲路的核心位置。絲路是一條長距離貿易路線，延伸穿越歐洲和中亞並一路直達中國。[2]

就烏魯伯格而言，除了作為科學研究的場合，天文觀測台還是一個宗教崇拜的處所。在伊斯蘭世界，科學和信仰總是攜手並進。從每日五次禮拜時點，乃至於齋戒月的開始和結束時間，比起其他任何信仰，伊斯蘭或許是最為仰賴準確天文資訊的宗教。基於這個原因，多數大型清真寺都聘僱了一位計時員，而且多數伊斯蘭宮廷，也都聘僱一位天文學家。今天我們經常認為，天文學家（追蹤恆星和行星運動的人）的工作與占星家（根據天體運行來預測未來的人）的工作是完全分割開來的，然而在早期現代時期，這兩種角色是彼此重疊的。在伊斯蘭宮廷，天文學家也兼任占星家職掌（事實上，阿拉伯語 *munajjim*〔謬納吉姆〕一詞

便兼指二者），占星並提供宗教上與政治上的指導。因此，烏魯伯格心中認為，建立撒馬爾罕天文台，也正是在履行他的宗教義務。烏魯伯格會直接引用先知穆罕默德的話，表示「這是每個真正穆斯林的責任……要致力求知。」[3]

　　資助科學，特別是天文學，是穆斯林統治者悠久傳統的一部分，其歷史可以追溯至中世紀時期。在第九世紀的巴格達，阿拔斯哈里發帝國（Abbasid caliphate）統治者建立了「智慧之家」（House of Wisdom）。正是在這個地方，眾多伊斯蘭思想家，針對從數學乃至於化學等領域做出了重大貢獻。這些貢獻包括了代數的發明，以及光學定律的發展。我們如今使用的許多科學術語，包括代數、鍊金術和演算法，全都根源自阿拉伯，或者是以穆斯林思想家的名字命名。因此，科學史家往往指稱第九和十四世紀之間的時期為中世紀伊斯蘭的「黃金時代」。[4]

　　然而，伊斯蘭「黃金時代」的想法卻存有一個重大的問題。它依賴一種錯誤的信念，誤以為伊斯蘭科學——連同整個伊斯蘭文明——在中世紀時期過後，立即走入了一段衰退期。這樣的信念把穆斯林世界和發生於十五和十七世紀的科學革命情節整個分割開來。事實上，正如我們在本書緒論中學到的，伊斯蘭「黃金時代」的觀點，是在十九世紀發明的，目的是要為歐洲各帝國擴張侵入中東自圓其說。隨後到了冷戰時期，這項觀點又被強化，始作俑者就是西歐和美國的科學史家，以及後殖民時期的民族主義者，所有這些人全都迫切想要把穆斯林的成就貶謫到遙遠的過去。因此，儘管伊斯蘭學者在中世紀科學的發展上，確實扮演了關鍵角色，然而他們的貢獻，並沒有在十四世紀便猛然終止。在

這方面，烏魯伯格和他的天文台，正是很重要的一項提示。他依循早期穆斯林統治者所建立的贊助科學發展的傳統，還更進一步繼續往前推動，並凌駕了通常與伊斯蘭科學連結的中世紀「黃金時代」。[5]

許多穆斯林統治者都扮演贊助者角色，不過烏魯伯格並不止於此，他本人還是位術有專精的數學家和天文學家。當時的紀錄描述他是「天文台的老闆」（sahib of the observatory），表示他在指導天文工作計畫方面扮演很積極的角色。根據烏魯伯格自己公告的事項，太陽和月球是每天都得觀測的，水星是每五天，其餘行星則是每十天就得觀測。我們還知道，他仔細地研讀了前人的天文學著述。他擁有一部完成於九六四年的中世紀阿拉伯天體目錄，標題是《恆星之書》（*Book of the Fixed Stars*），還以波斯文在頁緣塗寫筆記。同時代的天文學家也誇讚烏魯伯格的數學能力，有一位甚至還記述道，有次烏魯伯格顯然在「騎馬時一邊心算求出太陽經度，而且達到兩角分細密程度」。不久之後，中亞各地學者齊集撒馬爾罕，來與這位偉大的「國王暨天文學家」共事。[6]

阿里・卡什吉（Ali Qushji）是這項行動的明星。阿里・卡什吉一四○三年生於撒馬爾罕，在優渥的朝廷環境中成長。身為王室馴鷹人之子，他進入烏魯伯格在市內創辦的新學院之一就讀。阿里・卡什吉很快就學會如何操作星盤，這是種伊斯蘭科學儀器，用於進行天文學觀測以及輔助數學計算，同時他也學會閱讀描述行星運動定律的波斯手抄本。不久之後，阿里・卡什吉就準備好將所學付諸實踐。他跋涉穿越沙漠前往阿曼灣，研究月球

與潮汐之間的關係。這促成了他的第一部天文學著述，一份關於月相的簡短手抄本。凡是能更好地預測月球運動的天文學家，都肯定能受到穆斯林贊助者的青睞，特別是由於伊斯蘭曆法乃是以陰曆月分為本。烏魯伯格深感嘆服，很快就延攬阿里·卡什吉回到撒馬爾罕，進入天文台工作。就是在那裡，他協助編寫出天文學史上最富影響力的著作之一：一四七三年發表的《蘇丹星表》（*The Tables of the Sultan*）。[7]

《蘇丹星表》是以波斯文寫成，是歷來所編纂出的天文學測定成果中最為準確的，而且在往後一百五十年內，始終保持這項紀錄。阿里·卡什吉本人承擔了大部分天文工作，烏魯伯格也出手幫忙，沿著天文台中央階梯，順著法赫利六分儀上下移動，追蹤某顆恆星或行星的運行路徑。最終成果是超過十五年的逐日觀測所得成果，包括了一組星表，羅列了 1,018 顆恆星的座標，還有已知五顆行星（水星、金星、火星、木星和土星）的個別軌道資料。除了這個之外，《蘇丹星表》還包含了針對太陽年長度的計算，由此求得了編製年曆所需關鍵數字。最終結果得到 365 年 5 小時 49 分 15 秒，和超過五百年之後的今天所知數值，僅相差不到 25 秒。[8]

烏魯伯格的祖父帖木兒試圖以征服來統一伊斯蘭世界，而烏魯伯格則是轉求科學。《蘇丹星表》建構出了穆斯林民眾的日常生活，範圍含括帖木兒帝國全境。不論是在巴格達或者在布哈拉（Bukhara），除了規範重大宗教節慶時日之外，烏魯伯格的星表也決定了每日禮拜的時間。《蘇丹星表》還讓天文學家有辦法精準確立麥加（Mecca）的方向，而這也是伊斯蘭禮拜的另一個

基本層面。烏魯伯格期望能藉由天文學來把中亞民眾凝聚在一起，納入一位統治者轄下。不久之後，《蘇丹星表》便散播超過帖木兒帝國範圍，沿著絲路向東、西傳遞。在埃及，馬木路克（Mamluk）蘇丹訂製了一份星表。接著當地天文學家便把星表從波斯文翻譯成阿拉伯文，而且進行時他們還重新計算了許多與開羅的相對座標。稍後我們就會見到，後來有好幾份《蘇丹星表》流傳遠達伊斯坦堡和德里，協助將世界各地的伊斯蘭宗教活動標準化。[9]

然而，正當烏魯伯格加緊統一進程之時，帖木兒帝國卻開始解體。或許在星辰中已有預言。烏魯伯格的父親在一四四七年死後，內戰緊接著爆發了。敵對派系爭奪控制權，各個都宣稱王位屬於自己，於是到頭來烏魯伯格也只好與叔伯堂表開戰，甚至就連他自己的孩子們也臨陣倒戈。烏魯伯格的長子阿卜杜勒‧拉蒂夫（Abdul Latif）受到一群宗教狂熱分子的影響，那些人煽惑他的忌妒心，讓他以為受到不公平對待，認定自己應該自行登上王位。阿卜杜勒‧拉蒂夫滿心憤恨怨怒，於是下令刺殺自己的父親。一四四九年十月二十七日，撒馬爾罕的偉大天文學家烏魯伯格，被人從馬背上拖下殺害。[10]

烏魯伯格之死，標誌了撒馬爾罕天文學的終結；不過這只是人們對天體的認識產生一次更廣泛轉變的開端。正如我們在前一章看到的，對科學革命的最佳詮釋就是，那是種全球文化交流的產物。本章我們要根據這段情節繼續鋪陳，而且是向東而非向西移動。我們追查在歐洲、亞洲和非洲之間的聯繫，如何影響了天文學和數學從一四五〇年到一七〇〇年左右期間的發展。在這段

時期，宗教和貿易網絡出現了大規模擴張，也讓不同的人接觸了種種新穎的科學思想。商旅沿著絲路行進，傳教士也遠航跨越印度洋，帶著一部部阿拉伯手抄本、中國的星表和印度的星曆表返鄉。

　　幾乎就在烏魯伯格在撒馬爾罕建設他的天文台之同時，歐洲的觀星人也正在進入文藝復興時期。這在藝術和科學領域，都是一段知識出現長足進展的時期，從十五世紀延伸到十七世紀。在文藝復興時期（「Renaissance」這個詞彙字面上也就代表「重生」），歐洲科學思想家重新詮釋了古希臘和羅馬作者的作品。許多天文學家，好比率先指出太陽位於宇宙中心的著名的哥白尼，最終都否定了古人所見，並提出基進的行星運動新理論。

　　這段故事是多數傳統科學史的核心情節。不過稍後我們就會見到，若是不關注其他地方所發生的事情，也就不可能妥善地論述歐洲的科學革命。哥白尼本人就得仰賴阿拉伯和波斯手抄本裡面記述的想法，而那些著述都是從撒馬爾罕和伊斯坦堡等地進口的。還有就在那相同時期，中國、印度和非洲天文學家，則把他們自己的理念，與源出歐洲和伊斯蘭世界的概念融合在一起。當我們綜觀歐洲、非洲和亞洲，實際上我們也就見識了這些不同地方的出奇雷同之處，也看到了各地科學思想家是如何把新、舊觀點結合，並從不同文化吸取理念。這就是當時的一次全球文藝復興，從羅馬一路延伸到北京。隨著思想跨越大洋並沿著絲路往返傳播，歐洲、非洲和亞洲各個帝國，也都見證了科學界的一次重大變革。因此，為了理解天文學和數學在科學革命期間的歷史進展，我們就不能從歐洲哥白尼的傳統故事開始，而是要從啟發了

他的伊斯蘭科學世界入手。[11]

1. 翻譯古代著述

　　長久以來，歐洲的天文學家總是仰賴阿拉伯文獻來源。畢竟，穆斯林學者是最早對古希臘科學表現出濃厚興趣的一群，後來這也就成為中世紀歐洲各大學大半課程的基礎。到了第九世紀的巴格達，一群穆斯林學者率先把托勒密的作品從古希臘文翻譯成阿拉伯文。托勒密的《天文學大成》（Almagest）最初寫成於公元二世紀的埃及，在中世紀的歐洲和伊斯蘭世界都發揮了出奇深遠的影響力。托勒密描述了一種古典的宇宙模型，其中是以地球而非以太陽為中心。然而，托勒密的天文學本身也不是沒有問題。首先是它異常複雜，這許多複雜情況都肇因於托勒密奉守亞里士多德宇宙哲學所致。在他於公元前四世紀寫成的《物理學》書中，亞里士多德描述了天地之間的一個根本分野。天是完美的、不變的，而且永恆的；因此，太陽、恆星和行星都沿著正圓軌道以定速繞地運行。相較而言，地球則是「會腐朽的」，因此地球上的運動便是不連續的、線性的。萬物以變動速度沿著直線移動，而且有可能靜止下來。[12]

　　現在，就連托勒密也意識到，行星並不是沿著正圓運行。實際上行星看來都會擺動，在一年期間移近、遠離地球。它們在運行時還似乎會加、減速度，起碼從靜止的地球的視角看來是如此。（如今我們知道，這是由於它們都繞日運行，而且軌道不呈圓形，而是呈橢圓形。）於是托勒密導入了種種不同的數學

伎倆來調和這點。他讓行星的繞地中心定點稍微偏離地球，並稱之為「偏心點」（eccentric）。托勒密還導入了一種「本輪」（epicycle）概念——字面含意是「在圓之上」——其中行星表現一種雙重轉動樣式。每顆行星都沿著一個較小圓圈繞軌運行，而那個小圓本身又沿著一個較大圓形軌道繞地球運行。最後，托勒密導入了另一個虛構的定點——「均衡點」（equant）。均衡點同樣有別於地球，而且在這個定點上，行星看來便是以定速運行。這一切便容許托勒密藉由一些心理操練，來維護亞里士多德有關於天國萬物都沿著正圓軌道以定速運行的主張，同時也提供了一個合理的行星運動模型。[13]

　　阿拉伯翻譯人員深知托勒密模型的諸般缺陷。十一世紀主要在開羅做研究的天文學家伊本・海什木（Ibn al-Haytham）便在一〇二八年撰文來予貶斥批判，標題為《對托勒密的質疑》（Doubts on Ptolemy）。海什木並沒有受托勒密的伎倆所矇騙。他表示，導入這所有虛構的定點，比方說均衡點和偏心點，是對勻速圓周運動理想的嘲弄。顯然，海什木推斷，行星並不是沿著正圓軌道運行。「托勒密假設有某種不可能存在的布局，」他歸結表示。翻譯古希臘科學的人，也同時提出了評註和批評，這種做法成為伊斯蘭世界一項悠久傳統的起點，後來還傳入了基督宗教歐洲。這當中影響最為深遠的是納西爾丁・圖西（Nasir al-Din al-Tusi）所撰寫的。圖西生於一二〇一年，後來成為波斯北部的馬拉蓋天文台的首席天文學家。波斯在當時是蒙古帝國的一部分。他的天文台正是後來烏魯伯格探訪的那處，也啟發了那位年輕人在撒馬爾罕建立了相仿的機構。在馬拉蓋，圖西每天觀察天空，編纂出了星

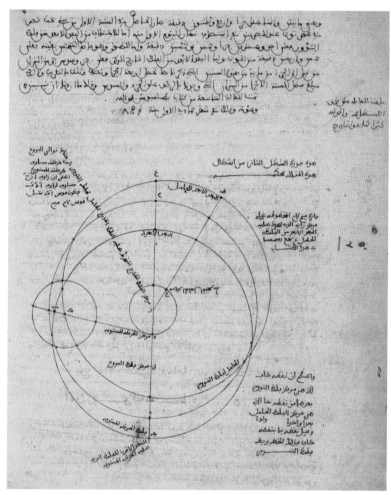

2-2 托勒密《天文學大成》的阿拉伯文譯本手抄本，一三八一年在西班牙抄謄。插圖描畫出托勒密的宇宙模型，以地球為中心，並運用了本輪和偏心點。（Kislak Center for Special Collections, University of Pennsylvania）

曆表，或稱為「紡索」（*zij*）。他還獲得大量古希臘和阿拉伯手抄本，特別是在一二五八年蒙古軍隊攻擊巴格達之後。[14]

　　圖西立刻看出托勒密體系的破綻。在他一二六一年的著述《天文學回憶錄》（*Memoir on Astronomy*）中，圖西跟著海什木，也指出了托勒密的宇宙模型和亞里士多德的物理學之間的矛盾。不過圖西還更進一步，他不只批評托勒密，還提出了一個解決方案：他發明了一種稱為「圖西雙輪」（Tusi couple）的幾何工具。這是兩個圓圈的組合：較小那個環繞一個尺寸恰為兩倍之較大圓的圓周旋轉。圖西意識到，這種運動幾乎能完美模擬行星的特有擺動現象，完全不必借助托勒密發明的本輪或均衡點。圖西雙輪也暗示，亞里士多德對線性運動和圓周運動的區分是毫無意義的。若是你在小圓上取一點並跟隨它，它似乎就是沿著一條直線上下振盪。於是圖西證明了，藉由組合旋轉圓圈，確實有可能產生出線性運動──也就是沿直線行進的運動。稍後我們就會見到，後來圖西對歐洲天文學新觀點的發展，產生了很深遠的影響。[15]

　　到了十二世紀，古希臘文集，從畢達哥拉斯的數學到柏拉圖的哲學，大半都已經翻譯成了阿拉伯文。正是經由這些阿拉伯文版本，還有海什木與圖西提出的評註，中世紀歐洲的學者才第一次接觸到了古代作品。克雷莫納的傑拉德（Gerard of Cremona）是住在卡斯提亞王國（Kingdom of Castile）的義大利人，他在一一七五年完成了托勒密的拉丁文譯本。他的做法是使用在穆斯林西班牙蒐集的阿拉伯文手抄本，取各抄本內容文字拼湊而成。傑拉德甚至還決定保留阿拉伯書名：《天文學大成》，原文

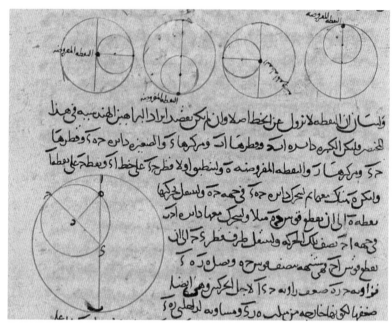

2-3 「圖西雙輪」圖解，出自圖西的一二六一年著《天文學回憶錄》。
（MPIWG Library/Staatsbibliothek Berlin）

Almagest 意為「最偉大的」。不久之後，其他古希臘作品的拉丁版本也隨之問世，全都是從中世紀阿拉伯文手抄本翻譯而來。到了一四〇〇年代，歐洲天文學家早已接受使用阿拉伯文獻來源（通常都翻譯成為拉丁文）的必要性。許多人都認為，古希臘的原件已經永遠亡佚。他們錯了。[16]

2. 文藝復興時期歐洲的伊斯蘭科學

伊斯坦堡民眾正在為最糟糕情況做準備。將近兩個月來，這

座拜占庭帝國的首都陷入圍城戰禍。帖木兒帝國解體之後，一股新的穆斯林勢力開始稱霸中亞和西亞──鄂圖曼帝國。蘇丹穆罕默德二世（Mehmed II）發兵圍攻這座都城。從他停駐在博斯普魯斯海峽的槳帆戰艦密集發砲，動用巨型鐵砲來轟擊羅馬城牆。一四五三年五月二十九日，城池陷落。許多基督徒逃離，希臘東正教大教堂阿亞索菲亞（Hagia Sophia）則被改建成一所清真寺。這象徵了鄂圖曼在該地區延續四百多年統治的開端，開拓了從伊斯坦堡延伸到開羅的帝國。這也標誌出歐洲與伊斯蘭世界重新接觸的時期，接著這將會促使科學為之改觀。

　　一四五三年年底，伊斯坦堡只剩一片廢墟，歷經數週砲擊，空氣中瀰漫著濃煙。鄂圖曼部隊劫掠城市時，許多拜占庭基督徒判定，為保平安，這時最好是離開了。他們絕大多數越過亞得里亞海逃難，在義大利城邦威尼斯和帕多瓦落腳。他們隨身帶著大批寶貴的書籍和手抄本，其中許多早先都被鎖進教堂庫房好幾個世紀，其中也包括了亞里士多德和托勒密的古希臘版著述。在此之前，歐洲幾乎沒有人見過或讀過這些作品。突然之間，許多人都開始質疑，完全仰賴阿拉伯文譯本來認識古代作品是否明智，特別是這些版本往往還經過了大規模編纂。此外，經過多次翻譯，說不定會帶來一些錯誤，這點也令人擔心。或許回頭讀原文會比較好？就是這種想法撐起了號稱「人文主義」（humanism）的文藝復興運動。人文主義相信，振興歐洲文明的唯一取徑就是回歸古老的過去，這個想法很快就散播到科學各個學門。一四五六年，生於克里特島的拜占庭人，特拉比松的喬治（George of Trebizond）完成了一部托勒密《天文學大成》拉

丁文新譯本。這個版本繞開了阿拉伯文翻譯，完全根據古希臘手抄本翻成。[17]

然而文藝復興絕對不僅只是排斥阿拉伯知識。事實上，這是一段種種傳統相互碰撞的時期。除了拜占庭難民，義大利城邦還接待了謀求建立貿易網絡或協商軍事條約的鄂圖曼特使。在此同時，歐洲人也向東方派遣了貿易和外交使節團。在大馬士革和伊斯坦堡街頭，都可以見到威尼斯商人和梵蒂岡外交官。正是藉由這些交流，新的阿拉伯手抄本，以及伊斯蘭文獻來源的拜占庭譯本，才得以傳抵歐洲。如今，許多最珍貴的阿拉伯和拜占庭手抄本卷冊，都收藏在威尼斯和梵蒂岡的圖書館中。正是藉由這些東方和西方文獻來源的結合，文藝復興時期的天文學家才改變了我們對上天的認識。[18]

約翰尼斯·馮·柯尼斯堡（Johannes von Königsberg）稱得上是名神童，世人較常稱他為雷吉奧蒙塔努斯（Regiomontanus）。一四四八年，他年僅十二歲便進入萊比錫大學就讀。結果發現那裡的數學課程太容易了，於是雷吉奧蒙塔努斯決定轉學進入當時更負盛名的維也納大學。在一四五〇年抵達之後，這位年輕的數學家暨天文學家在閒暇時刻都投入編製曆書並為有錢的贊助者推算天宮解析運勢。也就是在維也納大學，雷吉奧蒙塔努斯第一次見到了他的偉大導師，格奧爾格·馮·佩爾巴赫（Georg von Peurbach）。佩爾巴赫是個典型的文藝復興時期人士。他的講課內容包羅萬象，從羅馬詩歌乃至於亞里士多德的物理學。從托勒密的《天文學大成》開始，佩爾巴赫和雷吉奧蒙塔努斯兩人一起對天文學進行了一次重大的重新評估。[19]

兩人得到了拜占庭希臘人巴西利奧斯・貝薩里翁（Basilios Bessarion）的支持。貝薩里翁在鄂圖曼征服伊斯坦堡之後逃難離開，隨後於一四六〇年抵達維也納，找到門路謁見神聖羅馬帝國皇帝，腓特烈三世（Frederick III）。不久之前，教宗庇護二世（Pius II）才宣布對鄂圖曼發動新一波十字軍東征行動，貝薩里翁便奉派前往維也納，以爭取神聖羅馬帝國的支持。抵達之後，他面見了腓特烈三世當時的宮廷天文學家佩爾巴赫。貝薩里翁本身就是一位成就卓著的學者，讀了特拉比松的喬治新近翻成的托勒密《天文學大成》，對那部譯本很不以為然。佩爾巴赫對他所提顧慮頗有同感。仔細檢視就會發現，特拉比松的喬治的譯本充滿錯誤，也沒有準確傳達出古希臘文所述。有鑑於此，貝薩里翁邀請佩爾巴赫重新翻譯《天文學大成》，並答應他，可以完全不受限地取用所有當時才新近從伊斯坦堡送來的手抄本，包括希臘文和阿拉伯文版本。這種好機會不容錯過，於是佩爾巴赫著手動工。[20]

　　一四六一年，新譯本翻譯動工才一年之後，佩爾巴赫便生了重病。他的新譯本才完成一半。佩爾巴赫擔心他的所有努力付諸流水，便要求年輕的雷吉奧蒙塔努斯答應接手完成他手頭上的工作。雷吉奧蒙塔努斯信守承諾，投入往後十年，旅行周遊義大利各處，蒐集他能夠經手的所有手抄本。最終便完成了好幾個世代以來最跟得上時代的天文學著述。這部作品在一四九六年問世，書名是《天文學大成摘要》（*Epitome of the Almagest*），是文藝復興時期科學的精華之作。就如書名所示，《天文學大成摘要》不單只是一部新的譯本，實際上雷吉奧蒙塔努斯還運用了他所能

夠找到的所有文獻來源——含古希臘文、阿拉伯文和拉丁文——並掇精擷華結合創作出一部遠遠更為高明的托勒密天文學版本。沒錯，地球依然擺在宇宙中心，不過雷吉奧蒙塔努斯已經能夠解決困擾了歐洲天文學家好幾個世紀的眾多技術難題。[21]

雷吉奧蒙塔努斯的重大革新之一，實際上是直接借用自撒馬爾罕天文台首席天文學家——阿里‧卡什吉的成果。烏魯伯格在一四四九年死後，阿里‧卡什吉便逃亡離開帖木兒帝國。他在沙漠徘徊了好幾年，周遊中亞王侯宮廷尋找資助人。一四七一年，他來到了最近才被鄂圖曼征服的伊斯坦堡。蘇丹穆罕默德二世聽聞這名撒馬爾罕偉大天文學家的消息，於是傳喚阿里‧卡什吉。他奉召在新近才在那座城市中成立的「伊斯蘭學校」（medrese）之一擔任數學教授。也就是與伊斯坦堡以及與鄂圖曼的這層關係，才讓阿里‧卡什吉的著述吸引了歐洲天文學家的眼光。在《天文學大成摘要》書中，雷吉奧蒙塔努斯謄抄出了一幅原本由阿里‧卡什吉繪製的圖解，原件可追溯自一四二〇年代，在撒馬爾罕完成。那幅圖解描畫出一批繁複的圓圈，證明托勒密的本輪是可以省去的。阿里‧卡什吉表示，需要的就只是偏心點。簡言之，阿里‧卡什吉的意思是，要模擬所有行星的運動，只需要想像其軌道之中心乃是位於地球之外的某一定點即可。他和雷吉奧蒙塔努斯都還不曾暗示，這個點實際上有可能正是太陽。不過去除了托勒密的本輪概念之後，阿里‧卡什吉也就開啟了一扇窗口，眺望遠更為基進的宇宙結構見解。[22]

哥白尼於一四七三年生在波蘭。他的家庭希望他能成為天主教祭司，於是在一四九七年送他進入波隆那大學，攻讀教會法高

等學位。不過哥白尼很快就發現，文藝復興時期的義大利，還有更多事物可以學習。在波隆那，哥白尼聽了多梅尼科·諾瓦拉（Domenico Maria Novara）的講座，諾瓦拉是名具爭議性的占星家，曾追隨雷吉奧蒙塔努斯學習。當時對托勒密的批評日漸嚴苛，諾瓦拉受了這種影響，於是論稱，地球軸心的微妙變化是有可能偵測得到的，這就能解釋，為什麼歷經長久時期，恆星看來就會逐漸移動。（這種現象稱為「二分點歲差」〔precession of the equinoxes〕。）這也同樣違反了托勒密的經典教義，因為他堅稱，地球是完全靜止的。諾瓦拉還向哥白尼介紹了雷吉奧蒙塔努斯的《天文學大成摘要》，於是哥白尼在波隆那時便買了一本。從此以後，哥白尼便迷上了天文學。他花了往後幾年期間周遊義大利各處，由於之前雷吉奧蒙塔努斯曾在帕多瓦講授波斯天文學，於是哥白尼前往該地短暫研習，隨後他在一五〇三年畢業並回到波蘭。他在弗龍堡（Frombork）安頓下來，在那處城市的主教座堂擔任法政牧師。哥白尼就是在那裡發展出了科學史上最著名的理論之一。[23]

　　哥白尼在一五四三年發表的《天體運行論》是以拉丁文寫成，書中提出了宇宙的一種日心模型：現在位於中心的是太陽而非地球。這證明了一點，輕描淡寫來講就是很富爭議，它挑戰了當時就宗教上和科學上對上天的認識。哥白尼所做的，也就是把所有現存作品彙整在一起，接著檢視好幾個世紀以來喧鬧不休的托勒密相關爭議，進行邏輯推論得出合理結論。他借用了波斯的哲學理念，穆斯林西班牙的星曆表，以及埃及數學家的行星模型。從這方面看來，《天體運行論》是一部文藝復興時期的經典

綜合作品，兼顧取法歐洲和伊斯蘭的學問。哥白尼在卷首開宗明義提出一項批判，這在當時已經眾所周知——托勒密的天文學是前後矛盾的。它沒辦法維護亞里士多德關於勻速圓周運動的理想，而且它導入了種種不同數學技倆，也把它變得毫無必要地繁複費解。正如我們所見，這些自從公元九世紀以來就一直在伊斯蘭世界中流傳的想法，也開始滲透進入歐洲天文學中。哥白尼在《天體運行論》中起碼引用了五位伊斯蘭作者所見，其中許多都對托勒密有所批評。這些人包括公元九世紀敘利亞的數學家塔比・伊本・庫拉（Thābit ibn Quarra），還有十二世紀穆斯林西班牙的天文學家努爾・阿德丁・比特魯吉（Nur ad-Din al-Bitruji）。哥白尼本人看不懂阿拉伯文。不過他不必能讀，因為十六世紀，阿拉伯天文學主要著述的拉丁文和希臘文譯本，在歐洲都已經廣泛運用。而且哥白尼在義大利學習時，也有許多機會可以向能讀阿拉伯文的人士請教伊斯蘭科學，好比帕多瓦大學的安德里亞・阿爾帕戈（Andrea Alpago），他就曾在大馬士革待了十多年。[24]

接下來，哥白年論稱，托勒密的模型和行星的實際運動並不相符。提出這項論點之時，哥白尼主要是仰賴當時既有的星曆表，他自己並沒有提出什麼原創性觀測結果。他的作品主要是以《阿方索星曆表》（*Alfonsine Tables*）為本，這組星曆表是在卡斯提亞國王阿方索十世（Alfonso X）號召下編纂而成，內容集結了眾多早期伊斯蘭星曆表。這是個典型實例，顯示文化交流是如何實際運作：一群猶太數學家整理了一系列阿拉伯星曆表，隨後才把它們翻譯成西班牙文和拉丁文。最後，哥白尼指出，只要我們設想太陽是位於宇宙的中心，這所有問題也就迎刃而解。他

的這種處理方法，正是直接受了《天文學大成摘要》的啟發。雷吉奧蒙塔努斯取法阿里·卡什吉，表明我們有可能想像，各行星所有軌道的中心點，都位於地球之外的某處位置。哥白尼邁出了最後一步，論稱這個點實際上就是太陽。哥白尼的結論展現了一種神聖秩序映像，並表明「太陽，就像坐在王座上，掌管環繞它旋轉的行星家族」。[25]

提出這一主張之後，哥白尼仍有許多工作得做。把太陽安置在中央，這本身並不能產生出一個完全準確的宇宙模型。首先，就像亞里士多德和托勒密，哥白尼依然奉守天體依循正圓運行的觀點。不過就算把太陽安置在中心，行星似乎依然擺動。為解決這道問題，哥白尼轉而求助於一位伊斯蘭天文學家的著述，他就是我們先前見過的圖西。《天體運行論》書中有一幅圖解和圖西的阿拉伯文著作中的圖解一模一樣。兩圖神肖酷似，像得驚人，就連選用來標記眾多圖例元素的拉丁文與阿拉伯文字母，都完全相同。哥白尼很可能是從阿拉伯原文的一種拜占庭希臘譯本習得圖西的圖示。那部手抄本很可能是在鄂圖曼征服行動之後，被帶到了伊斯坦堡，當時在義大利好幾所圖書館裡面，都能找到複本。《天體運行論》書中那幅圖解描畫出了圖西雙輪的運作情形。哥白尼運用這個構想來解決圖西解決的相同問題。他希望找出一種方法來產生振盪運動，同時還不能犧牲對勻速圓周運動之承諾。接著哥白尼還更進一步。他使用圖西雙輪來模擬行星繞行太陽而非繞行地球的運動。使用的數學工具是十三世紀在波斯發明的，如今便納入了歐洲天文學史上最重要的著作裡面。沒有這項工具，哥白尼就沒辦法把太陽擺在宇宙的中心。[26]

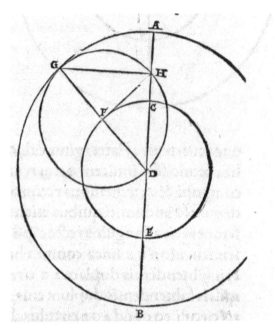

2-4 「圖西雙輪」的一幅圖解，引自哥白尼的一五四三年版《天體運行論》（*On the Revolutions of the Heavenly Spheres*）。（Library of Congress）

　　《天體運行論》在一五四三年出版，長期以來被視為科學革命的起點。然而大家卻較少體認到，哥白尼其實是在遠更為悠久的伊斯蘭傳統之上構築他的論述。十一世紀在埃及著述立說的海什木，很早之前就已指出托勒密的宇宙模型的眾多矛盾之處，特別是行星依循正圓路徑運行的觀點。十三世紀在波斯撰述的圖西，隨後也已提出了一種解決這道問題的方法，基本上就是設想行星是環繞兩個圓圈轉動。還有十五世紀在撒馬爾罕寫書的阿里・卡什吉也已經提出了另一種解決方法，並論稱，要想模擬行

星運動，假定地球並不是位於軌道中心會容易得多。就連太陽有可能位於宇宙中心的概念，也不是全新的想法。早在九世紀時，好幾位穆斯林天文學家便已經討論了這種可能性，不過那項觀點在中世紀伊斯蘭世界始終沒有受到廣泛認可。[27]

與其把哥白尼想成隻手掀起科學革命的什麼孤獨天才，倒不如把他看成遠更寬廣的全球文化交流故事當中的一個環節。這裡的關鍵事件是鄂圖曼帝國在地中海東部崛起，特別是在一四五三年征服了伊斯坦堡之後。拜占庭難民和威尼斯商人從鄂圖曼領土歸來之時，也帶回了好幾百部新的科學手抄本。這當中有部分是古希臘原文著述，另有些則是比較晚近的阿拉伯文和波斯文評註。正是由於接觸了所有這些新文本和新思想，才啟動了歐洲的科學革命，哥白尼就是這方面的最好例子。《天體運行論》把來自阿拉伯、波斯、拉丁和拜占庭希臘的文獻來源結合起來，構思出了一種基進的新穎宇宙模型。文化交流對文藝復興時期歐洲的科學發展產生了深遠的影響。不過世界其他地方呢？接下來，我們就要跨越亞洲和非洲旅行，探索科學革命的全球歷史。從伊斯坦堡和廷布克圖到北京和德里，世界各地的科學思想家都開始重新評估遠古過往，進行新的觀測，並發展出新的天文學和數學理論。這一切都得歸功於，從十五世紀以來，貿易和宗教網絡都出現了大幅擴展。這些網絡讓人們接觸到了新的思想和新的文化，也把科學革命轉變成為一場全球運動。底下我們就會看到，事實上，歐洲的科學革命故事，和其他地方的科學革命故事之間，存有許多十分搶眼的相似之處。了解了這一點，接著我們就從一位海上的鄂圖曼天文學家入手。

3. 鄂圖曼文藝復興

塔居丁（Taqi al-Din）搭船越過地中海，從亞歷山卓（Alexandria）航向伊斯坦堡。他在埃及研習多年，習成精湛的天文學技藝，期盼前往鄂圖曼宮廷，贏得新蘇丹穆拉德三世（Murad III）的青睞。塔居丁一五二六年生於大馬士革，在開羅受教育，他打算當個天文學家來為蘇丹效力，也許就訂定每日五次禮拜的時間或者確定麥加的方向。說不定他還能為蘇丹推算天宮解析運勢，這是種收入豐厚的服務。計畫是如此，不過塔居丁很快就發現，要前往伊斯坦堡可非易事。在十六世紀，在地中海航行是很危險的事情，因為歐洲和北非海盜肆虐那片海域，逮到俘虜，要麼就被販售為奴，不然就被當成人質勒贖。突然之間，一艘槳帆砲艦向塔居丁搭乘的船隻貼靠了上來。海盜衝上甲板，戰鬥很快爆發，多數船員遇難，屍體被拋入海中。不過塔居丁倖免於難。他是個有學問的人，海盜們知道，這種人很值錢。[28]

幾個月過後，塔居丁被賣給羅馬一位文藝復興時期的學者為奴。受過教育的穆斯林價碼很高，因為他們能翻譯從東方傳來的新的天文學手抄本。待在羅馬期間，塔居丁受命翻譯關於歐幾里得和托勒密的阿拉伯文著作。在此同時，這種經驗也讓像塔居丁這樣的穆斯林，得以接觸到文藝復興時期的科學文化。後來塔居丁終於買回了自己的自由，這時他也已經認識了最新的歐洲天文學理論。他甚至還學會了一些義大利文。離開羅馬之後，塔居丁終於能夠完成他前往伊斯坦堡的旅程。他在一五七一年抵達，從他離開埃及已經超過十年，並受任命為鄂圖曼蘇丹的首席天文學

家。接著塔居丁說服穆拉德三世，基督宗教的歐洲正很快地趕上伊斯蘭世界，為推展科學並獲得良好的占星預測，鄂圖曼蘇丹有必要建立新的天文觀測台。[29]

穆拉德三世批准了這項計畫，並於一五七七年下令在伊斯坦堡建造一座新的天文台。那座設施建在一座俯瞰博斯普魯斯海峽的小山上，在那裡白天可以觀賞那座都市的壯麗美景，到晚上就可以觀天。儘管原始建築結構已經點滴不存，但幸虧有眾多繪製精美的波斯細密畫（Persian miniature），讓我們對那座天文台的運作方式可以有很深入的認識。這些作品還伴隨著一部長篇敘事詩，標題為《王中王之書》（Book of the King of Kings），由阿拉‧丁‧曼蘇爾（Ala al-Din al-Mansur）在一五八○年寫成。這部史詩就如標題所示，描繪了穆拉德三世的統治時期，並記錄下他的所有偉大事蹟。「當他下令進行觀測並編制星曆表，星辰就會降臨並俯臥在他面前，」曼蘇爾寫道。天文台本身是伊斯坦堡天際線上的一座金色圓頂，鋪襯了華美黃銅和紅銅。天文台配備了一座巨大的法赫利六分儀，高五十公尺，比撒馬爾罕的那座還大。台內還設有一口獨立的井，二十五公尺深，於是天文學家就能阻隔周圍的陽光並得以在白天觀星。

塔居丁在天文台裡面度過歲月，測取天文讀數並編制新星曆表。他手頭有一本烏魯伯格的《蘇丹星表》，而且他工作時還會把訂正寫在那部手抄本上。有一幅波斯細密畫描繪了塔居丁和其他十五位天文學家、數學家以及抄寫員並排坐著。他們各個都穿著鄂圖曼典型衣著──紅、綠色卡夫坦袍，還配戴素白纏頭巾。其中有些正高舉星盤，觀測天象，另有些人則投入計時工作。中

2-5　塔居丁（頂排，右數第三人）在伊斯坦堡天
文台工作。（Alamy）

央有一件沙漏，圖底有個地球儀，而且有趣的是，一角還有一台
機械鐘。[30]

　　乍看之下，那台時鐘似乎並不重要。不過實際上那正顯示出
鄂圖曼與歐洲科學的相互聯繫已經變得多麼緊密。機械式發條驅
動時鐘是十四世紀末在歐洲發明的，當時主要是安裝在教堂塔樓
上，或者擺在王公宮廷當成展示品。不過塔居丁看出了這項新發

明在天文學研究上的潛力。畢竟，測量一顆恆星或行星跨越夜空所需時間，而且精準到秒，正是編制出準確天文星曆表的關鍵要項。於是當早期的天文台，好比馬拉蓋和撒馬爾罕的設施，都使用水鐘和日晷，塔居丁則製造了一台機械裝置。這樣一來，他就成為（歐洲和亞洲）最早在天文台裡面安裝了專屬機械鐘的首批天文學家之一。我們在畫中看到的那台時鐘，極可能是某位歐洲工匠製造的。整個十六世紀，為迎合日漸增長的鄂圖曼機械裝置市場所需，荷蘭和法國的鐘錶匠生產出標上土耳其數字的時鐘，有些甚至還能對應伊斯蘭太陰曆顯示不同月相。這些時鐘通常都由歐洲使節帶來當成贈品，期盼爭得鄂圖曼宮廷的青睞。隸屬天文台的一台時鐘就是專門為穆拉德三世打造的。據一位官員稱，它是「狀若城堡，鐘聲敲響，城門隨之開啟，並出現一尊蘇丹策馬雕像」。[31]

　　塔居丁對這種新裝置相當癡迷。他檢視了蘇丹收藏的所有這類時鐘，很快就了解了它們是如何製造的。他很可能也曾在被禁錮於羅馬期間接觸了機械鐘。由於擔心對歐洲工匠過於依賴，於是塔居丁著手設計、製造他自己的裝置。他的手抄本裡面有一些非常細膩的圖解，精細地勾勒出如何製造具有準確秒針的時鐘，而準確計秒也正是天文學工作所不可或缺的。有一部手抄本甚至還描繪了一台用來烤肉串的時鐘式機器，顯然塔居丁很有機械天分。事實上，他當時便開始構思，宇宙本身說不定就很像一台巨大的時鐘。（這相同想法在歐洲極具影響力，特別是在十七世紀為笛卡兒所採用之時。）在一部融合了神學、哲學和數學的作品當中，塔居丁提出了他對發條宇宙的設想。他解釋，他希望「製

造出一台能反映出上天聖潔結構的時鐘」。事實上，伊斯坦堡天文台正配備了這樣一台機器。在另一幅波斯細密畫中，我們看到了一台龐大的圓球型裝置，以金屬打造，由木框支撐。這台裝置稱為「渾天儀」（armillary sphere），基本上就是天空的一種機械模型，天文學家可以用它來快速執行複雜的幾何計算。渾天儀在古代早有使用，不過大家總認為那不過就是種有用的工具，沒幾個人能像塔居丁那樣，率先推斷那種裝置所具有的哲學意涵。宇宙真的就像一台機器。[32]

擁有了最新的機械奇珍，伊斯坦堡天文台成為東地中海科學進步的新核心。不過這不單只是伊斯蘭的科學研究場所，猶太人和基督徒也在天文台工作，反映出了不斷擴張的鄂圖曼帝國所具有的種族、宗教多樣性。有些人是被當成奴隸帶進來，有一份報告便稱，伊斯坦堡天文台有「十二名被捕的基督徒」。另有些人則是在其他地方遭受宗教迫害才逃難來此，其中有個猶太男子名叫「達沃‧利亞迪」（Dawud al-Riyadi），他以「大衛數學家」的稱號為人所知。[33]

一五七七年，就在天文台建造之際，塔居丁一直嘗試觀測一次日食。然而，那天伊斯坦堡雲層過厚，塔居丁沒辦法執行他所需測量。不過他最近才聽聞有一位偉大的天文學家暨數學家，就住在西方約五百公里外的薩洛尼卡（Salonika）。那個人的本名叫做大衛‧本－殊山（David Ben-Shushan），從一五五〇年代起就住在鄂圖曼境內。他是個義大利猶太人，而且就像其他許多人，也是在一段反猶太主義聲勢高漲的時期逃離歐洲。一四九二年，西班牙把國內猶太族群驅逐出境，隨後在一四九七年，葡萄

牙也跟著效法。許多人最初前往義大利，然而一五四二年的羅馬宗教裁判所，又標誌著另一波迫害浪潮。猶太難民被迫再次逃難。許多人進一步朝東進入鄂圖曼帝國所占有的領土。到了薩洛尼卡，本－殊山加入了約兩萬名猶太族群行列。他擔任數學老師，教導鄂圖曼各地方長官的兒子們，因此他才為阿拉伯人和土耳其人所知。接著就是通過這些宮廷人脈，塔居丁才能在伊斯坦堡得知本－殊山這個人。[34]

　　兩人很興奮地交換天文數據，討論最新的科學理論。最讓塔居丁高興的是，本－殊山觀察了一五七七年日食，而且完成了細密測量。塔居丁十分嘆服，於是他邀請本－殊山來伊斯坦堡天文台加入工作團隊。接著本－殊山旅行來到了鄂圖曼帝國的心臟地帶。這樣一位義大利猶太人，能讀拉丁文、希伯來文和土耳其文，他代表了 —— 或許比其他任何人都更具有代表性 —— 在十六世紀期間，文化交流對科學發展的重要性。本－殊山介紹塔居丁認識了文藝復興科學的所有晚近著述，包括托勒密的新譯本。還有，讓塔居丁沉迷不已的機械科學，特別是歐洲時鐘的運作方式，本－殊山也相當熟悉，於是他很快就升任為伊斯坦堡天文台的助理天文學家。本－殊山也出現在一些波斯細密畫中，就坐在塔居丁本人身邊。[35]

　　本－殊山來到伊斯坦堡的時機恰到好處，正趕上協助進行一項特別重要的觀測。一五七七年十一月，夜空出現了一顆燦白光點，那是顆彗星，後來在全世界，從秘魯到日本都被觀測到。塔居丁和本－殊山看著那顆彗星高飛越過伊斯坦堡上空。有一幅波斯細密畫描繪它來到阿亞索菲亞大教堂正上方。身為蘇丹的首席

天文學家，塔居丁立刻向鄂圖曼宮廷報告。穆拉德三世希望知道，上天突然出現這種變化代表什麼意義。伊斯蘭曆的千年逐漸逼近，預定發生在基督宗教紀元一五九一年，鄂圖曼蘇丹希望確保一切安好。塔居丁向他的主人擔保，彗星預示的是好消息。彗星在齋戒月第一天清晰地出現，那是個吉兆；這就「像給小熊星座眾星纏上頭巾」，暗示穆拉德三世統領天與地。最後，塔居丁還論稱，鄂圖曼蘇丹最終當能在他與基督教歐洲的鬥爭中獲勝。根據塔居丁的說法，那顆彗星「從東向西噴發一道光芒……它的箭矢正好就落在信仰之敵的身上」。[36]

　　哥白尼在歐洲掀起一股風潮之時，鄂圖曼帝國的天文學家和數學家，也正進入他們自己的文藝復興時期。從十五到十六世紀之間，鄂圖曼科學思想家產生出了超過兩百項天文學原創著作，再次挑戰伊斯蘭科學隨著中世紀「黃金時代」結束而沒落的觀點。一四五三年伊斯坦堡征服之後，眾多穆斯林學者來到鄂圖曼，並在蘇丹資助之下投入工作，塔居丁只是這當中的一個。烏魯伯格死後，撒馬爾罕天文台的首席天文學家阿里·卡什吉前往伊斯坦堡，受僱在設於城中的一所伊斯蘭學校中工作，當時鄂圖曼人創辦了好幾百所這樣的學院。其他學者也從伊斯蘭世界各地，分頭來到了伊斯坦堡，包括波斯和蒙兀兒印度（Mughal India）。在此同時，我們有必要記得，伊斯坦堡從來就不是個排外的穆斯林城市。猶太人和基督徒也在鄂圖曼宮廷找到贊助。猶太天文學家大衛·本－殊山在伊斯坦堡天文台與塔居丁共事，而穆罕默德二世的御醫也是個猶太人，是從文藝復興時期義大利逃來的難民。座落於歐洲與亞洲的十字路口，早現代時期的伊斯坦

堡是一座國際大都會，在這裡面——誠如我們在其他地方已經見到的——宗教和貿易網絡在十五和十六世紀時期的擴張，促成了科學的轉型。[37]

事實上，鄂圖曼的這段故事和歐洲的科學革命史有很多相似之處。就如同文藝復興時期的歐洲，鄂圖曼的科學思想家對古希臘作者的著述，也抱著很濃厚的興趣。穆罕默德二世擁有大批古希臘手抄本藏書，全都在征服伊斯坦堡期間繳獲。秉持悠久的伊斯蘭傳統，蘇丹接連委派將這些古希臘作品重新翻譯成阿拉伯文。為配合鄂圖曼宮廷的國際性本質，這些譯本便由拜占庭希臘人完成。就像在歐洲的情況，鄂圖曼科學思想家也在這一時期開始閱讀並翻譯更早期的伊斯蘭思想家的著作。阿里·卡什吉的天文學手抄本也經翻譯為鄂圖曼土耳其文，圖西的作品也同樣如此。這位十三世紀的天文學家的種種觀點，對哥白尼造成了十分深遠的影響。到了十七世紀中期，鄂圖曼科學思想家也開始閱讀歐洲的天文學著述。一六六二年，一位名叫特茲基雷奇·科斯·易卜拉欣（Tezkireci Köse Ibrahim）的鄂圖曼天文學家便解釋道：「哥白尼奠定了一個新基礎，並編結出一個小型『紡索』星曆表，假想地球會動。」易卜拉欣甚至還畫了幅草圖，勾勒出哥白尼著名的日心宇宙模型。[38]

因此，我們可以開始看到眾多與傳統歐洲科學革命故事相仿的雷同情節。鄂圖曼的科學思想家也閱讀並翻譯古希臘文本，而且他們也學習借鑑比較晚近伊斯蘭作者的著述，來批評這些比較古老的理念。畢竟，在伊斯坦堡這座都市——歸功於它位於絲路上的位置——你很容易就能接觸到以種種不同語文寫成的科學手

抄本，包括從拉丁文到希臘文，乃至於波斯文和阿拉伯文的著述。不只如此，歐洲文藝復興的核心理念，在伊斯蘭世界也能找到雷同之處。這在阿拉伯文中稱為 *tajdid*（原文意指「更新」）。傳統上，這是宗教學者用來描述伊斯蘭教改革的術語。然而從十五世紀開始，*tajdid* 的概念就開始被使用得遠更為廣泛，成為某種關於振興的運動的一部分，而且被振興的不只宗教，也兼及伊斯蘭科學。這場運動並不局限於伊斯坦堡。到下一節我們就會看到，天文學、數學和伊斯蘭教之間的牽連，順著絲路向西傳播，跨越撒哈拉沙漠並來到非洲。[39]

4. 非洲的天文學家

一五七七年十一月，廷布克圖上空出現了一陣壯麗的流星雨，那座城市就位於現今的馬利（Mali）境內。有關西非天文現象的報告，在整個十六和十七世紀期間都不斷出現。十七世紀早期一位西非編年史家阿卜杜·薩迪（Abd al-Sadi）便曾記載道：「一顆彗星出現在眼前。它在黎明時分從地平線升起，接著一點一點上升，並在日落和黑夜之間達到正上空。最後它消失不見。」我們在本章已經見到，在這段時期，伊斯蘭世界各地，從撒馬爾罕到伊斯坦堡的統治者，對天文學是抱持著多麼濃厚的興趣。撒哈拉以南非洲地區也有這相同的情況。許多文學家受聘在桑海帝國（Songhay Empire）統治者阿斯基亞·穆罕默德（Askia Muhammad）的皇廷工作。桑海帝國是個伊斯蘭蘇丹國，十六世紀期間控制了西非大半地區。這些天文學家協助編制年曆並提供

宗教指引，對桑海帝國統治做出貢獻。阿斯基亞·穆罕默德本人是個虔誠的穆斯林，支付他的天文學家豐厚俸祿，要他們協助計算禮拜時間和齋戒月日期。另有些人則奉命判定麥加的方向。[40]

十六世紀廷布克圖出現了天文學家的身影，見證了撒哈拉以南非洲地區在現代科學史上所扮演的重要地位。這個地方比其他任何地帶都更被人排除在科學革命歷史之外。然而就連在認可更廣闊世界之重要性的科學史料當中，撒哈拉以南非洲地區，依然是令人起疑地完全缺席。然而，歐洲殖民時期之前的非洲並沒有科學的想法是個迷思，而且急需更正。就像世界其他地區，非洲也擁有豐富的科學傳統，而且在十五和十六世紀時，還隨著宗教和貿易網絡的擴張而經歷了重大轉變。因此，與其將撒哈拉以南非洲地區看成與世界其他範圍區隔開來的地帶，我們必須把它看成我們在本章所深入探究的這同一段故事——全球文化交流的故事——的一個環節。[41]

廷布克圖在十二世紀建城，接著在十五和十六世紀期間經歷了大幅擴張，特別是在桑海帝國興起之後。桑海帝國在一四六八年掌控了那座城市。這次擴張主要是跨撒哈拉地區的貿易勃興所驅動，商旅隊伍絡繹於途，從廷布克圖運送黃金、鹽和奴隸到埃及以及其他地方，並藉由絲路把西非與亞洲連接起來。在這同一時期，其他非洲王國也開始在沿岸地區與歐洲人進行貿易。這標誌了跨大西洋奴隸貿易的開端，所造成的衝擊，我們在接下來兩章就會更詳細深入探究。廷布克圖很快富裕起來，也讓桑海帝國的統治者得以支撐起「一所富麗堂皇，內裝豪華的宮廷」還加上了「眾多醫師、法官、學者、〔和〕祭司」。除了貿易、宗教之

外，還有個關鍵因素讓非洲和更寬廣世界連繫起來。穆斯林在公元七世紀征服北非之後，從十世紀開始，伊斯蘭教便擴散跨越撒哈拉傳入西非。接著從十四世紀開始，伊斯蘭教就愈來愈廣泛散播開來，特別在鄉村地帶。就在這段期間，除了進口手抄本之外，西非伊斯蘭學者也開始在各地方著述愈來愈多原創手抄本，這些地點包括廷布克圖等都市。非洲統治者早就體認到，伊斯蘭教對於鞏固政權的重要性。阿斯基亞‧穆罕默德甚至還曾於一四九六年，在廷布克圖許多學者陪同下，完成了一趟麥加朝聖之旅。[42]

隨著貿易和朝聖而來的是知識。阿斯基亞‧穆罕默德從麥加返國時，帶回了好幾百部阿拉伯手抄本，內容詳細記載了從天文學新觀點到伊斯蘭教法原則等一切事項。商人從撒哈拉各地回到西非時，也帶來了在伊斯坦堡和開羅購買的一批批阿拉伯手抄本。「這裡有從巴巴里（Barbary）〔北非〕帶來的手抄本書籍，比其他任何商品獲利都更豐厚，」十六世紀的著名旅行家利奧‧阿非利加努斯（Leo Africanus）在他前往廷布克圖時便曾這樣寫道。另有些手抄本則是隨著許多伊斯蘭學者抵達，他們是在天主教征服穆斯林西班牙時逃來此處，那次戰役最終便導致格拉納達酋長國（Emirate of Granada）在十五世紀末敗亡。稍後我們就會見到，阿拉伯手抄本在西非的散播，最終便導入了科學的轉型，這段故事與文藝復興時期的歐洲有驚人的相似之處。[43]

在伊斯蘭教傳播之前，非洲民眾就仰觀天象。古馬利多貢人（Dogon）為所有不同星辰命名，而南非的科薩人（Xhosa）則在夜間使用木星來引路。中世紀貝南王國（Kingdom of Benin，

位於當今的現代奈及利亞）的統治者甚至還聘僱了很特別的一群天文學家來追蹤太陽、月球和星辰在全年期間的運行。這群專家稱為伊沃烏基（*Iwo-Uki*），也就是「月升協會」（Society of the Rising Moon）。這對於規劃農曆尤其重要。貝南王國首都的中世紀天文學家，密切監看獵戶座腰帶的推移並宣告「當這顆星從天空消失，民眾就知道，該種植山藥了」。伊費王國（Kingdom of Ife，也是位於現今奈及利亞境內）的中世紀統治者，同樣體認到天文學對於城內農業和宗教生活的重要性。伊費城是約魯巴文化（Yoruba culture）的一處核心，城內有許多神殿。國王在這附近建造了一批大型花崗岩柱，用來追蹤太陽運行，並判定宗教節日時間以及年度收成時節。[44]

　　從十五世紀起，這些現存的天文學傳統經歷了重大變遷。就像在歐洲，非洲學者也開始藉由阿拉伯文譯本來研讀（諸如亞里士多德和托勒密等）古希臘思想家的著作。夜間，成群學生齊聚營火周圍，看著星辰流逝，並拿他們測定的結果來與見於種種阿拉伯手抄本的星曆表做個比較。其中一部手抄本很可能在十六世紀的廷布克圖被用來教導天文學，書名稱為「星辰運動的知識」（Knowledge of the Movement of the Stars）。它一開始先解釋古希臘和羅馬作者的天文學理論，隨後轉向較為晚近的伊斯蘭思想家，好比海什木，他在十一世紀針對托勒密的天文學寫出一部影響深遠的批評著述。那部手抄本接著還解釋，如何判定特定星辰的位置，還有它們在占星上的重要意義。[45]

　　還有一部手抄本是廷布克圖一位名叫穆罕默德·巴哈約戈（Muhammad Baghayogho）的學者寫的，內容解釋了如何計算

出白天（使用日晷）和夜晚（使用月球位置）的禮拜時間。巴哈約戈在十六世紀早期完成了一趟麥加朝聖，而且他擁有十分豐富的阿拉伯手抄本藏書，在廷布克圖首屈一指，他還針對十六世紀鄂圖曼一位名叫穆罕默德・塔朱里（Muhammed al-Tajuri）的天文學家所著作品撰寫了一部評註。沒錯，你在廷布克圖找得到的手抄本，不只是以阿拉伯文寫成的，還包括鄂圖曼土耳其文的內容，這就顯示在這段時期，鄂圖曼和西非的科學發展，有很密切的關係。[46]

廷布克圖無疑是近現代西非科學進步最重要的地點之一，卻也絕非獨一無二。非洲還有其他一些城市，特別是與更廣泛的貿易和宗教世界密切關聯的那些城市，都在這段期間經歷了相似的科學知識擴張。博爾諾蘇丹國（Sultanate of Borno）是位於當今現代奈及利亞境內的伊斯蘭王國，根據一份晚近記載，該國大清真寺（Great Mosque，譯註：亦稱「星期五聚禮」或「主麻日」清真寺）的學者研讀「好幾部科學著述」。同樣地，在後來成為奈及利亞的另一個伊斯蘭王國，卡諾蘇丹國（Sultanate of Kano），則是從穆斯林世界各地延攬學者前來宮廷教學。在十五世紀初，一位學者從麥地那遠道前來，並隨身帶來了大批阿拉伯手抄本，其中有許多都涉及科學科目，好比天文學和數學。就像在廷布克圖，十五世紀卡諾的非洲學者，同樣閱讀種種阿拉伯文概述，摘譯自古希臘文本以及諸如海什木等影響深遠的穆斯林科學思想家的著述。[47]

如同我們在其他地方所見，在卡諾宮廷工作的天文學家，也協助編制年曆。一位名叫阿卜杜拉・本・穆罕默德（Abdullah

bin Muhammad）的學者，甚至還寫了一部手抄本來詳述傳統伊斯蘭占星術星曆，內容談到月球如何在一年期間運行穿越不同星座。除此之外，本・穆罕默德也描述了「行星的運行」以及它們所具有的種種不同占星學意義。最重要的是，這部手抄本是以豪薩文（Hausa）寫成的，使用這種語文的豪薩族裔群體，就是卡諾人口當中的多數族群。除了阿拉伯文星體名稱之外，本・穆罕默德甚至還註記了各個恆星和行星的豪薩文名稱。好比水星就以「瑪格塔卡德」（Magatakard）被列於其中，其豪薩原文的意思是「抄寫員」，至於太陽則稱為「薩爾基」（Sarki），意思是「王」。這同樣是個重要的提示，告訴我們非洲的前伊斯蘭天文學傳統的存在，而且當新的阿拉伯手抄本在十五和十六世紀傳入，這項傳統也隨之改頭換面。[48]

　　新的科學思想在西非持續發展到了十八世紀早期。一七三二年，一位在卡齊納（Katsina，同樣位於現今奈及利亞）工作的數學家寫了一部手抄本，標題是《論字母表之魔幻用途》（A Treatise on the Magical Use of the Letters of the Alphabet）。那位作者名叫穆罕默德・伊本・穆罕默德（Muhammad ibn Muhammad），曾東遊近一千三百公里外的博爾諾蘇丹國求學，師事泰斗穆斯林學者，學習天文學、占星學和數學。就像我們在本章接觸過的非洲科學思想家，他也在當時剛完成一趟麥加朝聖。儘管書名晦澀難解，伊本・穆罕默德的手抄本，實際上就是一部數學作品，書中詳述了我們所稱「魔幻方陣」（magic squares）背後的基本原理，這是你有可能在學校裡遇到的那種材料。最簡單的魔幻方陣是個 3×3 網格，裡面填上從 1 到 9 的數字，把數字填進正確位

2-6　兩個「魔幻方陣」，出自一部早現代時期的阿拉伯數學手抄本。十七世紀的廷布克圖和卡諾也生產類似這樣的手抄本。（Alamy）

置，你就可以讓所有的行、列和對角累加和全都為相等數值。還有，儘管數字有多種排列方式，卻始終只有一個「魔幻數字」（magic number），可以讓所有數字的累加和全都相等。（就3×3網格而言，那個數字是15。）一旦你掌握了這一點，接著你就可以開始提出比較複雜的數學問題——例如，像9×9這般較大的方陣，或者甚至是個n×n任意大型方陣的「魔幻數字」為何？你還可以開始計算出，就不同大小的方陣，各有多少種不同的排列方案，還有求解的最佳運算法為何。[49]

魔幻方陣在中世紀伊斯蘭數學界有廣泛討論，而且伊本・穆罕默德也幾乎肯定是閱讀在卡齊納販售的阿拉伯手抄本時學過那種方陣。他顯然是著了迷，騰出他的手抄本多頁篇幅來介紹它們，並提出了一套公式，來建構種種不同尺寸的方陣。他還證明，就一個3×3方陣，只需旋轉與鏡射就能找出所有不同的解。然而，在伊本・穆罕默德看來，除了對數學的興趣之外，魔幻方陣也同樣是他宗教義務的一部分。魔幻方陣被視為阿拉的禮贈，「字母受真主守護，」他寫道。事實上，這種魔幻方陣在當時看來是十分特別，因此伊本・穆罕默德還建議數學家「暗中工作……你不該隨便傳揚真主的祕密」，這也點出了許多人心中認定與魔幻方陣連帶有關的神祕特性。就像許多科學思想家，不論他們在非洲、亞洲或歐洲，伊本・穆罕默德也認為魔幻方陣具有護身符的作用，能防護抵禦不祥之兆；這就是為什麼他的手抄本標題提到數學的「魔幻用途」。魔幻方陣也被廣泛使用來嘗試預測未來。伊本・穆罕默德想必也在早現代時期的卡齊納提供他的這些服務，解析「讀數」，一般就是把特定數字代換成單詞或字

母。甚至還有些人把魔幻方陣縫上他們的衣物來避邪。[50]

　　長久以來，撒哈拉以南非洲地區總是被排除在科學革命的歷史之外。然而一旦我們開始探索那片地區的豐富科學文化，實際上我們也就能看出，在同期該地區，該地區與歐洲的情況存有眾多雷同之處。就像在歐洲，非洲人也藉由阿拉伯文譯本和以阿拉伯文寫成的概述，認識了亞里士多德和托勒密等古希臘和羅馬的科學思想家。就如同歐洲的情況，非洲人也取法較晚近伊斯蘭天文學家與數學家的著述，好比海什木，得知對這些古代思想家的相關批評。而且就如同歐洲的情況，非洲的科學革命，並沒有完全排除較古老的觀點：天文學、占星學和占卜術，彼此往往仍難區分。因此，與其把非洲視為與科學革命互不相干，我們應該把它看成共通歷史的一個部分——在這段歷史中，沿絲路貿易和朝聖的蓬勃發展，促使十五和十六世紀期間的科學出現變革。

　　在廷布克圖和卡諾，就像在撒馬爾罕和伊斯坦堡，伊斯蘭學者也得到了非洲富人的贊助與扶持，因為他們能體認天文學和數學的宗教價值。「這門科學的一項用途就是能得知禮拜時間，」桑海帝國一位宮廷天文學家這樣表示。在此同時，天文學家也幫助引導商隊跨越撒哈拉，進一步為那處地區的貿易成長做出貢獻。他們旅行跨越浩瀚沙漠「彷彿那是在海上，由嚮導憑恃星辰操控前行」，一位作者這樣解釋。非洲位於絲路最西端，到了十五和十六世紀期間，它終於也經歷了自己的科學革命。現在我們沿著絲路東行，揭示雷同的商業、宗教和知識交流，是如何協助在中國和印度引發了一場科學革命。[51]

5. 北京的天文學

　　利瑪竇（Matteo Ricci，音譯：馬泰奧・里奇）身著紅絲袍，進入紫禁城。這讓他成為第一位得以來到北京核心，進入中國皇帝內殿的歐洲人。利瑪竇決定穿上儒生衣著，期能博得皇帝好感。為了這次覲見，他甚至還仿效中國文人典型做法，也蓄留長鬚。利瑪竇在一六〇一年二月走入宏偉大理石殿堂，也實現了一個遠溯延續近二十年的抱負，他在一五八二年便曾以耶穌會會士身分來到中國。就如我們在前一章所見，耶穌會會士的「傳教活動和早期現代科學的發展，存有很密切的牽連。在他們看來，研究天國就是領略神的智慧的一種方法，這種做法也是基督信仰對潛在皈依者影響力的展現。這正是利瑪竇推動他在中國傳教工作所採的手法。

　　利瑪竇，一五五二年生於馬切拉塔教宗國（Papal State of Macerata），一五七〇年代早期進入羅馬學院（Roman College）就讀，追隨耶穌會泰斗學者克里斯托佛・克拉烏（Christopher Clavius）學習。在那個時代，當個天文學家十分令人振奮。哥白尼的日心模型引發轟動，同時在一五七二年十一月，天上出現了一顆「新星」，進一步挑戰了天國完全不會改變的理念。（這顆「新星」其實是顆超新星。）完成培訓之後，利瑪竇便請求加入耶穌會遠東布道團。他在一五七七年離開羅馬，前往里斯本，在那裡搭船前往中國。那趟旅程花了將近四年，包括一次在印度停靠。利瑪竇終於在一五八二年八月，抵達了葡萄牙通商口岸澳門。他的餘生都待在中國，扮演亞洲基督教與科學發展的重要推

手。[52]

利瑪竇堅信，天文學和數學當能協助耶穌會在中國取得立足點。十四世紀中期奪得政權的明朝，長久以來對歐洲訪客都十分戒慎警惕。萬曆帝在一五七二年登基，治下容許葡萄牙勢力進入澳門，每年卻只容許幾艘船隻航向內陸。就像葡萄牙商人，耶穌會會士起初也努力建立力量。在當時外國人經常被稱為「洋鬼子」，一般並不受歡迎。利瑪竇旅程途中好幾次被監禁起來，房子也被人砸石頭。到了最後，他總算落腳南方肇慶市，建立了一處小型布道會所。不過就連這處地點，到頭來也只是臨時的，因為在新的兩廣總督上任之後，耶穌會就遭驅逐。利瑪竇判定，為保障耶穌會在中國的未來發展，他就必須朝觀皇上本人。正是抱持這個心願，利瑪竇才在一六〇一年前往北京。他隨身帶了形形色色的貢品，其中包括了一幅聖母馬利亞的畫像，以及一件鑲嵌了珍珠與玻璃珠的十字架。利瑪竇還帶了兩座機械鐘──大的由鐵砝碼驅動，小的由彈簧提供動力。

萬曆帝對那幅畫和那件十字架並沒有特別留下好印象，不過他確實很喜歡那兩座時鐘。皇上對機械鐘十分著迷，稱之為「自鳴鐘」。他飭令大型那座安裝在他的御花園，小的那座則擺在他的寢宮。萬曆轉動齒輪，壓縮彈簧，想理解機械裝置是怎麼運作的。然而，不久之後，兩座時鐘都停頓不再報時。皇帝很不開心，飭令利瑪竇回到宮中修復兩鐘。貢品選得好，兩座機械時鐘是一路從義大利帶來，明顯讓皇帝留下好感。然而要操作它們，還必須對歐洲數學具有深入的理解，而且得每天調整並定期上發條。皇帝很快就了解，倘若他希望時鐘繼續報時，他就必須讓利

瑪竇進入紫禁城。萬曆吩咐耶穌會會士每年返回四次來維修時鐘，為此皇上恩賜利瑪竇獲准在北京定居並建立一處教會。[53]

利瑪竇對科學的信心翻轉出好結果。他在一六〇五年寫信到羅馬，論稱天文學和數學被證實是贏得中國菁英青睞的最佳手法。利瑪竇解釋道：「由於我的世界地圖、時鐘、天球儀、星盤，以及我從事並教學的其他事項，我掙得了舉世最偉大數學家的美譽。」接著他還建議拓展這項策略，並論稱「再也沒有比派遣一位擅長占星的神父或弟兄來到這處宮廷更有利的了」。根據利瑪竇所述，這會「提高我們的聲望，讓我們得以更自由地進入中國，也確保我們能獲得更高度安全保障與行動自由」。利瑪竇如願以償，而且在往後五十年間，耶穌會接連派了大批才華橫溢的天文學家和數學家來到中國。這標誌著歐洲和東亞之間的更廣泛科學知識交流的起點。許多關於天國之本質以及古代知識所扮演之角色的辯論，現在就開始在一個不同的環境中開展，而歐洲和中國研究天文學與數學的取徑，也隨之開始彼此接觸，並在這過程中相互促成轉變。[54]

不久之後，耶穌會會士迎來了他們的第一位高層級皈依者。徐光啟在北京教會於一六〇一年設立之後不久就皈依天主教。他是位進士，在中國皇權科層體制中位列高官。徐光啟，耶穌會會士稱他為「保祿博士」（Dr Paul），正是利瑪竇希望吸收的那類皈依者——深具影響力的學者，能在宮廷幫助推廣耶穌會會士的理想。徐光啟也對科學表現出高度珍視，並與利瑪竇以及其他耶穌會會士合作，協助把古希臘和文藝復興時期科學的許多最重要著作翻譯成中文。徐光啟出身寒微農家，在一處佛教小型寺廟讀

書，隨後才進入官場並逐步升遷。他在北京與利瑪竇合作，幫助完成了歐幾里得《幾何原本》（*Elements*）的第一部中文譯本，把這部歐洲數學最重要礎石之古希臘文本引進了中國。

利瑪竇認為，完成歐幾里得的譯本，能進一步擴大耶穌會會士的影響力，因為「在中國人當中，數學學科或許比在其他任何國家都更受敬重」。徐光啟和利瑪竇的譯本並不是根源自古希臘原文，而是利瑪竇當初在羅馬時期的導師，克拉烏所撰述的拉丁文版本。到這時候，利瑪竇講華語已經十分流利，不過書寫方面他還沒什麼信心，於是兩人便搭檔合作。利瑪竇把拉丁文口述譯成華語，而徐光啟則把利瑪竇的譯文筆錄下來，並改寫成典雅中文語句，以符合儒家學者該有的風格。很快又有其他譯作相繼推出，包括克拉烏一五九三年的重要著述，《星盤》（*The Astrolabe*）。到了一六一〇年利瑪竇去世之時，古希臘科學的眾多主要著作，還有好幾部中世紀與文藝復興時期的作品，都已經翻譯成中文了。[55]

我們很容易會以為，這些譯本不過是歐洲科學向中國轉移的一個插曲，不過實情卻是更複雜許多。誠如我們在伊斯蘭世界事例中所見，文藝復興時期重新發現古代知識的理想，並不是歐洲獨有的。中國學者也把他們所作所為，看成非常雷同的傳統的一部分。徐光啟認為，與利瑪竇合作，他就能復興流失的中國科學世界。就如同歐洲仰賴伊斯蘭世界來進入過去，中國或許也必須仰賴歐洲。徐光啟在他的歐幾里得中譯本序中，提出了復興古代知識的願景。他解釋道：「三代而上，為此業者盛，有元元本本、師傳曹習之學。」他描述了早至公元前三世紀之時，中國哲

學和數學的鼎盛時期。這是構成中國官僚體制基礎之儒學著作，四書五經撰述成書的時期，也是《九章算術》和《算數書》等經典數學作品撰述完成的時期。然而，就如同古希臘的科學和數學，這門知識也已經亡佚，「而畢喪於祖龍之燄」。儘管如此，徐光啟論稱，藉由與利瑪竇等歐洲人合作，則這門知識仍是可以復興的。徐光啟反問道，「禮失，何妨求諸野？」[56]

於是像徐光啟這樣的中國學者，便表現出類似歐洲人文主義學者般舉止：他們翻譯古希臘科學，卻抱持著一種恢復失落世界的觀點而為之。而且就像人文主義者，中國翻譯家也提出評註和批評，期望不只是恢復，還能將原始理念予以改進。徐光啟甚至還在一六〇八年寫了一部著述，題為《測量異同》（*Similarities and Differences of Measurement*），比較了中國和歐洲數學方法。他述說中國早期數學「只能陳述方法，卻不能說明原理」。徐光啟正確指出，中國數學現有成果許多都牽涉到特定問題的實際解決方案，而不是可類推的理論。如果沒有類推的數學理論，也就很難產出新的知識，因為這就很不容易把你已經習得的知識應用到新的情況。正如一位與徐光啟同時代人士所說，「中國的數學文本只提實例，卻沒有證明。」[57]

古希臘著述之所以吸引徐光啟，是由於它們為現存的中國數學提供了理論基礎。舉例來說，歐幾里得的《幾何原本》有一則畢達哥拉斯定理的證明（直角三角形三邊邊長由公式 $a^2 + b^2 = c^2$ 界定）。徐光啟採用了這個理念，不過隨後他也表明，中國古代數學典籍，包括《九章算術》也包含了這種定理的運用實例，但沒有明確的證明。閱讀歐幾里得之後，徐光啟便稱，中國數學家

可以恢復早已亡佚的知識，說不定還能予以改進。誠如另一位與徐光啟同時代人士所述：「藉由西學，我們可以回歸《九章算術》。」那麼這就是中國的一次文藝復興。[58]

徐光啟的所有辛勤努力獲得了回報。一六二九年，他升任中國科層體系中的極高職務——禮部左侍郎，耶穌會終於有個決策圈內人。徐光啟所屬部門，禮部負責掌理宮廷典禮儀制、宗教活動和科舉考試。禮部還管轄早期現代中國一處極重要的科學機構——欽天監。一六〇一年，利瑪竇在日記中生動描述了那處地方，如今到北京依然可以前往參觀：

> 北京城一側有座高山，但依然在牆內。山頂有一片寬敞台地，非常適合做天文觀測，周邊環繞古時搭建的宏偉建築。這裡有些天文學家每晚堅守崗位仰觀天文事件，不論是出現了流星火光，或者是彗星等，都要詳細向皇上稟報。

就如利瑪竇記述所示，欽天監是個具有重大政治與科學意義的機構。在中國，皇帝被視為「天子」。他的工作是要居間調和天與地，確保人、自然和宇宙之間的和諧關係。就實際而言，這就意味著皇帝必須頒行年曆，確保重要宗教節慶以及農耕季節與時俱進，因此曆法是種政治權力工具。採行曆制成為向皇帝效忠的方式，對於像韓國這樣的附庸國尤其如此。不過同樣地，若是皇帝未能預測出天文事件，好比日月食，他就只能下詔罪己，因而弱化自己的地位。有鑑於此，新帝幾乎總要改革曆制，這樣才

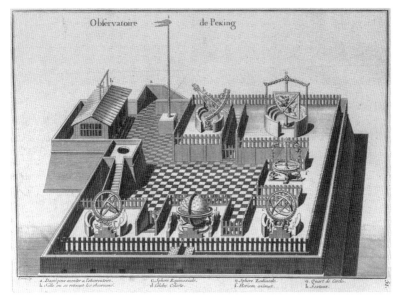

2-7　十七世紀北京的欽天監。許多科學儀器都飾有中國傳統特色圖案，包括龍。另有些儀器，好比六分儀（上排最左）則結合了中國和伊斯蘭的設計元素。（Wikipedia）

能鞏固他的權位。[59]

　　這正是崇禎帝於一六二七年登基時做的事情。（譯註：崇禎曆於一六二九年初編，一六三四年編竣，歷經實證檢測，一六四三年欽定施行，然未及落實明朝已亡。）他顧慮到舊曆未能預測重大天文事件，包括接連幾次「食」。一六一〇年，欽天監未能正確預測日食，把發生時間估錯了半小時。（看來似乎無關緊要，不過情況良好時，歐洲和中國天文學家預測日月食的發生時點，都可以精準到分鐘。）接下來，欽天監又有十次預測日月食失準。按照儒家哲學，天界的擾動會反映在地球上。先前兩任皇

帝在位時間都不長，一位登基不到一個月就死去。北方還有滿族逼近長城，威脅入侵。擔心及此，崇禎乃降旨令欽天監重修曆法。[60]

徐光啟把握這次機會。為充分發揮新職作用，他懇請皇上任命由他領導曆制改革，徐光啟還論稱，北京的天文學家必須向耶穌會會士學習，而非單只憑依現有傳統。到了這時，中國曆法顯然存有一項根本的問題。這是種「太陰太陽」曆，意思是它必須調和太陽年與太陰月這兩種時段長度。該曆以地球繞日運行需時三百六十五天並設此為太陽年。它還以月球繞地球運行約需二十九天並設此為太陰月。不幸的是，要拿太陰月來構成一個太陽年，找不到良好的組合。十二個太陰月很接近了，不過即便如此，你依然得在各不同時期添加額外日數，才能讓兩邊對齊。凡是基於兩邊結合的曆法，總是會隨著時間推移而出現偏差，也正是這樣，明朝才愈來愈難以精準預測日月食等天文事件的明確時間。[61]

這個問題並不是單獨發生在中國。一五八二年，教宗格列哥里十三世（Gregory XIII）要耶穌會會士協助改革歐洲的基督教曆。由於耶穌會會士既是頂尖天文學家，也是天主教之僕，他們確實是肩起這項使命的理想人選。這次改革由克拉烏，也就是利瑪竇在羅馬學院時期的恩師來負責領導。他整合了最新的數學方法，同時還從哥白尼星曆表擷取數據，最後便編制出了格列哥里曆（Gregorian calendar），時至今日，這種曆法在世界許多區域依舊沿用。就像在中國，採行格列哥里曆也是對天主教會宣誓效忠的方法，許多基督新教國家原先都拒絕採行克拉烏的改革措施，後來是到了十八世紀方才改觀。耶穌會會士的最高期盼是希

望崇禎帝也能採行格列哥里曆，表明奉守天主教義。[62]

到最後他們失望了。就像當初翻譯歐幾里得，徐光啟也倡議耶穌會天文學能協助改革曆法，不過也認為，其結果基本上依然會具有中國的特色。徐光啟的說法是，「融合西學素材與實質，我們當能以中國體系為模鑄造成形」。他還指出，中國早就仰賴外人。就像文藝復興時期的歐洲天文學家，中國天文學家深深受惠於伊斯蘭世界。北京天文台的天文儀器，許多都在十三世紀已經由波斯天文學家製造問世，其中包括一些巨大的石造儀器，類似撒馬爾罕的法赫利六分儀。即便在十七世紀，欽天監依然有個使用伊斯蘭星曆表的穆斯林部門（譯註：稱為回回司天監）。徐光啟只是建議這種策略應予擴充，而且與耶穌會科學做這樣的交會，也當能為中國天文學家帶來好處。[63]

到最後，崇禎帝認可徐光啟與耶穌會會士是領導曆法改革的最佳人選。一六二九年，徐光啟受任命為欽天監曆局監督。當時還有兩位耶穌會德國會士參與工作，兩人都曾在羅馬師事克拉烏。他們一起編制出了一份新的星表，還完成了一部卷帙浩繁的科學著述，題為《崇禎曆書》，於一六四五年問世（譯註：實際於一六三四年編竣，然明亡不及改曆，清順治帝下旨湯若望刪修，更名《西洋新法曆書》，並於一六四五年頒行）。徐光啟信守承諾，確保新曆融合了中國和歐洲的理念。新曆本身依然環繞太陽年和太陰月的組合來架構，不過數據是全新的，而且是根據從歐洲引進的數學方法和星表編制而成。[64]

舉例來說，一六三四年的《崇禎星表》便將現有中國星座以及出自歐洲著述的新星座混合納入。耶穌會會士來到中土之前，

中國星表並不包含任何見於南天的恆星，因為那些星體只有在赤道以南才見得到。然而，徐光啟查考耶穌會在北京的藏書，參酌了好幾部歐洲天文學家的著作，匯總填補了這個空缺。徐光啟為南天星座命名時，採用了對應於歐洲天文學家所列名稱的中國同義詞。「鳳凰」座變成了「火鳥」，而「蒼蠅」座則改成了「蜂」（譯註：蒼蠅座在歐洲也稱蜜蜂座）。徐光啟還兼採歐洲以及中國體系，分別列出各星體的座標。中國天文學家所採座標稱為「赤道」座標，而歐洲人則往往使用「黃道」座標。兩種體系各有其優勢，具體取決於你想測量的項目。中國體系比較適合用來追蹤恆星，而歐洲的體系則比較適合用來追蹤行星和衛星。徐光啟把兩種座標都列在他的星表中，確保中國天文學家能兼從東西方的最大優勢獲益。接著到了十八世紀，多數歐洲天文學家實際上都已採用了中國的「赤道」座標系。[65]

中國近代早期的天文學與數學之發展模式，與我們在歐洲以及伊斯蘭世界看到的模式雷同。隨著遠距離貿易與宗教網絡在十五世紀和十六世紀期間持續拓展，中國天文學家也接觸到了新的科學思想。從十六世紀起，耶穌會傳教士和中國學者協助將古希臘科學引進了北京的欽天監。到了十七世紀頭幾十年間，古希臘科學的所有主要著作，好比歐幾里得的《幾何原本》，已經全部翻譯成中文。

就像我們在其他地方看到的，這場翻譯運動是藉由與其他文化接觸，來恢復古代過往的一種更寬廣趨勢的一部分。在欽天監工作的學者認為，研讀古希臘文本，可以讓他們更深入理解古典中國數學。「它們可以互相印證，」十七世紀中國一位天文學家

這樣表示。中國人也體認到如今許多歷史學家都遺忘了的事情
——歐洲科學很大部分其實都是伊斯蘭的，並指出，「來華西
方人全都自稱為歐洲人，然而他們的曆書科學卻與穆斯林的雷
同」。然而，科學革命絕對不只是關乎恢復古代知識，它還牽涉
到進行新的觀察，我們在中國也能見到這種趨勢。「真理不能只
從書中尋覓，還要從使用儀器實際做實驗中求得⋯⋯則所有的新
天文學就能精確求得，」十七世紀一群在欽天監工作的中國數學
家這樣闡述。就像在歐洲和在伊斯蘭世界，正是這種新舊雜陳，
還有文字與實驗兩相結合，才真正能道出中國科學革命的典型特
徵。而且稍後我們也會看到，這段故事和在蒙兀兒印度發生的情
節，也非常類似。[66]

6. 印度的天文台

　　摩訶羅闍看著葬禮柴堆燃燒。一七三七年，傑伊・辛格二世
（Jai Singh II）旅行數百英里，穿越印度北方，來到了聖城貝拿
勒斯（Benares）。這裡位於恆河河岸，許多印度人都來此火化
死者。送葬人吟誦「羅摩的名字是真理」，接著就把他們摯愛之
人的骨灰撒入河中。在印度人心目中，恆河能淨化靈魂，讓人獲
得救贖或解脫（moksha）。來到了貝拿勒斯，傑伊・辛格加入其
他數千名印度教朝聖客。他甚至沐浴在聖水中。不過傑伊・辛格
不只是個朝聖客，他還是位天文學家暨數學家，而且正是在貝拿
勒斯，在印度最神聖的這座城市裡面，他選定此處建造印度最早
的專用天文台之一。

俯瞰恆河，緊鄰主要火化位址南側，傑伊・辛格的貝拿勒斯天文台隸屬於一個更大網絡的一部分。從一七二一年到一七三七年間，傑伊・辛格下令建造了五座天文台，統稱簡塔・曼塔（Jantar Mantar），範圍遍布印度各處。就像撒馬爾罕和北京的天文台，這些也都是集科學、政治和宗教功能於一體的機構。除了貝拿勒斯之外，傑伊・辛格選定建造天文台的地點還包括烏賈因（Ujjain）與馬圖拉（Mathura），兩處都是印度教朝聖地。傑伊・辛格也下令在齋浦爾（Jaipur）和德里這兩座具有高度政治意義的城市營建天文台。自十六世紀中葉起便統治印度的蒙兀兒帝國便曾定都德里，至於齋浦爾則是傑伊・辛格所屬轄區琥珀王國（Kingdom of Amer）的首府。傑伊・辛格期盼，建立這個天文台網絡能推動天文學發展，編制出有史以來最為準確的星表。道理在於，從不同位址進行測量，就能找出錯誤並予校正。在此同時，這些天文台也讓傑伊・辛格能夠把他的影響力拓展到全印度，把他轉變成這片次大陸上最強大的統治者之一。不論是在印度或在其他地方，要掌控地球就必須通曉天界。[67]

就像在中國，印度也在這段時期改頭換面，同樣肇因於大帝國崛起，而這就對科學產生了深遠的影響。蒙兀兒帝國成立於一五二六年，肇建人巴布爾（Babur）生於中亞，出身烏魯伯格的祖父帖木兒世系。巴布爾在十六世紀初進軍德里，他的征服行動把伊斯蘭學識帶到了印度。波斯和阿拉伯手抄本副本，包括圖西的天文學和烏魯伯格的星表，也都順勢進入了德里和阿格拉（Agra）的圖書館。在此同時，蒙兀兒人也遇上了現有的印度科學思想。這當中有些出奇地現代。早在五世紀之時，印度天文學

家阿耶波多（Aryabhata）便曾提出，晝夜循環是由於地球繞軸自轉所致。這項後來經過驗證確認的理念，早年卻遭托勒密和中世紀歐洲的多數天文學家排斥，因為他們認為地球必須保持完全靜止。[68]

阿克巴大帝（Akbar the Great）從一五五六年到一六〇五年在位，這位蒙兀兒皇帝治國勤奮，努力讓穆斯林和印度教徒團結在一起，而且就科學方面也是如此。他下旨把烏魯伯格的作品翻譯成梵文（印度教經文採用的傳統語言）。同時阿克巴還任命一位名叫尼拉坎撒（Nilakantha）的印度數學家，來擔任他的宮廷天文學家。阿克巴本身是位穆斯林，不過他也知道，自己需要像尼拉坎撒這樣的人，才能滿足他的印度教臣民的需求。尼拉坎撒負責頒布印度年曆。就在這段期間，歐洲人也正準備和印度交流。耶穌會天文學家期望在中國的成功，也能在此重現，於是他們來到了阿克巴的宮廷現身自薦。旅客和商人也來了。從一六五八年到一六七〇年，法國醫師弗朗索瓦‧貝爾尼埃（François Bernier）擔任蒙兀兒皇帝奧朗則布（Aurangzeb）的宮廷醫師。貝爾尼埃指稱，蒙兀兒菁英對科學表現高度興趣。德里總督顯然讀了笛卡兒和皮埃爾‧伽桑狄（Pierre Gassendi）新近著作的波斯文譯本，這兩位都是法國人，也都帶頭倡議以較偏實證的取徑來研究宇宙。到頭來，也就是這種伊斯蘭、印度教和基督教文化的結合，促成了印度科學研究的蓬勃發展，而這也是從十五世紀開始就席捲全世界的全球文藝復興的又一例證。[69]

傑伊‧辛格的天文台代表這場運動的頂峰極點。齋浦爾是五處位址當中最大的一處，在那個地點，傑伊‧辛格召集了來自全

世界的天文學家、儀器和書籍，創建了當代最先進的科學機構之一。齋浦爾天文台在一七三四年竣工，迄今依然挺立。它以十九件巨大的石製儀器組成，其中有些是根據傳統伊斯蘭設計建構。傑伊・辛格讀過烏魯伯格的天文台相關素材，齋浦爾有一件儀器幾乎就是完全沿襲法赫利六分儀的仿製品。即便如此，印度天文學依然扮演了重要的角色。齋浦爾的石製儀器都同時標上了伊斯蘭和印度的時間分割方式。在伊斯蘭世界就如同在歐洲，一天也是分割為二十四小時，每小時六十分鐘。不過印度天文學家則是把一天分割為六十個段落（稱為「伽阿悌卡斯」〔ghatikas〕），接著再各自細分為六十個段落（稱為「帕拉斯」〔palas〕）。這套體系實際上還相當合理。倘若一切項目都是同一數值的倍數，就本例而言是六十，那麼進行快速計算時，也就容易得多了。有鑑於此，傑伊・辛格下旨，他的每件石製儀器上，除了標示小時和分鐘刻度之外，還得刻上伽阿悌卡斯和帕拉斯時段刻度。[70]

簡塔・曼塔天文台的儀器不見得全都是沿襲早期伊斯蘭設計的仿製品，其中好幾樣就是傑伊・辛格親自發明的。傑伊・辛格最令人嘆服的設計就是皇儀（Samrat Yantra），也就是「至高無上的儀器」（Supreme Instrument）。齋浦爾的皇儀高度超過二十七公尺。基本上，它就是個龐大的日晷，是世界上現存的日晷中最大的。不過以這樣來描述它，對那款設計的獨創性是個貶損。傑伊・辛格在中央石柱的每一側都建造了一道彎弧結構，陽光陰影便投射在那上頭。這能幫助大幅提高儀器的準確度，遠勝過陽光陰影投射在平坦表面的傳統日晷。因此，設於齋浦爾的皇儀，測得本地時間能精確到兩秒鐘，準確度勝過那個時期的多數機械

2-8 「皇儀」，也就是「至高無上的儀器」，設於印度齋浦爾的簡塔·曼塔天文台。（Jorge Lascar）

鐘。傑伊·辛格發明的另一種重要儀器稱為「傑伊星光儀」（Jai Prakash Yantra），也就是「傑伊之光」（Light of Jai）。這件設計複雜多了，包括一個龐大的大理石圓盆，盆寬超過八公尺，凹陷於地下。它的作用就像個反射鏡，能映射出頂上天空，大理石上刻了點點星辰和星座。接著用線吊著一個小金屬環，懸掛在石盆上方，投下一道陰影，讓天文學家能夠在白晝整日追蹤某特定星體的運行軌跡。[71]

　　除了建造儀器之外，傑伊·辛格還收藏書籍。他設於齋浦爾皇宮的圖書館藏書包括拉丁文、葡萄牙文、阿拉伯文、波斯文和

梵文作品。這裡的東西方科學知識匯聚齊全，超過其他任何地方。傑伊・辛格擁有一部托勒密《天文學大成》阿拉伯文譯本，以及眾多天文學家的較晚期評註，這些作者有許多我們在前面都已經見過，包括圖西和海什木。這些伊斯蘭著作和一百多部梵文天文學手抄本並列，其中包括一本阿耶波多的五世紀經典著述副本，而且書中他還描述了地球自轉。傑伊・辛格對於源自歐洲的新穎天文學理念也愈來愈感到興趣。一七二七年，他派遣一支科學考察團前往葡萄牙，希望能更深入學習印度以外的天文學相關知識。那支考察團在一七三〇年抵達里斯本，成員包括一位穆斯林天文學家，謝克・阿卜杜拉（Sheik Abdu'llah），還有一位名叫曼努埃爾・德・菲格雷多（Manuel de Figueredo）的葡萄牙耶穌會會士。菲格雷多和阿卜杜拉獲准謁見葡萄牙國王約翰五世（King John V of Portugal）。他們在一七三一年回到齋浦爾，帶回了好幾部最新的歐洲天文學著作，包括菲利普・德・拉西爾（Philippe de La Hire）一六八七年的《星曆表》（*Astronomical Tables*），以及約翰・納皮爾（John Napier）一六一四年的《奇妙的對數規律的描述》（*A Description of the Wonderful Law of Logarithms*），這兩部都經傑伊・辛格譯為梵文。最後，傑伊・辛格的圖書館還收藏了來自更遠東方的著作。印度的耶穌會會士和中國會士一直保持聯繫。北京天文台甚至還有一位法國耶穌會會士轉送了一本書過來，那是一七三二年完成的《中國天文學史》（*A History of Chinese Astronomy*），內容解釋了中國對天體認識的晚近發展。[72]

　　從東、西方傳來的這所有知識，都匯集納入傑伊・辛格新完

成的星曆表中。這部著作以波斯文寫成，於一七三二年問世，命名為《穆罕默德・沙的星曆表》（*The Tables of Muhammad Shah*），來榮耀這位蒙兀兒皇帝的功勳。傑伊・辛格決定把這部著作奉獻給穆罕默德・沙，目的是希望在這段政治劇烈動盪時期，保障自己在蒙兀兒宮廷的地位。奧朗則布皇帝在一七〇七年駕崩之後，蒙兀兒帝國便陷入混亂。好幾位蒙兀兒皇帝都是遭謀害身亡，有時兇手就是自己的家人，同時北印度也陷入戰亂。傑伊・辛格本人也捲入了這場衝突，與其中一位短命皇帝的部隊作戰。最後到了穆罕默德・沙在位期間，從一七一九年到一七四八年，帶來了一段相對穩定的時期。傑伊・辛格在戰後急於鞏固自己的地位，於是將《穆罕默德・沙的星曆表》呈獻給新任皇帝，並寫道，「讚美真主……讓我們在王中王的祭壇獻出自己。」[73]

傑伊・辛格的星曆表是直接仿效自幾乎整整三百年之前在撒馬爾罕完成的《蘇丹星表》，其作者就是我們在本章開頭認識的那位穆斯林王子烏魯伯格。新的星表也介紹同樣那 1,018 顆星。不過傑伊・辛格把撒馬爾罕和齋浦爾的經度差異納入考量並修訂了座標。此外，除了伊斯蘭和古希臘天文學使用的星座，傑伊・辛格的星表還把印度星座也列入。這點很重要，因為傑伊・辛格希望他的星表能為他贏得好感，而且不只是在蒙兀兒宮廷，還包括在類似貝拿勒斯這樣的印度教樞紐核心。為達此目的，傑伊・辛格甚至還為這些星表製作了梵文譯本。傑伊・辛格把波斯文版奉獻給蒙兀兒皇帝，至於他的梵文版則是在卷首寫了這句獻詞：「獻給象頭聖神」（to Holy Ganesh）。[74]

除了伊斯蘭天文學和印度天文學，傑伊・辛格還用上了他從

歐洲學來的東西。《穆罕默德·沙的星曆表》納入了引用自法國天文學家拉西爾的一些星表。就這每種情況，星表都經過更新，以反映出印度對一天時段的分割方式。《穆罕默德·沙的星曆表》也描述了傑伊·辛格的望遠鏡使用經驗，其中第一台是一位法國耶穌會會士在一六八九年帶來印度。「望遠鏡讓我們能在大白天見到亮星，」傑伊·辛格解釋道。他還在描述木星的衛星群和土星的環時指出，「我們使用望遠鏡注意到了一些與大家所熟悉的文獻相互矛盾的事實」。[75]

傑伊·辛格還在《穆罕默德·沙的星曆表》書中提出一個論點，其實到了這時，包括從羅馬到北京等地的天文學家，也都提出了這樣的觀點。傑伊·辛格宣稱，古人誤以為上天是不會改變的。其實天文學家必須做一些新的觀測，並重新解讀古代文獻，這樣才能對宇宙產生比較完美的理解。對於傑伊·辛格來講，關於古代天文學家的問題，並沒有那麼偏哲學層面，而是更實際的，那就是所使用儀器的準確性。而這也就是「為什麼喜帕恰斯（Hipparchus）和托勒密等古人所測定的結果經證實為不準確的原因」，傑伊·辛格解釋道。因此，傑伊·辛格便在印度北方各處建立了他龐大的天文台網絡——簡塔·曼塔，從而得以進行新的測量，並拿所得結果來相互比對。更重要的是，傑伊·辛格還把東西方的科學知識彙整在一起。蒙兀兒皇帝本人便曾稱許道，「伊斯蘭信仰的天文學家和幾何學家，以及婆羅門和班智達（Pandit），以及歐洲的天文學家」，齊集來到了傑伊·辛格的天文台。這是一場全球科學革命。[76]

7. 結論

　　到了十七世紀頭幾十年期間，隨著鄂圖曼、桑海、大明和蒙兀兒四大帝國的興起，天文和數學的科學也為之改觀。這些帝國都透過從廷布克圖一路綿延到北京的貿易和朝聖路線網絡，來與歐洲聯繫並循此彼此相連。商人、傳教士和使節團，沿著絲路前行或登上開赴印度洋的槳帆船。他們帶來了新的思想、新的文本和新的科學儀器。於是他們就這樣把文藝復興轉變成為了一場全球知識運動。這場運動的核心理念是：古代科學需要改革，特別就天文學方面更是如此。從基督教歐洲到大明中國，古代著述不再被視為真理。於是天文學家開始找出矛盾牴觸，並提出替代方案。統治者也認為天文學是一門具有高度政治和宗教意義的科學，於是伊斯坦堡、廷布克圖、德里和北京的宮廷，都發展成為重要的科學與文化交流場所。正是這種與其他宗教和文化接觸、衝突的經驗，帶來了天文學和數學研究的一場革命，而且不只發生在歐洲，還遍及亞洲和非洲。

　　這場運動始於伊斯蘭世界，起初是把古希臘科學翻譯成阿拉伯文。接著這批譯本就傳到了歐洲，特別是在一四五三年鄂圖曼征服伊斯坦堡之後。從雷吉奧蒙塔努斯到哥白尼，這個時期歐洲的所有偉大天文學家，多少都受了來自伊斯蘭世界的思想的影響。這場運動在更遙遠的東方也可以見得到。在北京，大明皇帝對於耶穌會會士從羅馬帶來的機械鐘和望遠鏡讚嘆不已。北京的天文學家認為，歐洲和伊斯蘭的科學，能幫忙恢復並改進流失的中國傳統。最後，隨著蒙兀兒征服印度，歐洲和伊斯蘭科學也與

印度教融合，最後的高峰則是傑伊・辛格建設了簡塔・曼塔天文台群。

　　然而，這個世界就要改變了。權力均勢已經開始傾斜。往後兩百年間，歐洲帝國侵略性愈益高漲，也開始積極擴張，特別是在亞洲和非洲。這種局勢再加上鄂圖曼、桑海、大明和蒙兀兒帝國的逐漸衰弱，帶來了科學史上的下一次大變革。絲路無法永遠延續。

貳 ————

帝國與啟蒙

約一六五〇至一八〇〇年

第三章　牛頓的奴隸

　　牛頓曾投資奴隸貿易。十八世紀初，著名的英國數學家牛頓購買了超過兩萬英鎊的南海公司（South Sea Company）股票。這是一筆十分驚人的財富，價值遠超過現今的兩百萬英鎊。南海公司創辦於一七一一年，目的是要協助籌款償還英國國債，由於對法國與西班牙作戰多年，軍費支出浩繁，導致股價飆漲。南海公司被賦予英國與南美貿易壟斷專賣權，鉅額獲利前景可期，引來投資客挹注。這項貿易主要的商品都是「人類」。一七一三至一七三七年間，南海公司運送了超過六萬名受奴役非洲人越過大西洋，輸往西班牙各殖民地，包括新格拉納達和聖多明哥。[1]

　　十八世紀時，奴隸貿易達到頂峰。一七〇一至一八〇〇年，超過六百萬名受奴役非洲人越過大西洋。這些男女遭受嚴酷肉體暴力，被迫在加勒比海地區的農園林地，以及在南美洲的礦場工作。就像挹注金錢於奴隸貿易的英國多數投資客，牛頓或許也很少想到他的錢的去向。他端坐倫敦，和奴役殘暴事實相隔遙遠。對牛頓來說，南海公司不過就是一項財務投資。（其實那是相當糟糕的投資，其股價在一七二〇年崩盤。）牛頓還經管其他公司股票，包括擁有亞洲貿易壟斷專賣權的不列顛東印度公司，以及英格蘭銀行公司（Company of the Bank of England）。甚至在生命最後三十年間，他還在倫敦皇家鑄幣廠擔任監管，主司金銀海

外貿易。[2]

　牛頓的財務處理方式是條線索，讓我們窺見十八世紀科學一個經常被忽略的世界：奴役、殖民地貿易和戰爭的世界。就像十八世紀多數科學人物，牛頓通常也都被形容成一個遺世獨立的天才。我們聽說牛頓在劍橋大學隱居工作，也才得以不斷產生出連串重大突破。他獲稱許發現了重力、發明了微積分，還提出運動定律。一六八七年，牛頓發表了他的不朽鉅著，《自然哲學的數學原理》（*Mathematical Principles of Natural Philosophy*），不過較常稱為《原理》（*Principia*）。這部作品根據我們在前一章探討的眾多想法，以精確數學詳細闡述了牛頓的理論。這樣一來，牛頓便完全摒棄了古人的哲學，並提出了一種完全數學式的解釋，來說明宇宙的運行。因此，牛頓和他的《原理》經常被理解為標誌著啟蒙運動開端的著作。這是瑞士自然歷史學家卡爾・林奈（Carl Linnaeus）的時代，他發明了為動、植物分類的新方法；這也是法國化學家安托萬・拉瓦節（Antoine Lavoisier）的時代，他讓物質的研究改頭換面。這更是偉大哲學家的時代——約翰・洛克（John Locke）探究心智的運作方式，而湯瑪斯・潘恩（Thomas Paine）則鑽研「人的權利」。這是一個推理和理性高於其他一切的時代。[3]

　不過啟蒙時期也是帝國的時代。在整個十八世紀期間，歐洲列強相互競爭，橫渡大西洋、亞洲和太平洋。古老的帝國和朝代——桑海帝國、明朝、蒙兀兒和鄂圖曼——要麼開始瓦解，不然就是已經被嚴重削弱。與此同時，奴隸貿易則是呈指數增長。十六世紀開始時，規模還比較小的營運，很快就轉型化為剝削工業

系統。到了一七五〇年代，每年都有超過五萬名受奴役非洲人被運載越過大西洋。十八世紀歐洲帝國的崛起，也因此成了全球歷史的一個關鍵時刻。正如前幾章，從全球歷史角度來思考，我們就能更好地理解這一個時期的科學史。[4]

一六六〇年，英格蘭國王查理二世（Charles II）授予兩份皇家特許狀。第一份是頒授給新成立的國家科學院——倫敦皇家學會，牛頓後來還當上了主席。第二份特許狀頒授給皇家非洲貿易冒險者公司（Company of Royal Adventurers Trading into Africa），這家公司後來改稱皇家非洲公司（Royal African Company）。這是與西非進行貿易的另一種營運管道，主要是做奴隸買賣。兩家機構成員有相當比例是重疊的，皇家非洲公司的創始成員當中，有三分之一成為皇家學會會員。而且不只如此，皇家學會還向皇家非洲公司挹注了超過一千英鎊的自有資金。皇家學會的個別會員，也與其他類似的商業與殖民機構建立起密切的聯繫。牛頓的財務處理方式，實際上是相當有代表性的。一六六八年獲遴選為皇家學會會員的洛克，便擁有皇家非洲公司股權，而以空氣泵實驗聞名的波以耳，則是在東印度公司擔任一名主管。[5]

這些牽連不只是機構上的和財務上的，同時也是知識上的。帝國的概念正是這一時期許多歐洲思想家理解科學的核心觀點。英國哲學家，經常被描述為「經驗主義之父」的法蘭西斯·培根（Francis Bacon），便在一部影響深遠的著作中清楚表達這一點，他的那部著作稱為《新工具論》（*The New Organon*），於一六二〇年發表。（書名指稱亞里士多德的《工具論》〔*Organon*〕，而且培根意圖取代它以及其他古代哲學。）培根

聲稱,「科學的發展」取決於「對世界的探索」。培根將科學發現拿來與地理發現直接比較,並繼續論稱:

> 當然了,倘若當物質全球的各處地域……在我們的時代
> 已經是大大開展並明白顯現,同時知識寰宇卻依然閉鎖
> 在老舊發現的狹隘界限之內,這就很不光彩了。

培根的著述在十七世紀寫成,實際上是借鑑了較早期一個殖民實例,而且那是我們在第一章接觸過的。培根想到的是十五世紀和十六世紀的西班牙帝國。他對科學的看法,直接取法自塞維亞的貿易廳。這也正是當初成立皇家學會的設想:相當於西班牙早期用來集中蒐集資訊的中央化機關的英國機構。培根當時正閱讀西班牙航向新世界的相關文獻,並將那種想法整個轉移到科學的研究和組織當中。他甚至還從早期一本西班牙航海書籍借用了一幅插圖,那本書的作者是塞維亞一位宇宙學家,而借用的圖解則是作為《新工具論》的扉頁插畫。那幅版畫描繪一艘船隻航行通過神話中的海格力斯之柱(Pillars of Hercules),代表它越過了古代已知世界的界限。培根在底下圖說引述了《聖經》經句,不過也呼應了哥倫布在一個世紀之前所說的話:「會有許多人來來往往,知識也當會增長。」[6]

到了十八世紀初,科學與帝國之間的這種連帶關係,已經根深蒂固。在本章中,我們會檢視國家出資的探索旅程,是如何撐起物質科學的發展。沒有了這些航行,牛頓和他的後繼者,也就不會有辦法解決有關於宇宙之本質的一些最根本的問題。在此同

3-1　兩幅扉頁插畫，法蘭西斯‧培根一六二〇年《新工具論》這幅（左）是借用自安德烈斯‧塞斯佩德斯（Andrés García de Céspedes）一六〇六年的《航海綱領》（Rules of Navigation）扉頁插畫（右），描繪一艘船航行通過海格力斯之柱（Pillars of Hercules）。（Wikipedia）

時，物質科學的發展，帶來了種種實際效用，特別在測繪與航海領域，而這也讓歐洲帝國得以進一步更深入擴張到新的領土。所以這就是啟蒙科學的新歷史。這部歷史並不是遺世獨立的個體運用推理原則的歷史，而是一部將十八世紀科學串連起帝國、奴隸制度以及戰爭之毀滅性世界的歷史。牛頓和他的《原理》，是個很好的起點。[7]

1. 格雷島的重力

牛頓於一六四二年聖誕節出生於林肯郡。他從未離開英國，成年之後約一半歲月都待在劍橋，一六六九年他由劍橋授予盧卡斯數學教席，其餘時日則待在倫敦，擔任皇家鑄幣廠監管。不過牛頓絕非遺世獨立。仔細檢視牛頓的著作，我們很快就會發現，他完全仰賴從世界各地傳來的資訊。這裡說的世界，實際上也就是牛頓自掏腰包投資於奴隸貿易和東印度公司的那同一個世界。牛頓在他的《原理》中使用的資訊，大半都得自搭乘奴隸船和貿易船的探險家和天文學家。[8]

《原理》的核心是牛頓的萬有引力理論。如今，我們對於重力的概念已經相當熟悉，很難真正領會它究竟是什麼。民眾始終都知道，重物會向地表墜落，牛頓的理論比這個還更複雜。他認為，不論你是處理蘋果或者地球，所有物質都會施加一種無形的力量，來把其他物質拉近。因此，當一顆蘋果向地球墜落，地球和蘋果實際上都是相互吸引的。更重要的是，牛頓還能以數學精確表述這個概念：你只需要把兩個物體的質量相乘，接著以該乘積除以雙方間距平方即可。這就能解釋為什麼一個大質量（例如地球）能比一個小質量（好比蘋果）施加更強大的引力。它還解釋了為什麼相隔遠距的物體，彼此所施加的引力小於聚攏靠近的物體。

牛頓是從哪裡得到這個想法的？與廣為流傳的看法相反，牛頓並不是在蘋果掉在他的頭上之後，才得到這項偉大的發現。實際上，在《原理》的一個關鍵段落中，牛頓引用了一位名叫讓‧

里希（Jean Richer）的法國天文學家所做實驗。里希曾在一六七二年前往南美洲的法國殖民地開雲（Cayenne），那趟航行由法王路易十四（Louis XIV）透過巴黎皇家科學院（Royal Academy of Sciences in Paris）出資贊助。這趟探勘也得到法國西印度公司（French West India Company）的支持，他們提供里希搭乘跨越大西洋的那艘船隻。來到開雲之後，里希便進行連串天文觀測，重點關注行星運動並針對鄰近赤道的星群予以編目。接著航海家就可以使用這批新的天文學資料，來算出他們在海上的位置，從而得以強化法國海軍向全世界投射武力的能力。皇家科學院成立於一六六六年，宗旨正是要支持這樣的科學航行。路易十四宮廷的財政大臣尚－巴蒂斯特・柯爾貝（Jean-Baptiste Colbert）說服法王設立一所國家科學院，這將有助於法蘭西帝國的發展。早期航行之一選定開雲的理由清楚分明——那處殖民地才剛在一六六五至一六六七年間的第二次英荷戰爭之後回到法國手中。里希前往開雲不但提出了科學主張，同時也代表法國提出了領土宣言。[9]

里希在開雲時還拿了一台擺鐘進行了多次實驗。擺鐘是種比較新穎的發明，一六五三年由荷蘭數學家克里斯蒂安・惠更斯（Christiaan Huygens）率先開發問世。惠更斯早先便意識到，鐘擺以一恆定速率擺動，且該速率與其擺長成正比，因此是種理想的時間度量工具。特別是，長度略短於一公尺的擺，每秒鐘從左到右完整擺動一次。於是這就稱為「秒擺」（seconds pendulum），而且經過驗證，對於希望追蹤恆星與行星推移現象的天文學家來講，這還特別有用。不過有一個問題：在開雲時，

里希注意到，他那件精心校準的鐘擺走得很緩慢，每完成一次擺動都得花超過一秒鐘。過了一天，那台擺鐘便損失了超過兩分鐘。這很怪。里希在巴黎時已經反覆檢查，確定擺的長度是對的。然而現在到了南美洲，他卻發現，它必須縮短才能跟上時間。[10]

里希滿心好奇，幾年之後他反覆進行了那組實驗。一六八一年，皇家科學院資助了第二趟航行，這次是前往西非。里希的考察再一次誕生自奴役與殖民擴張的世界。他搭乘一艘法國塞內加爾公司（French Senegal Company）的船隻前往，在海上度過了兩個月才抵達塞內甘比亞（Senegambia，位於現今的塞內加爾）海岸外的格雷島（Gorée）。就像開雲，格雷島也是一處法國殖民地，而且最近才剛從荷蘭手中奪來。那座小島為法國奴隸貿易販子提供了一處便利的基地。成千上萬的受奴役非洲男女兒童，被塞進密不通風的地窖裡面，等待運送往美洲。里希本人就在這當中一間囚室的上方工作，他的助手以那個時期典型的種族歧視說法抱怨道，「我們不得不和那群黑鬼一起生活」。在格雷島上花了四個月做擺錘實驗之後，里希啟程做最後一趟跨大西洋航行。他搭乘另一艘法國塞內加爾公司的船隻，這次搭載了超過兩百五十名受奴役非洲人，開往加勒比海區的瓜地洛普（Guadeloupe）。來到這裡 —— 法國奴隸貿易的樞紐核心，里希證實了他之前的觀察結果：秒擺在比較靠近赤道的地方，確實走得很慢。里希發現，在格雷島上以及在瓜地洛普，他都必須把擺縮短約四公釐，才能讓它按時運行。[11]

該怎樣解釋這種偏差？沒有明顯的理由來說明，為什麼在法

國與南美洲或西非時，擺就該有不同的表現。畢竟，物理定律本應保持不變，而且里希也細心控制了氣候的影響，確保擺本身並沒有在熱帶高溫下膨脹。然而，牛頓很快就意識到，里希的觀察結果所隱含的意義。牛頓在他的《原理》中寫道，地球表面各地的重力作用力實際上是各自不同的。按照牛頓的說法是：「北方這些地區的重力超過了赤道地方的重力」。這是一項很基進的見解，也似乎有悖常理。不過牛頓做了計算並表明，他的重力公式與里希在開雲和格雷島做出的結果完全吻合。愈靠近赤道，重力確實就愈弱。[12]

所有這一切都意味著，還另有個更具爭議性的第二項結論。倘若重力是會改變的，那麼地球就不可能是個完美的球體。就實際而言，牛頓認為，地球肯定是個「類球體」（spheroid），兩極扁平之間的距離被稍稍壓縮，就像個南瓜。這就能解釋，為什麼愈靠近赤道，重力就愈弱，因為地球的赤道部位向外鼓起。「地球在赤道會比在兩極高出了約二十七公里，」牛頓解釋道。因此，當里希在格雷島檢測他的擺時，那就彷彿他是站在一座高得出奇的山巔（事實上那會是比地球上任何現存山峰都更高出許多的山）。根據牛頓的反平方定律，於是重力作用力就會減弱，因為在格雷島時，擺與地球中心的相隔距離，明顯比在巴黎時更遠。[13]

牛頓有個很著名的說法，自稱「全世界都知道，我自己不做任何觀察」。歷史學家傳統上都認定，這表示牛頓是個遺世獨立的理論學家。其實牛頓的意思是，他仰賴其他人在全球各地完成的觀察。里希在赤道附近做的實驗，只是牛頓在他的《原

理》書中所依賴的數百個數據點的一個例子。牛頓還收集了從中國返回的東印度公司官員帶來的潮汐數據，以及馬里蘭地區（Maryland）奴隸主對彗星所做的觀測結果。最能透露真相的或許就是，牛頓擁有的旅遊類書，數量兩倍於他的天文學類藏書，其中多數都詳細介紹海外航行。透過皇家學會以及倫敦皇家鑄幣廠，來與更廣闊的科學以及帝國世界連繫起來，牛頓才得以累積起龐大規模的資訊。正是這一點讓他從根本上改變了我們對於支配宇宙之基本物理作用力的看法。[14]

　　如今我們很容易把《原理》看成一部科學傑作，這完全沒錯，也沒有人能否定。不過在那個時候，牛頓的想法掀起了極大的爭議。儘管多數英國思想家確實相對較快就接受了《原理》所述結果，歐陸則有許多人依然存疑。深具影響力的瑞士數學家，尼古拉·伯努利（Nicolaus Bernoulli）攻擊牛頓的理論，說它們「難以理解」，還有牛頓的德國強敵，哥特佛萊德·萊布尼茲（Gottfried Leibniz）則痛斥重力的「玄祕特質」（occult quality）。許多人偏向採信法國數學家笛卡兒的「機械哲學」。笛卡兒在他一六四四年的著作，《哲學原理》（*Principles of Philosophy*）書中論稱，像重力這種無形的力，是完全不可能存在的，而且他還說，力只能藉由直接接觸來傳遞。笛卡兒還聲稱，根據他自己的物質理論，地球應該是以另一種方式延伸；像顆蛋那樣被拉長，而不是像個南瓜那樣地被壓扁。[15]

　　這些差異不僅只是國際對抗或科學無知的案例。當牛頓在一六八七年發表《原理》一書，他的理論實際上還不完備，仍有兩項重大問題尚待解決。首先是前述有關地球形狀的矛盾報導。而

且倘若牛頓對於地球形狀的看法錯了，那麼他對於重力的看法也就錯了。其次，牛頓的理論暗示一種對於行星運動的新解釋，其中所有的行星，以及太陽，都彼此施加一股重力作用力。（這就能幫助解釋行星軌道的一種特有擺動，那是自從托勒密時代以來，天文學家不斷嘗試想要解釋的現象。）若想斷然確認這點，天文學家就必須進行新的觀測。特別是，他們必須知道各個行星彼此之間的精確距離。這也會成為對牛頓的一項關鍵考驗。[16]

因此，十八世紀的物理學史，可以解讀為一場針對牛頓思想進行的鬥爭，而且延續到他於一七二七年死後許久依然僵持不休。這場鬥爭從南美洲擴展到太平洋。在十八世紀期間，歐洲各國資助了好幾百趟探勘航行，聲索新的領土並沿途進行科學觀測。正如我們在第一章中所見到的，十八世紀的歐洲探險家仰賴（包括印加天文學家以及大溪地航海家在內的）土著民眾的科學知識，才能進行這些觀測，也才得以在全球各地新區域中找到出路。沒有這些土著知識，牛頓的理論也就依然是不完整的。沒有帝國——以及與之相關的掠奪和暴力——也就不會有啟蒙。[17]

2. 印加天文學家

夏爾－瑪麗‧德‧拉康達明（Charles-Marie de La Condamine）感覺得到自己的牙齦在流血。這位法國探險家來到了安地斯山脈，攀登皮欽查（Pichincha）活火山的頂峰時，患上了高山症。在他的秘魯嚮導協助下，拉康達明繼續攀登火山，並咀嚼古柯葉來提神。登上了海拔四千五百公尺以上高峰，這時拉康達明已經

攀登至高於任何歐洲人所曾達到的高度。一來到峰頂，他就命令他的秘魯嚮導開封一大箱科學儀器。接著拉康達明架設好他的象限儀，那是一台金屬儀器，形狀像四分之一圓，還有角度劃分，用來測量兩件物體之間的角度。他俯瞰山谷，瞧見了一座木製小金字塔，漆成白色，接著拉康達明抬起滿布血絲的雙眼，使用象限儀來測量谷中那座金字塔和地平線上另一座高大山峰 —— 潘瓦馬爾卡山（Mount Pambamarca）之間的角度。他需要的就是這個：單獨一筆數據點，一筆可以為一項延伸跨越安地斯山脈兩百四十公里的浩瀚測繪調查填入資料的數據。[18]

　　兩年多前的一七三五年五月，拉康達明便已搭上一艘開往南美的船隻離開法國。他是一支國際團隊的成員，投入從事有史以來最具雄心壯志的科學測量研究之一。他們的工作 —— 測定地球的形狀，在路易十五的支持下，巴黎皇家科學院於一七三〇年代籌組了兩趟重要考察。第一支隊伍被派往北極圈內的拉普蘭（Lapland）；第二支是派往赤道附近的基多，位於現今厄瓜多爾，不過在那個時代則屬於秘魯總督轄區的一部分。那個想法從理論上來講很單純，不過就實務上卻困難之極。每支隊伍得分別精確測定出每一度緯度所跨越的南北距離，接著再拿所得結果進行比較。倘若牛頓對了，地球在以兩極為軸被微微壓扁，則赤道附近每一度緯度就會比北極位置的一度短。[19]

　　安地斯山脈那支探勘隊伍能夠成行，得歸功於法國與西班牙最近的結盟。一七〇〇年，腓力五世登基為西班牙國王。他生於法國的凡爾賽宮，祖父是路易十四，因此西班牙國王腓力五世是波旁王朝（House of Bourbon）的成員。波旁王朝隸屬一個古老

的法國朝代，最早可以追溯至十三世紀。法國和西班牙的結盟關係，很快就正式確立，並於一七三三年簽署埃斯科里亞爾條約（Treaty of El Escorial）。正是這層關係，讓法國的皇家科學院成員得以與他們的西班牙同行密切合作。腓力五世授權准許法國人在西班牙的美洲領土旅行。秘魯總督轄區是從事那項測量研究的理想地點：靠近赤道，山巒與火山綿延層疊，能作為有利的觀測位置。[20]

前往安地斯山脈花了一年。首先，拉康達明和法國探勘隊伍跨越大西洋，於一七三五年夏季在西印度群島短暫停留數週。在那裡時，隊伍校準他們的儀器並攀登位於馬丁尼克島（Martinique）島上的培雷火山（Mount Pelée），以此來磨練技術，往後他們來到南美洲時就能派上用場。法國探勘隊員還在聖多明戈（Saint-Domingue，位於現今海地）買了好幾名受奴役非洲人。拉康達明本人買了三名奴隸。儘管不知道他們叫什麼名字，不過我們知道，那幾位非洲男子伴隨拉康達明走過往後的探勘歲月，在將近十年期間，受強制為那位法國天文學家提供服務，之後在旅程結束之時，又遭賣回為奴。這群受奴役非洲人，加上法國人在安地斯山脈招募的秘魯印第安人，為那趟科學探勘提供了必要的粗重勞動力。他們負荷沉重儀器、帶領騾子攀登深谷峭壁、划槳操舟，還與當地人洽談協商。沒有這種強制勞動力，探勘隊就到不了基多。離開西印度群島之後，法國團隊來到印度卡塔赫納（Cartagena de Indias，位於現今哥倫比亞）與兩位西班牙海軍軍官會合。接著他們跨越到巴拿馬的太平洋岸，隨後才南下航行到秘魯總督轄區。最後，拉康達明和他的嚮導們又沿

著埃斯梅拉達斯河（Esmeraldas River）逆流上行兩百四十公里，接著才在一七三六年六月抵達基多。現在終於可以進行測量研究了。[21]

執行這類測量研究的基本技術，十七世紀已經由法國率先開發問世。起初調查隊必須建構出一個所謂的「基線」。這是一道筆直的溝渠，深度僅只幾英寸，不過長度起碼達到好幾英里。接著這個長度就以人工來測量，並以木棍首尾相連鋪設。接下來，測量研究員便選擇遠方一處定點，好比一處山巔。然後他們就使用象限儀來測量基線兩端與這個定點的角度。這些測定值就能訂定出一個假想的三角形。運用一點基本三角學，測量員就可以在已知基線長度條件下，算出三角形剩下那兩條邊的長度。

接下來他們還必須重複這個程序。不過測量研究員並不必實際建構出另一條基線，他們只需使用現有的假想三角形，並從最北端定點開始即可。這次他們也測量這點和遠方另一個標的（好比另一座山或火山）的角度。而且他們同樣可以根據第一個三角形的邊長，求出這兩點之間的距離。因此，每次觀測都把測量研究向前推進一些，也往往都必須攀登一座山，基本上就是接連訂定出彼此鑲嵌的一系列假想三角形。一旦測量研究進行到所需的距離，或許上百英里，測量員就可以把各個假想三角形的長度累加起來，於是這就可以得出所跨越距離的精確測量值。最後一個步驟是算出這段距離代表幾度緯度。實際進行時，測量員會先判定起點和終點的緯度，這只需觀星即可測定。最後，把這兩個結果相除——所跨越的距離和緯度差——測量員就能得到他們要求得的數字：一度緯度的準確長度測量值。[22]

這一切都是說來容易做來難。最重要的事情是，一開始那條基線必須建構得對。建構時或測定時出了任何差錯，都會一再反覆惡化，這是因為其他所有計算都以它作為基礎。還有，基線必須完全筆直。然而，安地斯山脈地形變化多端，太平洋沿岸的山巒層疊高低起伏，也讓這點變得更加困難。最後，拉康達明在基多外側的亞魯基高原（Yaruquí plateau）上選定了一塊長七英里的條狀土地。那裡地勢較為平坦，起碼就安地斯山脈而言是如此，為基線提供了一處理想地點。結果大概也不令人驚訝，拉康達明並沒有親自動手構築基線，挖掘七英里長溝渠的繁重苦工，仍是留給秘魯本地印第安人來做。那些人在米塔徭役制（mita system）驅迫下為歐洲調查員勞動。米塔是種公共服務體系，原本是在印加帝國統治下發展制定，後來則由西班牙採行改為一種強迫勞動制度。拉康達明對於幫他工作的秘魯印第安人並不怎麼關心，只把他們形容成「和野獸沒什麼區別」。另一位法國測量員則認為，他們「只能盲目模仿，沒有創造任何新事物的能力」。顯然就法國探險家的動機對他們而言，「一切都是無法被理解的」。[23]

然而，所謂的無法被理解，卻是拉康達明這方的狀況。安地斯山區土著民眾，絕非歐洲人所形容的那種無知的「野獸」。事實上，秘魯印第安人對於天文學和測量研究具有很深刻的認識。拉康達明並沒有意識到，他實際上不只是依靠土著的勞動力，還仰賴土著的知識。最值得注意的是，建構一條長直溝渠來進行天文學測量研究，正是安地斯山區根深蒂固的傳統，而且可以追溯至好幾千年之前。若是拉康達明再向南前行，來到了秘魯沿岸的

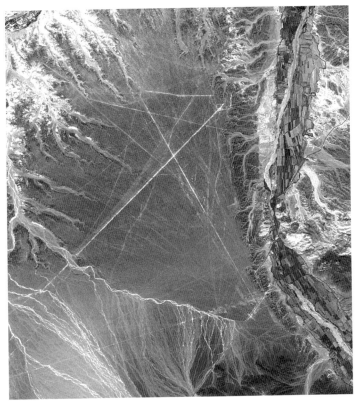

3-2 「納斯卡線」，可以追溯至約公元前五○○年，位於秘魯南方。
如今歷史學家認為，這些線條是用來校正天文觀測作業。（NASA
Earth Observatory）

納斯卡草原（Nazca Pampa）沙漠區，他就會看到地面上連串令
人不可置信的線條。這些「地畫」（geoglyph）有的已經超過兩
千年，從上空觀察就能看出，它們描畫的是幾何設計和比較能夠
辨識的動物造型的混合體。其中有一隻猴子和一隻蜘蛛，還有一
隻蜂鳥。這些設計全都被刻入地面，形成約六英寸深的淺溝。不

過並非所有地畫都像這樣。有趣的是，有些只是很長的直線。它們延續好幾英里，就筆直一道，跨越山丘和峽谷。儘管真正用途依然不明，如今許多歷史學家都相信，它們是用來校正天文觀測作業，正是拉康達明打算以他的基線進行的事項。[24]

到了十五世紀印加帝國崛起，這種做法已經發展成為一套複雜的科學體系，結合了天文學和測量學。印加帝國的核心有一座太陽神殿，就位於帝國首都庫斯科（Cusco）。印加人從那裡開始構築了一系列直線，雕琢刻在地表，並向外放射；這些圖案稱為「禮儀之道」（ceques）或「禮儀之線」。禮儀之線共有四十一條，時至今日，在庫斯科周圍依然可以看到其中多條朝四面八方向外延展。就像較早期的地畫，這些淺溝也延伸許多英里，而且完全筆直。禮儀之線具有種種不同功能，不過最重要的是，它們扮演天文學和測量學的輔助工具角色。首先，禮儀之線把印加帝國劃分為不同區域。這些分區對應於不同的社會分群，而且各區也分別劃歸不同家族或指派祭司來監督它們。除此之外，每條禮儀之線都分別朝向一組稱為「聖跡」（huaca）的聖地。總計有三百二十八處聖地，各自代表印加曆中的一日。有些聖跡是自然遺址，好比山頂或火山。另有些則是印加人選定來進行儀式的位址，他們在那裡建築神殿，讓聖地在地平線上突顯出來。[25]

最重要的是，這許多聖地都與特定天文學事件相合。於是，從太陽神殿向外放射的禮儀之線，就可以用來校準在都城庫斯科的觀測作業。舉例來說，印加曆中最重要的大事之一就是「太陽節」（Sun Festival）。太陽節在六月舉辦，正逢南半球冬至時節。印加人自稱為「太陽之子」，因此他們慶祝冬季結束並瞻望

較長的白晝。為規劃節慶，印加人建造了一系列的石柱和金字塔，而且從太陽神殿遠眺地平線就能見到。其中一條禮儀之線朝向這些建物，也讓庫斯科的天文學家得以精確記錄太陽升起的時點，以及向冬至接近的進程。[26]

　　負責鋪築基線的秘魯印第安人，肯定認為拉康達明就像早期的印加統治者，也想建構他自己的禮儀之線。秘魯印第安人白日工作，晚上席地就寢，短短不到一個月就完成了那條七英里溝渠。等待是值得的。當拉康達明測定基線，他發現線條完全筆直。往後幾個月期間，同樣那批人又幫拉康達明和其餘法國探險家完成了那次調查工作，從位於北方的基多，延伸一百五十英里來到位於南方的庫恩卡（Cuenca）。拉康達明要求秘魯印第安人做的事情，就印加天文學古老傳統看來，都是完全合理的。在好些地點，拉康達明吩咐秘魯印第安人建構木製金字塔，並設置於關鍵位址，好比位於基線末端位置的山頂。這些建物都漆成白色，隨後就可以用來當成測量定點。設置理念在於，那些金字塔很容易從遠處瞧見，確保法國測量員能在地平線上挑出正確的山峰。[27]

　　選擇使用金字塔引人矚目。拉康達明有可能是借鑑年輕時的埃及旅遊經驗，不過印加人也建造金字塔。而且他們這樣做的目的，完全就是為了輔助天文學觀測的校準作業。再次，陪同拉康達明的秘魯印第安人完全知道該怎麼做。藉由他們自己的知識和專業，最終才讓法國探險家能夠進行這般準確的測量研究。土著知識並沒有因為十八世紀歐洲各帝國的壯大而被掃除。事實上，我們在本章其他事例就會見到，啟蒙時代的探險家，經常以種

種不同方式，仰賴各地的土著民眾，然而卻很少有人承認這點。特別是就天文學而言，土著民眾——不單只是在南美洲，也包括在太平洋和北極地區——是牛頓科學發展所不可或缺的合作對象。[28]

到了一七四二年一月，結果出來了。拉康達明計算得出，基多和庫恩卡之間的距離恰為 344,856 公尺。根據在測量研究兩端針對恆星所做觀測，拉康達明也得出了，基多和庫恩卡的緯度差為略超過三度。拿兩數值相除，拉康達明歸結認定，在赤道，一度緯度的長度為 110,613 公尺。比起最近才回到巴黎的拉普蘭探勘行動所得出的結果，這個數值短了不只 1,000 公尺。法國人在不經意間仰仗土著安地斯山區居民的科學，發現了地球的真正形狀。地球是個「扁圓形類球體」，以兩極為軸心被壓扁，並在赤道部位鼓起。牛頓對了。在接下來的篇幅裡面，我們要探索一個雷同的故事，在太平洋把歐洲帝國、土著知識和牛頓科學串連起來。我們從十八世紀的玻里尼西亞開始，當時那裡有兩位天文學家觀察太陽。[29]

3. 太平洋的航海家

塔阿羅阿（Ta'aroa）用望遠鏡凝望一個黑色小圓盤，看著它越過太陽表面。那是一幅美麗卻又令人不安的景象。一個蒼白皮膚的陌生男子，向塔阿羅阿解釋，這是顆「太陽上空的行星」。那名異鄉人似乎很沉迷，使用望遠鏡來觀察行星超過六個小時。他稱那顆星為「維納斯」。不過塔阿羅阿更熟知的名稱是

「大慶典」（Great Festivity）。一七六九年六月三日，茉莉亞島（Mo'orea）酋長塔阿羅阿觀測了金星凌日。這是一起罕見的天文現象，金星運行從地球和太陽之間穿過。[30]

茉莉亞島位於太平洋，是構成玻里尼西亞的大島鏈的一部分。塔阿羅阿本人很熟悉恆星和行星。根據玻里尼西亞傳說，天神阿提亞（Atea，「帶來光的使者」）創造出了金星。接著那顆行星（天空最明亮的星體之一）也發揮了羅盤的作用。古代太平洋航海家追隨金星橫跨大洋，在許多歲月之前定居玻里尼西亞的寧靜島嶼。不過塔阿羅阿卻從來沒有見過這樣的景象。金星凌日總是成對出現，中間相隔八年，不過隨後就得等上一百多年。十七世紀有兩次凌日，分別發生在一六三一年和一六三九年，這組的較早那次發生在一七六一年，不過在太平洋地區只能見到部分過程。下一組凌日起碼還得等一百年才會發生。[31]

那名邀請塔阿羅阿使用望遠鏡觀星的陌生人叫做約瑟夫・班克斯（Joseph Banks）。後來他還會成為十八世紀最具影響力的科學人物之一，高坐皇家學會會長席位四十多年。班克斯搭乘奮進號（HMS *Endeavour*）於一七六九年四月來到玻里尼西亞。在詹姆士・庫克（James Cook）船長的帶領下，奮進號那趟航行開啟了歐洲與太平洋接觸的新紀元。那也是與十八世紀科學發展從根本上緊密關聯的一趟航行。庫克那趟航行由倫敦皇家學會籌劃，並由喬治三世國王贊助，為達成兩項任務目標而前往太平洋。第一項是觀測金星凌日；第二項是找出當時歐洲人認為盛產金銀的傳說中的「南方大陸」（*Terra Australis*）。這種想法可以遠溯至中世紀時代，而且在十五與十六世紀期間，在前往亞洲和

太平洋的歐洲探險家口中流傳普及。於是就像前往安地斯山脈的法國考察團，奮進號那趟航行也在科學求知當中混雜了帝國的野心。[32]

金星掌握著牛頓第二項重大問題的解答。天文學家從十七世紀初就知道行星之間的相對距離，然而他們並沒有測定絕對距離的手法，這對牛頓來講是個問題。在《原理》中，牛頓提出論證，闡釋他的萬有引力如何可以用來解釋行星繞日的橢圓形軌道。牛頓還提出，行星會彼此施加重力相互拉扯，特別是當它們彼此貼近之時，因此軌道有時候會顯得很不規則。月球和木星的不同衛星，也都有這種情況。然而，牛頓只能抽象地談論這一切，提出幾何證明以及複雜的數學公式，卻幾乎沒有任何具體數據。牛頓確實在《原理》書中一處描述了太陽對木星和土星施加的重力，然而他同樣只能從兩邊的比值來論述，卻提不出絕對數值。[33]

金星凌日能解決這個問題。一七一六年，牛頓的朋友愛德蒙・哈雷（Edmond Halley）提出了一個準確測定地球與太陽相隔間距的方法。哈雷意識到，相對於在北半球做觀測，在南半球觀測時，金星通過太陽表面只需較短時間。這是種稱為「視差」（parallax）的效應，從不同觀測點來看同一個物體，看來它就是位於不同地點。（當你睜、閉你的左、右眼時，也會有這相同體驗，你眼中的物體看來會移動。）把從南、北半球得出的結果拿來比較，天文學家就能計算出金星與這些不同地點呈現的角度。拿這個角度以及觀測者之間的已知距離，接著就有可能使用三角學來算出缺失的數值：地球和太陽之間的距離。這種方法基

本上就是在地球和金星之間建構出一個龐大的假想三角形，所根據的原理和法國人在安地斯山脈使用的是相同的。不過這次的規模放大到了太陽系尺寸。[34]

地球和太陽之間的距離稱為「天文單位」，可以拿來作為一種宇宙學碼尺。天文學家已經知道所有行星之間的相對距離，因此只要得出這個數值，他們也就能夠算出其他那些絕對距離，也就能第一次得出太陽系尺寸的準確測量值。這樣就能為牛頓的理論提供實際作用的具體證據。知道了太陽系的確切大小，也就能為海上航行帶來好幾種實際的好處。沒錯，這就是為什麼歐洲國家願意挹注鉅資，投入解決看似比較學術性的問題。英國並不是唯一想要測定金星凌日的國家。法國皇家科學院也派出觀測人員到聖多明戈，同時俄羅斯的聖彼得堡科學院（Saint Petersburg Academy of Sciences）也派遣觀測隊伍前往西伯利亞。總計歐洲科學學術界派出了超過兩百五十名觀測人員，前往全球各地不同地點，包括從西方的加利福尼亞到東方的北京。[35]

自從十八世紀初開始，歐洲航海家便愈來愈受鼓舞，使用天文學觀測結果來計算他們在海上的位置。一七一四年，英國國會便為這個目標成立了一個經度委員會（Board of Longitude）。這個委員會懸賞高達兩萬英鎊，徵求能在海上準確判定經度的方法。當時提出的方法當中，有些必須在長程航行途中保持精確測定時間。眾所周知，鐘錶匠約翰・哈里森（John Harrison）便採行了這種門路，開發出了一種特殊的航海計時器，並於一七六一年在前往牙買加的航程中進行測試。宗旨是期望哈里森的計時器或許能輔助從事西非和加勒比海之間的航行，而這也再次提醒人

們，跨大西洋奴隸貿易對十八世紀科學造成的影響。然而，經度委員會喜愛的方法，大半都是根據天文學觀測結果；包括對木星衛星的測量以及對月球與特定恆星間角度的測量結果。接著就可以拿這些結果，來與格林威治皇家天文台事先編製的表格來進行比對並求出海上的經度。因此，太陽系尺寸的準確測定值不可或缺，不只是為了證實牛頓的預測，也是為了導航技術的進步。[36]

庫克船長把金星凌日視同軍事行動，從多方面來看也確實如此。皇家學會選定大溪地島作為主要觀測地點，大溪地位於最遠離不列顛的太平洋中央，不過那裡是南半球少數有可能從頭到尾全程觀測金星凌日的位置之一。大溪地也是皇家海軍的戰略要地。西班牙探險家麥哲倫在十六世紀已經首度橫越了太平洋，不過歐洲各帝國則是直到十八世紀，才真正試圖把領土擴張伸進那片地區。當時的希望是，像大溪地這樣的島嶼，可以作為進一步探勘的基地，特別是期盼能循此找到遼闊的南方大陸。法國人、荷蘭人和英國人，都投入競逐掌控權。沒錯，根據法國人的說法，大溪地是他們的。稍早幾年，法國探險家路易・布干維爾（Louis Antoine de Bougainville）便曾在一七六七年登陸那座島嶼，並代表路易十五宣稱擁有該島。[37]

庫克可不會被法國人的任何主張嚇倒。一七六九年四月，他一抵達大溪地就下令構築一處小型軍事基地，起了個妥當的名稱，叫做「金星堡」（Fort Venus）。「我審慎安排自我防衛，確保動員全島力量都無法把我們趕走，」庫克在他的日記中這樣寫道。英國和大溪地人之間的緊張局勢升溫。自從奮進號抵達之後，已經接連發生了好幾起暴力衝突。庫克可不希望有任何事情

干擾他的觀測。金星堡構築了一道高大木牆，牆頭鋪設尖釘，周圍環繞深溝。接著在堡壘正中央架起一頂帳篷，裡面裝設了天文學儀器和一台擺鐘。庫克命令他的船員在帳篷頂上升起一面「聯合傑克」旗幟（英國國旗），提醒當地大溪地人以及法國人，那座島嶼現在被視為英國領土。接著庫克還命令一組陸戰隊員配備鳥銃站崗。[38]

凌日當天異常炎熱，超過了四十八攝氏度。庫克身著船長制服汗流浹背滿口抱怨，說是那種暑熱令人「無法忍受」。不過整個來講，他對天氣很滿意。前一天是個陰天，倘若在凌日時太陽被雲遮住，這整趟航行就白費了。為預防起見，庫克派遣班克斯前往附近的茉莉亞島，到那裡另外做一次觀測，希望他到那裡能看得比較清楚。結果到了一七六九年六月三日早上，大溪地上空的雲層全都消散。「當天正如我們所願，特別有利於達成我們的目標，整天萬里無雲，空氣完全清朗，」庫克這樣記載。預測的凌日時間接近時，庫克以他的望遠鏡仔細觀看。當然囉，就在當地時間上午九點二十一分，庫克看到太陽邊緣出現了一個小小的黑色形影 —— 金星抵達了。[39]

不過有件事情不太對勁。金星看來並不是個正圓形，當它接近時，看來似乎出血滲入太陽邊緣。庫克早先就被警告過這點。當初在一七六一年觀測金星凌日時，就是因此遇上阻礙，後來這就稱為「黑滴現象」（black drop effect）。一七六一年那次有個觀測人員，名叫米哈伊爾・羅蒙諾索夫（Mikhail Lomonosov）的俄羅斯天文學家意識到，這是金星的大氣造成的。在行星本身還沒有運行來到太陽前方之時，大氣已經開始折射並吸收光線，

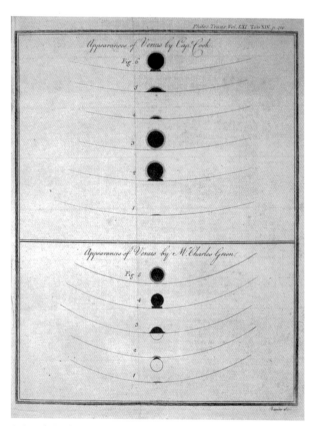

3-3　金星凌日，庫克於一七六九年所描繪圖示。請注意該行星大氣所引致的「黑滴現象」。（Alamy）

產生出庫克描述為「昏暗陰影」（dusky shade）的視覺印象。儘管事前已經得到警告，庫克承認，那依然「非常難以精確評斷」金星凌日實際上是什麼時候開始的。為求保險起見，他把眼中所見畫了下來，並註記下凌日不同階段的不同時點。接著這就可以拿來與其他天文學家的紀錄進行比較，來——盡最大可能——確

保他們觀察的是同一件事情。六個小時過後，凌日完成了。庫克和班克斯收拾好自己的裝備，對自己取得的成果深感滿意。[40]

　　一七七一年，奮進號終於回到英國，庫克把他的發現呈遞給皇家學會。皇家學會的數學家把在大溪地做出的發現，拿來與在北半球做出的發現進行比較，求出了地球和太陽之間的距離。最後的結果是：93,726,900 英里。這個數字十分準確，相較於現代數值 92,955,807 英里，誤差不到百分之一。《原理》出版之後將近一百年，牛頓的追隨者終於得到他們需要的數字。皇家學會派遣庫克前往太平洋，從而得以判定太陽系的尺寸。[41]

　　在太平洋觀星的不只是英國人而已。玻里尼西亞土著民眾也擁有他們自己的複雜科學文化，其中大部分與天文學和航海有關。就如同在安地斯山脈，來到太平洋的歐洲探險家，也仰賴這份知識，特別是在航行橫越這般浩瀚的汪洋海域之時。庫克和班克斯待在大溪地時，結識了當地一位名叫圖帕伊亞（Tupaia）的祭司。在玻里尼西亞，宗教和航海知識是攜手並進的。圖帕伊亞是該地區地理學的專家，而且擁有數十年的島嶼間航行經驗。他還表示願意加入奮進號船員陣營。起初庫克遲疑難決，不過班克斯說服他，圖帕伊亞會成為寶貴的人才，特別當他們啟程搜尋南方大陸之時更是如此。「他比其他任何事物都更寶貴，因為他擁有這些人的航海經驗，還有對這些海域各處島嶼的認識，」班克斯解釋道。歐洲探險家這樣明白認可土著民眾的專業知識，是個罕見的事例。班克斯了解，若是他們想要成功航越未知海域，且活著回家，他們就會需要認識太平洋的人。庫克同意，於是圖帕伊亞在一七六九年七月十三日搭乘奮進號離開大溪地。[42]

圖帕伊亞生於一七二五年，出身附近賴阿特阿島（Ra'iatea）上的高階層家族。他在該島上的塔普塔普阿泰（Taputapuatea）大聖堂（great *marae*）度過早年生活。那座聖堂以黑珊瑚構築而成，歷經千年歲月，也是玻里尼西亞文化的核心。來自四面八方遙遠地方的祭司、使節和商人來此致敬進貢並學習海洋之道。圖帕伊亞在這裡學習天文學、航海以及歷史。沒錯，這三科是彙整在一起的。玻里尼西亞航海家必須能夠航行到看不到陸地的地方，有時一次好幾個星期。他們不靠海圖或導航儀器輔助。事實上，圖帕伊亞便曾接受培訓，吟誦歌謠並根據一群群星辰來記憶航行方位。這些航行方位代代相傳，並往往回顧了祖先的遠航經歷。古代玻里尼西亞人大約在四千年前首先離開東南亞，逐漸擴散遍布太平洋，並在公元一〇〇〇年左右抵達大溪地。[43]

玻里尼西亞的基本航行理念非常簡單，卻又具有極高效能。圖帕伊亞並不計算自己在海上的明確位置，他只記誦一條特定航路：舉例來說，在大溪地和夏威夷之間航行必須依循的星辰。（由於星辰位置隨季節改變，實際上這還會稍微複雜一些，也表示他必須記住多組星辰。）接著這些「星路」（*aveia*）便構成了航海術的基礎。要理解這點，最好的方法就是知道你的 GPS 確切座標，相對於記憶方位，好比「沿路走去，直接越過交通號誌，接著到下個路口向左轉」。玻里尼西亞人偏好方向指引勝過座標。在兩座島嶼間航行時，像圖帕伊亞這樣的航海家會先辨認一顆與那條航路連帶有關的星。那顆星必須位於天空較低位置，靠近地平線。接著航海家開始朝它航行。經過一段時間，航海家或許就必須切換使用另一顆星，特別是在遠航之時。在海上經過

了好幾天或甚至好幾週，他們最終就會抵達目的地。[44]

玻里尼西亞航海家喜歡夜航。不過必要時，像圖帕伊亞這樣的航海家也可以在日間航行。在南半球，太陽在正午投落的影子指朝正北。因此，當你根據太陽位置來航行，要想知道行進的方向其實也相當容易。不過玻里尼西亞航海家並不只是觀天。他們還密切關注海洋漲落。這些湧浪會受陸地影響而改變，遇見大島就會彈開或彎曲繞過。玻里尼西亞航海家受過訓練，認得出海洋漲落的這些微妙差異，以及不同湧浪型態之間的相互作用。馬紹爾群島的航海家甚至還用棕櫚葉主脈來製作海圖，並以椰子纖維（代表湧浪）編結在一起。接著再以細小貝殼代表島嶼，繫於圖上。這類「枝條海圖」叫做「麻蹬」（mattang），並不實際在海上使用，而是在聖堂裡面用作訓練教具，幫助年輕的航海家記住潮汐和湧浪的模式。這裡有必要指出，在十八世紀時，歐洲航海家並沒有實際可行的大洋湧浪理論，牛頓本人則是才剛開始在《原理》書中發展出一套比較複雜的潮汐理論。[45]

最後，歐洲人往往把太平洋視為一片滿布點點細小島嶼的浩瀚空曠空間，玻里尼西亞人則是把海洋本身設想成一種地勢。太平洋充滿紋理、湧浪和洋流，構成了相當於山丘與峽谷的事物。於是認識這個地勢，並記住從上空掠過的星辰，也就成為在這片無情廣袤海域航行的關鍵。

十二歲時，圖帕伊亞接受第一組紋身。這些刺青印記分布在他的雙腿和下背部，標誌了圖帕伊亞博學之士的新地位。他已經嫻熟航行基本技術，可以加入一個名為「厄黎歐里」（ariori）的旅人社群。這個社群供奉塔普塔普阿泰島的聖堂守護神──戰

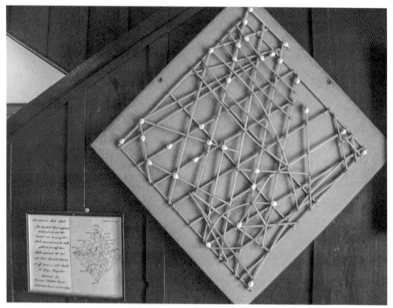

3-4　密克羅尼西亞的「枝條海圖」，代表湧浪與島嶼間航路。（Brew Books）

神「奧羅」（'Oro）。圖帕伊亞開始將所學付諸實踐，旅行穿梭各島嶼，跨越浩瀚海域，宣揚奧羅的教誨。抵達一座島嶼之後，厄黎歐里的成員就會在海灘上演出一段舞蹈，要求進貢，有時甚至還指定人祭。接著厄黎歐里就會逗留好幾個月，鞏固各個島嶼的宗教與外交關係，隨後才再次出海。[46]

　　圖帕伊亞在旅人社群待了將近十二年，對太平洋地理學養成了非凡的認識。然而，他也經歷了一次重大挫敗。一七五七年，波拉波拉島（island of Borabora）戰士入侵賴阿特阿島，好幾百人慘遭殺害，包括大酋長。當時，圖帕伊亞已經是個有錢人，他失去了他的土地，被迫逃離。夜深人靜，懷中抱著奧羅的聖物，

圖帕伊亞划著一條獨木舟出發了。他隻身一人，越過了上百海里開闊海域，最後才來到大溪地尋得避難所。到了那裡，他獲得當地女王的青睞，而且女王還皈依奧羅。圖帕伊亞很快又一次讓自己成為一位高級祭司，為女王和王夫提供宗教和政治指引。於是當英國人抵達時，圖帕伊亞便扮演某種外交官的角色。他陪同大溪地女王登上奮進號，與庫克和班克斯協商，隨後才允許英國人登岸。圖帕伊亞顯然是迷上了那艘英國船隻，大溪地人描述那是一艘「沒有舷外浮架的獨木舟」。他還與庫克同樣對天空很感興趣，並在兩人一起繞島航行時，指出不同星辰。不過最重要的是，圖帕伊亞希望英國人能幫他回到賴阿特阿島。[47]

離開大溪地之後，庫克對圖帕伊亞寄予厚望。他延攬那位玻里尼西亞祭司擔任奮進號的首席領航員。早十年之前，圖帕伊亞被迫划一艘細小的獨木舟逃離家鄉，現在他又回到海上，讓他的星辰與湧浪知識派上用場。浪濤拍打船身，同時圖帕伊亞從船尾出聲祝禱，「喔，丹，為我帶來清風！」夜間他跟著星辰，沿途並密切注意海洋漲落。庫克本人也開始能夠理解，圖帕伊亞所採門路的若干微妙之處。他相當感佩，並寫道，「這些人在這些海域跨島航行數百里格，白天太陽為他們當羅盤，晚上則是月球」。奮進號的另一位船員描述了「他們的整套領航技藝取決於他們對天體運動的細緻觀察」。他繼續寫道，「令人驚訝的是，他們的航海家，能夠把那些天體的運動和變化描述得那般明確」。就那個英國人看來，圖帕伊亞是「一個真正的天才」。[48]

往後幾週期間，圖帕伊亞引領奮進號從大溪地向西北航行，來到了一百五十英里外的賴阿特阿島。島上情勢已經平靜下來，

圖帕伊亞也得以探訪塔普塔普阿泰大聖堂，這裡就是他在童年時學習航海的地方。進入珊瑚聖堂，圖帕伊亞向諸神祝禱，保佑庫克和船員為下一階段旅程做好準備。接著圖帕伊亞同意協助庫克繪製太平洋島嶼的地圖，隨後就要朝南出航搜尋那處宏偉的未知大陸。一七六九年八月九日，圖帕伊亞最後一次離開他的家鄉。庫克在他的日記中寫道，「我們再次啟航出海，搜尋機運和圖琵亞（Tupia）〔原文如此〕有可能引領我們前往的地方」。奮進號在圖帕伊亞幫助下，又朝南航行了五百英里，來到了南方群島（Austral Islands）。就在這裡，圖帕伊亞產生出了科學史上一項難以置信的最驚人作品，文化交流的真正實例。[49]

端坐奮進號海圖桌前，圖帕伊亞開始繪製一幅地圖。我們已經見到，玻里尼西亞航海家通常並不使用地圖或海圖；他們只是記住星路。因此，就圖帕伊亞而言，繪製地圖並以代表經度和緯度線的網格來劃分，在很大程度上是種陌生的理念。不過在庫克要求下，他依然著手嘗試。圖帕伊亞總共勾勒出了七十四座島嶼，累加面積相當於整個美國大陸。這是一片浩瀚的海域，也驗證了玻里尼西亞的航海知識是多麼淵博。[50]

乍看之下，這幅地圖與典型的歐洲海圖並沒有太大差別。然而仔細觀察，我們就可以看出，圖帕伊亞是如何以微妙手法調整格式來因應他的需求。地圖上有幾個玻里尼西亞單詞，就在正中央，格線交叉的地方，寫了 eavatea 一詞，這個大溪地單詞譯為「正午」。圖帕伊亞還把羅盤的東、西、南、北方位，替換成大溪地文字的日落和日出，以及大溪地文字的北風和南風。現在這幅海圖開始像是玻里尼西亞人所理解的航行。以下就是海圖的運

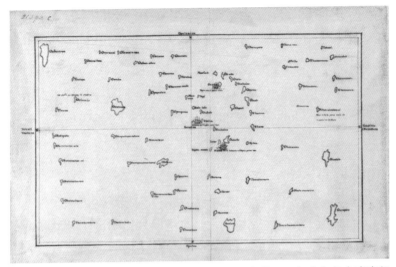

3-5　圖帕伊亞的社會群島（Society Islands）海圖，一七六九年由庫克船長以墨水筆抄謄在紙上。（Wikipedia）

用原理：首先你要認出你身處哪座島嶼，比方說，大溪地。接著你就畫一條直線連往中央的 *eavatea*，代表「正午」。然後，你再從你的起點畫一條直線，連往你想去的島嶼，好比，賴阿特阿島。這兩條直線的夾角，就能告訴你的航向。最高明的是，這個航向已經針對氣流和洋流做了校正。你只需要沿著正午時太陽照射船桅所投落的陰影所呈角度航行就成了。圖帕伊亞的創作是獨一無二的。他結合了歐洲與玻里尼西亞的航海技術，不單只是創造出了太平洋的海圖，還完成了一幅能有效發揮計算裝置功能的海圖。[51]

　　圖帕伊亞的地圖和典型歐洲海圖，還有另一個微妙的差別。最早當歷史學家開始研究那幅地圖時，他們都感到有點失望：儘

管圖帕伊亞指認的島嶼全都真的存在，各島間相對距離似乎都錯得離譜。然而像這樣閱讀那幅地圖，完全錯失了重點。圖帕伊亞並不是想把島嶼呈現在絕對空間，也並不是以固定尺度畫出島嶼間距。實際上，圖示島嶼間距是代表時間，而非空間；這十分有道理。就實用目的而論，兩座島嶼相隔一百或三百英里是沒有差別的，真正重要的是，在兩島之間航行要花幾天功夫。只要是搭過長途班機的人都知道，朝一個方向飛行要比朝另一個方向飛得久，在海上也是這樣。氣流和洋流意謂航行時間永遠是相對於你的行進方向。再一次，玻里尼西亞的航海門路，完美地適應了太平洋，距離標誌出的是航行時間，而非里程數。具備了這樣的認識，最近歷史學家方才表明，圖帕伊亞的地圖所提供的指引，可以帶我們前往太平洋上眾多主要島群，而且準確的令人不敢置信。[52]

地圖到手，庫克船長繼續朝南前進。一七六九年十月，奮進號來到了紐西蘭。歷經幾個月繪製海岸地圖之後，庫克終於找到了他一直在搜尋的目標。奮進號越過了塔斯曼海（Tasman Sea），並於一七七〇年四月二十九日在澳大利亞植物學灣（Botany Bay）登陸，這就是宏偉的南方大陸。庫克完成任務，花了幾個月時間在澳大利亞岸邊探勘，隨後才啟程回航不列顛。可悲的是，偉大的玻里尼西亞航海家圖帕伊亞在途中喪生。他很可能是在奮進號於巴達維亞（Batavia）停靠期間染上瘧熱病故。[53]

不論如何，圖帕伊亞對太平洋令人嘆服的深刻認識延續了下來，他的地圖在後續幾趟航程都派上了用場。庫克隨身帶著那幅海圖的一份副本，踏上了他的第二趟太平洋航程。庫克在一七七

二和一七七五年之間，依循圖帕伊亞的地圖，探訪了他在第一趟航程錯過的眾多島嶼，並代表英國宣稱擁有那些島嶼的主權。在庫克回到倫敦之後，那幅地圖的一部版畫集也付梓印行。讀者受邀審視「一幅海圖，內容描繪歐塔希提居民所見之南海各島……主要蒐羅自圖帕亞（Tupaya）〔原文如此〕之記載」。圖帕伊亞的地圖在倫敦印行，象徵科學史的一次重大轉變。十八世紀初，歐洲人基本上並不知道太平洋。然而到了該世紀末，任何人在倫敦只要有一點閒錢，都可以買到一份由玻里尼西亞航海大師所繪製的地圖。[54]

於是到了最後，我們在圖帕伊亞的地圖中，便可以看到十八世紀科學的兩面。一方面，歐洲探險家愈來愈仰賴土著知識，特別是就天文學和導航方面。在此同時，也正是這類知識讓歐洲帝國得以擴張，最後還征服了先前未知的領域。帝國與啟蒙似乎總是齊頭並進。現在我們就從南太平洋熱帶暑熱前往俄羅斯北極凍土地形，讓我們探索這段故事的另一面。

4. 牛頓在俄羅斯

十七世紀大半期間，俄羅斯似乎都停滯在過去，就連受過良好教育的俄羅斯人也依然相信，地球位於宇宙的中心。那裡沒有科學研究院或大學，而且學院知識也不過就是古希臘哲學加上俄羅斯東正教神學的混合體系。彼得大帝（Peter the Great）在一六八二年登基時，便決心改變這一切。幾十年期間，彼得把俄羅斯改造成啟蒙科學的一處樞紐核心。[55]

在彼得看來，再沒有什麼能比牛頓和他的《原理》更代表進步了。如今幾乎已能肯定，俄羅斯沙皇曾當面見到牛頓本人。一六九八年一月，彼得大帝來到了倫敦。當時他那趟旅程是與外交使節團同行，期望能獲得歐洲列強的支持來對抗鄂圖曼帝國。在那同時，彼得也趁機了解了歐洲各國正在進行的所有科學新進展。在倫敦時，彼得參訪了皇家天文台以及皇家學會，並在那裡見識了「形形色色令人驚奇的事物」——氣泵、顯微鏡，還有玻璃稜鏡折射光線。最重要的是，彼得還參訪了皇家鑄幣廠，而且就在此時，牛頓也正在那裡工作。一六九八年二月，牛頓收到一封信，通知他，「沙皇打算明天來這裡……而且他還希望見到你」。儘管牛頓和彼得都沒有親自留下這次會面的紀錄，我們確實知道，牛頓十分敬重沙皇，寄了好幾本他的最新著述副本到俄羅斯宮廷。彼得大帝甚至還為他的私人書庫取得了一本牛頓的《原理》。[56]

一六九八年，彼得帶著對牛頓科學的嶄新熱忱回到了俄羅斯。他很快地接連設立了一系列研究機構，旨在促進俄羅斯的科學研究與科學教育的現代化。這當中的第一所是一七〇一年成立於莫斯科的數學與航海學校（School of Mathematics and Navigation）。現在俄羅斯的工程師和海軍軍官都依循牛頓的原理來學習數學科學。彼得大帝還下令摒棄以西里爾文字（Cyrillic script）書寫的傳統俄羅斯數字，於是俄羅斯學生都必須使用歐洲數學家採用的阿拉伯數字。最後，也是最重要的，彼得還在一七二四年成立了聖彼得堡科學院（Saint Petersburg Academy of Sciences）。這會成為相當於皇家學會的俄羅斯機構，一所每週

舉辦會議並定期出版刊物的自然科學研究院。按照彼得自己的話來說，那所研究院「當能在歐洲為我們贏得敬重與榮耀」，並挑戰「我們是無視科學的野蠻人」的想法。[57]

　　當時依然沒有幾個俄羅斯人接受過任何高等科學教育，因此，剛開始時，聖彼得堡科學院幾乎完全由外國人來任教。彼得大帝成功勸說歐洲部分學界泰斗遷往俄羅斯，他們受了高薪以及能夠獲得專業科學設備的承諾所吸引。聖彼得堡科學院甚至還設了一所專用天文台，建在瓦西里島（Vasilyevsky Island）上一棟三層樓塔的塔頂。科學院早期成員包括瑞士數學泰斗李昂哈德·歐拉（Leonhard Euler）和丹尼爾·伯努利（Daniel Bernoulli）。不過到了一七三〇年代，就開始有俄羅斯人進入科學院。這些先驅包括了發現金星大氣的羅蒙諾索夫，以及在一七六九年前往北極圈觀測金星凌日的斯蒂芬·魯莫夫斯基（Stepan Rumovsky）。從多方面來看，聖彼得堡科學院都發揮了一種啟蒙運動縮影的作用。英國、法國、德國、瑞士和俄羅斯思想家齊聚一堂，討論思辯最新的科學理論。就如同較大範圍的啟蒙運動，起初就牛頓萬有引力的相關意見都存在分歧，伯努利支持牛頓所見，而歐拉和羅蒙諾索夫就此則深感不以為然。[58]

　　聖彼得堡科學院的第一封正式信函，恰如其分地發給牛頓本人。科學院書記告訴牛頓，「我們的最大期盼是，我們觀察所見能對天文學發展產生作用」。牛頓早先已對俄羅斯科學表現出興趣，身為皇家學會會長，他在一七一三年便協助成立了「俄羅斯委員會」，與俄羅斯學術界和考察隊伍交換資訊與信函往來。特別是，像牛頓這樣的歐洲天文學家，需要更多在北極圈附近極北

地區從事科學觀測取得的資料。沒錯，儘管牛頓的《原理》用上了來自全球各地的資訊，然而他的資料絕大多數都來自赤道周邊地帶，好比西印度群島、西非和東南亞。牛頓和他的追隨者真正需要的是一套來自極北地區，而且同等準確的結果。正如我們先前所見，這也就能讓他們拿北半球和南半球的結果來進行比對，並確立太陽系的尺寸和地球的真正形狀。[59]

縱貫十八世紀全期，俄羅斯天文學家和探險家為多項國際科學作業做出了貢獻；同時，俄羅斯也開始轉型成為一個重要的帝國勢力。在十六和十七世紀大半期間，烏拉山脈（Ural Mountains）以東地帶都只鬆散地處於俄羅斯掌控之下。西伯利亞各處分由小群哥薩克人占據要塞，商人則前往更遙遠的東方尋找毛皮運回歐洲販售。確實有俄羅斯探險家在十七世紀早期抵達太平洋岸，並在鄂霍次克建造了一座小型要塞，不過後來這處堡壘遭當地土著攻擊焚毀。即便到了十八世紀之初，俄羅斯遠東地區依然沒有準確的地圖。在較早期諸位沙皇眼中，這片地區僅只是處未知的荒原野地。不過彼得大帝有不同的想法。他打算讓俄羅斯改頭換面，不單只是轉變為一個現代科學國家，而且要發展成為一個自信的強權，一個西起歐洲，東達美洲的遼闊帝國。[60]

聖彼得堡科學院在支持俄羅斯帝國領土擴張方面發揮了重要的作用。十八世紀期間，科學院協助組織了多次科學考察，深入探勘西伯利亞和太平洋西北部。這當中最著名的是維圖斯・白令（Vitus Bering）率領的那次探勘。彼得大帝親自任命丹麥航海家白令負責這趟任務，後來這就成為於一七二四到三二年的第一次堪察加探險。白令的任務是探勘陸地與海域直抵俄羅斯遠東區堪

察加半島（Kamchatka Peninsula）以北地帶。接著他還得「搜尋一處能在陸地上與美洲接壤的地方」。最後，白令還奉命製作一幅地圖並準確描繪出他所成就之一切發現。[61]

就如我們在第一章所見，自從十五世紀「發現」新大陸以來，亞洲和美洲是不是相連的問題，始終讓歐洲地理學家深感困擾。有些未經證實的報告表示，曾有一位名叫謝門·迭日涅夫（Semen Dezhnev）的哥薩克航海家，設法從西伯利亞北部啟航向南進入太平洋。不過多數人依然不能確定，是否存有這樣的海峽。只要徹底解決這道問題，肯定能提高俄羅斯在歐洲眼中的科學地位。彼得大帝也明白，這種遠征的戰略重要性。準確認識西伯利亞和太平洋西北部的地理學，俄羅斯也就能掌控利潤豐厚的毛皮貿易，並建立起更廣泛的跨太平洋聯繫，特別是與西班牙美洲以及日本的關係。最重要的是，彼得大帝還希望白令能夠前進美洲大陸，為俄羅斯占得領土。[62]

白令在一七二五年二月離開聖彼得堡，跨越六千英里的覆雪大地。單是抵達堪察加半島就花了三年時間。到了那裡之後，白令搭乘大天使加百列號（Archangel Gabriel）啟程進入太平洋。他向北航行，最後終於證實亞洲和美洲並不相連。那裡有條狹窄的海道，寬僅略超過五十英里，把兩片大陸分隔開來。如今這片海域便稱為白令海峽。然而，白令沒辦法見到美洲大陸本身，他在一七三二年回到聖彼得堡，決心為第二次更具雄心抱負的冒險行動爭取支持。[63]

到這時候，彼得大帝已經駕崩。不過繼任的統治者，依然打算推動俄羅斯帝國向東擴張。彼得大帝的繼任者，俄羅斯女皇安

娜（Anna of Russia）當然也這樣想。新女皇派白令率領一支由三千多人組成的更大規模隊伍回返堪察加。聖彼得堡科學院提供了精確的指引，告訴他們該如何在那片地區進行勘測。白令奉命每二十四小時進行天文學觀測，計算他在海上的經緯度，並把結果標繪在海圖上。此外，他還受指示學習在跳島航行時，如何在海上進行相當於土地測量的作業，以象限儀測定各不同島嶼之間的角度。最後，科學院還派了好幾位院內領導成員參加考察並協助進行測量。這當中有一位是法國天文學家路易・迪里雷・德・拉克羅耶爾（Louis de l'Isle de la Croyere），這位牛頓力學專家先前便曾在俄羅斯北部進行重力實驗。[64]

第二次堪察加探險在一七三三年四月離開聖彼得堡。白令本人再也沒有回來，一七四一年十二月，他命喪堪察加海岸外一座小島，或許是死於壞血病。儘管他本人死於半途，白令依然成功完成了他的使命。一七四一年四月十六日，就在他死前不到幾個月，白令看到了美洲海岸。在海岸線上，他瞧見了一片廣袤的山脈，如今稱為聖埃利亞斯山脈（Saint Elias Mountains）。幾天之後，白令和他的隊伍在鄰近一座島嶼登陸，成為第一位抵達阿拉斯加的歐洲人。接著在完成了連串天文學觀測，並在路易・迪里雷協助之下，白令的俄羅斯領航員得以在一份地圖上明確定出他們的位置。[65]

白令探勘任務的成功，激發了一波由俄羅斯國家出資贊助的新航行。整個十八世紀期間，總共有五趟重大探勘行動，北達北極圈，南抵日本周邊島群。這些探勘行動當中最重要的一次是凱薩琳大帝（Catherine the Great）在一七八五年委派進行的，當時

凱薩琳對英國在太平洋西北部日漸增長的勢力深感憂心。庫克船長在他的第三趟發現航程期間，親身抵達了白令海峽，並於一七七八年登上了阿拉斯加外海一座島嶼。法國人也進一步向北航行，同時西班牙人也從加利福尼亞繼續沿著海岸向北推進。盱衡歐洲各帝國之間的競爭態勢，凱薩琳明白她必須鞏固俄羅斯在白令海峽周邊的力量。她也明白，要想達成這項目的，最好就是藉由一項重大的科學測量研究來完成，派遣軍事人員前往那片地區並沿途測繪地圖。這項測量研究後來便稱為「大東北地理與天文探勘行動」（Great North-Eastern Geographical and Astronomical Expedition）。探勘隊由約瑟夫・比林斯（Joseph Billings）率領，這位英國航海家其實已經去過了阿拉斯加，當時他參與了庫克的第三趟航行，擔任助理天文學家。他的這趟探勘行動還有一位名叫加夫里爾・薩里切夫（Gavril Sarychev）的俄羅斯海軍軍官加入，負責大半測量工作。[66]

　　如同在玻里尼西亞的情況，北極地區的歐洲探險家，也結合運用牛頓科學以及土著知識。聖彼得堡科學院在大東北地理與天文探勘行動正式指令當中明確地指出了這一點。到了一七八〇年代，牛頓的理論在俄羅斯已經廣泛為人接受，因此比林斯和薩里切夫都受到指示，要進行天文學觀測來「判定經、緯度數」，希望這樣就能更精確地測定白令海峽的寬度。不過在此同時，探險家也受指示要向土著民眾請教當地地理情況。科學院甚至還擬出了一份清單，列出一些問題，包括「他們經常去的地方叫什麼名字，還有那些陸地或島嶼分別位於哪個方位以及相隔多遠距離？」指令繼續說明，並解釋「當他們用手指示時，你都應該私

下用羅盤精確測定」。[67]

　　就這方面，比林斯做得還更深入，他並不自滿於只詢問土著民眾該地區的地理情況，他實際上還招募了一位土著男子加入探勘行動。尼古拉‧多爾金（Nikolai Daurkin）生於一七三〇年左右，隸屬一個名叫楚科奇（Chukchi）的土著族群。這群人分布於西伯利亞極偏東北部海岸地帶，已經在那裡生活了好幾千年。他們十分熟悉那片地區的地理情況，而且當然在白令本人之前，就已經知道白令海峽。[68]

　　楚科奇的航海技術和玻里尼西亞的具有眾多共通之處。就像北極地區的多數土著民族，楚科奇人也觀星並記憶序列，把它們當成特定島嶼之間的方位指示。然而，玻里尼西亞和北極區的航海方式，仍有好幾處微妙的差別。首先，極北地帶的季節更迭遠遠更為極端。夏季月分，太陽並不落下，到了冬季，太陽則有好幾個星期並不升起。另一種情況還更令人困惑，起碼對歐洲航海家來講，那就是在一年之內，北極地區的日出與日落位置，會出現翻天覆地的改變。三月時，正如各位所料，太陽是從東方升起，並向西方落下。然而到了五月，太陽實際上是從北方升起，並向南方落下。這讓以太陽位置為本的導航作業變得異常困難。[69]

　　北極地區的土著民族開發出了種種技術來解決這些問題。首先，像多爾金這樣的楚科奇航海家會花許多時間使用太陽和星辰，來查出一年當中的精確時日。當時序朝特定季節變更，特定星體也隨之橫越天空。舉例來說，天鷹座以楚科奇語言是稱為佩吉琳（Peggitlyn），於冬季月分破曉時分出現在天際。相同道

理，當白晝變長，獵戶座便向南方移動。就算太陽位置變化多端，只要知道了在一年當中的精確時間，接著楚科奇航海家就可以妥善運用太陽。舉例來說，若是你知道現在是五月中，那麼日出也確實能提供一個良好的朝北方位。不過若是你不知道一年當中的時日，則當你以為自己是向東行進之時，其實你有可能是跟著太陽向北移動。[70]

除了星辰之外，北極地區的土著民眾還密切關注水、雪和冰。就像玻里尼西亞的圖帕伊亞，多爾金也會根據海洋湧浪來判讀附近陸地的跡象。楚科奇人還觀看海藻與冰塊的流動，這樣就能好好地了解洋流。最後，最有創意的是，北極地區的土著民眾會細看雪地模式。像多爾金這樣的人，就算遇上暴風雪，也得想出辦法導航。能見度有可能縮短到甚至還不足一公尺。在這種情況下，對星辰的知識就完全無用了。實際上，在陸地上時，楚科奇人會根據他們腳下的雪來辨認方位。在北極地區，風蝕會形成稱為雪脊（sastrugi）的長條形雪地稜脊。雪脊由北向南延伸，正與席捲西伯利亞全境的「北方大師」（Northern Master）之風採行相同的走向。只要察覺這些雪脊，楚科奇人就能確定北方的方位，就算能見度為零也無妨。[71]

多爾金的特點在於他跨足楚科奇和俄羅斯文化。小時候他曾經被一位俄羅斯探險家抓走，被送到雅庫次克（Yakutsk）。那是西伯利亞一處堡壘，和他的故鄉相隔好幾千英里。到了那裡，他便受洗成為教徒，並學習讀寫俄羅斯文。接著多爾金還進入西伯利亞的伊爾庫次克航海學校（Irkutsk Navigational School）接受培訓。那所學校是彼得大帝改革之後新成立的科學研究機構之

3-6　北極風蝕形成的雪地稜脊，名為「雪脊」。像楚科奇這樣的土著民族，可以在低能見度情況下，運用雪脊來確認他們的方位。（Wikipedia）

一。完成學業之後，多爾金在一七六〇年代初期划著獨木舟巡梭白令海峽，探訪當地楚科奇人並測繪那片地區。這樣進行期間，多爾金把他的航海訓練與習自楚科奇人的土著知識兩相結合。結果他完成了一幅地圖，描繪出白令海峽周邊地區，也成為率先勾勒出阿拉斯加北岸細部地貌的第一人。（值得注意的是，多爾金的地圖完成於一七六五年，至於通常被稱許為最早描繪該地區的庫克，則是在十年之後才來到阿拉斯加。）[72]

　　比林斯在聖彼得堡籌備大東北地理與天文探勘行動之時，便得知了多爾金的地圖。他深感嘆服，也立刻體認到，能有一位土著航海家加入船員行列，那會是多麼有用。當時多爾金仍在伊爾庫次克航海學校工作，他同意加入探勘隊。一七九〇年五月，比

林斯、薩里切夫和多爾金搭乘俄羅斯榮耀號（*Glory of Russia*）啟程進入太平洋。這組船員展現出十八世紀科學界的縮影，船長比林斯是英國人，測量員薩里切夫是俄羅斯人，而領航員多爾金則是個楚科奇人。往後三年期間，這三人一起測繪白令海峽各個島嶼。大東北地理與天文探勘行動總共繪製出了超過五十幅新地圖，範圍西起西伯利亞，東抵阿拉斯加。這個信息清楚明白。美洲現在是俄羅斯帝國的一部分。[73]

5. 結論

牛頓的《原理》在一六八七年出版，一般都被理解為標誌著啟蒙運動的開端。這個說法通常都把牛頓描述成一個運用理性原則的遺世獨立的天才。不過這樣講是不準確的，而且讀了《原理》本身，真相也就很明顯了。本章我論述了牛頓代表啟蒙時代的開端，這並不是由於他與世隔絕，而是肇因於他有十分良好的對外聯繫。牛頓之所以能開創重大科學突破，完全肇因於他和更廣大的帝國、奴隸和戰爭的世界的聯繫關係。當他發展萬有引力理論之時，牛頓所仰賴的資料，便是得自搭乘奴隸船遠航的法國天文學家，以及在中國做生意的東印度公司官員所蒐集的數據。這是那個時代的民眾都熟知的事情，然而到了今天，這卻往往被人遺忘。伏爾泰或許就是啟蒙時代法國最著名的哲學家，他便曾寫道，「要不是路易十四派遣那些人出海航行並進行實驗……牛頓永遠不會產生出他的引力相關發現」。[74]

本章以牛頓為起點，提出了一種新的啟蒙時期科學史。在十

八世紀整段期間，歐洲的科學研究界接連籌組國家資助的一系列考察航行。這些航行為牛頓和他的追隨者，提供了必要的數據，讓他們得以回答物質科學當中的一些最根本的問題。法國對安地斯山的探勘，證明牛頓對地球形狀的看法是正確的，而庫克船長的太平洋航行，最終便確立了太陽系的絕對尺寸。除了這些比較理論性的問題之外，十八世紀還見證了導航學與測量學等好幾項相關實務科學的發展。運用最新的牛頓科學，英國、法國和俄羅斯帝國得以擴張侵入了新領地。庫克從大溪地向南航行，最遠抵達了澳洲，而白令則得以測繪出阿拉斯加的海岸，第一次把美洲大陸部分劃入了俄羅斯帝國版圖。

然而這不單只是歐洲科學取得勝利的故事。當他們跨越陌生海域，攀登壯麗山脈之時，歐洲探險家總是得仰賴土著民族的現有知識，而且其中許多民族本身都擁有高明的科學文化。在秘魯，法國測量員在無意之間仰仗了印加的天文學傳統。在太平洋，庫克船長仰仗一位玻里尼西亞祭司的航海專才。還有在北極地帶，俄羅斯探險家招募了土著人民來引導他們跨越冰凍地貌。認可這些人的貢獻，有助於描繪出一幅很不一樣的十八世紀科學面貌。追根究柢，我們必須把啟蒙科學的發展進程，理解為全球歷史的一個部分，那是一部融入了奴隸制度和帝國歷史，同時也包含了土著知識的歷史。牛頓或許是位天才。不過他並不遺世獨立。[75]

本章我們從牛頓對奴隸貿易的投資開始，不過這段故事還有個另一面，而且如今那也經常被人遺忘。一七四五年，一個名叫法蘭西斯·威廉斯（Francis Williams）的人，在他的牙買

加書房裡擺姿勢供畫師畫肖像。就許多方面觀之，那幅肖像的畫中人物，看來就像個十八世紀的典型學者。威廉斯面前的桌上，除了有一件羅盤和地球儀之外，還擺了一本《牛頓的哲學》（*Newton's Philosophy*）。不過就一個非常重要的層面來看，這幅肖像非常值得注意，特別是就科學史傳統論述方面而論，因為這種敘事往往排除非洲後裔，把他們略過不提。但，威廉斯是個黑人。就在威廉斯誕生之前，他的父親，一位受奴役的非洲人，才剛獲得了自由。因此，威廉斯也是個自由人。看來他還相當富裕，後來還在牙買加繼承了土地和奴隸。到了約一七二〇年，威廉斯已經有足夠財富，有能力前往不列顛，到了那裡，他進入劍橋大學，攻讀數學和古典文學。正是在這裡，約略就在牛頓死亡之時，威廉斯得知了《原理》。幾年之後，他回到牙買加開辦一所學校，也帶回了許多最新的科學書籍，包括牛頓的一些著述。講明白點，威廉斯一點都不典型。當時加勒比海的黑人族群，大半都沒有機會得知牛頓的科學。不過威廉斯之所以重要，是由於他提醒了我們，奴隸時代科學史還有另外一面。到了下一章，我們還會更詳細論述這個主題，更深入探究，就算在最絕望的情況下，也儘管到後來他們被人從故事抹除，受奴役非洲人和他們的後裔，依然繼續為現代科學的發展做出貢獻。[76]

第四章　大自然的經濟學

　　在農園邊緣尋覓時，葛拉曼‧苦瓦西（Graman Kwasi）見到了一株他以往從未見過的植物。鮮豔的粉紅色花朵吸引了他的目光。苦瓦西從那叢小灌木剪下一段標本，帶回他的小屋，貯藏起來。這種植物最後將改變他的生命軌跡，不過在那時候，他還不知道這點。苦瓦西在一六九〇年左右生於西非，屬於現今迦納境內操阿寒語（Akan）的部落之一員。才剛十歲時，隸屬敵對部落的非洲奴隸販子發起一次劫掠，他就在那次突襲中被抓走。接著苦瓦西被鎖住串成人鏈驅趕到岸邊。到了那裡，他就被一位荷蘭船長買走，輸運橫越大西洋——成為十八世紀共六百萬被輸運到美洲的受奴役非洲人之一。抵達南美洲之後，苦瓦西被安置在蘇利南（Surinam）的荷蘭殖民地中一處糖業園地工作。童年時期他就被迫整天在酷熱環境下勞動，拔除地面雜草。長大成人之後，苦瓦西便參與非常繁重的收割工作，手持開山刀切砍甘蔗。[1]

　　不過苦瓦西的才華，比起他的荷蘭主子起初對他的誇讚，還更高明了許多。身處具有繽紛多樣動、植物類群的南美洲，他開始對自然界養成了一種很深入的認識。結合了非洲與美洲的治療傳統，苦瓦西採集植物並調製藥物。他在種植園中治療非洲人和歐洲人，賺取微薄報酬。不過有種植物特別為苦瓦西帶來盛名，

就是他在蘇利南種植園採集的那種長了粉紅花朵的小型灌木，具有十分驚人的治療特性。樹皮泡水煮沸熬成苦茶，是能發揮治療瘧疾熱病的有效藥劑。除此之外，它還能健胃整腸提增食慾。苦瓦西很可能是向一位在同一處種植園工作的美洲印第安奴隸，習得了這種植物的藥用特性，因為那種灌木是當時現存的南美草藥傳統用藥──正是我們在第一章學到的那種醫學知識。不久之後，苦瓦西成就發現的消息便傳遍蘇利南，接著又傳到了歐洲。在那時候，瘧疾的唯一有效治療藥是萃取自金雞納樹的樹皮，稱為「秘魯樹皮」（Peruvian bark）。然而，西班牙壟斷了這種珍貴的產品，因為那只在秘魯總督轄區生產，這也是他當時所稱名字的由來。事實上，在十八世紀初，金雞納樹皮是全世界最昂貴的商品，比等重的黃金還值錢。因此瘧疾的替代治療劑，便具有極端豐厚的獲利前景。[2]

一七六一年，一件由苦瓦西發現的灌木標本送達林奈手中。林奈是當時歐洲最富影響力的科學思想家之一，在瑞典烏普薩拉大學（University of Uppsala）擔任藥學與植物學教授，而且發展出了新的分類系統，並由此徹底革新了自然界研究。他最早在他一七三五年的著述《自然系統》（System of Nature）一書中提出這套分類體系。書中林奈把自然界區分為三大界：動物界、礦物界和植物界。在這之下還有四個分類層級，各自更精準地識別某特定動物或植物。這些類別從「綱」到「目」、「屬」最後則是「種」。依循這套系統，自然界萬物全都各有自己的位置。林奈循此提出，每種動、植物分別給予一組「二名式」或「兩部分式」的正式名稱，各包含屬與種。舉例來說，獅的學名

是 *Panthera leo*，顯示獅是 *Panthera*（豹屬）的一員，而豹屬又包含虎、豹和美洲豹，接著是種名 *leo*（這又包含非洲與亞洲的不同獅亞種）。這套系統的優點在於，它提供了一套直截了當又一致的方法來為自然界分類。它還讓自然歷史學家得以表達不同動、植物種類之間的相似性，如同前例，獅與虎是同一個屬的成員。時至今日，林奈的二名法依然構成所有現代生物分類系統的基礎。[3]

林奈收到一份那種植物的標本，那是蘇利南一處種植園的瑞典園主寄來的。林奈驗證了那種植物的藥用特性，而且留下深刻印象。於是他在他的新版《自然系統》中記載了這項發現，而且不只說明那是先前未知的種，還是一個全新的屬。為表彰苦瓦西，林奈為那種植物正式命名為 *Quassia amara*（中譯「蘇利南苦木」，學名中的 Quassia 是苦瓦西的阿寒語名字的拉丁化版本，而 amara 則是代表苦的拉丁文，指稱那種藥物的滋味。）有了林奈為他的這種革命性治療法發現背書，苦瓦西的生活出現了翻天覆地的變化。隨著對那種植物的認識四處傳播，蘇利南苦木成為蘇利南各種植園主的一項主要出口作物，作為比較昂貴的金雞納樹皮的一種替代品來栽培銷售。苦瓦西很快就獲得了自由。接著他受邀前往荷蘭觀見奧蘭治親王威廉五世（William V, Prince of Orange），親王表揚苦瓦西的成就，贈給他一件華麗外袍和一枚金質獎章。回到蘇利南之後，苦瓦西還獲贈一處小型種植園，附贈在那片土地上工作的受奴役勞工。他還開始收到歐洲自然歷史學家來信，迫切地想更深入認識南美洲的植物。其中有些信函還尊稱苦瓦西為「蘇利南本草學教授」。也不知道為什麼，機緣

湊巧，苦瓦西就這樣擺脫了奴役，成為南美植物藥用特性方面受人尊敬的權威。[4]

苦瓦西的故事在很多方面都是個特例，受奴役非洲人能在歐洲受到公開承認為科學知識的來源，這在當時是極其罕見的。談到自然歷史，植物通常都以發現它們的歐洲男子的名字來命名。就大多數情況，在歐洲人眼中，非洲人不過就是種商品，供人買賣來在種植園中工作。苦瓦西的不同之處在於，藉由他對植物療癒特性的認識，他設法擺脫了這個世界，或者起碼最後來到了那個世界的另一面。不過從另一層意義來看，苦瓦西是某種更普遍現象的一個實例。

啟蒙時期的自然歷史傳統故事，幾乎都只專注描述像林奈這樣的歐洲男子取得的成就，他們因為「發現」新植物，發明新的分類系統而出名。不過這是誤導。科學史經常漠視的一點是，遍布非洲、亞洲和美洲的各色各樣不同人士，對十八世紀自然歷史的發展都做出了貢獻。他們各自懷抱了本身固有的科學傳統，而且歐洲人通常都依靠這些傳統來認識陌生環境並做歸類。就某些情況，這明目張膽就是剽竊，就像很大部分的植物學資訊，根本都是以暴力脅迫手段取自受奴役非洲人。不過就其他一些情況，這種科學關係就比較偏向協力性質，好比稍後我們會見到的日本德川時期事例。從非洲療癒師到印第安祭司，本章披露了被遺忘的成就，揭示像苦瓦西這樣的人士，對啟蒙時期自然歷史發展所做出的貢獻。

前一章側重論述國家資助的探勘旅程，本章則揭示全球貿易對啟蒙時期科學發展所發揮的作用。在十七和十八世紀期間，世

界受歐洲貿易公司的擴張影響，出現了劇烈的變化：在東南亞和日本的荷蘭東印度公司，在大西洋的皇家非洲公司，還有最著名的是在印度和中國的不列顛東印度公司。這些獲利豐厚的企業，藉由控制貨品供應取得了鉅額利潤：糖、香料、茶和靛藍染料，全都由這些貿易公司的船隻運載前往歐洲。最重要的是，這類貿易的標的，大半都是取自自然界的製品。這為更詳盡研究自然歷史提供了動力，因為貿易公司需要能夠對他們處理的商品進行分類和評估。

　　就以一點來領略一下改變的規模：十七世紀初，歐洲自然歷史學家已經辨識出了大約六千種不同植物。到了十八世紀末，他們已經辨識出了超過五萬個物種，其中絕大多數都源出歐洲之外的地區。如同我們在前一章所述，像皇家非洲公司和不列顛東印度公司這樣的貿易公司，都與當時代的主要科學研究機構，好比倫敦皇家學院等保持密切聯繫。有關於金和鉑之間，或者肉桂與肉豆蔻之間的差異，不單只是個科學問題，還是個至關重大的商務要項。在某些情況下，貿易公司甚至還委託進行化學測試，使用最新的實驗技術來確認一批金屬或者染料的純度。[5]

　　因此，啟蒙時期的自然歷史既是一門生物科學，也是一門經濟科學。林奈本人當然也這樣看待他的工作。就像其他許多人，他擔心全球貿易逐步削弱歐洲人的經濟力量，讓他們仰賴其他人來取得物資。特別是，林奈還深恐「貿易均勢」不利於歐洲這方──好比他的祖國瑞典以及其他國家，進口量遠高於出口量。因應及此，林奈建議瑞典開始栽植替代性作物，或甚至於嘗試在本地種植其進口產品。「依大自然的自我安排方式，各國都生產某

種特別有用的東西；經濟的使命就是從其他地方採集並栽植出這類不願意生長的東西，」林奈這樣表示。在他看來，這就是自然歷史的意義之所在：不僅只是為世界編目，而是要找到方法來將貿易均勢向有利於歐洲的方向傾斜。林奈甚至還提議，說不定可以在瑞典種植桑樹，減少對於從中國進口絲綢的依賴。[6]

　　不出所料，林奈發現在冬季酷寒的瑞典很難種植熱帶植物。不過擁有更大帝國疆域的國家，就成功得多了。整個十八世紀，在殖民世界各處，歐洲自然歷史學者協助建立起好幾百座植物園。這些園區都有很明確的目標，為了種植熱帶植物，以減少對進口的依賴而創辦。舉例來說，一七三五年，法國東印度公司在法蘭西島（Isle de France，即現今的模里西斯）建立了一座植物園。法國自然歷史學家負責種植胡椒、肉桂和肉豆蔻，希望能打破荷蘭對香料貿易的壟斷。（在那時候，歐洲任何人要想取得這類香料，唯一的來源就是荷蘭東印度公司掌控的東南亞地盤。）法國東印度公司甚至還僱了一位傳教士從東南亞走私種子和樹苗，送到新的植物園栽種。那位傳教士名叫皮埃爾・普瓦布爾（Pierre Poivre），不折不扣就是「胡椒岩」的意思。英國在印度依樣畫葫蘆。一七八六年，他們在加爾各答建立了一座植物園，希望種出肉桂來打破荷蘭壟斷局面。到了十八世紀末，多數歐洲殖民地 —— 包括牙買加、澳洲新南威爾斯和南非開普殖民地（Cape Colony）—— 都有一座植物園。這些園區與歐洲的主要植物園，例如倫敦的邱園（Kew Gardens）等串連起來，構成了世界自然歷史的重要資訊來源。[7]

1. 奴隸制和植物學

　　漢斯・斯隆（Hans Sloane）在一六八七年來到牙買加，接著就前往山區。斯隆在一位受奴役非洲嚮導陪同下騎馬前往，並開始盡可能多採集不同種植物：蕨類、蘭花和禾草裝滿了他的袋子。斯隆必須謹慎。山區對歐洲旅客來講是個危險的地方，因為逃跑的奴隸和盜匪都可能動手攻擊。不過冒險是值得的。接下來一年間，斯隆努力採集了超過八百件植物標本，而且每件都在細心乾燥之後黏貼裝訂成冊。斯隆來到牙買加的正式派任是來到該島職司新上任總督，阿爾伯馬爾公爵（Duke of Albemarle）的私人醫師。不過斯隆對總督的健康並不是特別感興趣。（事實上，總督在斯隆抵達還不到一年就死了。）斯隆真正想做的是研究該島的自然歷史。一六八九年，斯隆回到倫敦之時，便開始撰寫一份報告來論述他的發現。這部作品分成兩厚冊繪本，在一七〇七年至一七二五年間出版，書名為《牙買加的自然歷史》（*Natural History of Jamaica*）。[8]

　　斯隆後來成為十八世紀早期一位具有極高影響力的自然歷史學家。斯隆在他的書籍出版之後便獲遴選為皇家學會會長以及皇家內科醫師學會（Royal College of Physicians）會長。林奈還曾經到倫敦拜訪斯隆，向他諮詢，並把《牙買加的自然歷史》書中部分資訊納入他的《自然系統》。斯隆於一七五三年死後，他的整套收藏 —— 在那時已經包含了超過七萬件動、植物、礦物標本和古董文物 —— 全都由國會買下，為大英博物館以及後來的倫敦自然歷史博物館奠定基礎。斯隆之所以成功，大半是由於他了解

自然歷史與經濟學之間的關係。在他論述牙買加那本書的卷首，斯隆開宗明義提醒讀者，那座島是「女王陛下在美洲的最大也最重要的種植園區」。《牙買加的自然歷史》描述形形色色的有價值農作物，時間點恰逢英國藉由奴隸制度的擴張，把西印度群島轉變成為一處完全成熟的種植業經濟。斯隆本人也從這個世界獲利。藉由婚姻，他取得了牙買加一處大型糖業種植場的三分之一利潤。他還投資了美洲的好幾項金融計畫，包括一個販賣「牙買加樹皮」的項目，而這也是金雞納的另一種可能替代產品。[9]

斯隆也是仰仗他在西印度群島遇見的受奴役非洲人，才取得了成功。不過這點在當時往往只部分受到認可。就像我們在本章會接觸到的許多歐洲自然歷史學家，斯隆對待非洲知識的取徑，以及他的措辭用語，都反映出了那個時期典型的種族歧視態度。在《牙買加的自然歷史》書中，斯隆描述了他如何向「居民，無論是歐洲人、印第安人或者黑人」探詢植物學資訊。其中有一種植物特別引來了斯隆注意。「那種植物在克羅曼特黑鬼（*Coromantin* Negroe's〔原文如此〕）口中稱為敝奇（Bichy），拿來吃並作為腹痛輕瀉劑來使用，」斯隆解釋道。可樂果（kola nut），也就是牙買加稱為「敝奇」的堅果，具有興奮劑的作用。它似乎能讓濁水帶上清新滋味，還可以舒緩腹部不適。後來到了十九世紀之時，可樂果成為軟性飲料可口可樂的一種原始成分。儘管出現在斯隆的《牙買加的自然歷史》書中，這種堅果實際上並不是牙買加原生植物，而是根源自西非。斯隆本人知道這點，並指出，可樂果是以「取自一艘幾內亞船隻的種子」種出來的。這類堅果在西非早就被當成藥物來使用，而且在鄰

居或慶典來賓之間彼此交換來象徵親善。「帶來可樂果,帶來生命,」西非伊博人(Igbo people)有個傳統諺語便這樣講。這裡卻有個冷酷的諷刺,可樂果這種傳統的友誼象徵,輾轉來到了牙買加,受奴役非洲人咀嚼那種堅果,在那種難忍困頓環境,堅忍存活下來。[10]

斯隆很快就注意到,牙買加還有其他多種植物,實際上都是非洲的原生種類。斯隆一般都是在分配給受奴役民眾的「配給田」(provisioning ground)中見到這些種類。歐洲種植園管理人並不提供妥當的糧食供給,只分配小片貧瘠土地給受奴役勞工,並要他們自己種地自給自足。斯隆在牙買加花了很多時間調查他所稱的這些「黑鬼種植區」。他找來在配給土地上耕作的非洲人講話,探查他們從祖國帶來的不同食物相關事項。於是,斯隆在牙買加學到的非洲植物學,和他習得的西印度群島事項一樣多。他在配給田見到了山藥、小米雜穀和豇豆(black-eyed pea),全都是搭乘奴隸船橫越大西洋來到這裡的作物。在牙買加的受奴役非洲人心目中,這些蔬菜能帶來故鄉的滋味,就算在最絕望的處境之下,仍能帶來慰藉。[11]

在整個美洲各處,歐洲自然歷史學家訊問受奴役民眾,期望發現能夠獲利的新植物,特別是具有藥用特性的種類。有一點很有必要記住,那就是這裡上演的殘暴權力運用。歐洲奴隸主將非洲民眾和非洲知識都視同可以剝削的財產。一七七三年,蘇格蘭種植場主亞歷山大・亞歷山大(Alexander J. Alexander)描述當時如何執行了好幾項實驗,他稱之為「黑鬼醫師本草學」(Negro Dr's Materia Medica),指涉受奴役非洲人使用的藥用

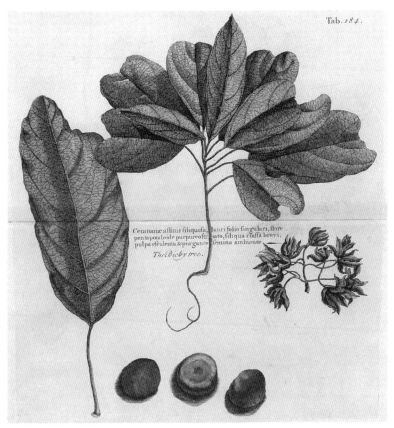

4-1　可樂果，長在「敝奇」樹上，引自斯隆於一七○七年至二五年出版的《牙買加的自然歷史》書中插圖。（Biodiversity Heritage Library）

植物。亞歷山大曾在愛丁堡大學攻讀化學，並認識了在他的種植場工作的受奴役民眾使用的一種樹皮。據說那可以用來治療熱帶肉芽腫，這是種廣泛流傳的皮膚病，會引發疼痛，又稱為「雅司病」（yaws）。「黑鬼法（Negroes Method）〔原文如此〕是要他們站在桶中，裡面有一爐小火並讓他們一日兩次在裡面大量流

汗，還讓他們服用兩種木材煎成的藥水，兩種都出自這個國家，分別稱為皇木和帖木（Bois Royale & Bois fer），」亞歷山大解釋道。在寄給愛丁堡化學教授約瑟夫・布拉克（Joseph Black）的一封信中，亞歷山大談到了「令人吃驚的」結果。以這種藥物治療的患者，全都在兩週內康復了。亞歷山大寄了一份標本給布拉克，並建議他對那種樹皮的成分做一些化學檢定。[12]

與斯隆通信的亨利・巴勒姆（Henry Barham）醫師也表示曾在牙買加遇上類似經驗。經歷了嚴重高燒和腿部發炎之後，巴勒姆幾乎放棄了希望。不過一名在種植場工作的受奴役非洲人向他提議，可以使用一種樹皮，那種植物就是俗稱「豬莓」（hog plum）的海檀木。巴勒姆回顧說道，「我沐浴時，一個黑鬼穿過房子……並說，『主人，我可以把你治好』。他馬上拿給我這種灌木的樹皮，還附帶一些葉片，並讓我用那些來泡澡。」根據巴勒姆所述，在那種浸泡液中沐浴之後，「我完全康復了，而且我的力氣充足了，雙腿也完全能夠使用，不輸以往。」牙買加另一位醫師，帕特里克・布朗尼（Patrick Browne）也同樣描述了「蟲草」（worm grass）的療效。布朗尼說明，「這種青菜長期以來一直在黑鬼和印第安人圈子裡使用，他們最早熟悉了它的優點，而且它之所以冠上了現有名稱，是由於它具有殺滅蠕蟲的奇特效能。」歐洲故土的自然歷史學家，也開始關注非洲人對植物的認識。詹姆士・皮提維（James Petiver）是十八世紀初在倫敦深具影響力的自然歷史學家，他發表了一篇關於皇家非洲公司一位員工在西非採得之「若干幾內亞植物」的記述。皮提維分別列出了那些植物的名稱和醫藥用途，包括用來殺滅蠕蟲的「孔空」

（concon）和能恢復體力的一種名叫「阿克羅」（acroe）的補品。[13]

到了十八世紀末，有些歐洲醫師才開始扭捏地坦承，非洲人對某些植物有可能比他們認識得更深。在蘇利南，一位荷蘭醫師寫道，「黑鬼和女黑鬼……懂得植物的優點，還提出了令歐洲來的醫師羞愧的療方」。另有些人就不是那麼信服。有些人論稱，雖然非洲人顯然對植物了解很深，他們對於以分類為本的系統取徑依然是缺乏認識。牙買加一位惡名昭彰的種植場主，愛德華・隆恩（Edward Long）正是提出了這樣的論調，宣稱「畜牲是天生的植物學家」。不過隆恩錯了。非洲人的植物學知識很少見於文字，卻依然是有體系的。西非的伊博療癒師依照產地來將植物分類，把長在「森林」和「疏林草原」的種類區分開來。接著這種植物分類法，也反映到了疾病分類體系，其中不同疾病必須採用在特定環境下成長的植物。任憑隆恩提出什麼說法，還有後續許多歷史學家如何重述，非洲人不只是認識植物的療癒效用，還把這些知識整合納入了一套複雜的分類系統。[14]

並非所有植物都用來治療。一七〇五年，德國自然歷史學家瑪利亞・梅里安（Maria Sibylla Merian）發表了一段文字，談論蘇利南一種用來墮胎的植物。身為歐洲女性，梅里安很不同凡俗。十八世紀很少女性有辦法旅行那麼長遠距離，因為貿易公司的工作都保留給男性。梅里安之前已經和丈夫離婚，並於一六九九年偕同她的么女來到了蘇利南。她銷售一本預約書訂閱來維持自己生計，那本書她打算回國後動筆撰寫，書名是《蘇利南昆蟲的變態》（*The Metamorphosis of the Insects of Suriname*），後來

在一七〇五年出版。（那個時代的許多最著名自然歷史學家，包括林奈和斯隆，後來都參考查閱了梅里安的書。）往後兩年期間，梅里安和她的女兒周遊蘇利南各處，在各地種植園區逗留，採集植物和昆蟲。梅里安在她的書中描述了她如何從一處種植場的一些「奴隸婦女」，學到一種名叫「孔雀花」（peacock flower）的植物的相關知識。依梅里安所述，蘇利南的受奴役婦女使用孔雀花種子來「流掉她們的孩子，這樣她們的孩子才不會像她們一樣變成奴隸」。她還敘述了受奴役非洲人，包括男女，如何使用孔雀花的根來自殺——藉此來反抗奴隸制度，也提醒我們，他們是如何在暴力脅迫下陷於絕望處境。根據梅里安所述，「他們相信他們會重生，在他們自己的土地上自由生活」。[15]

危險植物相關報導把在美洲的歐洲醫師嚇壞了。畢竟，倘若有種花可以用來墮胎，或者用來自殺，那麼它也可能用來當作一種毒物。一七〇一年，巴勒姆描述一位醫師同行如何在牙買加被「下毒……動手的是他的女黑鬼」。喝了一種摻了種莽原花汁的茶水之後，該男子「腸胃劇烈絞痛，俯身嘔吐……他的好幾處部位出現輕微抽搐」。因此非洲植物學知識，也構成了一部分反奴役力量。然而，歐洲人對中毒的恐懼，釀成了一種有點自相矛盾的情況。如同我們所見，歐洲自然歷史學家得靠非洲人來認識他們在美洲找到的多種植物。然而在此同時，一些殖民地法律也漸次通過，強制禁止非洲人使用藥用植物。一七六四年，聖多明戈（即現今海地）法國殖民地政府明令禁止所有非裔民眾「在任何情況下執行內、外科醫學，以及治療任何疾病」。南卡羅來納州也通過了一項相仿法律，建議「凡有奴隸教導或指引其他奴隸了

解任何有毒的根、植物、草藥或任何毒物者」皆判處死刑。類似這樣的法律，就是導致非洲人被排除在傳統科學史之外的一項原因，不過當然這裡也存有更深層次的種族歧視結構性問題。可以理解，許多受奴役民眾由於害怕懲罰，決定把他們的植物學知識私藏起來。直到最近我們才開始披露一位歷史學家所稱的「奴隸的祕密療法」。[16]

　　大西洋蓄奴情況在十七、十八世紀持續增長，對歐洲社會的發展造成了深遠影響。受奴役非洲人強制勞動所產生的財富，資助了從藝術和建築到港口與工廠的一切事項。蓄奴也讓科學世界改頭換面。如同我們在前一章所見，牛頓和他的追隨者都仰賴隨奴隸船出海人士所進行的天文學觀測。還有在本章中，我們也見到了著名的歐洲自然歷史學家，好比林奈和斯隆等，是如何仰仗受奴役非洲人，來向他們講述西印度群島和南美洲植物之相關知識。奴隸制度是種極度剝削，並依賴持續暴力脅迫的體系。把範圍擴大到帝國，也可以見到這相同情況，我們在本章其餘篇幅還會更深入探討這個主題。隨著歐洲貿易帝國的擴張，對亞洲自然歷史的興趣也隨之增長。就某些情況而論，科學交流的立足點，稍微公平了一些。然而在其他時候，歐洲博學家仍然依賴強制力量。儘管如此，不論放眼何方，這個時期的自然歷史發展，都離不開貿易和帝國的商業世界。到下面這個段落，我們將探討帝國和自然歷史的這種關係，如何在東印度地帶上演。我們就從一位荷蘭部隊指揮官和他的印度僕人開始。

2. 東印度地帶的自然歷史

　　亨德里克・范瑞德（Hendrik van Rheede）看著他的印度僕人爬上附近一棵棕櫚樹。爬到將近三十公尺高的樹頂時，那位僕人拔出一把刀。切入嫩芽，接著就開始採集樹液。爬回地面後，那位印度僕人告訴范瑞德，這種樹叫做「卡林姆巴那」（Carim-pana），樹液可以用來釀造一種酒精飲料，稱為「托弟」（toddy），也就是棕櫚酒。范瑞德把那種樹的名字寫下來，為他愈來愈多的印度植物藏品增添了一株插條。「卡林姆巴那」到今天稱為糖棕，而且只是范瑞德的劃時代巨著，一六七八至九三年間出版的《馬拉巴爾的林園》（*The Garden of Malabar*）書中羅列之七百八十種植物當中的一種。那部作品共計十二冊，內含超過七百幅插圖，這本書是第一部全面介紹印度植物學的歐洲著述。《馬拉巴爾的林園》後來成為啟蒙時期許多最重要自然歷史學家，如林奈等人所參考的文獻。而且那部作品還大量借用了印度科學和醫學傳統。[17]

　　范瑞德並不是以自然歷史學家身分來到印度，他是來擔任部隊指揮官。范瑞德生於烏特勒支（Utrecht），家裡經商，生活富裕。他十四歲小小年紀就進入荷蘭東印度公司，升官晉級之後，范瑞德在一六七〇年奉派擔任馬拉巴爾指揮官（Commander of Malabar）。馬拉巴爾是位於印度西南端的荷蘭殖民地。他來到任所，驚見大地鬱鬱蔥蔥，長滿棕櫚樹和香料。「沒有一處地方，沒有任何最窄小範圍，不是綻放了一些植物，」范瑞德回顧表示。馬拉巴爾的「廣大、高聳密林」都「閃耀著那樣的生機」。

4-2 「卡林姆巴那」，或就是糖棕（palmyra palm），引自亨德里克・范瑞德於一六七八至九三年間出版的《馬拉巴爾的林園》。那種棕櫚的名字以三種不同語言（和四種筆跡）列於頁頂。（Wikipedia）

他得出結論，表示「印度的這處地帶，恰如其分確實是全世界最肥沃的地帶」。從椰子和香蕉到小豆蔻和胡椒，馬拉巴爾是一處繁茂的環境，也是荷蘭東印度公司熱衷商業開發的環境。[18]

　　明白了這一點，范瑞德展開了一項雄心勃勃的計畫，要採集、描繪並描述馬拉巴爾所有種種不同植物。這可不是范瑞德有辦法隻手達成的事項。就如同在美洲與在非洲，東印度地帶的歐洲自然歷史學家，也依靠當地人的現有知識來認識該地區的動物相和植物相。畢竟，這些人所具有的南亞自然歷史專門知識，遠

勝任何歐洲人有可能企及的水平。從一開始，范瑞德便徵募了一支員額超過兩百人的印度採集大軍，派往四面八方，分頭搜尋不同植物。身為部隊主官，他有能力取得他想要的東西，必要時還能強制劫奪。范瑞德也動用了他的外交人脈，寫信給當地印度親王，要他們送來標本。科欽王公（Raja of Cochin）和泰庫姆庫爾王公（Raja of Tekkumkur）都從命，送了相當數量的罕見植物。接著范瑞德僱用三名印度藝術家來為不同標本繪製素描。後來當《馬拉巴爾的林園》在阿姆斯特丹出版時，正是這些印度人的畫作出現在書中。最重要的是，范瑞德籌組了一支印度學者團隊，來為不同植物命名並鑑定其用途。這個團隊包含三位婆羅門祭司──朗嘎・巴特（Ranga Bhatt）、毗那亞迦・巴特（Vinayaka Bhatt）和阿溥・巴特（Apu Bhatt），都是專精古代宗教與科學文獻的高階種姓印度人。除了婆羅門祭司之外，范瑞德還聘僱了當地一位名叫伊帝・阿楚登（Itti Achuden）的醫師，他受過傳統印度醫學系統養成訓練，那套體系稱為阿育吠陀。阿楚登專精辨識馬拉巴爾植物的不同療癒效能。[19]

　　這裡和非洲的情況不一樣，這門知識大半都已經寫了下來。阿楚登的藏書當中有一部是范瑞德口中所稱的「有名的醫書」，這再次提醒我們，別忘了南亞民族既存的科學知識。然而這並不是典型的印刷書，在十七世紀的印度南部，民眾並不用紙來書寫。他們實際上是寫在乾燥棕櫚葉上，接著用線綁成書冊。線裝書的優點是，你總是可以為現有文本加添材料，只需把另一片棕櫚葉片綁上書冊就成了。阿楚登的醫學書是以當地馬拉雅拉姆文寫成並代代相傳。該書含數百片棕櫚葉，內容細述當地植物的醫

藥用途。同樣地，婆羅門祭司的知識也是取法自《吠陀》經文。在這系列古代印度文獻當中，好幾部是以梵文寫成的，並描述了植物的醫藥用途。舉例來說，最初創作於公元前第二個千年期間的《阿闥婆吠陀》便包含了對兩百八十八種植物的描述內容。其中包括了心葉黃花稔（flannel weed），據說這能幫助癒合傷口，還有一種是「山羊角」（goat's horn），那是種灌木，據說燃燒能驅蚊。[20]

范瑞德很看重《吠陀》所含知識，並指出，「談到醫藥和植物學，這些科學學門的知識，都保存在經文當中」。這些古典文獻當中顯然包含了豐富的資訊。范瑞德解釋道，「第一行……首先列出植物的專名（proper name），它的種、特性、事故、形式、部位、位置、季節、療效和用途等，他們都描述得異常精確。」諮詢了婆羅門祭司之後，他便開始了解植物的命名是如何反映出一種印度分類系統。植物名稱的字尾通常都能表示它所屬物種。舉例來說，「Atyl-alu」、「Itty-alu」和「Are-alu」全都是地方性名稱，分別指稱不同類別的無花果樹，並以「-alu」字尾來識別。接著這些名稱便轉載納入《馬拉巴爾的林園》書中。最後作品裡面的植物都以三種不同語言列出：馬拉雅拉姆語（以阿拉伯字母及當地阿唎耶文〔Aryaezuthu〕書寫）、孔卡尼語（Konkani）（以天城文〔Devanagari〕字母書寫，這是《吠陀》等梵文宗教文獻採用的書寫系統）以及拉丁文（以羅馬字母書寫）。[21]

《馬拉巴爾的林園》是啟蒙時期科學的一部代表作。它把不同文化的科學傳統彙集在一起，呈現出一種獨特視角來審視印度

南方的自然歷史。在此同時，《馬拉巴爾的林園》這部作品，也映現出了歐洲貿易公司日漸增長的影響力。范瑞德的書，列出了種種很有價值的商品：檀香木、小豆蔻、薑和黑胡椒。正是這種經濟考量，重新激發出了十七世紀末對自然歷史的研究興趣。格奧爾格·郎弗安斯（Georg Eberhard Rumphius）能感覺到地面顫動。起初還很輕微，接著整棟房子就開始猛烈晃動。一六七四年二月十七日，「最可怕的地震」侵襲了安汶島（Ambon），這座小島部分隸屬現今印尼。郎弗安斯是荷蘭東印度公司的商人，住在島上已經超過二十年。他之前從來沒有經歷這種事情，不過更糟糕的情況還在後面。初步震顫之後，郎弗安斯瞧見地平線上出現了某種東西。「三股滔天浪濤……像牆一般高高聳立，」後來他回顧說明。那是一場海嘯。安汶島人口慘遭蹂躪。好幾處村莊都完全被沖走，據報導有兩千多人死亡，多數是當地安汶島民。對郎弗安斯而言，這是特別悲慘的一天，因為他的妻子，蘇珊娜和他們的兩名子女也都罹難了。為了紀念亡妻，他決定以她的名字來為一種花命名，畢竟，兩人也經常一起在島上採集植物。郎弗安斯選定的花是種白色蘭花，由他命名為 *Flos susannae*（中譯「蘇珊娜鷺草」），「來悼念生前扮演我第一位伴侶，也是我採集禾草和植物的幫手，並且是第一位給我看這種花的人」。[22]

　　地震發生之時，郎弗安斯正在進行一項安汶島自然歷史大規模研究。後來這被分為兩冊來發表。第一冊介紹貝類和礦物，於一七〇五年出版，書名為《安汶島珍奇屋》（*The Ambonese Curiosity Cabinet*）。第二冊介紹植物，於一七四一年至五〇年間出版，書名為《安汶島植物誌》（*The Ambonese Herbal*）。兩

冊作品都附有精美插圖，包括好幾百幅全頁插畫，內容描繪從鱟到榴槤果等形形色色不同動、植物。這兩冊作品林奈都曾參考查閱，甚至還複製了《安汶島珍奇屋》書中好幾幅圖示，納入了他深富影響力的《自然系統》當中。[23]

如同馬拉巴爾的范瑞德，郎弗安斯也認為，了解安汶島的自然歷史，能幫得上荷蘭東印度公司。眾所周知，歐洲人在東南亞的死亡率很高，藥品很難取得。郎弗安斯指出，「我們每天都經歷危害我們的處境，那就是公司耗費可觀成本配送的歐洲藥物，要麼就是淘汰品，不然就是已經變質。」於是他只好建議歐洲人研究當地藥用植物的效用。郎弗安斯主張，這些不只是更容易取得，還更有可能對當地疾病更具療效。他論稱，「所有國家都各有本身特有的疾病，而這些就應該以本土療法來矯治」。在此同時，當時也已經知道，東南亞的許多植物具有特殊價值。荷蘭已經掌控了摩鹿加群島的丁香、肉豆蔻和肉豆蔻皮貨源。郎弗安斯投入搜尋其他有潛在價值的商品。[24]

郎弗安斯靠當地民眾的教導來認識東南亞的種種動、植物。起初郎弗安斯有許多知識都是從他的妻子那裡學來。儘管她有個歐洲名字，蘇珊娜實際上是個安汶島原住民。蘇珊娜極可能是個混血兒，在郎弗安斯於一六五三年來到島上之後不久，她就改信基督教並下嫁給他。她對當地植物認識很深，身為印尼女性，她經常扮演療癒師與草藥醫師的角色，而這也反映出了當地民眾原有的科學專業知識。就是蘇珊娜最早帶著郎弗安斯在安汶島四處尋覓，並指出哪些植物或許值得納入他的《安汶島植物誌》。到這時候，郎弗安斯已經開始失明，於是他只能完全仰賴蘇珊娜，

還有其他的安汶島民嚮導，來辨識、採集，甚至繪製後來出現在他書中的植物素描。蘇珊娜死後，郎弗安斯不只是失去了他的心靈知己，同時也失去了植物學資訊的一項主要來源。[25]

就像范瑞德，郎弗安斯也把他發現的所有植物，全都以多種語言列出。《安汶島植物誌》以拉丁文、荷蘭文、安汶島文和馬來文列出植物名稱。在某些情況下，郎弗安斯還為同一種植物註記了中文、爪哇文、印度斯坦文或葡萄牙文名稱。這反映了十七世紀末，東南亞就民族和文化上所展現的多樣性。除了荷蘭人之外，中國、印度和非洲的統治者，也派商人來到東南亞來取得香料。因此必須知道不同的地域性名稱，不僅只是為了科學目的，也是為了貿易。[26]

不在鄉間採集植物之時，郎弗安斯便去逛市場。在安汶島各處市集，能講多種亞洲語言的郎弗安斯，單憑與商人以及外來旅客聊天，就學到了許多當地野生動、植物相關知識。本地漁民向他介紹了一種巨大的章魚，稱為扁船蛸（Greater Argonaut），馬來語則稱之為「魯馬戈里塔」（Ruma gorita）。這種章魚的雌性個體能分泌出一種複雜精細的螺旋狀卵殼，看來就像種貝殼。郎弗安斯說明「漁人把牠看成天賜橫財，能捕捉一隻都很開心，」他還指出，「這種螺狀卵殼非常稀罕，價格非常高，就連在東印度地帶也一樣。」同樣地，在附近的布魯島（Buru）上，一位穆斯林教士教導郎弗安斯如何從當地一種樹木木料萃取精油。郎弗安斯還記述說明馬尼拉的華商如何販售糖漬蘭根，而且很可能是作為一種壯陽藥。[27]

不久之後，郎弗安斯便編纂出了一份東南亞最有價值自然產

4-3 「魯馬戈里塔」，或就是扁船蛸，連同其卵
殼之圖示，引自郎弗安斯的一七〇五年《安汶島
珍奇屋》。（Biodiversity Heritage Library）

品目錄。事實上，郎弗安斯的這部著作的經濟重要性評價極高，
因此荷蘭東印度公司起初還宣布《安汶島植物誌》是「機密文
件」，因此書本延遲付梓，直到郎弗安斯死後才出版。荷蘭東印
度公司極力維護他們的香料貿易壟斷局面，不希望其他所有這些
潛在商品的消息走漏。最後當《安汶島植物誌》出版之時，荷蘭

東印度公司還提出了審查條件，刪節了某些篇章，包括描述肉豆蔻採收細節的那部分。[28]

　　荷蘭擔心競爭是對的。十七世紀時期有許多歐洲貿易公司在亞洲營運。然而，在十八世紀期間，英國人開始占有主導地位，特別是在印度。藉由一系列軍事占領，不列顛東印度公司攫奪了印度次大陸很大部分的掌控權。到了十八世紀晚期，荷蘭和法國大半都遭驅離，據點只剩範圍狹小的貿易站。就連在過去兩百年期間統治印度大半地區的蒙兀兒王朝，最後也被英國擊敗。不列顛東印度公司的擴張，部分得益於自然歷史領域新近完成的科學著述之功。英國見到了荷蘭取得的成就，想要依樣畫葫蘆。他們希望讓印度轉型變成一個熱帶種植業經濟體，期望這裡能供應亞洲的所有不同商品，從香料和糖到木材與茶。

　　有鑑於此，不列顛東印度公司便於一七八六年創辦了加爾各答植物園（Calcutta Botanical Garden）。加爾各答是孟加拉的首府，位於印度東北部，當時不列顛東印度公司才剛打敗當地統治者，取得孟加拉領土。於是那座植物園的第一任園長，羅伯特・基德（Robert Kyd），順理成章正是一名軍官。他向不列顛東印度公司倫敦總部董事群提報那所新植物園的創辦目的。加爾各答植物園「收集罕見植物……並不只把它們當成奇異珍品」。實際上，其目標是「要建立一個庫存，用來散播有可能被驗證能嘉惠居民以及有益於大不列顛國人的品項」。最重要的是，基德相信，這樣一所種滿「有用」植物的植物園，「最終當有助於國家商業與財富之擴展」。[29]

　　因此加爾各答植物園既是科學倡議行動，也是一項經濟舉

措。它旨在鞏固不列顛東印度公司在孟加拉的地位，並以此為有價值植物之供貨源頭，來供應印度各處種植園栽植使用。基德馬上著手工作，他派人從馬拉巴爾取來黑胡椒，並從東南亞取得肉桂。就這每種情況所做構想，都是為了打破現有壟斷局面，並降低英國對外國進口貨的依賴程度。不列顛東印度公司期盼，藉由自行種植這些有價值的植物，可以降低成本，從而提高淨利率。到了一七九〇年，加爾各答植物園已經擁有超過四千株植物，共代表了三百五十個不同物種，其中多數都不是孟加拉的原生種。[30]

　　一七九三年，當基德死時，加爾各答植物園園長職務，便由一個名叫威廉·羅克斯伯格（William Roxburgh）的蘇格蘭醫師接任。不像基德，羅克斯伯格接受過自然歷史與醫學訓練。他在愛丁堡大學就讀期間，便學過如何解剖植物，並根據林奈分類法來識別不同物種。一七七六年，羅克斯伯格來到印度，應聘擔任助理外科醫師。轉調加爾各答之前，他先在隸屬印度南部馬德拉斯省（Madras Presidency）的薩馬爾科塔（Samalcottah）地區創辦了一座小型實驗種植園。羅克斯伯格在那處種植園栽植黑胡椒、咖啡和肉桂。他還實驗栽植從大溪地進口，一路送來印度的麵包樹，許多自然歷史學家都認為，那種植物有可能提供廉價的高能量食物來源。[31]

　　除此之外，羅克斯伯格還辨識出一種靛藍染料，也是種有價值的商品。傳統上，這種深藍染料是以槐藍葉片來製造。在那時候，靛藍染料植物都長在美洲，貿易大半掌控在西班牙人手中。槐藍曾在印度栽植，不過規模並不大，也不怎麼成功，因此羅克

斯伯格很熱衷推廣一種本土替代產物。他聲稱自己發現了一種完全不同的植物物種，並由林奈判歸夾竹桃屬（*Nerium*），而且這種植物的葉片似乎會分泌出一種雷同的藍色染料。羅克斯伯格很快寫信到倫敦給不列顛東印度公司董事會，寄送了一份他的「夾竹桃靛藍」標本來做化學檢定，並指出它或許能帶來「無止盡的利潤」。[32]

　　基於這種背景條件，羅克斯伯格顯然是接管加爾各答植物園的好人選。他把基德對於商業的重視，以及對於生物分類最新科學著述的深刻認識結合起來。上任之後，羅克斯伯格便著手擴建植物園。他開始栽植其他種種不同的熱帶植物，其中多種都原產自遠離印度的地方。這其中也包括俗稱牙買加胡椒的多香果（all-spice），以及來自南美洲的番薯和木瓜。羅克斯伯格還派採集人員前往摩鹿加群島，責成他們把肉豆蔻和丁香標本私運出境。掌握了這麼繁多不同植物之後，羅克斯伯格便開始增添植物園員工。許多外來植物種類需要專家照顧。就像其他歐洲自然歷史學家，羅克斯伯格也很快就意識到，對亞洲植物認識最深的人，就是來自那個地區的人。因此羅克斯伯格僱用了安汶島上的「兩名馬來園丁」，名字分別叫做馬哈邁德（Mahomed）和戈隆（Gorung），想必是要借助他們在草藥或香料種植方面的長才。這兩人受僱的唯一職掌就是照顧肉豆蔻，事實證明，比起種在東南亞，在這裡栽植肉豆蔻異常困難。同樣地，羅克斯伯格還僱用了好幾位華人園丁，負責協助栽培茶樹，還有若干坦米爾人（Tamil），負責栽植原產於印度南部的香料。[33]

　　這樣的文化多樣性，也反映於羅克斯伯格的第一部重要科

學出版品。羅克斯伯格獲得不列顛東印度公司支持，於一七九五年發表了《科羅曼德海岸的植物》（*Plants of the Coast of Coromandel*），這本書詳細介紹了他早期的許多植物學發現。植物名稱以英文、拉丁文和印度當地的泰盧固文（Telugu）列出。書中還包含了超過三百幅以手工上色的原尺寸彩繪插圖，分別呈現出羅克斯伯格所描述的每種植物相貌。不過這些插圖並不是羅克斯伯格本人繪製的。事實上，那些插圖都是「兩名原住民藝術家」的作品。加爾各答植物園自建立以來便僱用了印度藝術家來描畫種種不同植物並做編目。英國人之所以僱用他們，是由於他們對當地環境十分熟悉，還有他們描畫（對歐洲人來講）先前未知之種類的技能。這些藝術家通常都把歐洲和印度傳統兩相結合，開發出了一種號稱「公司流派」（Company School）的畫風。許多受僱於加爾各答的藝術家，先前都曾經為蒙兀兒王朝工作，負責為手抄本繪製插圖，也通常都處理植物學或動物學主題。那麼就某些層面而論，《科羅曼德海岸的植物》書中插圖，看來就很像是典型的蒙兀兒宮廷畫作，具有明晰的色塊，以及相對平坦的外觀。不過在此同時，這些插圖也反映出了林奈分類法的要求。羅克斯伯格確保印度藝術家仔細地把植物的性器官以及種子分別描畫出來，因為這些是辨識林奈系統中不同物種的關鍵要素。[34]

　　最後，從加爾各答植物園，我們還能見到啟蒙科學的縮影。那是一所研究機構，由逐漸擴張的大英帝國建立，目的是要攫奪經濟利益，而且那所機構的座落處所，是英國動用軍武從當地印度統治者劫奪而來的土地。在此同時，加爾各答植物園也是（從

蘇格蘭外科醫師乃至於印度藝術家等）多元文化和繁多科學傳統匯聚的地方。在下一節中，我們會探討十七世紀和十八世紀中國的自然歷史發展淵源。這片大地也是不列顛東印度公司嘗試擴張侵入的區域，不過難度要高得多。那裡有一種中國植物，英國商人和自然歷史學家都迫切期盼染指。

3. 中國飲品

一六五八年，一種外來的新藥來到了倫敦街頭。有些醫師把它當成靈丹妙藥來推廣，用來治療從腎結石到抑鬱症等種種疾病。另有些人則認為那或許是種有害的毒物，有可能與酒精或甚至鴉片同等危險。看來英國人肯定是上癮了。一位醫師宣稱，那種藥物會「引發一群多類型神經疾患」。另一位說，「啜飲這種藥汁，有時候我們會整晚工作……卻不會屈服於睡眠需求之下」。這種富有爭議性的新藥劑是什麼？著名日記作家塞謬爾‧皮普斯（Samuel Pepys）稱之為「中國飲品」（the China drink）。我們較熟悉的名稱是茶。[35]

當茶在十七世紀中葉最早抵達英國之時，它還是種異國珍奇商品。茶是從中國遠道進口抵達，依重量計算價錢十倍於咖啡。然而到了十八世紀末，茶已經成為一種日常消費品項。英國被視為一個「喝茶的國家」，各行各業人士全都有這種習慣。第一批抵達歐洲的茶葉是在一六一〇年由一艘荷蘭東印度公司船隻運來。起初英國是向荷蘭購買茶葉。然而由於需求與日增長，不列顛東印度公司便集中力量直接向中國採購茶葉，並在一七一三年

載回了第一船。除了茶之外，歐洲貿易公司還進口了大量中國絲綢和瓷器，以及銀杏等其他藥用本草。事實上，十八世紀見證了對中國萬物的狂熱。歐洲醫師做針刺療法實驗，英國花園裡面則種滿了種種中國灌木，包括牡丹和木蘭花。[36]

對中國貿易的增長，也激發了歐洲自然歷史學界的興趣。茶更是引發了激烈的科學爭議，因為人們不知道應該如何為它分門別類。歐洲人在中國採購的茶，有好幾個不同品類。十八世紀時的不同茶葉分別稱為「武夷」（bohea，紅茶）、「松蘿」（singlo，綠茶）和「瓜片」（bing，帝國茗茶）。這每種茶葉顏色各不相同，浸泡出的茶湯也分具特有滋味。然而在那個時期，還沒有幾個歐洲人實際見過生長在原生環境的茶樹。事實上，當時的茶葉都是在廣州、廈門等中國口岸採購，而且是加工完成的製品。這種加工過程涉及反覆進行的乾燥和手工揉捻階段。因此歐洲自然歷史學家並不能確定這不同茶種是不是採自同一種植物，或者出自眾多不同種類。林奈便協同撰寫了一本書，書名為《茶飲》（*The Tea Drink*），並在一七六五年出版，內容探究的正是這道問題。他錯誤論述道，不同茶種肯定代表不同物種。（事實上，所有的茶，全都出自同一種植物，這點歐洲自然歷史學家是直到進入十九世紀許久之後才完全確定。）[37]

正如我們在其他地方所見，這些科學問題也都有個商業層面。來到中國的歐洲貿易商，必須能夠分辨不同茶種，還得能夠辨識真偽。這點至關重要，有了這套本領才不會被敲竹槓。你可不想付出了巨資購買昂貴的帝國茗茶，實際上卻只得到了普通綠茶。有些不列顛東印度公司官員甚至還曾報導指出，他們發現茶

箱中混入了鼠尾草葉等其他廉價代替品。在歐洲實驗種茶也有龐大的財務誘因。林奈本人便推廣這項理念，還抱怨表示，歐洲得耗費大量資金來換取中國商品。「讓我們把茶樹從中國帶來這裡，」林奈寫道。他期望「未來我們連一分錢都不必花，就能取得那些葉片」。這全都隸屬我們先前見過的「貿易平衡」相關爭議的一環。中國人只接受以銀兩付款，林奈（與其他許多人都）擔心，對中國貿易會削弱歐洲的經濟。像茶這樣的進口商品，數量遠超過出口。[38]

有鑑於此，歐洲自然歷史學家投入大量精神來研究中國植物。一六九九年，詹姆士・奧文頓（James Ovington）發表了第一部以英文寫成的有關於茶的詳細論述。在《論茶的性質和品質》（*An Essay upon the Nature and Qualities of Tea*）書中，奧文頓描述了茶樹的栽培方法以及其不同品種。然而，他卻不曾實際見過茶樹在原生環境的生長情形。事實上，他是在印度西部的古加拉特邦（Gujarat）學到了茶的知識，當時他在不列顛東印度公司工作。古加拉特邦的商人和中國買賣茶、香料與絲綢已經持續了好幾世紀。根據奧文頓所述，茶是「印度所有居民的常用飲品」，在那裡習慣調入糖與檸檬。奧文頓在古加拉特邦時，還在當地宮廷會見了一位中國的外交使節，那位使節顯然「隨身帶來了好幾種茶」。根據他在印度的談話，奧文頓得以拼湊出有關於茶的一些基本事項，包括茶是如何加工的。「起初葉子是青綠的，經過了兩道炒菁乾燥之後才變得酥脆……通常在加熱結束之後，便攞上桌台以手工揉捻，直到葉片捲起，」奧文頓解釋道。他還提議表示，在歐洲也可能種茶，不過得先取得一份標本，並

寫道，「那種灌木本身具有強健、耐寒的體質……英格蘭的冬天，比起它生長的某些地方，並不會更寒冷」。[39]

奧文頓的許多說法都對了，然而在沒有實際前往中國認識茶的情況下，歐洲人也只能了解這麼多。不過在這本書出版之後不久，問題就迎刃而解了。一七〇〇年，詹姆士・坎寧安（James Cuninghame）登上舟山島，成為最早見到茶如何在原生中國環境生長的歐洲人之一。坎寧安是位外科醫師，任職不列顛東印度公司，奉派前往舟山島，協助設立一處早期貿易站。在中國東部沿海那座小島上的那處貿易站，最終以失敗收場，於是不列顛東印度公司很快放棄那項計畫。不過坎寧安決定留下來，希望在那裡學一點中國的博物學知識。在他逗留期間，坎寧安與具有高度影響力的英國自然歷史學家皮提維通信，並答應取得一份茶樹標本。皮提維還要求坎寧安「探聽他們的是哪個品種還有就這方面武夷紅茶和普通茶有什麼不同」。簡而言之，皮提維想要知道，紅茶和綠茶是不是出自同一種植物。坎寧安竭力解答皮提維的疑問。他走訪了多處茶園，回想起那片一望無際的山丘上那一排排整齊的綠色灌木。中國男女以手工採摘茶葉。茶是「一種開花植物，葉子像蕁麻一般呈鋸齒狀，底面色白」，坎寧安解釋道。他在舟山島待了超過一年，最終便觀察到了茶樹的完整生命週期，包括採收和加工做法。於是他也才得以在中國境外針對茶樹提出第一部準確的說明。[40]

坎寧安的茶樹記述在倫敦皇家學會的知名期刊——《哲學彙刊》（*Philosophical Transactions*）上發表。坎寧安在文章中提出了一項關鍵觀察結果。「常運來英國的三種茶，都出自同一種植

物，」他解釋道。重點在於茶葉何時採摘，還有接著是如何加工的。在文章裡面，坎寧安繼續說明，「武夷」或就是紅茶，「乃是第一批採收的幼嫩芽葉，於三月初採摘後在陰涼處乾燥」。相較而言，隸屬帝國茗茶的「瓜片」品種，「乃四月之第二次生長……攤放棚或筥上略微烘焙」。除了這篇文章，坎寧安還寄了好幾百份中國植物標本回英國。事實上，在中國之外存續至今的最古老的茶標本，如今收藏在倫敦自然歷史博物館（Natural History Museum），便是由坎寧安採集的。標本貯藏在一個細小木盒中，附帶一個標籤，日期註記為十八世紀，上面寫了「一種來自中國的茶」字樣。[41]

在這個時期發展出自然界新式分類法的人不只林奈，當時在中國已經有一套成熟健全的博物學研究體系，這套傳統可以追溯至好幾千年之前。中國人甚至還發展出了一套完全用來論述茶之科學研究的專門文獻。這些茶學著作當中最著名的一部稱為《茶經》。《茶經》的作者是八世紀時一位名叫陸羽的學者。陸羽這本書列出了你所能設想的一切茶學相關事項：茶的培植地點、不同茶種的加工方法、它的藥用特性，甚至還有它應該如何保藏。根據陸羽所述，茶是「所有家戶的常用飲品」。而且不像酒精，它並「不會失之放縱」。《茶經》是在中國發表的超過一百部「茶學書籍」當中的第一本，那些茶書有許多都是在十七和十八世紀時寫成，也正是歐洲人開始從事茶業貿易的時期。[42]

如同歐洲的情況，自從十五世紀以來，與更廣闊世界貿易聯繫的發展，同樣在中國引燃了一場自然歷史學研究革命。商人從美洲進口玉米，從印度進口香料，並從東非進口水果。所有這一

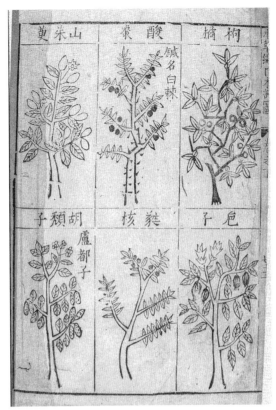

4-4 各種不同植物圖示，包括枸橘和梔子，引自
李時珍一五九六年著《本草綱目》。（Wellcome
Collection）

切都提增了對博物學新著作的需求。這當中最重要的一部，於十
六世紀末在南京發表。那部劃時代著述提名為《本草綱目》，合
計兩百萬字，蒐羅了一千八百九十二則不同的動、植物與礦物條
目，其中許多在此之前都還未曾納入編目。該書作者李時珍生於
一五一八年，出身中國中部走方郎中世家。李時珍原本想應考科

舉為官，但鄉試失敗，未能如願。不過幸虧他的醫學背景，李時珍得以在北京太醫院任職。[43]

李時珍的職掌是協助管理全中國的藥物使用，舉辦考試、頒發證照，並評估新藥。李時珍在太醫院工作，能接觸到大批藥物藏品。他還得以閱讀中國博物學界眾多古代著述，好比《茶經》。然而，他很快就意識到，植物命名的地區性差異，讓太醫院的工作極難推展。若是相同植物卻具有不同的名稱，那麼中國政府又該如何評估新藥或者對藥品徵稅？茶就是個很好的例子。茶在廣東稱為「chá」，到了廈門就稱為「tê」（英文 tea 就是由此而來）。隨後當中國與世界其他地方做生意，五花八門的外國植物來華之後，情況又變得更難辦了。於是李時珍認為，必須有種標準化方式，來描述見於中華帝國境內的所有不同的動、植物和礦物。[44]

接著李時珍便投入他往後三十年餘生周遊全中國，採集標本並走訪當地醫師與農人，來為《本草綱目》蒐集資訊。李時珍在他那本書的前言中說明他的分類系統，並寫道，「我的總體分類系統區分一十六『部』，是為上層之『綱』，且細分六十『類』，是為下層之『目』」。上層依「五行」為樞軸，五行是中國劃分世界的傳統做法，就很像是古希臘哲學中的四要素。五行是金木水火土。接著這些便與特定品質（好比冷暖）以及特定滋味（好比酸甜）等相互對應。在此之下還進一步細分，一般都是根據能找到特定動、植物的環境為基準，好比「山草」或「水鳥」等。李時珍還必須為種種不同外來植物分類，好比玉米。書中也介紹了茶樹，並正確識別為單一種類，並說茶具有抗發炎效

用。事實上，身為醫師，李時珍花了許多時間細述書中所列所有植物和礦物的藥用特性。他甚至還特別以單獨一章篇幅來交叉論述數百種特定疾病與其治療藥。[45]

李時珍最後便提出了一種標準化方法，來為自然界分門別類，這種方法可供中華帝國全境的醫師和科層體系運用。他的書取得了驚人的成功。最終出版品附帶了兩卷詳細插圖，描繪了書中所描述的許多動、植物。中國皇帝收到一部副本，而且在整個十七世紀，還多次印行更新的版本。一六四四年，清朝興起之後，那部著作在中國還流傳更廣。到了十七世紀中葉，清朝控制的範圍已經兩倍於明朝疆域，主要歸功於對西方的一系列軍事征服。這種領土擴張讓中國自然歷史學家接觸到了更多新的動物和植物，以及新的分類系統。隨著十八世紀的中國自然歷史學家謀求更新李時珍的著作，科學出版也又一次出現爆發盛況。[46]

在這相同時期，中國一部部博物學著述也開始流傳到歐洲。一七四二年，法國一位名叫皮埃爾・勒雪宏・德因卡維爾（Pierre Le Chéron d'Incarville，中名「湯執中」）的自然歷史學家，從北京寫了一封信，信中敘述他「發現了一本書，裡面的插圖描繪了中國藥用植物以及一些動物和昆蟲：貨真價實就是一本自然歷史書籍」。這部著作正是李時珍的《本草綱目》。湯執中很快就買下了兩本，寄到巴黎國王花園（King's Garden in Paris）。摘錄譯本很快就在法國和英國問世。連皇家學會會長約瑟夫・班克斯（Joseph Banks）都買下了李時珍的那本書，希望能幫助他識別由英國商人送來倫敦的種種不同中國植物。進入十九世紀許久之後，這本書依然為歐洲自然歷史學界所參考運用，

到下一章，我們還會更詳細探討這點。[47]

《本草綱目》是個重要象徵，提醒我們歐洲和中國的自然歷史發展，是多麼緊密地相互映襯。畢竟，李時珍和林奈並沒有太多不同。他是訓練有素的醫師，在貿易和帝國不斷拓展的世界背景之下，他看到了對自然界做分類的標準化系統的必要性。李時珍的分類法，同樣也像林奈做出的成果，也是結合了物理特性與環境考量為基礎。而且這套體系還由經濟與科層體制的需求來推動。沒錯，就某些細部方面是有差別的，特別是李時珍採用的五行。不過追根究柢，當我們從全球規模來思考，情況就很明朗，歐洲的自然歷史發展並不是獨一無二的。亞洲的科學思想家也發展出了新的方法，來為自然分類，從而得以理解日益緊密相連的世界，而且正如我們在下一個段落會見到的，這也是近代早期日本的狀況。

4. 在日本德川時期研究自然

幕府將軍要一頭大象。一七一七年，日本統治者德川吉宗在江戶城（即今東京）內圖書館隨性閱覽。他翻到了一本《四足類動物之自然歷史》（*Natural History of Quadrupeds*），那是當初一位荷蘭商人獻給他的伯父的書，於一六六〇年出版，作者是約翰・瓊斯頓（Johann Jonston）。那本書最早是在萊頓（Leiden）出版，裡面有大量精美插圖，包括幕府將軍之前從未見過的眾多動物版畫圖像，駱駝、獅子和馴鹿。不過最讓德川吉宗著迷的是一頭大象的圖像。德川吉宗吩咐他的私人醫官野呂元丈（Noro

Genjo）著手把瓊斯頓的那本書，從荷蘭文翻譯成日文。德川吉宗特別想要知道，大象產自何方，還有牠可能有哪些用途。野呂元丈說明，「這類動物在荷蘭人拜訪的國家數量都很多……長牙可做藥用。」[48]

有書本是很不錯啦，不過德川吉宗真正想要的是擁有一頭大象。一七二九年，他遇上了好機會。當時正熱衷與日本建立良好貿易關係的荷蘭東印度公司同意從越南進口一公一母兩頭印度象。到了四月，大象運抵長崎，荷蘭東印度公司在那裡據有一處小型貿易站。大象在日本各地遊行，群眾夾道歡呼。牠們首先從長崎被帶往京都，最後才被送往江戶交給德川吉宗。不幸的是，抵達之後，那頭公象就死了。不過母象又活了十三年，並被保存陳列在環繞江戶城的美麗庭園裡面。大象只是個開端。往後幾十年間，德川吉宗和他的繼任者，獲得了種種不同的外來動物，其中許多都是先前不為日本所知的。到了十八世紀末，江戶城內豢養了一隻來自北非的豪豬、兩隻來自婆羅洲的紅毛猩猩、好幾匹來自波斯的馬，還有從歐洲進口的一整群綿羊。[49]

啟蒙時代是自然歷史研究出現重大變革的時期，而且不只發生在歐洲，也出現在亞洲。這在日本尤其如此。在古代和中世紀時期，日本的自然歷史研究，大半都由佛教僧侶或者神道神官來從事。自然歷史也具有重要的宗教功能。神道神宮也經常奉祀動物神，而佛教徒則認為，自然歷史或能幫助他們更深入地認識輪迴循環。然而，到了十八世紀初，情況發生了很大的變化。隨著全球貿易的增長，就像在歐洲的情況，日本的自然歷史也開始走向遠更為偏向商業的層面。這在一六〇〇年德川幕府建立，將日

本戰國群雄納入一個政權之後尤其如此。儘管德川幕府施行鎖國政策，也就是「封閉國家」，限制外國人進入日本，這並不代表完全停止貿易。結果有點違反直覺，因為「鎖國」政策實際上還強化了貿易，最後只剩歐洲、中國與日本的少數商人——由幕府將軍特許——掌控了貴重貨品進出日本。[50]

因此，德川吉宗對異國動物的興趣，不僅只是出自好奇。他深切關注日本的經濟和政治的未來，並認為研究自然界或能幫助開啟走向繁榮的門戶。由於日本同樣遭受貿易平衡問題的影響，進口遠多於出口，部分便肇因於「鎖國」政策，因此這也就顯得特別重要。有鑑於此，德川吉宗便委派專人對日本的自然歷史進行系列研究，期能找出土生土長的種類來取代昂貴的進口貨。這當中最大的研究計畫，是在一七三〇年代由德川吉宗的另一位宮廷醫師，丹羽正伯負責執行。丹羽正伯旅行跨越日本全境，就如同李時珍在中國的經歷。他每到一處領地都分發調查問卷，要求當地領主提報「大地滋生的所有產物」以及「那片地區內的所有物種，無一例外」。那份問卷還附帶了一封信，由德川吉宗親自簽署，提醒日本各領主，他們對江戶幕府將軍所承擔的義務。最終的調查結果名為《諸國產物帳》（*A Classification of All Things*），納入了三千五百九十條目，不只含括動、植物，還有金屬、礦物和寶石。丹羽正伯的調查研究驗證了德川吉宗心中的猜想。日本擁有出奇豐盛的自然資源，特別是銅和樟腦油，兩項都是歐洲貿易公司迫切想要購買的商品。[51]

德川吉宗還支持在日本各處擴建植物園，特別是江戶城郊的小石川植物園（Koishikawa Botanical Garden）。原本創立於十七

世紀，在十八世紀期間才轉型成為一處商業植物研究場所。這與歐洲當時所發生的情況有驚人的雷同之處。正當林奈在烏普薩拉嘗試栽植外來植物之時，日本博物學家也在江戶做相同的事情。到了一七三〇年代，小石川植物園裡面已經栽植了好幾千種外來植物。其中許多都是先前以高價進口來的，包括來自中國的人蔘、東南亞的甘蔗，還有從美洲進口的番薯。那座植物園十分成功，到了一七八〇年代，日本實際上已經從進口人蔘轉變成人蔘出口國。[52]

貿易聯繫不只讓日本接觸到了異國奇珍，還得以與種種科學文化交流。這些聯繫當中，起初最重要的是與中國往來。兩國共享悠久的知識與商業往來歷史，並可以追溯至一千多年之前。日本語言以及許多日本哲學，都大量引自中國。這種物流與思想的交流，在十七世紀又增強了，特別是在德川幕府於一六〇〇年建立之後。除了絲綢和茶葉，中國商人也開始販售愈來愈多書籍；他們帶來了中國的天文學、醫學和博物學著述。一六〇四年，李時珍的《本草綱目》在南京出版之後不到幾年，已經傳入長崎發售。幕府將軍本人就買了一本，增添納入為江戶城圖書館的藏品。到了一六三七年，李時珍的書已經在日本完整重印。它確實發揮了極為深遠的影響力，為十七世紀日本絕大多數自然歷史研究奠定了根本基礎。[53]

十八世紀初，日本一位自然歷史學家決定撰寫一本新書，期能將中國博物學以及日本植物最新調查研究之雙方精華兩相結合。貝原益軒出身寒微，是個村醫之子，一六三〇年生於南方九州島。不過貝原益軒力求上進，成為德川時期日本影響力最深遠

的自然歷史學家之一。不像當時日本自然歷史學家，貝原益軒並不滿足於僅只遵循中國學者的教誨，他訴說道，《本草綱目》「談論許多並不在日本存活或生長的外來物種」。因此他決定離開九州，旅行全日本來「以單一文本記載人們在我們的國家能實際見到的所有物種」。貝原益軒的方法代表了日本自然歷史研究的一個重要轉變。貝原益軒並不是僅只以現有的中國書籍來作為他的知識基礎，而是強調親身經歷的重要性。「我攀登高山，我穿行深谷。我沿著陡峭路徑行走，越過危險地表。我曾被雨水淋溼，在霧中迷途。我忍受最凜冽寒風和最熾烈暑日。不過我也得以觀察超過八百處村莊的自然環境，」貝原益軒解釋道。[54]

旅行歸來之後，貝原益軒發表了《大和本草》，並在一七〇九至一五年間出版。這是不同科學傳統的經典融合事例。貝原益軒依然大量借鑑李時珍的構思。《大和本草》的編排方式仿效《本草綱目》，特別是他也使用了五行。日本和中國都有的種類，許多也都直接抄錄自李時珍的書。不過即使在這些情況下，貝原益軒依然把日本名字列了出來，同時也呈現出地區性變化，並不只是單純仰賴中國文本。除此之外，貝原益軒還進一步增添了只見於日本的三百五十八種植物。這就包括了著名的山櫻花，也就是綻放粉紅與白色美麗花朵的觀賞類櫻花。「不過，山櫻花並不生長在中國，當我在長崎訪問中國商人時，他們便這樣表明，」貝原益軒解釋道；「倘若這種樹確實存在，那麼中國書籍也就會提到它。」[55]

結果貝原益軒只說對了一半。儘管很少有中國博物學作品特別指明山櫻花，實際上它確實生長在中國的某些地區，還有朝鮮

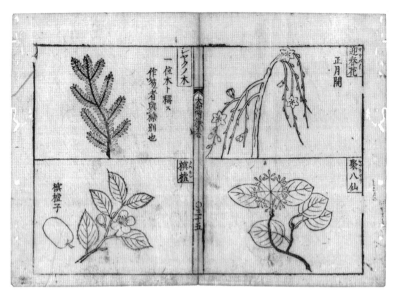

4-5　植物插圖，引自貝原益軒的《大和本草》（1709-15）。（National Library of Australia）

半島各處。不過真正重要的是貝原益軒開始推廣的理念。單只仰賴現有中國文本是不夠的，日本自然歷史學家必須旅行，觀察並採集。唯有如此，貝原益軒論稱，自然歷史才能「為這個國家的民眾帶來實質的幫助」。[56]

除了中國之外，日本另一個主要的科學知識文獻來源是荷蘭東印度公司。如前所述，從十七世紀初開始，德川幕府就一直施行一項稱為「鎖國」的閉關政策。依循這項政策，歐洲人進入日本受到嚴格限制，傳教士完全被排除在外，只有荷蘭東印度公司獲准與日本做生意。即便如此，荷蘭人仍被約束在長崎外海一座名叫「出島」的窄小島嶼上進行貿易。不過，隨著時間流逝，日

本和歐洲的科學文化，也開始相互接觸。不僅只是荷蘭商人向江戶朝廷晉呈科學書籍，日本自然歷史學家也開始學習荷蘭文，期盼能習得一些有關於遠方土地的事項。沒錯，「鎖國」政策最終仍是開創了一種特別熱烈的文化交流形式，促成少數日本人與荷蘭思想家非常密切的合作。

我們已經見到，德川吉宗對於荷蘭人的知識相當嘆服。他的藏書不只一本瓊斯頓的《四足類動物之自然歷史》，還擁有其他許多荷蘭的自然歷史著述，包括郎弗安斯的《安汶島珍奇屋》。有鑑於此，德川吉宗決定鬆綁，放寬一項禁止進口歐洲書籍的老舊法令。（這項法令起初是在十七世紀頒行，目的是要制止基督教傳播。）德川吉宗精挑細選一批學者，允許他們購買荷蘭書籍，其著眼是要譯成日文。過沒多久，甚至還出現了專事研究荷蘭學問的「蘭學」專業學派。不過最重要的是，這並不僅只是種單向的關係。當日本自然歷史學者向歐洲學習時，歐洲的自然歷史學者也向日本學習。[57]

卡爾・通貝里（Carl Peter Thunberg）渴望能逃離出島。通貝里受聘為外科醫師，於一七七五年八月搭乘荷蘭東印度公司的船隻來到出島。他打算立刻開始採集異國植物。然而通貝里卻很快就發現，他的行動嚴重受限。「我打從心裡感到難受，這般少見又美麗的山丘，由勤勞的日本人開墾……卻不能自由前往那裡，」通貝里在給朋友的信中怨聲載道。出島只有兩條街道，路邊有成排木屋和貨棧。那裡還設了一棟建築供日本譯員使用，受僱來翻譯荷蘭文，還有單獨一條連通出島和長崎市的橋梁。通貝里開始灰心喪志。他曾在烏普薩拉大學師從林奈，期望成為率先

拿二名制分類系統來應用於日本植物的第一人。然而若是沒辦法走出長崎，或甚至於離開出島來進行探索，通貝里就什麼事都做不了。「我真的從來沒有被約束在這樣狹窄的範圍裡面，從來沒有這樣不自由，從來沒有這樣和我心愛的植物分隔開來，」他抱怨表示。[58]

通貝里很快就意識到，他必須交一些朋友。每天他都會闖進日本譯員建築。幸運的是，那裡的日本譯員，許多人的正式職掌雖然是要協助貿易，不過本身也受過醫學訓練。日本的許多醫師都學習荷蘭文，來閱讀歐洲的自然歷史和醫學著作。那些譯員對通貝里的知識深自感佩，因為他能提出種種不同的新式醫學療法，包括使用汞來治療當時正在日本流行的梅毒。（不幸的是，這種療法或許弊多於利。）通貝里還帶來了一些他希望交易的異國標本，包括一支在爪哇購買的犀角。[59]

最後一位名叫茂節右衛門（Shige Setsuemon，音譯）的日本譯員同意幫通貝里的忙。他答應為通貝里提供從日本本土取得的標本，來換取書籍和醫療建言。考慮到對走私犯的嚴苛懲罰，這是一件非常冒險的事情。每天茂節右衛門都過橋登上出島，希望警衛不搜查他的袋子，因為裡面塞滿了種子和乾燥的植物。兩人傍晚會在譯員建築見面，在桌下快速交換包裹，希望沒有人注意到。通貝里很開心，寫道茂節右衛門帶給他「種種漂亮又稀有的不同植物，而且是該國特有的前所未知的種類」。其中包括了一種日本栗的種子，還有出自日本種種自然歷史類書的印刷品。[60]

不過通貝里能向一個人學到的東西，也只有這麼多了。他仍然希望親自探索日本，結果他交上了好運，他的機會在一七七六

年三月出現了。荷蘭東印度公司每年都會派遣一支代表團前往江戶覲見幕府將軍。通貝里第一次獲准離開他的島嶼住家。通貝里期盼，說不定他終於能好好地探索日本了？事實證明，事情並沒有那麼單純。通貝里被迫搭乘肩輿前往江戶。肩輿是種轎子，乘客坐在大艙內由僕役扛著走，就類似印度的單竿轎。除非他的日本護衛許可，否則通貝里不准踏出肩輿之外，當然也不得隨心所欲地四處閒逛。往後幾個月間，他搭乘肩輿被扛著從長崎前往江戶，走了超過一千公里。那樣一路左右擺盪，看著美景從他的身邊掠過，肯定是特別令人挫敗。每有機會，通貝里就嘗試跳出肩輿，採集幾株植物。來到江戶附近，越過箱根山時，他甚至還設法擺脫他的日本護衛一陣子，在矮樹叢間健行，然後才被召喚回去搭乘他的肩輿。最終通貝里成功採集了六十二種植物，全都是在歐洲前所未知的物種，包括一棵俗稱日本楓（Japanese maple）的雞爪槭。[61]

來到江戶，通貝里上了朝。為了這次場合，他身披鑲了金色飾邊的黑色絲質斗篷，就很像傳統日本和服。儘管他喜歡那種儀式，也很開心能逃離出島，然而通貝里又一次發現，自己被禁錮起來。他和荷蘭東印度公司代表團的其他成員一道被迫待在江戶城城郊一間小屋裡面。他不准在那座城市或周遭鄉間閒逛。不過他依然充分利用這種處境。通貝里在朝中結識了兩位頗具影響力的日本醫師：中川淳庵和桂川甫周。中川淳庵和桂川甫周的荷蘭語都很流利。他們也都是投入把第一批歐洲解剖學教科書翻譯成日文的團隊成員。中川淳庵和桂川甫周每天都來找通貝里，持續了將近一個月，討論歐洲醫學理論的最新發展，也分享他們的

日本自然歷史知識。中川淳庵為通貝里帶來了「一小批藥物、礦物和許多新鮮植物」，並個別指出它們的日語名稱。他還帶給通貝里一本日文書，書名是《壯麗的地球》（*Splendours of the Earth*）。這本書於十八世紀初在江戶出版，收錄了好幾百幅日本植物插圖，以及有關於如何正確栽植的建議。

在江戶待了一個月之後，通貝里回到長崎。返程途中，他參觀了大阪的一座植物園，裡面種滿了「最稀罕的灌木與喬木，都種在盆中」。他甚至還設法說服園長，賣給他一些標本，包括一棵西米棕櫚。（嚴格來講，這也是違法的，通貝里指出，「把它出口是嚴格禁止的」。）一七七六年十一月，通貝里終於離開日本，搭乘一艘荷蘭東印度公司的船隻航向歐洲。儘管遇上重重障礙，他依然設法蒐集了大批日本植物和書籍。總計下來，通貝里帶著超過六百件標本回到歐洲。這些構成了他的一七八四年《日本植物誌》（*Flora of Japan*）的基礎。這是第一部把林奈分類系統運用於日本植物所完成的著作。這本書讓通貝里聲名大噪。通貝里獲派任坐上了林奈的舊職，擔任烏普薩拉大學的醫學暨植物學教授。[62]

乍看之下，《日本植物誌》就像一部典型的歐洲自然歷史著作。不過再仔細一點端詳，我們就會看出，通貝里那個時代日本的蛛絲馬跡。許多植物都交叉參照了它們的傳統日本名稱。西米棕櫚就是個好例子。通貝里為西米棕櫚起了個拉丁名，叫做 *Cycas revoluta*，這便指出它與亞洲各地生長的其他多種棕櫚共同構成一個屬。不過通貝里還列出了西米棕櫚在日本的名稱，「蘇鐵」。當然了，這只可能是他向他在長崎和江戶認識的日本自然

歷史學家學來的。因此，通貝里的《日本植物誌》就是驗證十八世紀科學如何仰賴不同文化間知識交流的最完美例子。就一方面，那是一部歐洲的自然歷史著作，將林奈分類體系的影響，向東擴展到了日本。然而就另一方面，若是沒有旅程途中結識的許多日本自然歷史學家的幫助，通貝里也就寫不出這本書。[63]

5. 結論

　　誠如本書通篇所述，要了解現代科學的歷史，最好就是審視全球歷史中的關鍵時刻。就自然歷史而言，我們需要關注十七世紀和十八世紀期間的全球貿易擴展狀況。這種擴展是由歐洲帝國的滋長所推動。為皇家非洲公司或不列顛東印度公司等貿易公司工作的代理商，帶著從遙遠國度取得的標本回到歐洲。在此同時，殖民世界各處的自然歷史學家也幫助創辦植物園，期盼能栽植出異國植物以供出口。歐洲帝國的擴張，也促成了各種不同的科學文化相互接觸。非洲和亞洲各地的人們，對於當今經常被遺忘的自然界，擁有十分深刻的認識。非洲療癒師為斯隆的《牙買加的自然歷史》做出貢獻，鑑定確認了書中的眾多植物，而范瑞德則是仰賴婆羅門祭司，才寫得出他的《馬拉巴爾的林園》。中國和日本的自然歷史相關知識還特別發達，而且隸屬於源遠流長，可追溯至一千多年前的科學文獻傳統的一部分。不過到了十八世紀，歐洲自然歷史學家不只是動手採集異國植物，同時也收集外來書籍。連倫敦皇家學會的會長班克斯，都擁有一本李時珍的《本草綱目》。這一切都發生在中國和日本的科學文化，本身

也因為與更廣闊世界的聯繫，正在改頭換面的時期。

那麼我們又該如何描述啟蒙時期的科學史呢？傳統上，啟蒙運動被理解為「理性的時代」。然而，就如前兩章所示，我們必須記得，啟蒙時期也是帝國時代。在我看來，正是這種與帝國的連結——加上連帶出現的暴力和剽竊——這才最能解釋啟蒙科學的發展。這肯定就發生於十八世紀的兩個最重要科學學門：天文學和自然歷史。沒有帝國，牛頓就不可能發現運動定律，因為他仰賴的是奴隸販子在航行期間所進行的觀測。而且若是沒有帝國，林奈也不可能發展出他的生物分類體系，因為這同樣取決於歐洲貿易帝國在亞洲和美洲擴張期間所收集的植物學資訊。接下來兩章，我們就要隨著科學史進入十九世紀，在這段期間，科學與帝國之間的連繫，也變得愈來愈緊密。這是個工廠和機器的世界。這是民族主義和革命的世界。這也是資本主義和衝突的世界。科學就要進入工業時代。

参 ——————————

資本主義和衝突

約一七九〇至一九一四年

第五章　生存鬥爭

　　順著便梯爬下去，艾蒂安・若弗魯瓦・聖伊萊爾（Étienne Geoffroy Saint-Hilaire）下降進入一座古埃及墳墓。外面陽光熾烈，井底卻幾乎完全黑暗。到達梯底，他點燃一把火炬，高舉照向墓室四壁。他簡直不敢相信自己的眼睛。牆上滿是象形文字，其中絕大多數似乎都在描述動物：一隻鳥、一隻猴子、一隻甲蟲和一條鱷魚。這大有可為。若弗魯瓦是一位年輕的法國自然歷史學家，他從一些當地人口中，聽說了那裡有一座「神聖動物死者之城」（sacred animal necropolis）。或許這裡就是了？他注意到墓室一側有個小小的開口。他爬過去，從另一側鑽出來，並發現那裡有個房間，裡面塞滿了陶罐。這正是他一直在尋找的。他拿起一個陶罐，向地面砸去。結果正如他所料，陶罐裡面裝的是某種小鳥的木乃伊化遺骸。接著若弗魯瓦出聲向外面戒護陵墓入口的法國士兵呼喊。一位士兵有點不情願地爬了下來，動手搬出一些罐子，這些後來都會被送往巴黎的國立自然史博物館。當時他還不知道，不過若弗魯瓦剛剛成就的這項發現，往後就會點燃十九世紀最重大的科學論爭之一。[1]

　　一七九八年夏季酷暑期間，法軍在拿破崙・波拿巴（Napoleon Bonaparte）帶領下入侵埃及。法國人希望藉由鞏固埃及，他們就能更進一步掌控地中海以及通往印度的陸路交通，挑戰英國對

該地區的支配地位。然而這並不單只是一次軍事行動。同時也是一趟科學作業。除了三萬六千名士兵之外，拿破崙還招募了一群學者——數學家、工程師、化學家以及自然歷史學者——也就是組成科學與藝術委員會（Commission of Science and Arts）的研究人員。若弗魯瓦當年才二十六歲，抓緊機會前往埃及。往後三年期間，委員會跟著軍方行動，勘測土地並鑑定有價值的自然資源，整個著眼就是希望把埃及轉變成一處有利可圖的殖民地。法國人還在開羅創辦了埃及研究所（Institute of Egypt），設立於拿破崙的部隊攻占的一處豪奢宮殿裡面，科學與藝術委員會就在那裡舉辦每週例會，甚至出版一份科學期刊。[2]

時至今日，若弗魯瓦最被人記得的一點就是，他是最早提出演化論的歐洲自然歷史學家之一。他在他的一八一八年《解剖哲學》（*Anatomical Philosophy*）書中論稱，物種並不是固定不變的實體，它們是會因應環境經歷改變的。他甚至還宣稱，我們有可能在現存物種辨識出演化證據，特別是藉由研究胚胎的成長，或者將看似不同的動物之解剖構造拿來比對。所有這一切便為縱貫整個十九世紀的現代演化思想發展奠定了基礎。傳統上，這段故事只專注講述歐洲的情節。我們被教導，當初若弗魯瓦坐擁巴黎國立自然史博物館大批解剖學藏品，連同其他好幾位十九世紀早期的法國自然歷史學家，著手工作並開創了演化理念。然而，比較鮮為人知的是，若弗魯瓦最早開始思考演化是當他還在埃及那段期間，並不是在法國之時。事實上，他最重要的幾篇早期作品，都是由開羅的埃及研究所發行的。因此，為了認識演化論的歷史，我們就必須從若弗魯瓦和北非的法軍開始說起。[3]

抵達開羅之後不到一年，若弗魯瓦動身沿著尼羅河溯源探勘。他由一群士兵陪同行動，因為拿破崙希望確保南方更多領地。不過若弗魯瓦對於拿破崙的軍事目標並不特別感到興趣。他想做的是探索尼羅河上的古埃及最古老遺址之一，薩卡拉（Saqqara）的廢墟。若弗魯瓦聽過一個傳言，說是陵墓裡面有木乃伊化的動物，特別是古埃及人能與他們的神聯想在一起的那些種類。結果證明，這則傳言是真的。在薩卡拉，若弗魯瓦發現了好幾百個裝了木乃伊化的鳥、貓甚至猴子的罐子。[4]

若弗魯瓦也是在那裡蒐集到了他的最重要標本——那是一種名叫「聖䴉」（sacred ibis）的白䴉的木乃伊化遺骸。這件標本最終成為了早期歐洲針對演化所做辯論的核心，而且目前仍在巴黎的國立自然史博物館展出。就若弗魯瓦這邊，他認為木乃伊化的白䴉，或能提供支持他的新理論所需之關鍵證據。畢竟，當時便已知道，那件標本的歷史遠超過三千年。而且經過了木乃伊化程序，軀體被完美保藏了下來，甚至有時還細緻到羽毛和皮膚等級。有鑑於此，若弗魯瓦建議拿木乃伊化的白䴉來與現代埃及的白䴉做個比較。他認為，這樣或許就能看出，雙方存有某種解剖結構上的差異？於是這就能證明，物種確實演化了。[5]

結果若弗魯瓦運氣不好，事情並沒有那麼簡單。巴黎故土另一位著名的法國自然歷史學家，喬治·居維葉（Georges Cuvier）開始檢視在薩卡拉蒐集的木乃伊化標本。「長久以來，大家總想知道，物種是否隨時間流逝而改變樣式，」居維葉說明。接著他著手測量木乃伊化的白䴉並與一件現代標本做比較。居維葉甚至還拿這兩件標本，來與一座古埃及神殿的白䴉雕刻樣貌做了比

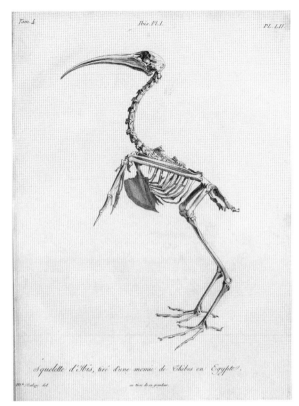

5-1 「聖鷿」骨骸，艾蒂安‧聖伊萊爾於一七九九年在
埃及採集。（Biodiversity Library）

較。然而，結果並不如若弗魯瓦所願。「這些動物和現今的個體
都完全雷同，」居維葉寫道。現代的白鷿「依然和法老時代的相
同」，他總結認定。事實證明，三千年時間根本不夠久，還偵測
不出兩件標本呈現任何有意義的解剖結構差別。演化必須有遠更
為悠遠的時間尺度才能運作，這項事實是在很久以後，直到十九
世紀才為人所體認。然而，就如我們稍後會見到的，這場關於一

隻木乃伊化白鸛的論戰，代表了科學史上的一個重大片刻。十八世紀自然歷史世界，就要讓位給一個嶄新的演化思想時代。[6]

拿破崙在一七九八年入侵埃及，標誌了我們的下一個全球歷史關鍵時期的起點。法國進軍埃及那場戰役，是整個十九世紀期間連串毀滅性戰爭當中的第一場，延續到了一九一四年達到高潮，爆發了第一次世界大戰。隨著各國彼此競逐資源和領土，民族主義也水漲船高。十九世紀也是一段工業化的時期。這是從北歐開始，特別是在不列顛，不過很快就擴展到了亞洲和美洲。從孟買的棉紡廠到阿根廷的鐵路，工業化讓全球民眾的生活和工作方式改頭換面。

戰爭、民族主義和工業的發展，對十九世紀民眾理解世界的方法，產生了深遠的影響。若弗魯瓦甚至還大費周章將自然描述為「與自己交戰」，考量到他在埃及的法國部隊的經歷，這種措辭還相當令人驚詫。這反映出了若弗魯瓦的信念，他認為，從化學原子乃至於活生生的物種，一切都經歷了毀滅和更新的循環交替。隨後到了十九世紀，英國自然歷史學家達爾文也使用了類似語言，提出了著名的「生存鬥爭」說法。接著這類理念又被歐洲與其他地區的廣泛學門的科學思想家所採用，融會成為一種廣博的達爾文主義哲學。這些後期思想家當中一位最具有影響力的就是英國社會達爾文主義者赫伯特・史賓塞（Herbert Spencer），他掌握了那個時代的脈動，在他一八六四年的著述《生物學原理》（*Principles of Biology*）中創制出「適者生存」一詞，這本書後來便傳入了日本和埃及。這類社會達爾文主義往往被用來強化現有的歧視形式，特別是種族歧視，而這樣釀成的破壞性惡

果，更延續至二十世紀許久之後。我們在本書後面還會重提這個課題。不過，接下來兩章，我們就會發現，資本主義世界以及衝突，是如何形塑了十九世紀的科學發展。本章我們跟著演化歷史上了戰場，到了下一章，我們就會探討工業發展與現代物質科學發展之間的緊密關聯。[7]

當我們想到演化的歷史，我們經常都會想起達爾文和他搭乘小獵犬號完成的航行。在一八三一和一八三六年間，那位年輕的英國自然歷史學家乘船環航全球，期間大半時間都待在南美洲，隨後才在回航英國途中跨越太平洋。來到位於現今厄瓜多爾西岸外海一千多公里處的加拉巴哥群島之時，達爾文便開始注意到，他在美洲大陸上原已接觸的物種，好比反舌鳥等，來到這裡便出現了一些微妙差異。往後二十五年期間，達爾文把這些早期觀察結果，轉變成了他的自然汰擇演化論，最後高峰便是在一八五九年出版了《物種起源》（*On the Origin of Species*）一書。在這部著名作品當中，達爾文論稱同一物種不同成員相互競爭以求生存，最終則是求繁殖。具備有助於生存之特性的個體，比較有可能把那些特徵傳遞給未來世代。只要時間夠充分，特別是在地理區隔的背景環境下，就會促使新的物種形成，也因此造就出達爾文在他的航行途中得出的觀察結果。我們被告知，《物種起源》是現代演化思想的起點。[8]

達爾文當然很重要，不過本章我想提出另一種方式來思考演化歷史，這個方式的起點在《物種起源》的出版之前，也一路追溯至遠早於達爾文和他的小獵犬號航行時代之前。畢竟，達爾文並不是第一位演化思想家，就連在歐洲也不是。在古埃及紀念碑

和木乃伊化遺骸當中，法國自然歷史學家若弗魯瓦便開始發展出他自己的演化理論，那時達爾還沒有出生，相隔了將近十年。演化思想在十九世紀的頭幾十年間，其實還都出奇地普遍，而且遍布世界各地。在莫斯科，一位俄羅斯植物學家，早在一八二〇年代就提出了一項演化理論，他描述自然界是個「不斷改變」的世界。同樣地，在十九世紀早期的京都，日本一位哲學家發表了一部演化論述，不只是關乎新的物種，而是談整顆行星。那位哲學家受了佛教教義啟迪，描述地球本身是如何從火與水的混合演化改變。接下來就跟著出現了動、植物生命的發展。「一個植物物種改變，並演變出植物的多樣相貌。一個動物、昆蟲和魚類物種改變，並演變出動物、昆蟲和魚類的多樣相貌」，他解釋道。[9]

因此，為了能好好地理解演化的歷史，我們就必須體認到，在達爾文還沒有搭上小獵犬號之前，人們已經開始討論物種或許會經歷轉變的可能性。在此同時，我們也必須記得，《物種起源》並不代表演化的最後定論。事實上達爾文留下了許多懸而未決的問題，特別是遺傳的實際機制，以及人類的演化起源。這些問題達爾文本人後來都曾投入試行解答，也得到了程度不等的成功結果，不過全世界各地也都有科學家致力解答這些問題。從拉丁美洲到東亞，本章披露了一段被人遺忘的演化思想史，那段歷史突顯出了現代生物科學在衝突時代的全球根源所在。

1. 阿根廷的化石獵人

徒步穿越阿根廷平原時，弗朗西斯科・莫尼茲（Francisco

Muniz）遇上了一頭兇猛的野獸。憑著「巨大的尖牙」，這頭「殘暴的森林之王」見了任何愚蠢得太過靠近牠的事物，都會很快地把牠解決掉。「牠整個結構的強度無可匹敵，」一八四五年，莫尼茲在當地一份報紙上這樣警告寫道。就連「非洲獅……挨上這種尖牙一記猛擊，也要慘遭割喉，甚至體內最深處的內臟也要溢出」。幸虧阿根廷民眾沒什麼可以害怕的，這裡提到的野獸 —— 劍齒虎 —— 早就滅絕了，一萬多年前就死光了。莫尼茲實際上是在描述一批化石，那是他最近才在布宜諾斯艾利斯省的盧漢城（Luján）發現的。那片地區早就為化石獵人所熟知。一七八八年，在盧漢河（River Luján）附近工作的西班牙勞工，挖出了一隻龐大的陸棲哺乳動物的化石化遺骸，那是種巨型樹懶，後來被命名為「大地懶」（*Megatherium*，字面意思正是「巨獸」）。那隻大地懶的骨頭被跨越大西洋運送，送往馬德里的皇室內閣（Royal Cabinet），並在那裡掀起了歐洲自然歷史學界的一股振奮激情。法國自然歷史學家居維葉鑑識確認那批化石是個決定性證據，證實「古代世界的動物，和今天在地球上所見者完全不同」。居維葉本人並沒有明確說出，新物種有可能是從早期物種演化而來。不過到了十九世紀初，許多人都開始認為，自然界並不是如同早期科學思想家所傾向假定的那麼樣地靜態。[10]

莫尼茲肯定相信演化是有可能發生的。畢竟，除此之外，又怎能解釋現存物種和如今已經滅絕的物種之間的驚人相似程度？「我認為前述骨架屬於貓屬的一個成員，而且從結構的許多細節看來都很像獅，」莫尼茲在他論述劍齒虎的文章裡面這樣解釋。這個「新的物種」大有可能是「貓科一族的第一種巨怪」，說不

定是現代獅子或老虎的遠古祖先。莫尼茲並沒有像達爾文那般提出一種完全成熟的自然汰擇理論。不過他是另一個很好的例子，說明了甚至在《物種起源》於一八五九年出版之前，世界各地的自然歷史學家已經如何開始費心思量物種有可能演化的理念。[11]

一八四七年二月，莫尼茲的劍齒虎文章，傳到了達爾文本人手中。在這時候，在《物種起源》還沒有出版之前，達爾文主要是以他的一八三九年著述《研究日誌》（*Journal of Researches*）出名。這部作品是他的小獵犬號航行紀錄。莫尼茲知道，達爾文於一八三〇年代待在南美洲時蒐集了一些化石。不過劍齒虎「並沒有出現在可敬的達爾文先生所描述的那些品項當中」，莫尼茲指出。有鑑於此，他決定轉發給達爾文一份他那篇文章的副本，並請教他，可不可能將西班牙原文英譯並在英國科學期刊發表。結果一如預期，達爾文很開心得知新發現了一種已滅絕哺乳動物。他寫了一封信給英國皇家外科學院（Royal College of Surgeons）亨特博物館（Hunterian Museum）館長理查・歐文（Richard Owen），信中達爾文描述了莫尼茲發的「化石骨頭美妙藏品」。他甚至還建議歐文設法為皇家外科學院買下那批化石，或者起碼取得石膏模型，以便與達爾文在幾年之前蒐集的化石對照比較。達爾文也安排把莫尼茲的文章翻譯成英文。而且儘管始終沒有在英國發表，那篇譯文的一份副本仍保藏在皇家外科學院的圖書館中，供歐文和英國的其他自然歷史學家參考查閱。達爾文和莫尼茲在一八四〇年代都持續通信，討論從阿根廷牛的起源到野犬的繁殖習性等課題。達爾文甚至還在他的幾本書中——包括較新版本的《物種起源》——引用了莫尼茲的著述。[12]

十八世紀末生於阿根廷的莫尼茲是第一位拉丁美洲新世代自然歷史學家，這群學者當中，有許多人都對演化思想的發展做出貢獻。他在一八一四年進入布宜諾斯艾利斯軍事醫學研究所（Military Medical Institute in Buenos Aires），當時阿根廷正在打獨立戰爭。等到他在一八二一年畢業時，阿根廷、智利、秘魯和墨西哥──連同其他許多前殖民地──都已經宣布獨立並擺脫西班牙宰制。美洲的葡萄牙帝國也約在這相同時間冰消瓦解，其在從一八二二年打到二四年的巴西獨立戰爭時發展到最高峰。這全都隸屬於在十八世紀晚期以及十九世紀早期席捲大西洋世界的更壯闊革命時代的一個環節。莫尼茲本人在好幾次軍事行動當中擔任軍醫，也就是在早年擔任這些軍職期間，他初步開始蒐集化石。[13]

　　莫尼茲把他的標本大半捐贈給了布宜諾斯艾利斯公共博物館（Public Museum of Buenos Aires），那是一八二五年在該省政府支持下成立的機構。從前像大地懶化石標本這般令人讚嘆的出土成果，或許就會被運回西班牙或葡萄牙。不過現在拉丁美洲各國紛紛獨立，那裡的自然歷史學家都大受鼓舞，把他們的成果看成國家新藏品建立過程的一個環節。「沒錯，我們的情緒高漲，當我們得知，具有這般高度價值，而且只發現於我們國土上的物件，卻要在外國一所博物館展出，」布宜諾斯艾利斯的一份報紙披露，最近才有一批寶貴的化石藏品被出口到英國，同時那份報紙也刊出了這段怨言。這全都是創辦新科學機構的更宏偉努力的一部分，而這被廣泛認定為促成經濟繁榮、強化軍事實力的關鍵要素。「沒有自己的科學，就不會有強大的國家，」布宜諾斯艾

利斯的阿根廷科學協會（Argentine Scientific Society）一位會員這樣表示。[14]

弗朗西斯科・莫雷諾（Francisco Moreno）是十九世紀阿根廷斬獲最豐盛的化石獵人之一。莫雷諾一八五二年生於一個富裕的家庭，年幼時就開始蒐集化石，在盧漢河岸邊土壤中挖掘，而約莫十年之前，莫尼茲也同樣進行了這樣的活動。到了十四歲時，莫雷諾已經在布宜諾斯艾利斯他的雙親家中籌建了一所小型私人博物館。一個玻璃櫥櫃裡面裝了種種標本，包括化石化牙齒、寶石和閃亮的貝殼。一八七三年，莫雷諾在讀了達爾文的《研究日誌》，受了啟迪之後，決定啟程展開自己的科學探勘。得到了阿根廷科學協會的贊助，莫雷諾打算向南前往巴塔哥尼亞，達爾文就是在那裡採集了許多寶貴的標本，包括一隻大地懶的遺骸。莫雷諾投入往後五年光陰，追尋達爾文的足跡，操舟沿著聖克魯斯河（Río Santa Cruz）逆流前行，最遠南達麥哲倫海峽。他累積了大量藏品，包括一種已滅絕巨型犰狳的甲殼，還有種種海洋動物的化石化遺骸。[15]

就像在埃及的法國自然歷史學家，莫雷諾的巴塔哥尼亞探勘作業，也必須有部隊支援，否則是不可能成行的。一八七〇年代整段期間，阿根廷都致力向南擴展版圖。政治領導人擔心，若是阿根廷不主張巴塔哥尼亞的所有權，說不定另一個區域強權就會搶先下手。智利已經控制了太平洋海岸線的大半範圍，而英國則占奪了南大西洋幾處較小領地，包括福克蘭群島。達爾文本人便曾在小獵犬號航程途中停靠福克蘭群島，當時那艘軍艦奉派前往測量南美洲海岸，其目的便在於此：保障英國在那處地區的利

益。考慮到潛在競爭對手，阿根廷政府乃於一八七五年授權採取軍事行動。歷經接連幾場殘酷戰爭，阿根廷部隊向南推進來到了巴塔哥尼亞，也殺害了數千名土著民眾。沒有遇害的人都變成強制勞工。莫雷諾本人也幫助軍方，從事地理測量研究並預先進行地形偵查。他的回報是得到了人員、武器和補給。阿根廷部隊甚至還配發了一艘蒸氣船給莫雷諾，讓他得以更貼近探索巴塔哥尼亞海岸線。[16]

正是在這段時期，莫雷諾開始對人類演化產生興趣。「一八七三年，當我第一次前往巴塔哥尼亞的各處領地，心中大感震撼，古老印第安紮營處所的墓穴中埋葬的人類，竟然有那麼多種類型，」莫雷諾後來回顧表示。莫雷諾對於他所即將引發的文化和人身暴力，似乎都毫不在乎，決定開始蒐集土著的頭骨。「我採收了大量顱骨和骨架，」莫雷諾在他的日記裡面熱切地記載道。講明白點，這些並不是人類的化石，而是新近死亡民眾的遺體。多數頭骨都是從土著的墓穴劫掠而來，另有些則是在阿根廷軍事行動之後從戰場蒐集取得。有一次，莫雷諾甚至還挖出了一位土著嚮導的遺體，而且那還是一路隨他走遍巴塔哥尼亞各地的陪同人員，「在一個月夜之下，〔我〕挖掘出他的屍首，他的骨架現在就保藏在布宜諾斯艾利斯人類學博物館（Buenos Aires Anthropological Museum），」莫雷諾無情地記載道。[17]

莫雷諾的頭骨蒐集活動是個重要的象徵，這讓我們見識到了演化歷史的黑暗面。十九世紀後半期，特別是在達爾文一八七一年的著述，《人類的由來》（*Descent of Man*）出版之後，世界各地的自然歷史學家開始討論人類的演化起源。他們的討論往往

強化了既有的種族差異層級，錯誤地假定土著民眾代表早期人類的演化「遺跡」，這就是為什麼莫雷諾這麼執著於取得土著頭骨的部分原因。他相信他在巴塔哥尼亞蒐集來的頭骨，或許能告訴他以往住在美洲的「史前印第安人」的一些起源相關事項。莫雷諾解釋道，「在我看來，這裡是所有美洲種族被迫向最南端遷徙期間的共同墓葬地點。」[18]

所有這一切都強化了一種說法，那是十九世紀晚期在整個拉丁美洲普遍流傳的論述，把土著民族說成不過就是垂死文明的殘存遺跡，而且很快就要被現代國家所取代。曾短暫擔任阿根廷總統的多明戈·薩米恩托（Domingo Sarmiento）甚至還運用達爾文的著名隱喻來說明這點。一八七九年，正值阿根廷緊鑼密鼓征服巴塔哥尼亞之際，薩米恩托宣稱：「一旦與文明民族接觸，他們命中注定最後就要滅絕。」他歸結認定，這就是「生存鬥爭全力出擊」。這裡薩米恩托是故意把自然汰擇和軍事侵略混為一談。巴塔哥尼亞的土著完全不是垂死的民族，反而是阿根廷部隊想方設法要把他們消滅。[19]

回到布宜諾斯艾利斯之後，莫雷諾奉派擔任拉普拉塔博物館（Museum of La Plata）的首任館長，那座新博物館是於一八八四年由阿根廷政府創辦。於是他包羅萬象的私人收藏，便為這座致力於演化領域的新創公共博物館奠定了根基。他在巴塔哥尼亞蒐集的化石，都依序陳列來展現不同物種隨時間演變的進程。莫雷諾對人類遺骸也做了相同的處理，展品安置於玻璃櫃中，旁邊還標示了「阿根廷人，現代與史前」說明文字。就像許多阿根廷自然歷史學家，莫雷諾也把那片地帶形容成一處特別豐富的演化

研究地點。「這些動物，其遺骸先在海河中翻騰，隨後便沉積於巴塔哥尼亞地表之下，展現出高度豐富與多樣化的生物，是如何一度於第三紀的景觀中炫示牠們的奇特相貌，」他寫道。[20]

　　一八八六年，莫雷諾的拉普拉塔博物館，又來了一位雄心勃勃的阿根廷化石獵人，弗洛倫蒂諾‧阿梅吉諾（Florentino Ameghino）。阿梅吉諾一八五四年生於盧漢，在因大地懶的發現而出名的那座城鎮長大。就像莫雷諾，他也在幼年時期就開始蒐集化石。不過阿梅吉諾和莫雷諾有個不同之處，那就是他出身自比較寒微的背景。他的父親是個鞋匠，阿梅吉諾小時候就必須賺錢養活自己，拿化石賣給布宜諾斯艾利斯比較有錢的收藏家。不過他確保最好的標本都留下來納入為自己的私人藏品，包括一種已滅絕犰狳的一副完整骨架。一八八二年，阿梅吉諾把他的化石在布宜諾斯艾利斯的南美大陸展（South American Continental Exhibition）上展出，那是次規模龐大的展覽，頌揚科學與藝術的成就，超過五萬人前往參觀。[21]

　　在拉普拉塔博物館工作期間，阿梅吉諾開始思索，該怎樣組織藏品才最好。他和莫雷諾經常陷入爭執，因為兩人對不同化石之間的明確演化關係意見分歧。巨大犰狳和劍齒虎的相對關係為何？還有大地懶的骨頭的正確列置方式為何？阿梅吉諾開始認為，這樣的爭論徒勞無益。那只是一個人所見與另一人的不同看法。「我很快就得出結論，問題不在標本無法分類，而是在於分類系統是有缺陷的，」他寫道。有鑑於此，阿梅吉諾決定發展出「一套新的分類體系，並且建立在新的基礎之上」，基本理念是採用一種更偏數學的取徑來處理演化。阿梅吉諾論稱，自然歷史

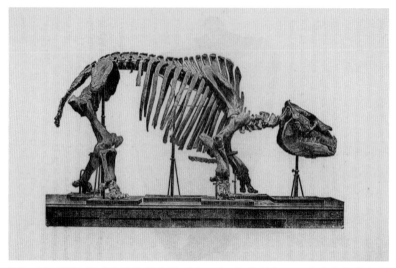

5-2　已滅絕陸棲哺乳動物箭齒獸（Toxodon）的骨架，一八九〇年代在阿根廷拉普拉塔博物館展出。（Alamy）

學家應該使用精確數學公式來比較特定化石的不同尺度。這樣一來也才得以「判定它們之間的關係，達到天文學家判定恆星間關係的嚴謹程度：一種以數字為根本的嚴謹性」，他解釋道。[22]

　　阿梅吉諾的整套想法，都在一本名為《種系發生》（*Phylogeny*）的書中道出，那是一部重要的演化論著述。達爾文所描述的演化是一套廣博的理論，用來解釋不同物種的起源，而阿梅吉諾心目中的演化，則是大自然的一套數學定律──和重力沒有什麼不同。這讓阿梅吉諾得出了一種還更加基進的結論。若是有可能對已滅絕的動物物種進行數學分類，那麼不也可能以數學方法來預測出尚未發現的物種之存在呢？「被將就編目之化石動物，犧牲了我們理當能夠據已知項以判定未知項的機會。」

阿梅吉諾論據說明。這是一項很大膽的主張，即便到了今天，也很少有生物學家認為演化是一門預測型科學。不過阿梅吉諾在一八八〇年為文著述時便徹底相信，倘若達爾文是對的，那麼自然歷史學家也就沒有理由無法預測尚待發掘出土的其他物種之存在。[23]

　　縱貫整個十九世紀，達爾文的理念在拉丁美洲全境受到廣泛關注。《物種起源》的劣質西班牙文譯本可以在墨西哥城購買得到，烏拉圭的醫學生則受教研讀演化，納入他們學位課程的一部分。演化甚至還傳進了古巴，那裡的哈瓦那大學於一八七〇年代開課講授達爾文主義。有些天主教領袖確實擔心達爾文理論的宗教意涵。不過整體而言，演化在拉丁美洲備受青睞。阿根廷還特別孕育出了一個蓬勃發展的演化思想家社群。如同在其他地方，演化思想似乎都與武裝衝突並存，阿根廷收藏家隨著部隊進入巴塔哥尼亞搜尋化石，接著這些藏品便為新設立的科學機構奠定了基礎，這些機構包括布宜諾斯艾利斯公共博物館以及拉普拉塔博物館等。[24]

　　在阿根廷的許多人眼中，從這般令人印象深刻的化石藏品看來，該國還可以為科學界帶來更多的貢獻。畢竟，達爾文本人最早就是在巴塔哥尼亞採集化石的時候開始思索演化，該國政治領導人並沒有忘記這一點。「憑著我們的阿根廷化石和品種，我們帶給達爾文科學和名聲，」這是阿根廷前總統薩米恩托在布宜諾斯艾利斯的一次公開演講上發表的說法。另有些人還說得更露骨，主張生命本身的根源可能就位於巴塔哥尼亞。「在阿根廷領土上生活的，不只是目前居住在這裡的哺乳類動物的祖先，還包

括了住在全世界所有區域和所有氣候帶的種類的祖先，」阿梅吉諾在一八九七年拉普拉塔大學新校創辦慶祝會的一場演講上這樣表示。這是一項基進的主張，不過事實證明這是不正確的。然而在拉丁美洲國家仍在尋找國家新定位的時代，這種演化敘事確實具有極強大的吸引力。阿梅吉諾希望世界知道，阿根廷不再只是某個位處大西洋邊陲的西班牙殖民地，現在它高據這顆星球嶄新演化史的核心地位。[25]

2. 沙皇俄羅斯的演化研究

尼古拉・塞維爾佐夫（Nikolai Severtzov）看著一隻大棕熊沿著陡峭懸崖爬了下來。空氣冰冷，地面被雪覆蓋。塞維爾佐夫能感到自己的心臟加速跳動。現在那頭熊愈來愈接近了。他緩緩舉起步槍，扣了板機。槍聲在群山間迴盪，那頭熊側身倒地，流血染紅白雪。幾分鐘之後，那隻動物死了。這次擊殺讓塞維爾佐夫很高興，他靠近那頭熊，開始檢視牠的爪子。正如他所猜想，熊爪是白的。塞維爾佐夫在他的日記上留下一筆紀錄，接著就吩咐他的當地吉爾吉斯嚮導剝下熊皮，隨後兩人就繼續他們穿越天山山脈的行程。那片地區位於現今的吉爾吉斯（Kyrgyzstan）。在整個一八六〇年代，俄羅斯深富影像力的自然歷史學家塞維爾佐夫周遊中亞各偏遠角落。他蒐集了好幾百件動物標本，其中許多都是他親自射殺的，包括熊、蝙蝠和鵰。後來塞維爾佐夫把他的大半藏品捐獻給莫斯科大學動物學博物館（Museum of Zoology at Moscow University）。這些標本也構成了塞維爾佐

夫一部重要著述的根本基礎，那就是一八七二年出版的自然歷史作品《突厥斯坦動物的縱向和橫向分布》（*The Vertical and Horizontal Distribution of Turkestan Animals*）。[26]

就像我們接觸過的其他自然歷史學家，塞維爾佐夫的科學遠征，隸屬於更大規模軍事行動的環節。從一八四〇年代晚期開始，俄羅斯帝國便擴張進入中亞，起初是在一八四七年對浩罕汗國（Khanate of Kokand）發起一次攻擊，最終在一八六五年征服突厥斯坦為高峰。這全都是一場更大規模鬥爭的環節，那場角逐後來便稱為「大博弈」（Great Game），其中不列顛帝國和俄羅斯帝國競逐對中亞的控制權。塞維爾佐夫本人出身軍事背景。他的父親曾在法國入侵俄羅斯時參戰，並於一八一二年博羅金諾戰役（Battle of Borodino）期間率領一支連隊對抗拿破崙。塞維爾佐夫也參軍了，不過他服役時肩負了很不一樣的職掌。塞維爾佐夫在莫斯科大學攻讀動物學，畢業之後，便以自然歷史學家身分從軍。他在聖彼得堡科學院資助下投入十年光陰，在俄羅斯征服中亞期間蒐集標本並記載地形景觀。他甚至還一度被一群浩罕汗國叛軍擄獲，被關進監獄鎖在牆上，關押了一個月，最後塞維爾佐夫終於在俄羅斯一次反攻行動中獲釋。然而在那場戰役期間，他被擊中臉龐，留下一道餘生無法消除的顯眼傷疤[27]

從中亞回國之後，塞維爾佐夫在莫斯科自然歷史協會（Moscow Society of Naturalists）的一次一八七二年會議上發表他的發現。身處那群身著禮服的富裕紳士當中，他的模樣肯定是有點格格不入。塞維爾佐夫長了一頭糾結長髮，蓄留邋遢灰鬚，身著老舊皮毛大衣，看來還比較像是個粗獷的探險家，而不是個

傳統的科學家。不過無論外表如何，塞維爾佐夫都擁有敏銳的科學頭腦。對他來說，突厥斯坦的自然歷史，為環境對動物演化所造成的影響提供了驚人證據。以棕熊為例，塞維爾佐夫記載了熊爪和皮毛的顏色，似乎隨著海拔高度而改變。住在較高海拔地區的熊——好比他在天山射殺的那頭——往往擁有白色的爪子和淺色的皮毛。相較而言，生活在低海拔地區的熊，便往往擁有黑色的爪子和深色的皮毛。塞維爾佐夫推斷這一定是對環境的演化適應改變，因為淺色皮毛和白色的爪子，顯然能在降雪環境提供較好的掩蔽偽裝。他還記載了「中亞的野生羊和馴化羊的起源」，並指出，野生的羊——長著大角和健壯的肌肉——「是為了生存而不得不修飾改變，也才不會被馴養的羊群完全趕走」。他的主張是，引進馴化的羊，促使野羊適應改變，並在面對競爭之時，變得更為強健。塞維爾佐夫論稱，這一切都是「物種變異定律」的證據。[28]

　　儘管他的主要著述是在一八七〇年代發表，實際上塞維爾佐夫從一八五〇年代就開始撰寫演化相關論述。一八五五年，他在莫斯科大學完成的文學碩士論文，就是探討（位於俄羅斯西南部的）沃羅涅日市（Voronezh）之周邊環境與物種變異之間的關係。在那篇論文中，塞維爾佐夫也像達爾文一般，以生命之「樹」的措辭，來描述物種之發展。隨後於一八五七年在聖彼得堡科學院的一場演說中，塞維爾佐夫又根據他的早期想法再予以擴充。他告訴科學院院士，「有機生物先天具有一種固有的演化與修飾變異之原則」。就像許多俄羅斯自然歷史學家，塞維爾佐夫也特別強調了環境影響演化的力量。「在環境影響之下，物種

樣式經過了修飾改變，」他告訴科學院。就是這場演講說服了聖彼得堡科學院撥款來贊助塞維爾佐夫隨俄軍穿越中亞的行程。科學院許多成員原本就已深信，物種有可能歷經轉變，因此對塞維爾佐夫的想法表示認同。他們希望他在突厥斯坦採集的標本，能夠提供確認這項理論所需證據。[29]

繼《物種起源》於一八五九年出版之後，達爾文的想法在十九世紀的俄羅斯找到了一批樂於接受的讀者。部分原因在於，正如我們在其他地方所見，俄羅斯自然歷史學家也已經著眼思索演化了。聖彼得堡科學院成員自從一八二〇年代早期起，就持續辯論「漸進變態」（progressive metamorphosis）理論，同時莫斯科大學的學生，則是從一八四〇年代起，就開始受教學習演化。甚至達爾文本人也承認，俄羅斯早期一位名叫卡爾·馮·貝爾（Karl von Baer）的胚胎學家，在一八二〇年代對演化論的發展，做出了很重要的貢獻。[30]

《物種起源》的出版時機很重要，因為達爾文的理念是在一段科學重新發展的時期進入俄羅斯。在一八五三至五六年的克里米亞戰爭失利之後，沙皇亞歷山大二世（Alexander II）授權進行連串全面性的教育與政治改革。在那時候，各界普遍認為，俄羅斯已經落後其他歐洲國家，必須再次進行現代化，就好像十七世紀末該國在彼得大帝領導下所採行的措施。國民教育部長在一八五五年宣稱：「倘若我們的敵人比我們優越，那也只是肇因於他們的知識力量。」因應及此，政府首次將科學教育導入俄羅斯的所有學校。同樣在這次改革，大學教授任命與資金分配方面被賦予了更大自主權。這促成了專注於科學領域的新的博物館和實

驗室的成立，包括了前面提到的，建立於一八六一年的莫斯科大學動物學博物館，以及建立於一八六九年的塞凡堡生物學研究站（Sevastopol Biological Station）。[31]

就如同其他許多國家的情形，對達爾文思想的熱情，和這波現代化浪潮存有密切的關聯。《俄羅斯先驅報》（*Russian Herald*）是在莫斯科新出刊的自由主義雜誌，內容便描述《物種起源》是「自然科學史上最傑出的著作之一」，同時聖彼得堡自然歷史協會的書記也指出，「當代幾乎所有的著名生物學家都信奉達爾文思想」。《物種起源》很快就在一八六四年出現了一部俄羅斯譯本，其他許多英國著名的演化思想家的著作也都如此。湯瑪斯・赫胥黎（Thomas Henry Huxley）一八六三年的著述《關於人類在自然界中之地位的證據》（*Evidence as to Man's Place in Nature*，原文誤植為 *Evidence as to Man's Plan in Nature*），以及阿爾弗雷德・華萊士（Alfred Russel Wallace）一八七〇年的著述《自然汰擇理論文集》（*Contributions to the Theory of Natural Selection*），都陸續出現了俄文譯本。演化也滲入了俄羅斯文學文化，甚至連利奧・托爾斯泰（Leo Tolstoy）一八七八年的小說，《安娜・卡列尼娜》（*Anna Karenina*）裡面都出現了一段文字，其中一個角色開始向安娜本人解釋「生存鬥爭」以及「自然汰擇」。十九世紀俄羅斯的另一位偉大小說家，費奧多爾・杜斯妥也夫斯基（Fyodor Dostoevsky）同樣對達爾文抱持高度熱忱，甚至還描述那位英國自然歷史學家是「歐洲進步思想的領袖」。如同在其他地方，宗教當局也有一些抵制，特別是達爾文的《人類的由來》於一八七一年出版之後，那本書曾短暫遭政府查禁。

不過就整體而言，十九世紀俄羅斯普遍認為，演化信念是完全值得尊敬的。[32]

　　然而，對演化的熱忱，並不代表達爾文的想法被人毫不質疑地接受。就連最堅定奉守達爾文思想的人士也承認，《物種起源》留下了許多懸而未決的問題。俄羅斯自然歷史學家還特別頻繁批評達爾文太過於強調，個體間競爭是演化背後的主要驅動力量。許多人改選擇專注於環境或疾病在自然汰擇當中的重要性。達爾文對競爭的強調，似乎也忽略了合作在人類與動物社會中所扮演的角色。這個問題達爾文本人已經知道，也嘗試在他的後續著作中處理，特別是在《人類的由來》書中。不過就連到了那時，達爾文也發現自己很難解釋，一個受殘酷競爭支配的世界，是如何產生出這麼複雜的合作形式，不論那是協力建造蜂巢的蜂群，或者結隊捕獵的狼群。有鑑於此，一些俄羅斯自然歷史學家便採納、擴充有時還甚至挑戰了達爾文的早期構想。就在這個過程當中，他們對演化思想的發展，做出了重要的貢獻。[33]

　　伊利亞・梅契尼可夫（Ilya Mechnikov）用顯微鏡仔細端詳，觀看他前一天採集的一個海星胚胎。那是一幅很美，甚至超現實的景象。梅契尼可夫可以見到那隻發育中的動物體內所有細胞的活動，因為在這個階段，它依然是半透明的。接著他做了一件相當殘忍的事情。梅契尼可夫拿了一根尖刺戳進胚胎。然後他就開始等待。正如梅契尼可夫所料，海星胚胎開始做出反應。在顯微鏡下，梅契尼可夫看見了一群細胞開始遷移到穿刺部位，聚集在尖刺周邊。接下來幾個小時，這群細胞就能把尖刺推出胚胎。梅契尼可夫意識到，他眼中所見是個極其重要的現象。

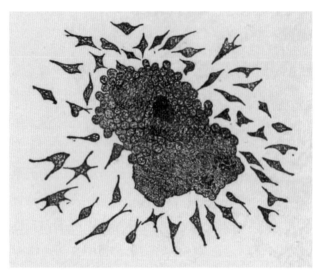

5-3　吞噬細胞在海星胚胎穿刺部位四周的聚集模式。梅契尼可夫以顯微鏡觀察所見。（University of Glasgow Library）

這是確認動物細胞能夠協調產生免疫反應的第一個直接證據。梅契尼可夫在俄羅斯自然歷史學家和醫師聯合會（Congress of Russian Naturalists and Physicians）的一八八三年會議上提報他的發現，並在發表時描述了他所稱的「吞噬細胞理論」（phagocyte theory）。雖然自十九世紀中葉以來，科學界就知道白血球，卻沒有人真正知道它們有什麼作用。當時的多數醫師只認為發炎是疾病的一種症狀，是必須予以控制的現象。不過梅契尼可夫意識到這是錯誤的。發炎不僅只是疾病的一種症狀，實際上那是種種不同細胞 —— 好比他在海星觀察到的吞噬細胞 —— 為了對抗感染所表現的協調反應。這是科學對疾病的認識的一項重大突破，而且梅契尼可夫也為此和其他得獎者分享了一九〇八年諾貝爾生理

學或醫學獎。[34]

　　今天，梅契尼可夫是以醫學先驅為人所銘記。然而，他也是一位重要的演化思想家。梅契尼可夫於十九世紀中葉生於哈爾科夫（Kharkov），一八六〇年代在德國讀書時第一次學到達爾文學說。他在萊比錫買了一本《物種起源》的德文譯本，而且滿心振奮地閱讀。梅契尼可夫很認同演化理念，不過就像其他許多俄羅斯自然歷史學家，他也認為達爾文太過強調相同物種不同成員間對資源的競爭。他寫道：「有關地球所有角落都充斥生命的觀點是絕對不正確的。」儘管如此，正是由於對演化的興趣，促使梅契尼可夫投入研究免疫系統。在聖彼得堡大學獲得胚胎學博士學位之後，梅契尼可夫在一八七〇年進入敖德薩大學（University of Odessa）。該大學成立於一八六五年，乃是亞歷山大二世教育改革所創辦的新大學之一。而且它就在這裡，在黑海旁邊，於是梅契尼可夫才開始從事海洋動物的演化免疫學研究。[35]

　　達爾文強調自然汰擇涉及物種內不同個體間之鬥爭，梅契尼可夫則突顯出疾病所扮演的角色。在整個十九世紀期間，世界歷經了從霍亂到流感等好幾波疾病大流行。隨著世界藉由鐵路和蒸氣船等工業新技術，日益緊密地連繫在一起，疾病的傳播速率提高了，於是該世紀的疫情也變得愈來愈嚴重。梅契尼可夫本人熬過了十九世紀最要命的一次霍亂爆發，從一八四六年到一八六〇年，俄羅斯就死了超過一百萬人。接著到了一八七三年，梅契尼可夫的第一任妻子，柳德米拉（Ludmilla）死於結核病，年僅二十一。生活確實就像一場鬥爭，而且梅契尼可夫有時候也覺得

難以應付。（他曾兩度試圖自殺，第一次就緊接在他的妻子死後。）到頭來，在梅契尼可夫看來，以及在其他許多俄羅斯人眼中，生命的最大威脅，並不是為奪取資源而競爭。明確來講，生存鬥爭就是面對致命疾病求生存的鬥爭。正是這個觀點，形塑出了梅契尼可夫的演化思想。[36]

十九世紀的演化思想家多半認為，人類和猿的解剖結構類似性，提供了共同祖先的最好證據。不過梅契尼可夫採行了另一種取徑。他論據說明，存有免疫細胞便是所有生物都出身自共同祖先的直接證據。單細胞有機生物（好比細菌）的生存之道，一般都是靠吞噬其他較小有機生物並在細胞內把它們消化。梅契尼可夫指出，這正是免疫細胞所做的事。白血球就像巨噬細胞，也會為了對抗疾病傳播而吞食細菌，並在細胞內部把它消化掉。梅契尼可夫推斷，白血球必然是單細胞生物演化為多細胞生物時殘留的演化遺跡。而這種演變說不定就是藉由吞噬另一顆細胞的過程來達成。他還指出，許多不同動物，從人類到海星，都具有相似類型的免疫細胞，顯示這當中存有共同的演化歷史。梅契尼可夫便曾說，這就是「人是動物的血親」的最好證明。[37]

梅契尼可夫認為，存有免疫細胞就是演化的直接證據，在此同時，他也明白，發炎本身也就是發生在體內的一種自然汰擇形式。不同免疫細胞的工作，就是克制細菌以及其他異物。這通常都是藉由吞噬外來細胞並將其摧毀，而且必須在它能進一步散播並繁殖之前完成。「這是一場名符其實的戰鬥，在我們生命的最深處肆虐，」梅契尼可夫在一九〇三年這樣寫道。另有些時候，他更把這種軍事隱喻推得還更深遠。梅契尼可夫在敖德薩發表一

場演說時宣稱，免疫系統「就像個組織嚴密的國家……來與野蠻部落作戰」，當時正值俄羅斯帝國擴張進入中亞。他總結說明，「它會派出一支變形蟲細胞部隊來對付細菌」。這裡我們又一次見到，十九世紀民族主義與戰爭的發展，是如何制約了科學家對自然本身的想法。在梅契尼可夫看來，身體不過就是另一種戰場。[38]

　　就在梅契尼可夫在敖德薩工作之時，另一群俄羅斯自然歷史學家也正在黑海的另一邊進行重要研究。他們的基地設於塞凡堡生物學研究站，領導人索菲亞·佩雷亞斯拉夫采娃（Sofia Pereiaslavtseva）是位胚胎學先驅，也是世界上最早的科學實驗室女性主任之一。走到這一步並不容易。儘管亞歷山大二世沙皇推行的教育改革促使進入大學的俄羅斯男子人數漸增，但就女性方面卻非如此。一八六一年，一群學生在聖彼得堡大學遊行，要求讓女性更有機會接受高等教育。亞歷山大二世不僅無視這些要求，實際上還決定正式禁止所有女性進入俄羅斯各大學。（在此之前，有些女性便得以非正式地就讀俄羅斯各大學，不過她們並沒有獲得學位。）好些女性並沒有就此卻步，決定把情況掌握在自己手裡。她們並沒有靜等俄羅斯的情況發生變化，而是選擇出國留學。這正是佩雷亞斯拉夫采娃在一八七二年所做的事情，當時她前往瑞士就讀蘇黎世大學。這在當時是許多俄羅斯女性的熱門目的地，因為蘇黎世大學不只准許女性就讀，還頒授正式學位。這種情況在俄羅斯要一直等到一九一七年布爾什維克革命之後才能成真。[39]

　　佩雷亞斯拉夫采娃一直熱愛自然歷史學。她是位陸軍上校的

女兒，年幼時便在家鄉沃羅涅日採集蝴蝶。她的夢想是要成為專業自然歷史學家。因此當佩雷亞斯拉夫采娃得知，亞歷山大二世禁止女性在俄羅斯讀大學之時，她心中肯定感到十分沮喪。不過她說服（認同女性教育事業的）父親，准許她前往瑞士就讀。一八七六年，努力學習四年之後，佩雷亞斯拉夫采娃畢業了，並且獲得了動物學博士學位，成為最早取得這項成果的俄羅斯女性之一。她在一八七八年回到俄羅斯，很快就被任命為塞凡堡生物學研究站的主管。

往後十年期間，佩雷亞斯拉夫采娃進行了演化胚胎學研究。她在黑海海邊工作，採集了不同海洋動物的胚胎，帶回實驗室用顯微鏡來檢視。這種工作必須具備極高度技巧和耐心。佩雷亞斯拉夫采娃必須針對不同物種的胚胎發育之不同階段來對照比較。她認為，就像法國自然歷史學家聖伊萊爾，這樣做也能披露有關於不同動物演化史的若干事項。然而，為了進行這種比較，佩雷亞斯拉夫采娃就必須使用顯微鏡，連續好幾個小時不斷觀察胚胎發育。有時她會在實驗室工作台旁待上三十小時之久，只幾次短暫休息。[40]

身為女性教育倡導者，佩雷亞斯拉夫采娃運用她的塞凡堡生物學研究站職銜來提攜其他女性科學家的事業發展。很快地，她身邊就多了另兩位演化胚胎學的早期先驅：瑪麗亞·羅斯希斯凱亞（Maria Rossiiskaia）和葉卡捷琳娜·瓦格納（Ekaterina Wagner）。這三名女性分別針對不同海洋動物一起投入胚胎學研究，並比較她們得出的結果。佩雷亞斯拉夫采娃研究扁形動物類群，羅斯希斯凱亞和瓦格納則研究蝦類。佩雷亞斯拉夫采娃和她

的團隊在莫斯科自然歷史協會學刊（*Bulletin of the Moscow Society of Naturalists*）上發表了連串論文，藉此便得以根據不同海洋動物種類的胚胎發展，確立牠們之間的種種演化關聯。為表彰她的工作成果，俄羅斯自然歷史學家和醫師聯合會在一八八三年頒授給佩雷亞斯拉夫采娃一項重要獎項，這樣對女性所成就科學貢獻正式認可，在當時依然由男性主導的專業來講是十分罕見的。[41]

十九世紀是資本主義和衝突的時代。不過在那段時期，人們也開始闡述種種不同政治選擇，不論那是社會主義、共產主義或無政府主義。在俄羅斯，人們一般都覺得，對演化感興趣的人，還有對左翼政治感興趣的人，有相當程度的重疊性。列昂·托洛斯基（Leon Trotsky）——隨後到了一九一七年，他投入領導布爾什維克革命——在一八九〇年代一次坐監期間讀了達爾文的好幾本書，隨後還曾告訴一位朋友，「演化的想法……占據了我的全副心思」。約略就在那同時，俄羅斯一位無政府主義者先驅彼得·克魯泡特金（Peter Kropotkin）也在一九〇二年發表了《互助論：演化的一個要素》（*Mutual Aid: A Factor of Evolution*）。在這本書中，克魯泡特金明確地拿動物界的合作，來與人類合作求生存的需求相提並論。「不擅交際的物種……注定要衰亡，」克魯泡特金論據說明，這時他由於政治觀點不見容於當道，為免於迫害，已經逃離俄羅斯並在倫敦生活。[42]

安德烈·別克托夫（Andrei Beketov）同樣也在社會主義當中看出了另一種思考方式，而且兼及社會和自然領域。別克托夫一八二五年生於俄羅斯中部，是個有點叛逆的人。起初他被送進一所軍事學校就讀，卻很快就因為不服管教而被退學。接著年輕

的別克托夫就在聖彼得堡廝混了一陣子，並在那裡加入了一個社會主義研究圈子，讀了法國早期社會主義人士傅立葉的著述。這樣做是很危險的事，因為沙皇對於政治異議是不會寬容的。不過別克托夫仍是設法避開了麻煩，最後還轉而進入喀山大學（Kazan University）攻讀植物學，最後在一八五八年畢業並獲得博士學位。隨後他很快就獲任命為聖彼得堡大學的植物學教授。[43]

縱貫他的整個事業生涯，別克托夫都特別強調環境形塑演化的角色。別克托夫告訴他在聖彼得堡的學生，「實際的生存鬥爭」並不是個體之間為了爭奪有限資源所表現的舉止。事實上，這是發生在個體與環境之間。就這方面，植物提供了一個很好的例子。別克托夫要他的學生想像西伯利亞的凍土地貌，或者俄羅斯大草原裸露地帶。就這兩種情況，植物都並不是真正相互競爭求生存。實際上，對生命的威脅是寒冷和風。根據別克托夫的說法，有種「與大自然的基本力量持續進行的頑強鬥爭」。就是這種與環境的鬥爭，解釋了在那些地帶觀察到特定適應作用的演化改變，別克托夫論據說明。他指出，生長在西伯利亞的植物很能抗寒，它們的根系往往較淺，並在岩石地帶向外蔓生，而俄羅斯草原上的植物則往往低伏生長，可以保護它們免受強風吹襲。[44]

別克托夫還認為，嚴苛環境的壓力，也能幫助解釋合作的演化。他舉了一些例子來說明，西伯利亞和俄羅斯大草原上的同種植物，往往密集長在一起，好來相互屏蔽遮風。提出這項觀點之時，別克托夫也發展出了針對我們如今所稱「生態學」的初步認識，由此也注意到了，森林裡面的植物是如何經常彼此依賴相互扶持。他表示，「植物彼此提供的互助」是它們生存的關鍵。到

頭來，（篤信社會主義的）別克托夫便認為達爾文提出的個體間鬥爭為生命之必要環節的假設是錯的。面對惡劣環境之時，只要協力合作，人類、動物甚至還包括植物就能存活得更好。他總結表示，「社會性」是「一種強大的自衛手法」。[45]

達爾文在一八八二年死時，俄羅斯自然歷史學家和醫師聯合會籌辦了一次特別研討會，來表彰他的生平與成就。幾乎所有人都同意，他是十九世紀最重要的科學思想家之一。然而，許多人也指出，達爾文留下了許多懸而未決的問題。「達爾文在完成他的工作之前就去世了，」一位與會者這樣表示，呼應了當時俄羅斯自然歷史學界所普遍抱持的感受。誠然，有些人認為，「生存競爭」的想法，完美映照出了他們所生存的世界，特別是在克里米亞戰爭過後的那段時期。不過許多俄羅斯自然歷史學家也覺得，《物種起源》沒辦法解釋一切事物。特別是，達爾文強調個體之間的鬥爭這點，似乎忽略了環境與疾病在自然汰擇上發揮的作用。因此對演化的興趣，也伴隨出現一種感受，那就是達爾文的遺產是不完整的。從梅契尼可夫的免疫系統研究到別克托夫的「互助」研究，俄羅斯自然歷史學家推動達爾文的理念朝新的方向發展。這樣一來，他們協助將演化確立為是現代生物科學之基本構成要項。[46]

3. 明治時期日本的達爾文主義

愛德華‧摩爾斯（Edward Morse）登上講台，準備發表他的三場演化相關演說當中的第一場。他在幾個月之前才剛從美國來

到日本，打算研究當地的一種腕足類動物——那是一類具有悠久演化歷史的古代海洋動物。然而，摩爾斯這時卻發現，自己正預備講稿，打算在東京大學八百多名聽眾面前發表。一八七七年十月六日，那第一場演說才剛開始，他就提出了一項有關自然汰擇原理的驚人描述。摩爾斯要他的聽眾想像以下情節：

> 倘若我把這間演講廳的廳門牢牢鎖起來，短短幾天之內，現場身體虛弱的聽眾就會被納入死亡名單當中。身體健康的人，大概會在一星期或者說不定在兩、三個星期之內死去。

摩爾斯暫停片刻，讓聽眾反思他剛才說的內容。有些人環顧四周，確定演講廳後面的門還開著。另有些人則是在心中設想，他們認為有哪些人最可能死亡。接著摩爾斯繼續，暗示自然界就像那間演講廳，「一處糧食不足的密閉空間」。在這種情節下，唯有最強健的才能生存，並將他們的身體特徵傳遞下去。「若是這種情況延續好幾年……未來的人就會與眼前的人完全不同，」摩爾斯解釋道。「於是就會誕生出一種強大又可怕的人類，」他總結說道。[47]

接下來幾週期間，摩爾斯繼續他的演化演講系列。第二場演說時，他把「生存鬥爭」的概念更進一步推展。東京大學的聽眾靜聽摩爾斯宣稱，「具有對戰爭有用之特質的群體，往往可以存續下來」。他還解釋了技術進步對適者生存原理的重要性。「情況很明顯，有辦法創造出金屬武器的群體，必然能打敗以弓箭作

戰的人，」摩爾斯論據說明。他解釋道，自然汰擇不過就是「先進的種族存續下來，落後的種族被消滅」的原理。這類軍事隱喻，誠如我們在本章各處篇幅所見，正是十九世紀演化思想的常見部分。而在日本，這樣的說法還特別有影響力。不到十年之前，日本民眾本身就捲入了一場殘酷的內戰。一八六八年，一群武士結成同盟，試圖推翻德川幕府。他們認為，幕府阻礙日本的現代化，面對外國軍事侵略時，也表現得軟弱無力。武士一路打進了首都江戶，擊敗了幕府軍，把年輕的明治天皇拱上了帝位。這標誌了一段號稱「明治維新」之時期的起點。[48]

聆聽摩爾斯東京大學系列演講的聽眾當中，有一位年輕的日本生物學家，而且他也親身經歷了內戰。石川千代松一八六一年生於江戶。他的父親為幕府將軍工作，擁有大批關於自然歷史學與醫學之傳統日本典籍。石川千代松小時候讀了許多我們前一章介紹過的書，包括貝原益軒於一七〇九至一五年間出版的《大和本草》。這引燃了他對自然歷史的熱愛，特別是動物學方面。石川千代松到了暑期就在江戶灣（即今東京灣）附近採集蝴蝶和螃蟹。日本內戰爆發之後，由於幕府的同盟者都遭追捕，石川千代松和家人不得不逃離城市。等到一八七〇年代他們回來之時，幕府已遭廢黜，江戶也改名為東京。[49]

儘管他的父親喪失了在幕府政權的職位，明治維新仍然為石川千代松帶來了新的機會。一八七七年，明治天皇授權創辦東京大學。校內專門設了理科學院，後來這就成為日本的第一所現代大學。隨後還創辦了好幾所新設大學，包括一八九七年創辦的京都大學以及一九〇七年創辦的東北大學。這全都是發生於明治維

新時期一項更廣泛現代化計畫的部分環節，那項計畫還包括在全國各地建設新的實驗室、工廠、鐵路和造船廠。在此同時，日本政府也開始聘請外國科學家和工程師，進入這當中的許多新機構任教。摩爾斯原本任職於哈佛大學比較動物學博物館（Museum of Comparative Zoology at Harvard University），這時也成為受聘來到東京大學教授生物學的人士之一。事實上，在一八六八和一八九八年間，明治政府聘僱了超過六千位外國專家——多半是英、美、法、德等國籍人士——來日本教學。與前期相比，這是一項重大的政策轉變。正如我們在前一章中所見，德川幕府對於外國人的入境管制十分嚴格。[50]

石川千代松是明治維新時期所引進改革措施的第一批受益人之一。他在一八七七年東京大學創辦當年入學就讀，並成為摩爾斯的學生。每年暑期，摩爾斯都會帶領他的學生——包括石川千代松——前往橫濱市南方一座小島，江之島。石川千代松就是在那裡學得了現代生物科學的基本技術：從水中採集不同海洋動物，使用顯微鏡來觀察牠們，並將牠們解剖。摩爾斯也篤信達爾文學理，在哈佛時就讀過《物種起源》。在江之島行程途中，摩爾斯花了許多時間為學生講解演化原理。石川千代松對自然汰擇概念十分著迷，實際上也正是他建議摩爾斯在回到京都大學時，針對那個課題發表系列公眾演講。同時也正是石川千代松，隨後將摩爾斯的演說內容翻譯成日文，冠上《動物演化》（Animal Evolution）書名並於一八八三年出版。[51]

從東京大學畢業之後，石川千代松於一八八五年獲選負笈德國。到了這個時候，政府認定繼續聘僱外國科學家來日本各大學

工作太過昂貴。於是教育部長提議，把有光明前程的年輕學子送往國外，接受科學科目高等培訓。計畫構想是要他們在完成訓練回國之後，前往日本各地新設大學擔任學術職位。教育部長聲明表示：「除非派人前往先進國家學習，否則我們是不會進步的。」就如我們在接下來幾章會見到的。十九世紀晚期和二十世紀早期最富有影響力的日本科學家，許多都曾經負笈海外一段時期，主要是前往英國、德國和美國。石川千代松就是最早負笈海外的人士之一。從一八八五年到一八八九年，他前往弗萊貝格大學（University of Freiberg）投入德國重要生物學家奧古斯特‧魏斯曼（August Weismann）門下學習。這時正當魏斯曼致力發展他的「種質」（germ plasm）理論，並依學理預測存有某種只能藉著精與卵來傳遞的遺傳物質。魏斯曼提出了這項主張，同時也為現代遺傳學奠定了基礎，挑戰了一種（達爾文也認同的）舊觀點，那就是後天獲得的特徵是有可能遺傳的。[52]

石川千代松就是在這個關鍵時刻就讀於弗萊貝格大學。他甚至還曾與魏斯曼合作，共同撰寫出了六篇發表在德國主要科學期刊上的論文。在一篇論文中，石川千代松描述了他如何觀察了一種名叫「水蚤」（water flea）的半透明纖小海洋動物的生殖細胞複製歷程。以顯微鏡觀看水蚤時，石川千代松瞧見了一顆卵子分裂時，在邊緣處形成了兩個纖小的黑點。他所觀察到的，實際上也就是被稱為「減數分裂」的過程，其中一個有機體會藉由複製和分裂來產生出生殖細胞。石川千代松所認出的黑點，就是細胞分裂留下的殘餘。後來我們所稱的這些「極體」（polar body），帶來了支持魏斯曼種質理論的一項關鍵證據。它們暗示

魏斯曼的論點是正確的，那就是精與卵都必須經由一種與身體其餘部分分開的細胞分裂歷程才能生成。[53]

石川千代松於一八八九年回到日本，並在東京大學任職。在接下來幾年間，他協助培養出了新一代的日本生物學家，其中多人都對演化研究做出了重要貢獻。就如同在其他許多國家，達爾文主義與日本明治時期的現代化也密切相關。「生存鬥爭」理念不只吸引了生物學家，也引來政治思想家的關注。這似乎能為工業化和軍事擴張之必要性自圓其說。「藉由自然汰擇來鬥爭求生存……不只適用於動、植物界，也適用於人類並且具有同樣令人信服的必要性，」政治哲學家加藤弘之便這樣寫道。加藤也出席了摩爾斯在東京大學發表的系列演講。「宇宙是個壯闊的戰場，」他總結說明，正值日本為一八九四至九五年的第一次中日戰爭（即甲午戰爭）預做準備之時。[54]

與此同時，達爾文的理念也確實廣受歡迎，因為它們似乎能證實日本許多自然歷史學家已經相信的觀點。這部分石川千代松應該也了解，因為他小時候也學過日本的自然歷史傳統著述。貝原益軒便曾寫道：「人類全體都可以說是出生自他們的雙親，不過進一步深入探究他們的起源就會發現，人類是由於大自然的生命定律才出現的。」貝原益軒是十七世紀的日本自然歷史學家，我們在前一章也曾提過。沒錯，和基督教歐洲的情況不同，日本的自然歷史學家已經很能接受這種（同時見於佛教與神道教義當中的）想法，那就是生命傳承自某種共同的有機體根源。摩爾斯本人也體認到了這點並寫道：「在這裡解釋達爾文的理論是很愉快的事，因為這裡不會遇上我在家鄉常見的那種神學偏見」。十

九世紀早期一位名叫鎌田柳泓（Kamada Ryuo，音譯）的佛教哲學家，甚至還發展出了他自己的演化理論。鎌田在一八二二年便曾寫道，「情況必然如此，所有動、植物都是從一個物種分裂而來並化為繁多物種」，那時達爾文才只有十三歲。因此演化基本理念在日本並不是什麼新鮮想法，不過機制這部分倒是新的。真正抓住日本生物學界想像力的是達爾文的「生存鬥爭」概念。[55]

　　丘淺次郎的事業進程與石川千代松走的道路雷同。丘淺次郎生於一八六八年，也就是明治維新啟動那年，他在大阪長大，父親是一位功成名就的新政府官吏。不過他的早年生活也帶了悲劇色彩。丘淺次郎的妹妹遭遇可怕意外，由於和服著火而不幸喪命。接著到了下一年，他的母親和父親也都去世了。丘淺次郎在大阪孤身一人，於是遷往東京依親，並由家族其他成員撫養長大。就像石川千代松，他也進入東京大學攻讀動物學，並於一八九一年畢業。接著丘淺次郎獲選前往德國繼續深造，而且他也進入弗萊貝格大學並在魏斯曼門下受教。一八九七年，丘淺次郎回到日本，在東京高等師範學校擔任教職。往後數十年間，他就演化在日本的普及方面扮演了重要角色。丘淺次郎根據他在東京高等師範學校時期的研究成果，撰寫出《演化論講談錄》（*Lectures on Evolutionary Theory*）。該書於一九〇四年發表並大為暢銷，總共賣出了好幾萬本，也讓達爾文成為日本家喻戶曉的名字。在此同時，丘淺次郎本人也對演化思想做出了好幾項重要貢獻。[56]

　　丘淺次郎的專長是苔蘚動物生物學。這類奇特的小動物早先已由頗具影響力的德國生物學家恩斯特・海克爾（Ernst

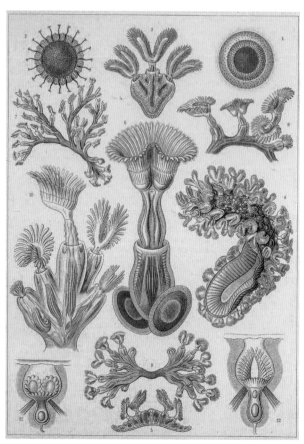

5-4　苔蘚動物（Bryozoa），恩斯特・海克爾與丘淺次郎都投入研究的類群。（Biodiversity Heritage Library）

Haeckel）投入研究，丘淺次郎本人或許就是在德國得知這類動物。它們似乎模糊了動、植物之間的界線。每隻苔蘚動物都是由一群數百萬個單細胞有機體集結形成。群聚在一起時，那些細胞就開始形成一些看來非常像是植物的結構。丘淺次郎也親自在東

京附近獵捕苔蘚動物。他會在水塘邊的矮樹叢中尋覓，採集標本裝進小玻璃罐中，帶回他的實驗室中用顯微鏡來檢視。根據丘淺次郎所見，從苔蘚動物可以推知，生物學家把自然界區分為不同物種的做法是不對的。他表示，「要建立明確的分際是辦不到的。」這其實也正與達爾文《物種起源》書中的根本洞見不謀而合。畢竟，既然某種生物有可能演化成其他種類，那麼把它描述成特定的物種，又有什麼意義呢？丘淺次郎把這項理念更進一步發展，並論據說明，就連自然界的一些最根本劃分方式 —— 好比動物與植物的劃分 —— 也不再有意義了。動物有時也可能表現出就像植物的舉止，而植物則像是動物。「我們在大自然看到的一切，全都是變化的連續體，」他總結說明。[57]

丘淺次郎的《演化論講談錄》在一九〇四年出版，正值日俄戰爭爆發那年。十八個月期間，日俄兩軍對壘爭奪對韓國與滿州地帶的掌控權。二十萬人在二十世紀這第一場工業戰爭喪失性命。最後結果是日本戰勝，不過國內許多人都滿心疑惑，不知道打這場仗值不值得。丘淺次郎再次開始思考苔蘚動物。它們的行為似乎與人類社會很像，一個個細胞聚集組成一個更強大的單元來與外敵作戰。在每個苔蘚動物體內，細胞共享資源並協同合作。丘淺次郎甚至還做了一些實驗，用移液管把藻類滴入培養皿，來餵養細胞「群落」，或就是他有時所稱的「國家」。「不論食物是哪個攝取的，養分都會均分，」他指出。苔蘚動物的各個細胞顯然都具有合作能力。然而，合作之外還有潛在的衝突。丘淺次郎又另做了一項實驗，把兩件標本擺進同一個罐中，於是兩隻苔蘚動物開始激烈對決，直到只剩一隻還活著。丘淺次郎甚至還

註記道，有些苔蘚動物部署了特化的棘刺細胞並填滿毒素來攻擊敵人。看來化學戰會在下一次演化適應性改變時出現，而這也正是生存鬥爭的必然結果。其實日本人在最近與俄國作戰時便動用了砷，成為化學戰的先驅，到了第一次世界大戰期間便廣泛使用氯氣。「從這方面來看，人類與其他有機生物絲毫沒有兩樣，」丘淺次郎總結表示，也冷酷地提醒我們，看似無害的生物學理念，可以如何運用來為最惡毒的暴力舉動自圓其說。[58]

達爾文的觀點進入日本時，恰逢一個歷史性變革關鍵時期，這段時期始於一八六八年明治維新。正如我們在阿根廷和俄羅斯所看到的情況，「生存鬥爭」理念之所以對日本科學家深具吸引力，是由於它似乎映照出了他們所生活的世界。一八九四至九五年的第一次中日戰爭，以及從一九○四到○五年的日俄戰爭，看來都證實了丘淺次郎所稱的「生與死的法則」。丘淺次郎論據說明，人類與他在實驗室中檢視的苔蘚動物沒有兩樣，它們聚攏形成較大的單元，投入從事殘暴的戰爭。稍後我們就會看到，對軍事對抗中所抱持的這種評價，和在中國激發演化興趣的態度非常相像，而中國也正是日本在該地區的主要帝國敵手。[59]

4. 中國清代的自然汰擇

嚴復驚恐看著中國旗艦被一枚魚雷擊中。那艘龐大的鐵甲巡洋艦下水還不到十年，現在它擱淺在山東沿海港灣起火燃燒，甲板冒出滾滾濃煙。嚴復是中國海軍工程師，他親眼目睹了一八九四至九五年第一次中日戰爭的終戰階段。幾個月前，在一八九四

年九月，中國艦隊在韓國沿岸大半被摧毀。隨後艦隊的其餘船艦都遭日本海軍追捕。最終在一八九五年一月的威海衛海戰進入高峰，其中超過四千名中國水兵陣亡。到了四月，中國政府已經投降，簽署了一項和平條約，擔保日本對韓國與臺灣的掌控權。這對中國來講是一次屈辱的失敗，因為他們長期以來都自詡比日本優越，從而引發了眾多反省。[60]

嚴復是呼籲徹底改革中國教育與政治體系的人士之一。他認為，中國需要現代化，否則就有被敵手接管的風險。「列強四鄰虎視眈眈，」嚴復在緊接戰後即刻發表的一篇報紙報導中感嘆道，接著又說「恐未及有所作為，而已淪為印度、波蘭慘況之續，」並警告表示，不久之後，中國就可能成為歐洲或日本的殖民地。第一次中日戰爭打了敗仗之後，這種改革呼聲在中國十分常見。嚴復的文章之所以特別，乃在於他是從演化角度提出了自己的論點。對日戰爭是「達爾文原理」的一個作用實例。他聲稱，「自然汰擇」不只適用於個體，對國家與社會也同樣適用。嚴復繼續對中國讀者解釋達爾文理論的基本理念。「人與其他所有生命體都大量出生在地球上……他們結合在一起，每個民族和每個物種都努力奮鬥以求自存，」他解釋道。嚴復總結表示，中國已陷入一場「生存鬥爭」。選擇很簡單——不進化就死。[61]

就如我們在本章各處所見，演化思想的發展，與十九世紀的戰爭與民族主義之崛起密切相關。這在中國肯定是正確的。儘管早先也曾零星引述達爾文的想法，後來則是嚴復讓「生存鬥爭」的理念普及中國。嚴復本人在倫敦皇家海軍學院攻讀工程學時第一次得知達爾文。他是十九世紀後半期，由於清朝希望促成陸、

海軍現代化而選派送往海外研讀科學的許多中國學生之一。嚴復在一八七〇年代留學英國期間，開始閱讀維多利亞時代著名科學思想家的作品，包括《物種起源》。當他看著中國艦隊毀滅，心中猛然想起達爾文有關於自然界就是種不斷鬥爭的陰冷描述。「種與種爭，群與群爭，弱者常為強肉，」嚴復回顧他如何親眼見識日本海軍轟炸中國海岸線。[62]

嚴復的文章激發了中國對達爾文著作的廣泛興趣。由於反應熱烈，鼓舞他決定就這個主題撰寫一部較長的作品。這本書在一八九八年出版，標題為《天演論》（*The Theory of Evolution*），內容擴充了嚴復早期那篇文章談到的眾多主題，並將演化論延伸到了社會和國家領域，還論述及於這當中所蘊含的所有危險牽連。嚴復實際上是在十九世紀晚期社會達爾文主義發展進程扮演重要角色的眾多中國思想家之一。「生命形式在自然演化中進步；因此社會演化無疑也會進步，」他論述表示。提出這項主張時，嚴復也呼應了英國演化思想家史賓塞所述，他把社會描述為一種「社會有機體」。（嚴復後來還將史賓塞的一八七三年重要著述《社會學研究》〔*The Study of Sociology*〕譯成中文。）就像史賓塞，嚴復也認為，唯有藉由競爭，社會才能進步。「民好逸惡勞；若不使競爭，則其耳目心思之力也不再運用；於是……他們就不再進步，」嚴復論述道。因此，嚴復不建議退離資本主義與衝突的世界，而是建議中國加倍努力施行工業化與軍事化。若不為此圖，就要面對他所稱的「種族滅絕」。[63]

嚴復的《天演論》出版之後，當時代許多最富影響力的科學與政治思想家都曾研讀，那些人認為，「生存鬥爭」是對中國所

面臨問題的明確診斷。梁啟超是中國著名的報人，認識嚴復，對演化十分沉迷。他也警告說，中國必須改革教育與政治體系，否則就要面臨殖民化的風險。「強者繁盛；弱者毀滅，」梁啟超寫道，接著就描述歐洲人征服非洲與印度的先例。達爾文的理念在更基進的政治思想圈中也同樣受歡迎。後來領導一九一一年革命的孫逸仙，也曾在就讀香港大學醫學院期間初次得知演化。「我對達爾文之道特別沉迷，」後來他寫道。孫逸仙與當時代其他許多中國思想家得出相同的結論，不過他還更超前一步。梁啟超主張改革，孫逸仙則堅定認為，拯救中國的唯一途徑就是推翻清朝。「你不鬥爭就沒辦法生存，」他論述說明。[64]

　　孫逸仙就「達爾文之道」所提評論也提供了另一條線索，解釋了為什麼演化在十九世紀晚期的中國是那麼地受歡迎。這裡孫逸仙指稱的是中國古代對於「道」的信念。儘管詮釋各不相同，大家普遍認為「道」是宇宙中一種根本自然力，而且人類應該嘗試與之和諧共處。不同於基督教歐洲，中國並沒有創世之神的宗教傳統，也沒有任何關於人類不知為何便與自然界區隔的概念。實際上，中國思想家是從悠遠過往一脈相傳並認為所有生命都藉由某種自然力連繫在一起。「萬事萬象統歸於一，」第三世紀深具影響力的道教哲學家王弼便這樣寫道。這些想法在近代早期發展成為種種更先進的演化理論，我們在前一章提過的李時珍的《本草綱目》，甚至還納入了一些篇幅，記錄下物種對不同環境的適應性改變，以及蓮花等植物的遺傳模式。到了十九世紀早期，中國博物學家已經完全能夠接受物種有可能歷經改變的想法。博物學家趙學敏在他一八○三年的著述《本草綱目拾遺》

（*Additions to Materia Medica*）中註記寫道，「然物生既久，則種類愈繁……則珍尤畢集」。[65]

　　達爾文本人其實也很清楚，這種演化思想在中國的悠久歷史淵源。「這種汰擇原理我發現在一部古代中國百科全書當中已經闡述得很明確，」達爾文在《物種起源》書中指出。達爾文所稱的那部「古代中國百科全書」正是李時珍的《本草綱目》。達爾文對中國的博物學深感興趣，於是敦請倫敦大英博物館的一位朋友翻譯了李時珍那本書的相關節選。達爾文好幾部其他著述，內容也同樣引用了與中國文本相仿的論點。達爾文在他一八六八年的著述《動物和植物在家養下的變異》（*The Variation of Animals and Plants under Domestication*）一書中引用了一段中國農學文本之法文翻譯，作為他的文獻來源，循此佐證桑蠶不同品種之發展。追根究柢，演化論的基本理念在中國並非前所未聞，達爾文本人也知道這點，儘管如今已經很少人承認。實際上，真正新鮮的——而且在那時候也十分引人矚目的——是「生存鬥爭」。那次屈辱敗仗之後，清朝的命運危如累卵，達爾文主義似乎能為十九世紀最後那幾十年間的中國思想家致力求解的許多問題提供答案。[66]

　　第一次中日戰爭之後，清朝皇帝同意施行一項宏大的現代化計畫。內容包括徹底改革拔擢公僕的傳統中國科考制度，最後科舉在一九〇五年廢止，接著還創辦了一系列新的科學與教育機構。一八九八年，古老的國子監（Imperial Academy）改制為京師大學堂（Imperial University of Peking）。這是中國的第一所現代大學，課程專注於數學、物理學與生物學，而非僅只講授儒家

經典著述。嚴復後來受任命為大學堂校長，並繼續推廣達爾文主義。除了新的大學之外，中國政府也建立了一系列農業實驗所。其中最大的一所於一九〇六年設於北京市郊，不過在全中國還建立了其他好幾百所。設立構想是，藉由運用演化論，育種人員就可以栽培出水稻與小麥等主食作物的改良品種。[67]

在這同一時期，清政府也開始派遣愈來愈多的學生出國留學。好幾位前往歐洲與美國，不過也有許多到日本求學。這相當合理。畢竟，最近那場戰爭展現出了日本的軍事與工業力量。而且日本也遠更容易前往，就文化與語言方面，也和中國有眾多共通之處。到了一九〇七年，超過一萬名中國學生在日本各大學拿到學位，其中大多攻讀科學。在此期間，許多日本教科書也經翻譯成中文，甚至還延攬了好幾位日本科學家來到京師大學堂任教。這標誌出兩國之間的一項重大變遷。如同我們在前一章所見，十七與十八世紀的日本自然歷史學家，往往以現有的中國文獻為本，來發展出他們的許多成果。甚至還有些人留學中國。到了十九世紀末，那種關係逆轉了，如今是日本科學構成了中國現代化的基礎。[68]

在這段時期前往日本的人士當中，有一位是《物種起源》第一部中譯本的譯者。馬君武是中國南方人，生於一八八一年。他首先接受了講授中國經典的傳統教育，直到二十歲時，他才獲選前往日本深造，並接受科學家培訓。一九〇一到一九〇三年間，馬君武在京都大學攻讀化學。他就是在這裡結識了遭流放的孫逸仙。這次會面之後，馬君武變得愈來愈基進。他認同孫逸仙的觀點，認為拯救中國的唯一途徑是推翻清朝。也就是在這段時期，

馬君武開始翻譯達爾文的《物種起源》。他很可能是閱讀了《新民叢報》，才得知達爾文思想，那是當時也流亡海外的梁啟超在日本籌辦發行的期刊。《新民叢報》定期刊登有關演化的文章，其中一篇甚至還納入了達爾文的詳細生平，並附有一幀照片。馬君武本人也曾在一九〇三年回國之前不久，首先節選了他的一些《物種起源》翻譯篇幅，刊載在《新民叢報》。[69]

回到中國，馬君武繼續從事他的翻譯工作。不過延續了一陣子才完成，主要是由於他在基進政治上投入愈來愈多的時間。他祕密加入了孫逸仙的中國革命同盟會，協助組織上海當地行動分子並分發小冊子。馬君武意識到，完整翻譯沒辦法很快完成，於是他決定發表《物種起源》的頭五章篇幅，並於一九〇三年以單行本出版。這本書包含了所有最重要的材料，包括〈生存競爭〉和〈自然汰擇〉等章節，以及達爾文闡明不同物種如何從單一共同祖先分枝散葉的著名樹形圖。中國讀者第一次能買到達爾文經典著作的譯本，即便嚴格來講並不完備。[70]

馬君武的譯本由廣益書局出版，該書局的業主和營運單位正是中國革命同盟會。這並非巧合。就像與他同時代的許多人，馬君武也將達爾文主義與中國的政治處境明確地連繫起來。「不同國家的民眾彼此鬥爭；倖存的國家必然擁有對等的力量來抵抗外國入侵，」馬君武寫道。這實際上便直接提及了最近於一八九九至一九〇一年，義和團拳亂期間，八國聯軍占領北京那起事件，馬君武的《物種起源》譯本隨處可見類似國家間鬥爭的蘊涵，遠遠超出了達爾文原文所採措辭。「凡是希望活下來的人，全都必須注意……自然汰擇，」馬君武宣稱。接著他在結論篇幅幾乎毫

不掩飾地提起革命，並寫道，「原住民必須演進，才能無懼地抵抗入侵者」。另有些人說得還更露骨。鄒容是中國革命同盟會的另一位成員，而且同樣細讀了《物種起源》，他便聲稱：「革命是演化的普適原則。」[71]

　　一九一一年，馬君武如願以償。地方性起義接連發生之後，中國革命同盟會攻占了國內各大都市。隨後是持續四個月的激戰，傷亡人數超過二十萬。到最後，清朝末代皇帝退位，接著孫逸仙在一九一一年十二月二十九日獲選為中華民國臨時大總統。這標誌了兩千多年王朝統治的終點。在革命期間，馬君武仍負笈海外，就讀柏林農業大學（Agricultural University of Berlin）。他回國支援新的國民政府，在一家製造炸藥的軍火工廠工作了一陣子，不過也抽出時間來完成他懸宕已久的翻譯。花了將近二十年，歷經戰爭和革命干擾，馬君武終於在一九二〇年向中國讀者呈獻了《物種起源》的一部完整譯本。[72]

　　就像我們在其他地方見到的狀況，中國人對達爾文主義的興趣，也是受了戰爭與民族主義之增長所激發的。到了最後，一九一一年革命便使清朝猛然走向終點。對於革命人士來講，這裡也有個達爾文主義的元素。「我們這個美好、優越的多數種族，落入一個邪惡、劣等的少數種族的掌控，」胡漢民這樣表示，他也是中國革命同盟會成員，而且同樣讀了《物種起源》。胡漢民指的是漢人多數民族與自從十七世紀中葉起便統治中國的滿人少數民族的劃分。根據胡漢民所述，滿族是個「不適宜」（unfit）的種族，注定要在生存鬥爭當中被淘汰，於是在胡漢民看來，一九一一年革命完全就是自然汰擇起作用的一個實例。「這完全就關

乎演化，」胡漢民總結說明，就如同中國陷入內戰，同樣也提醒了我們，社會達爾文主義是如何被用來強化種族歧視與衝突。[73]

5. 結論

等到第一次世界大戰爆發，達爾文的《物種起源》已經翻譯成起碼十五種不同語言，包括俄羅斯文、日文和中文。不過就許多讀者看來，演化的基本概念，並不是全新的理念。不論是在沙皇俄羅斯或清朝中國，演化課題其實從十八世紀晚期以來已有廣泛的討論。這點在中、日等國尤其如此，在那些國家，演化理念可以在道教與佛教等現有的宗教與哲學傳統當中找到。這點達爾文本人也知道，並在《物種起源》書中引用了俄羅斯與中國早期一些作者的著述。那麼，達爾文主義之所以流傳那麼廣泛，不單只由於那是一項演化理論，這方面一點都不新鮮。達爾文主義之所以在當時如此吸引人，是由於「生存鬥爭」理念所致。《物種起源》有個核心見解，那就是把大自然看成一個不斷衝突的世界。達爾文認為，這是一場「大自然之戰」，演化是「生命大戰」的結果。[74]

正是這種鬥爭的隱喻，激發了十九世紀那麼多不同科學思想家發揮想像力，不只在歐洲，還包括亞洲與美洲。這似乎是捕捉到了他們生活的世界裡面的某種事物。到了十九世紀末，達爾文理論的應用範圍愈來愈廣泛，不只侷限於動、植物，還及於社會與國家。潛藏在社會達爾文主義背後的破壞性思想的推廣，是這一時期的另一個產物。從阿根廷征服巴塔哥尼亞，到日本入侵滿

州，演化是一門誕生在殘酷衝突時代的科學。事實上，演化史上最引人矚目的事項之一，就是有多少關鍵人物，都以某種方式涉入軍隊事務。拉丁美洲的最早期演化思想家之一，莫尼茲便曾經參加阿根廷獨立戰爭並擔任軍醫，而在中國推廣達爾文主義的作家，嚴復則最初曾接受海軍工程師培訓。到下一章，我們就會再深入探討，這同一個世界——資本主義和衝突的世界——如何形塑現代物質科學各學門的發展。

第六章　工業實驗

　　從艾菲爾鐵塔塔頂，彼得・列別捷夫（Peter Lebedev）能見到整個巴黎。這座「光之城」確實名不虛傳，電燈照亮了所有重要地標。向外遠眺，列別捷夫能辨認出位於塞納河對岸的大皇宮玻璃穹頂，以及遠在蒙馬特（Montmartre）著名的聖心聖殿（Sacré-Coeur Basilica）。不過列別捷夫來到巴黎並不是為了看風景，他完全不是觀光客。列別捷夫是莫斯科大學的教授，實際上還是位很有成就的物理學家，最近才對光學研究做出一項重大貢獻。一九〇〇年八月，列別捷夫來到巴黎，與全世界各地另外五百位科學家共襄盛舉，參加第一屆國際物理學會議。那次會議的籌辦，恰逢一九〇〇年巴黎世界博覽會，那次盛會連同其他壯闊的國際博覽會，在十九世紀晚期與二十世紀早期廣受歡迎。這類展演的起點是一八五一年在倫敦舉辦的萬國工業產品博覽會（Great Exhibition），那次博覽會的設計用意是炫示維多利亞時期的科學與工業成果，不過同類展演很快就擴散遍布世界各地。到了十九世紀末，從東京到芝加哥等城市，也都舉辦了類似的博覽會，還經常伴隨舉辦科學會議。[1]

　　一九〇〇年巴黎世界博覽會引來超過五千萬訪客。對許多人來說，那次展覽的亮點是「電學殿堂」（Palace of Electricity），那是新藝術運動（Art Nouveau）的傑出作品，建造成一種巨大

孔雀羽毛的造型。電學殿堂座落於戰神廣場，就在艾菲爾鐵塔正前方，籠罩在超過七千盞七彩電燈的照耀之下。訪客可以進入殿內，審視種種不同的電力機具，還能觀看龐大的蒸氣動力渦輪機如何運轉。附近還有一座光學殿堂（Palace of Optics），訪客在殿內可以使用一台巨型望遠鏡來觀看，或者觀賞一段早期的電影。主要私營公司，包括西門子和通用電氣，也都派代表團前往巴黎世界博覽會，希望能把他們的工業機具銷售到世界各國。[2]

這是個國際主義與工業化的時代，一九〇〇年巴黎世界博覽會完美掌握了那種心境。藉由新的通訊技術，例如一八三〇年代發明的電報，以及新的運輸技術，好比一八一〇年代發明的遠洋蒸氣船，世界開始有更加緊密相連的感覺。許多人都認為，這類技術進步協助加速了科學的發展。巴黎世界博覽會開幕時，一位法國政治家說道：「想法……融合傳遍全世界，就像以光速傳遞人類思想的細絲。」這就是把世界各地物理學家邀來共聚的部分動機。籌辦單位解釋，第一屆國際物理學會議的目的是「盤點這些科學家在這個領域耕耘並取得的決定性知識」。這會是「所有國家之物理學家的第一次會面」。[3]

參訪艾菲爾鐵塔或電學殿堂之餘，參加第一屆國際物理學會議的科學家，便抽空討論他們的最新研究。這當中大部分牽涉到電磁學理論。幾百年來，科學家一直在研究光、電與磁的特質。然而到了十九世紀後半葉，這些看似獨立的現象，似乎存有一些共通性質的共識日漸增長。最初的理論貢獻出自英國物理學家詹姆士·馬克士威（James Clerk Maxwell）。在一八六四年發表的一篇文章中，馬克士威描述了和光、電與磁有關的特性如何能以

透過波振盪傳播的「電磁場」來解釋。自從十九世紀早期開始，科學家便已經知道，當電荷移動穿越空間，它就會產生出一個磁場。他們還知道，當磁體移動穿越空間，它就會產生出一個電場。這兩項原理為早期電動馬達與發電機的發展奠定了根基，因為當你移動磁體穿過線圈，結果就會發出一道電流。不過馬克士威還意識到，電場與磁場的概念，有可能結合創造出一種單一的「電磁場」。這就是關鍵的想法，因為這讓他可以解釋光與電和磁之間，存有什麼關係。根據馬克士威的說法，光不過就是移動穿越這個場的「電磁干擾」，有點像是移動跨越海洋的一股浪濤。他還預測，電磁波肯定也有其他的類別，如無線電波，表現出與光相同的舉止。在馬克士威的著述發表之後，世界各地的物理學家便著手研究電磁波的特性。從莫斯科到加爾各答，比賽開始了，各方競相證明馬克士威是對的。[4]

現代物理學的現有歷史，往往集中於一小群歐洲先驅身上。這份名單通常也包括馬克士威本人，還有好幾名生活與工作都在歐洲的較晚期科學家——好比一八八七年發現了無線電波的德國物理學家海因里希・赫茲（Heinrich Hertz），以及一八九八年發現了放射性的波蘭物理學家瑪麗・居禮（Marie Skłodowska Curie）。還有，儘管在十九世紀晚期，歐洲在很大程度上確實是科學界的中心，這部分得歸功於帝國主義擴張帶來的經濟利益所致，這些我們在前面幾章也已有討論，不過這並不表示，歐洲之外的科學家，就沒有絲毫貢獻可言。事實上，檢視第一屆國際物理學會議與會者名單，我們很快就能為十九世紀晚期暨二十世紀早期的科學，建構出一幅遠更為多樣化的相貌。除了來自英、

法、德國的科學家之外，另有一些則是來自俄羅斯、土耳其、日本、印度和墨西哥。而且他們並不只是在那裡靜坐聆聽。實際上那些國際科學家也展示了他們自己的研究，也挑戰了物理學突破只能在歐洲實驗室實現的想法。[5]

列別捷夫就是個好例子。在巴黎所舉辦的那場會議中，他發表了一篇論文，介紹他在莫斯科大學執行的一項晚近實驗。儘管到了十九世紀晚期，大多數物理學家都能接受電磁波的存在，卻仍有許多問題懸而未決。馬克士威的原始理論最有趣的蘊涵之一，牽涉到光本身的特性。根據馬克士威所述，倘若光是種波，那麼由於波能攜帶動量，則光就應該也能施力。起初這似乎違反直覺。光分明就是完全無形的，怎麼能施加物理力呢？不過這一切都是出自方程式。然而，在一九〇〇年之前，實際上也沒有人能夠直接測量這種力，因為它實在太過微小了。因此當列別捷夫描述他的實驗時，巴黎會場聽眾全都非常振奮。把一組金屬葉片懸掛在真空中，接著讓它們暴露在電燈底下，列別捷夫就能夠證實，光確實是施加了一股力。當燈光點亮，葉片開始旋轉，就像微風吹過風車一樣。[6]

列別捷夫之後，另有幾位科學家也在會上發言。日本物理學家長岡半太郎（本章稍後我們還會見到他）介紹他就一種稱為磁致伸縮（magnetostriction）的現象 —— 亦即金屬在磁場中的膨脹或收縮現象 —— 所進行的研究。會上還另有一組印度科學家，其中有位孟加拉物理學家，他名叫賈格迪什·鮑斯（Jagadish Chandra Bose），這位人物的生平，我們在本章稍後還會更深入探討。鮑斯是位無線電物理學先驅，他向巴黎會場聽眾描述他在

加爾各答執行的一些實驗。在嘗試對種種事物（包括從金屬塊到活體植物等）施加電擊之後，鮑斯總結認定，有機物與無機物之間並沒有根本上的差異。畢竟，一切事物看來都是以某種方式對電做出反應。就鮑斯看來，還有就一九〇〇年前後的許多科學家而言，電磁理論實際上就是個萬有理論。鮑斯論據說明，馬克士威的方程式能用來描述神經的作用以及無線電的運作，這就表明自然界存在「一種基本的統一性」。[7]

這形形色色人士在一九〇〇年出席巴黎會議，是個重要訊息，提醒我們現代物質科學史上被遺忘的一面。縱貫十九世紀，在歐洲之外的實驗室中工作的科學家，範圍含括俄羅斯、土耳其、印度和日本等國，對現代物理學與化學的發展，做出了許多重要的貢獻。他們聚集在全世界各個都市，討論他們的工作並分享想法。到了十九世紀，我們開始看到了最早的現代科學會議，其中有許多都是與工業展覽會同時舉行。就這方面，第一屆國際物理學會議正是個典型。

前一章我們見到了資本主義和衝突的世界，是如何形塑了現代生物科學的發展。本章我們探討這相同課題，不過是從現代物質科學的視角來談。十九世紀的工業通訊新技術，協助解釋了為什麼科學家對於電與磁的特性變得那麼感興趣。十九世紀頭幾十年期間，實驗性電報線就已經在英國和德國鋪設起來，其運作原理是沿著一條金屬線發送一陣陣短促電流脈衝。電脈衝與一種代碼相對應，通常是摩斯電碼，接著就可以由作業員解碼譯成信息。這套系統的最大優點在於，資訊幾乎可以在瞬間就傳送跨越遙遠距離。在這些早期範例之後，在一八五〇年代和一八六〇年

代期間，電報線開始在國際上擴展，同時馬克士威也正在發展他的電磁學理論。第一條跨大西洋電報線於一八五八年鋪設完成，從愛爾蘭連往紐芬蘭。接著在一八六五年又從英國鋪設一條，連往它的印度各處殖民地。世界各地的政府，很快就體認到了，不論在承平或戰亂時期，現代科學在國際通訊上的重要價值。物理學家和工程師突然發現他人對自己的需求高漲，受聘提供建議來協助鋪設新的電報線，以及為部隊導入無線電收信機。[8]

　　除了物理學，化學是那個時代的另一門重要工業科學。縱貫整個十九世紀，總共發現了超過五十種新的化學元素，其中多種是在新的礦場開挖之後，或者在礦石精煉過程中發現的。物理學的晚近突破也幫上了忙，因為科學家意識到，電流可以用來分離不同的化學元素。不過最重要的突破，或許就是週期表的發明，表中所有化學元素都根據原子量來排序，從最輕的元素——氫開始。週期表最早是由俄羅斯化學家德米特里·門得列夫（Dmitri Mendeleev）於一八六九年提出，由於表中有些間隙等待填補，由此便預測出還有許多尚未發現的元素，從而啟動了一場尋覓新元素的比賽。這裡也有相當程度的國族對抗。科學家往往以他們的出生國來為新元素命名。當俄羅斯化學家卡爾·克勞斯（Karl Klaus）在十九世紀中葉發現了一種新元素，他便稱之為「ruthenium」（中文名「釕」），原文出自代表俄羅斯的拉丁字。「我藉著為新物體命名來榮耀我的祖國，」克勞斯解釋道。[9]

　　這種「化學民族主義」還有繁多實例。鍺（germanium，名稱出自德國）、鎵（gallium，名稱出自高盧）和釙（polonium，名稱出自波蘭）的原文也全都是以國名來命名。就某些情況，這

些國家都還相當新。（鍺發現於一八八六年，只比一八七一年德意志統一晚了十幾年。）就其他例子，元素的命名比國名出現得早。瑪麗・居禮之所以以她的原生國波蘭來為釙命名，正是由於她希望有一天，祖國能成為一個獨立的民族國家。當釙在一八九八年發現的時候，波蘭仍被德國、俄羅斯和奧匈帝國瓜分。[10]

民族主義和國際主義似乎攜手並存。畢竟，十九世紀是科學家周遊全世界的時代，他們在外國大學接受培訓，以多種語言發表著述，而且在國際會議上相逢。不過那也是科學被視為提升國力之手段的時代，特別當科學牽涉到工業與軍事之時。一九○○年，在巴黎舉辦的第一屆國際物理學會議會上，許多人對於未來還抱持樂觀態度。「那麼多新的想法誕生了，那麼多友誼被建立或鞏固了。」一位到巴黎參加會議的物理學家，回國後這樣寫道。然而，到了一九一四年，隨著第一次世界大戰爆發，國際秩序似乎也已經崩潰。本章我們將探討民族主義與國際主義之間緊繃的關係如何在一七九○年和一九一四年之間開展。到頭來，要把十九世紀的物理學和化學歷史解釋得最好，只仰賴把歐洲的先驅區隔出來講的歷史是辦不到的，而是應該藉由全球的民族主義、戰爭與工業的歷史來講述。我們就從在俄羅斯北方醞釀的一場暴風雨開始。[11]

1. 沙皇俄羅斯的戰爭和天氣

亞歷山大・波波夫（Alexander Popov）看得出暴風雨逼近，現在也該來測試他的新發明了。多年以來，波波夫都在俄羅斯海

軍魚雷學校講授電力科學，那所學校座落在芬蘭灣最東側的克隆斯塔特（Kronstadt，意譯名稱「王冠城」）。現在到了一八九五年春，他打算將他的教學付諸實踐。他登上附近一座高塔，將一個用銅線繫住的小氣球放上高空。遠處閃電發出爆響，波波夫把電線連上一台機器，他稱之為「暴風雨指示器」。結果如他所願，那台機器綻放出生機。即便暴風雨依然在約二十五公里之外，每出現一股閃電，小鈴鐺都會發出聲響。波波夫在海軍服務，他馬上就意識到了這種發明的潛力。這可以讓海上的船隻，以及陸上的預報員在暴風雨侵襲之前預先檢測得知。不過它是怎麼運作的？那台機器本身所仰賴的現象是——閃電會發出電磁波。波波夫發明的是，如何在遠方檢測這些波動。成就這項發明時，他也打造出了世界上最早的無線電收信機之一。沙皇俄羅斯的無線電根源自風暴科學。[12]

　　波波夫的機器是以法國物理學家愛德華・布朗利（Édouard Branly）的較早期成果為本打造而成。布朗利在一八九○年便已發表他的一項發現，並說明電磁波似乎對金屬屑有某種影響。這促成了一項發明，也就是後來所稱的金屬屑檢波器（coherer）。這種裝置構成了所有早期無線電收信機的基礎，其組成包含一個裝滿金屬屑的小玻璃管。就金屬屑本身而言，它是電的一種不良導體。然而當電磁波穿過玻璃管之時，金屬屑就全都對齊——它們「變得相干」——並突然開始導電。早期無線電先驅就是以這種方式才能檢測到電磁波。唯一的問題是，要想重設檢測器時，就得手動搖晃玻璃管，讓金屬屑再次混合。波波夫的大發明解決了這項問題。他的暴風雨指示器使用電磁波發出的電流，來驅動

一把鎚子敲擊玻璃管，好讓金屬屑再次混合。這樣一來，每當電磁波放射出現，暴風雨指示器都能檢測得知，並能隨著每次雷擊來啟動、關閉。[13]

俄羅斯的無線電先驅在海軍學校工作，這件事本身是很重要的。十九世紀的物理學，同時是實用的與理論的，它既是種工業產物，也是種純科學成果。波波夫生於一八五九年，在烏拉山脈地區長大，附近就是規模宏大的博戈斯洛夫冶煉廠（Bogoslov Smelting Works），可以見到有毒煙塵滾滾籠罩大地。波波夫年幼時就迷上了鄰近工廠和礦場使用的機具。他甚至還建造了一台小型電動鬧鐘，很自豪地展示在家中自己的臥房。波波夫對工業科學的興趣，激勵他在聖彼得堡大學取得了一席之地，並在一八七七年與一八八二年間就學攻讀物理學與數學。然而，波波夫並非來自特別富裕的家庭——他的父親是位收入微薄的祭司，但他其實也希望兒子能進入神學院就讀。於是除了大學學業之外，波波夫還在聖彼得堡一家新成立的電工公司（Elektrotekhnik Company）打工，負責協助為當地一家遊樂園裝設燈具，並於一八八〇年在該城舉辦的一項大型工業展覽上擔任嚮導。那次有來自世界各地的公司共襄盛舉，展出種種最新電動機具：電報信號、電燈，甚至還有一款號稱能治癒種種疾病的電療裝置。[14]

波波夫畢業時有機會在聖彼得堡大學教書，不過那個職位薪水不夠好。他要想迎娶心上人，就必須有穩定的事業生涯，於是波波夫轉而加入海軍。一八八三年，他進入克隆斯塔特的魚雷學校擔任講師。就俄羅斯十九世紀一個初出茅廬的科學家而言，在海軍工作不只收入更高，還有機會使用更好的設施。魚雷學校的

6-1　波波夫的「暴風雨指示器」。請注意鈴鐺上方帶橡膠配管的小玻璃圓管。這就是「金屬屑檢波器」，用來檢測無線電波並能自動重設。（Sputnik/Science Photo Library）

實驗室配備了先進的設備，還有一間收藏外國科學出版品的圖書室。波波夫向往後要在魚雷艇上工作的受訓學員授課，內容從電磁學到爆裂物化學等。波波夫就是在魚雷學校實驗室第一次發出電磁波，並為他的學生示範，該如何讓他的暴風雨指示器也發揮海上通訊用途。「按照我們所預期，這些現象或許能在海軍發揮根本的用途，可以作為信標，也可以在船隻之間收發信號，」波波夫解釋道。在此之前，海上通訊都是以旗幟燈號來進行，就像許多世紀以來一貫的做法。[15]

　　波波夫有理由為他的發明感到自豪。因此，當他得知，有個

競爭者投入推廣一種非常相似的裝置時，他感到相當震驚。一八九七年，波波夫瀏覽一份俄羅斯工程期刊的最新一期內容，發現了義大利工程師古列爾莫‧馬可尼（Guglielmo Marconi）正試圖在英國為他自己的無線電收信機設計申請專利。如今馬可尼廣受推崇為無線電發明人，然就實際而言──誠如波波夫當時煞費苦心地指出──約略就在那相同時候，其他好幾位科學家也正在發展幾乎一模一樣的裝置。「馬可尼的收信機，從它的所有組成元件來看，和我在一八九五年製造的儀器是一樣的，」波波夫抱怨表示。電磁波的實際用途相關研究顯然正以高速推進。有鑑於此，波波夫推動讓他的暴風雨指示器轉變成為一種用於無線電收發信的商業系統。他與法國工程師歐仁‧杜克雷特（Eugene Ducretet）聯手合作，由他負責開始在巴黎生產波波夫的無線電檢測器。一八九八年，杜克雷特使用一款修改版的波波夫設計，成功檢測到一股在艾菲爾鐵塔和約三公里外的先賢祠（Panthéon）之間發送的無線電波。這是艾菲爾鐵塔第一次被用來當成電波天線杆，後來這項功能一直延續到今天。[16]

如同我們在前一章所見，十九世紀後半葉是沙皇俄羅斯對科學重新挹注投資的時期。物質科學是如此，生物學也同樣如此。俄羅斯在一八五三至五六年的克里米亞戰爭中失利後，沙皇亞歷山大二世決定同時實現經濟與軍事之現代化。這就代表要建立新的實驗室，而且兼及各所軍校與普通大學，同時還鼓勵運用科學研究，來解決工業與軍事上的問題。到最後，亞歷山大二世還認為，俄羅斯帝國的生存，取決於現代科學技術的應用。為慶祝一八五六年九月在莫斯科舉辦的他本人的加冕典禮，亞歷山大二世

甚至還命令一位軍事工程師，用電燈照亮整座克里姆林宮。根據官方報告，一組燈經列置形如「一頂浩大的皇冠……搭配了燦爛的藍寶石、祖母綠與紅寶石」。這是沙皇政權的一幅工業願景。在亞歷山大二世眼中，未來是電氣的。[17]

克隆斯塔特魚雷學校的實驗室，只是十九世紀後半葉在俄羅斯建立的眾多新設科學機構之一。一八六六年，亞歷山大二世准予設立俄羅斯技術協會（Russian Technical Society）。協會的根據地設於聖彼得堡，籌辦了專門針對鐵道工程、攝影術與電報等主題的科學會議。除這些會議之外，俄羅斯技術協會還出版了一系列科學雜誌，其中一本名為《電學》（Electricity）。協會還籌辦了大規模工業展覽，包括波波夫在聖彼得堡就學期間打工的那場電氣展覽。[18]

各大學也開始對物質科學更大量投資，儘管那些學門往往落後於工業和軍事院校。一八七四年，一位名叫亞歷山大・斯托列托夫（Alexander Stoletov）的俄羅斯物理學家前往劍橋大學參訪。他在那裡結識了馬克士威，並參加了卡文迪許實驗室開幕典禮。見識了劍橋大學那所新成立的實驗物理學中心，受了這個英國楷模的啟迪，隨後斯托列托夫便回到莫斯科大學他的崗位上，協助擴大了那裡的物理學實驗室，並促成其現代化。到了一八八〇年晚期，莫斯科大學的物理系已經擁有所有的最新科學儀器，包括用來發出電磁波的機器。後來列別捷夫就會在那裡從事（我們在本章開始時見過的）他的「光壓」研究。[19]

除了電磁學研究之外，沙皇也支持現代化學的發展。畢竟，化學是物質科學當中最明顯實用的一門。縱觀整個十九世紀後半

葉，俄羅斯化學家都受僱於政府機構，負責為從火藥生產到伏特加蒸餾作業等事項提供建言。在這段時期，就工業化學方面，德國廣獲認可為領導國家。有鑑於此，俄羅斯政府便資助好幾百名年輕科學家前往德國各大學接受培訓。其中一位就是德米特里・門得列夫（Dmitri Mendeleev），他或許就是當時代最著名的俄羅斯化學家，一八五九年被派往海德堡大學（Heidelberg University）就讀。一八六一年，門得列夫於回到俄羅斯之後，便進入聖彼得堡大學任職，協助將化學課程現代化，並將遠遠更多的實用教學，導入了一所以他在德國所見為藍本來擴編的實驗室中。門得列夫還協助在一八六八年創辦了俄羅斯化學協會（Russian Chemical Society），到了下一年，該協會便開始出版自己的俄文科學期刊。[20]

如今門得列夫最為人銘記的是他發明了週期表，把所有化學元素區分十八族納入其中，並依原子量排序。若表中某些位置找不到已知元素便留下空白，於是他就得以預測那裡存有新的化學元素，還有它們的性質為何。然而，有一點卻經常被人忘記，那就是門得列夫不只是一位理論家，他還是位務實的人，他相信化學對於俄羅斯帝國的工業與軍事發展至關重要。化學是「為實務目的服務的工具」，門得列夫在他於一八六八至七〇年出版的深具影響力的《化學原理》（*Principles of Chemistry*）教科書中這樣寫道。「它為自然資源的開發與新物質的創造開闢了道路。」最後，為了解門得列夫就促成現代化學發展做出的貢獻，我們就必須超越週期表。實際上，我們還必須回到標誌出十九世紀科學之特色的工業與戰爭的世界。[21]

門得列夫單臂高舉，下令準備火砲。他舉臂時，一名俄羅斯海軍軍官便為旁邊一尊火砲裝彈。接著門得列夫放下手臂並喊道：「射擊！」剎那之後，那位海軍軍官拉索射出砲彈，飛越一片開闊田野。門得列夫看著砲彈在遠方爆炸，他的新發明似乎奏效了。一八九三年四月一個清爽的早晨，門得列夫為他所稱的「焦性火棉膠火藥」（pyrocollodion powder）執行了第一次田野測試。這是種新式無煙火藥，他在過去三年間一直從事這項開發工作。事實上，正是沙皇亞歷山大三世本人親自吩咐他開發這款新的火藥。考慮到其他歐洲國家新近取得的軍事進步，亞歷山大三世乃轉而諮詢門得列夫，這時他已經是世界上最著名的化學家之一。為支持這項工作，亞歷山大三世授權創辦了海軍科學與技術實驗室（Naval Scientific-Technical Laboratory），設於聖彼得堡涅瓦河（Neva River）中一座小島上。從一八九〇到一八九三年間，門得列夫就在那裡投入大半時間，運用他的化學知識來從事新炸藥的設計工作。[22]

無煙火藥的發明是十九世紀晚期的重大軍事變革之一。傳統上，火藥都是以硝石、硫磺和木炭混合調製而成。隨著化學的進步發展，軍事科學家便開始探索威力更強大的替代化合物。這類品項通常都是以（最早在一八四〇年代分離出來的）硝化甘油與其他種種化學物質混合調製而成。其中最著名的是阿爾弗雷德‧諾貝爾（Alfred Nobel）——諾貝爾獎名稱就是得自他的姓氏——研發並使其致富的種種新式化學炸藥，包括一款稱為「巴力士太」（Ballistite）的無煙火藥。[23]

顧名思義，無煙火藥產生的煙塵極少。這在作戰時具有明顯

的優勢，特別在海戰時，較少煙塵能提高能見度，並促進部隊與船艦的協調。不過這並不是唯一的好處，無煙火藥還能引發威力遠更強大的爆炸。傳統火藥所含燃料大半都浪費在燃燒釋出的煙塵上，無煙火藥則幾乎將所有燃料的能量全都轉化成爆炸。較強大的爆炸具有提增砲彈的射程、準確度與速度的效果，這全都是海戰的重大優勢，尤其是在十九世紀後半葉期間當船艦開始以鐵建造之時。唯有高能量砲彈才能穿透現代戰艦的鐵皮船殼。基於這所有原因，亞歷山大三世才特別熱切要俄羅斯海軍開發自己的無煙火藥。[24]

於是在聖彼得堡海軍科學與技術實驗室服務的門得列夫，首先便著手檢視英、法兩國製造的現有無煙火藥樣本，事實上，早些時候他便曾得到機會前往倫敦參訪伍利奇兵工廠（Woolwich Arsenal），並得知英國有種稱為「柯代藥」（cordite，亦名「線狀無煙火藥」）的無煙火藥。分析了那些樣品之後，門得列夫便意識到，他必須發明一種以碳、氫、氮和氧混合調製的新式化合物。他還希望能取法英、法兩國的種類，予以改良創造出一款威力還更強大，並依然發出極少煙塵的火藥。他對不同元素原子量的認識，在這裡就特別稱便，於是門得列夫便得以算出各種化學物質的明確比率，點燃時就能發出最強大的爆炸。到了一八九二年年末，他已經成功製造出少量他的新式無煙火藥。這「從化學角度而言是一款新產品，與普通火藥截然不同，必須能從根本上通曉化學反應和化學製品」，門得列夫在他的筆記本中這樣寫道。[25]

終其一生，門得列夫都對俄羅斯帝國的軍事與工業發展表現

出濃厚的興趣。有時他為政府工作，另有些時候則為私營公司服務。除了火藥，他還大量涉足俄羅斯的石油產業。一八六〇年代期間，他受僱於巴庫石油公司（Baku Oil Company），為一座石油蒸餾廠的建設工作提供諮詢。到這時期，俄羅斯帝國才剛從波斯和鄂圖曼帝國手中奪得高加索周邊大半地區，包括現今的亞塞拜然（Azerbaijan）。沙皇立刻主張對那片石油生產區具所有權，接著還將長期租約賣給了巴庫石油公司等私營企業。門得列夫的化學知識再次派上工業用場，他提供建言指導如何從原油分離出不同化學製品，接著再將其出售牟利。隨後到了一八七〇年代，門得列夫甚至還被派往美國，並負責匯報美國的石油產業。在那時候，俄羅斯的石油大半仍得從美國進口。到了該世紀末，兩國關係完全逆轉。那時俄羅斯已經供應全世界將近九成的原油，這部分得歸功於門得列夫等工業化學家。[26]

　　儘管門得列夫無疑是十九世紀最著名的俄羅斯科學家，他卻絕非獨一無二。門得列夫對科學的產業視野，實際上也正是他那個世代的典型。這段時期也另有些人採行了雷同取徑，來從事物質科學研究，其中一個是名叫茱莉亞‧列蒙托娃（Julia Lermontova）的俄羅斯化學家。我們在前一章已經見過，十九世紀是愈來愈多女性進入專業科學界的時期。列蒙托娃是接受了物質科學正規訓練，還得為此與當時的性別偏見奮戰的俄羅斯新生代女性之一。[27]

　　列蒙托娃是一位陸軍將軍之女，於一八四六年生於聖彼得堡。她幼時已經展現出對科學的熱情，並在家裡廚房建立了一所小型化學實驗室。二十歲時，她決定投身農業化學行業，申請

進入莫斯科的彼得羅夫斯卡婭農林學院（Petrovskaya Academy of Farming and Forestry）就讀。這所學院是沙皇亞歷山大二世在一八六〇年代新設的農業與工業院校之一。然而，儘管亞歷山大二世自詡追求現代化，女性卻依然被排除在俄羅斯高等教育體系之外。彼得羅夫斯卡婭學院拒絕列蒙托娃入學，還明講那裡的課程沒有女性名額。[28]

列蒙托娃無懼於此，決定去做那段時期許多俄羅斯女性所做的事情——出國留學。一八六九年，列蒙托娃前往德國並開始在海德堡大學上課。在海德堡，她師從那個時期眾多德國頂尖化學家與物理學家，包括羅伯特・本生（Robert Bunsen），「本生燈」就是依他的姓氏命名。列蒙托娃還在柏林大學的化學研究院（Chemical Institute）待了一段時間，隨後並就讀哥廷根大學（University of Göttingen），並於一八七四年在那裡獲得博士學位。一位俄羅斯年輕女性出國留學，生活是很艱辛的。後來她回顧待在柏林那段時光，談到她住進了「一間很不好的公寓，而且食物很糟糕，呼吸不健康的空氣」。不過她決心要成功，踏進工業化學這個由男性支配的世界。[29]

巧的是，列蒙托娃在德國的時候，門得列夫也正好就在那裡。兩人在海德堡見了面，並有機會交談。門得列夫告訴列蒙托娃他最近那篇討論週期表的文章。他還說明自己遇上問題，沒辦法正確列出所有元素的順序，特別是被稱為「鉑金屬系」（platinum metals）的那族元素。這類金屬顯然全都非常相似，通常都能在同一種礦石中找到，而且具有獨特的銀色外觀。因此門得列夫知道，它們必須群集在一起。不過這當中有個問題。鉑

金屬的公認原子量，列置順序與門得列夫提出的週期表順序並不相符，尤其銥和鋨更是如此。當時在海德堡大學的化學實驗室中工作的列蒙托娃，便投入設法解決這道問題。經過一系列複雜實驗，包括將一團團鉑礦石溶解在不同的化學物質當中，她便得以提取出銥與鋨的純樣品。接著，使用一種由本生所發展出來的技術，列蒙托娃仔細測量了每種鉑金屬的原子量。她對結果很感滿意，於是決定寫信給門得列夫，這時他已經回到聖彼得堡。門得列夫很高興。他很快地更新了自己的教科書《化學原理》裡面的原子量數值，並根據列蒙托娃的實驗結果，重新排列了鉑金屬的順序。[30]

　　列蒙托娃在一八七四年回到俄羅斯。她繼續發展出輝煌的事業生涯，然而她對俄羅斯科學與工業的貢獻，如今卻已經大半被人遺忘。一八七五年，她獲遴選為俄羅斯化學協會的會員，主要是基於她的鉑金屬系研究成果，協助證明了門得列夫的週期表相關論述是正確的。知道了這族金屬各元素的正確原子量，俄羅斯工業學家也才能夠設計出更有效率的方法，來處理鉑礦石，這是整個十九世紀在烏拉山脈採挖的礦產。列蒙托娃接下來的事業生涯，大半時期都待在莫斯科大學工作，協助發展分析原油的新技術。她甚至還自掏腰包投資一家設於高加索區的俄羅斯石油公司。一八八一年，她獲選為俄羅斯技術協會的第一位女性會員，以表彰她在石油業的工作成果。最後，列蒙托娃的事業生涯還發揮了一項重要作用，提醒我們，俄羅斯女性對十九世紀工業科學界做出了哪些被遺忘的貢獻。[31]

　　第一次世界大戰在一九一四年爆發，也披露了沙皇統治下的

科學的優勢與弱點。從一八六○年代開始，亞歷山大二世就啟動了連串改革措施，目標是要實現俄羅斯的科學與技術現代化。而這也促成了新的實驗室以及新的工業與軍事院校的成立。十九世紀許多俄羅斯較成功的科學家，或多或少都和這個工業與戰爭的世界有關。在此同時，俄羅斯科學家紛紛出國留學，並開始參加國際研討會與工業展覽。波波夫參加了一九○○年在巴黎舉辦的第一屆國際物理學會議，而門得列夫則在一八七六年前往美國，出席費城世界博覽會。[32]

然而，儘管有這些進展，情況很快就明朗，沙皇俄羅斯無法與德國的工業與軍事機器相匹敵。當與德國的邊界在一九一四年八月封閉時，俄羅斯科學家突然發現自己與外界斷了往來，再也無法進口不可或缺的科學設備或化學物質，而在當時，這些大半都是在德國製造的。「到目前為止，我們的國家還沒有認真努力生產自己的科學和教育儀器，並擺脫德國對它的束縛，」一九一五年，一份俄羅斯科學期刊這樣訴說。當時也做了一些努力，嘗試動員俄羅斯的科學家為戰爭出力。一九一六年，政府成立了戰爭化學製品委員會（War Chemicals Committee），由俄羅斯物理學與化學協會（Russian Physical and Chemical Society）的會員所組成。戰爭化學製品委員會的使命是製造先前從德國進口的重要的工業與軍事化學製品，其中包括了氰化物、砷和氯氣等化學武器。[33]

這全都有點太遲了。到了一九一七年十一月，當布爾什維克派──革命社會主義者群體──在聖彼得堡冬宮（Winter Palace）遊行時，情況就一發不可收拾了。這就是俄羅斯革命的起點，演

變到最後是末代沙皇尼古拉二世和他的家人在一九一八年七月全遭處決。隨著俄羅斯革命的動亂開展，還有莫斯科與聖彼得堡街頭發生鬥毆，俄羅斯科學家發現自己愈來愈與世隔絕。沙皇俄羅斯時期的科學，誕生自民族主義、工業與戰爭的世界，最後它也被這同一個世界摧毀了。到了下一個章節，我們就會探討另一個帝國的物質科學史，在那裡，儘管整個十九世紀都努力進行改革，卻也面對了非常相似的命運。

2. 鄂圖曼工程學

　　蘇丹阿卜杜勒－邁吉德一世（Sultan Abdulmejid I）看著一位美國工程師開始架設一條實驗性電報線。一八四七年八月，畢業自耶魯大學的約翰・史密斯（John Lawrence Smith）把一台小型電氣機安置在位於伊斯坦堡郊區的貝勒貝伊宮（Beylerbeyi Palace）入口處。接著他從那台機器拉了一條長銅線，穿越金碧輝煌的門廊，進入那所皇宮的主接待室。史密斯把那條銅線接上另一台機器，接著就宣布準備就緒，可以開始演示了。那台設備是根據美國電報先驅塞謬爾・摩斯（Samuel Morse）的設計製成，並從美國一路運送過來。史密斯當時為鄂圖曼蘇丹工作，擔任採礦工程師，他擔保電報能讓資訊「瞬間傳送任何距離」。[34]

　　設備全都設置完成之後，史密斯馬上開始向鄂圖曼蘇丹解釋電報的運作原理。當時一位在場的美國外交官指出，「陛下非常了解電流體的特性，」指稱電流沿著電報線的運動。接著史密斯請示阿卜杜勒－邁吉德，詢問他希望在兩台機器之間傳送哪則信

息。信息一經確認，史密斯就動手以摩斯電碼敲打出來。（法國汽船到了沒有？還有歐洲有什麼新聞？）一如承諾，信息沿著電報線轉送到了接待室，接著就在一條紙帶上印出連串點線。史密斯隨後就將信息解譯成鄂圖曼土耳其文。蘇丹大感讚嘆，馬上看出了這款「奇妙發明」徹底改變鄂圖曼帝國境內通訊方式的潛力。事實上，阿卜杜勒－邁吉德感佩得親自寫信到美國給摩斯，還附上了一枚鑲鑽勳章，並稱許電報的發明，「其中一個樣品便曾在朕御前展示」，蘇丹寫道。[35]

往後幾年期間，阿卜杜勒－邁吉德下令在鄂圖曼帝國全境建設了好幾千英里的電報線。第一批電報線是在一八五三至五六年的克里米亞戰爭期間鋪設完成，在那場戰爭中，鄂圖曼對抗並最終擊敗了俄羅斯帝國。英國當時支持鄂圖曼，也協助鋪設了一條連接塞凡堡與伊斯坦堡的電報線。這些線路隨後還被用來協調軍事行動，最終促成了鄂圖曼帝國的勝利。電報在軍力方面顯然帶來了一項重大優勢，當然在行政管理上也是，這方面阿卜杜勒－邁吉德可沒有忘記。克里米亞戰爭結束之後不久，鄂圖曼人便在伊斯坦堡創辦了一所電報科學學院（School of Telegraphic Science）專科學校，還有一家製造電報設備的工廠。到了一九〇〇年，鄂圖曼工程師已經鋪設了超過兩萬英里電話線，把各不同省分與伊斯坦堡的帝國統治中心連接起來。在此之前，幾乎所有通訊都是靠郵寄來完成。要將信息從開羅發往伊斯坦堡，有可能得耗費數日，甚至數週光陰。現在只需要幾秒鐘。[36]

誠如我們在沙皇俄羅斯所見，十九世紀也是鄂圖曼致力改革的時期。儘管伊斯坦堡一度是科學進步的中心，特別是在十

六與十七世紀期間，到了十八世紀晚期，情況已非如此。十八世紀後半葉的連串軍事挫敗，特別是一七六八至七四年的俄土戰爭，暴露了鄂圖曼的國力極限。到了一八二一至二九年的希臘獨立戰爭之後，又一片鄂圖曼領土脫離伊斯坦堡掌控，於是這種虛弱感受更在十九世紀頭幾十年期間進一步惡化。由於擔心歐洲帝國主義的蔓延，以及各省的動盪處境，鄂圖曼人創辦了好幾所新的科學機構，期能藉此實現軍事現代化。這其中包括了海軍工程學院（Naval Engineering School）以及軍事工程學院（Military Engineering School），兩校都是為了因應俄土戰爭鄂圖曼戰敗而在一七七五年創辦。這時鄂圖曼軍官都得學習現代數學、化學和物理學。這種科學知識變得愈來愈重要，特別是在一八二〇年代蒸氣輪船引進鄂圖曼海軍之後。[37]

　　這段早期改革階段之後是一項含括遠更廣泛的現代化計畫。當阿卜杜勒－邁吉德一世於一八三九年掌權，他發起了一連串改革，統稱為「坦志麥特」（Tanzimat，字面意義為「組織重整」）。除了電報之外，鄂圖曼還開始建造鐵路，第一條連通開羅與亞歷山卓，在一八五六年開通。坦志麥特改革還有部分項目是籌建好幾家新的科學機構，而現有的就予以擴充。帝國醫學院起初是於一八二七年設立於伊斯坦堡，到了一八三九年便遷往一棟新建築，裡面設了一所現代化學實驗室。此外還有一所新成立的工業藝術學院（School of Industrial Arts），一八六八年設立於伊斯坦堡，後來許多深具影響力的鄂圖曼工程師，都曾在那裡接受培訓。這段一直延續到一八七〇年晚期的改革時期，映現出了我們在沙皇俄羅斯所見情況。沒錯，十九世紀大半時期，俄羅斯

帝國與鄂圖曼帝國兩強相互爭鬥，就軍事、工業和科學領域上，角逐對中亞的支配地位。[38]

　　坦志麥特改革時期最重要的科學機構之一是伊斯坦堡鄂圖曼大學（Ottoman University of Istanbul）。鄂圖曼大學起初是創辦於一八四六年，在十九世紀與二十世紀全期歷經多次改名。不過到了阿卜杜勒－邁吉德一世統治時期，那所大學一般都被稱為「科學之家」（House of Sciences）。鄂圖曼大學設於托普卡匹皇宮（Topkapı Palace）旁邊一棟新古典式建築裡面，校內設有一間大型演講廳，藏書豐富的圖書館，以及現代科學實驗室。那裡甚至還專設了個自然科學系，訓練出了鄂圖曼許多頂尖科學家，後來又成立了土木工程學院。根據一項官方報告，鄂圖曼大學旨在促進「所有科學的散播與發展」。[39]

　　鄂圖曼大學的講師當中，有一位是名叫戴維胥・穆罕默德・艾敏帕夏（Derviş Mehmed Emin Pasha，譯註：「帕夏」為敬語）的化學家。他的事業生涯是新生代鄂圖曼科學家的典型代表。穆罕默德・艾敏一八一七年出生於伊斯坦堡，取道軍事工程學院進入科學界，一八三〇年代早期在那裡就讀。他就是在那裡學習化學和物理學的基礎知識，諸如如何區辨酸鹼，以及更實用的事項，好比如何製造火藥。畢業後，穆罕默德・艾敏獲選派出國留學。整個十九世紀，許多有前途的鄂圖曼年輕科學家和工程師，都曾被派往歐洲學習，一般是去英國、法國或德國。如同沙皇俄羅斯的情況，這也是師法帝國敵手來建立科學專門知識的更寬廣策略的部分環節。穆罕默德・艾敏於一八三五年與一群鄂圖曼學生一起前往巴黎。有些人學習醫學，另有些人學習工程。穆

罕默德‧艾敏進入著名的礦業學院，修讀化學與地質學等課程。每天早上，他都會漫步經過巴黎街頭，穿越盧森堡公園（Jardin du Luxembourg），前往旺多姆大飯店（Hôtel de Vendôme）聽課。到了畢業的時候，穆罕默德‧艾敏已經被當代人形容為「精通數學，也深諳化學、物理學與礦物學」。[40]

在巴黎學習五年之後，穆罕默德‧艾敏回到伊斯坦堡，進入軍事工程學院任職。就是在那裡教學之時，他發表了他的第一部重要科學著述，那是本教科書，書名為《化學元素》（*Elements of Chemistry*），於一八四八年出版。這是第一部以鄂圖曼土耳其文寫成的現代化學教科書。書中敘述了十八世紀晚期與十九世紀早期的所有突破，包括原子論以及現代化學標記法的運用。穆罕默德‧艾敏依循那個時代的風格，強調物質科學的實用價值。他解釋道，化學能幫助「取得新產業並獲得眾多好處」。穆罕默德‧艾敏的教科書還包含了一種民族主義的元素。儘管曾在國外接受培訓，他依然認定鄂圖曼科學家應該使用自己的語言來寫作、研讀，而非藉助英文或法文。在《化學元素》書中，所有化學式都是以鄂圖曼土耳其文來書寫。顯然，「歐洲化學術語在土耳其化學書中」並無一席之地。[41]

穆罕默德‧艾敏終其餘生都在鄂圖曼帝國服務，悠遊於稱得上兼容並蓄的事業生涯。他一度當過採礦工程師，接著是軍事測量員，協助測定鄂圖曼與波斯帝國之間的邊界。他還開始在新設的鄂圖曼大學任教。一八六〇年代早期，為慶賀新大學一棟建築落成，發表了系列公眾講座，那時當地報刊還熱烈報導了演講消息。一八六三年一月十三日上午十一點，三百民眾擠進鄂圖曼大

學新建成的演講廳，前往聆聽穆罕默德・艾敏演說。與會嘉賓包括眾多重要的政治家，其中有許多人都想了解現代科學如何幫助鄂圖曼帝國的發展。他的第一場演說一開場就使用一組感應線圈放電產生點點火花。「火花從特殊儀器放射出來，」隨後不久鄂圖曼報紙便這樣報導，接著「電力」就「通過一條細電線傳輸進一名男子體內」。根據那同一份報紙，「不論電線碰觸到他的身體哪處部位，都會發出藍色火花」。進行那次演示時，穆罕默德・艾敏解釋了電氣流動背後的基本原理，並指出，這如何可以運用於種種實際用途，例如收發電報。[42]

演講之後，現場一位鄂圖曼政治家聽眾起身發言。大維齊爾（Grand Vizier，譯註：即總理大臣）穆罕默德・福阿德帕夏（Mehmed Fuad Pasha）鼓掌稱許穆罕默德・艾敏的物理學知識，並衷心認同現代科學的發展，對鄂圖曼帝國的未來至關重要的想法。「舊物理學和新物理學的差別，就如同帆船與蒸氣船的差別，」協同領導推動坦志麥特改革的大維齊爾解釋道。他表示，支持科學與工業成長是「國家的責任」。大維齊爾得知聽眾當中有多位伊斯蘭神職人員，於是他也強調了現代科學的宗教價值。他還認為，最近在物理學與化學上的一些突破，乃是建立在悠遠的伊斯蘭傳統之上。畢竟，中世紀的伊斯蘭思想家，便寫出了多部重要的化學早期著述，而且許多現代化學用語，好比鹼（alkali），便出自阿拉伯原文。這裡我們見到了伊斯蘭的「黃金時代」的想法，確實已經在篤信鄂圖曼現代化取徑的民眾當中普遍流傳。根據大維齊爾所述，電流理論只是「神聖哲學」的又一個實例。[43]這全都是一種更廣博策略的部分環節，目的在把鄂

圖曼帝國的現代化，描繪成伊斯蘭本身之現代化的一部分。不久之後，住在伊斯坦堡的穆斯林，就會搭火車和蒸氣船前往麥加。而且開羅的祈禱時間，也開始運用電報信號來予同步。因此，雖然今天我們經常認為，宗教與現代科學是對立的，但是在鄂圖曼帝國就肯定沒有這種情況。就像其他許多人，大維齊爾也將十九世紀晚期的工業科學，視為新的穆斯林現代性的一部分。[44]

　　一八六八年年初，鄂圖曼蘇丹下令建造一座新的天文台，打算建造在一座俯瞰博斯普魯斯海峽的山丘上。那座設施稱為帝國天文台（Imperial Observatory），乃是自十六世紀以來，第一座在伊斯坦堡建造的專屬天文台。就像較早期的天文台，好比我們在第二章談到的那座，帝國天文台也具有協助編制伊斯蘭曆的功能。然而，除了做天文觀測之外，帝國天文台還發揮了氣象與地震監測站的功能。由於物理學和化學的進步，科學家對於大氣運作的認識，已經遠比過往更為細密，這時已經有可能以前所未聞的準確程度來追蹤甚至於預測天氣。這對於鄂圖曼帝國顯然具有重大價值，特別是在規劃軍事行動或船艦作業之時。到了一八七〇年代晚期，帝國天文台便成為鄂圖曼帝國氣象站網絡的樞紐核心，這些氣象站遍布帝國全境，而且全都由電報線聯繫起來。[45]

　　除了氣象學，地震學科學在十九世紀也經歷了一場革命，這是由於化學與物理學的新思想，協助科學家更深入認識了地震的起因。伊斯坦堡是世界上從事這類研究的絕佳地點。鄂圖曼帝國的領土範圍地處歐亞斷層線上，經常發生大地震。帝國天文台台長，一位名叫阿里斯蒂德·昆巴里（Aristide Kumbari）的鄂圖曼科學家，經歷了十九世紀對伊斯坦堡造成最重大破壞的地震。

一八九四年七月十日中午十二點二十四分，許多穆斯林才剛結束晌禮（中午祈禱），恢復作息之後，大地開始顫動。接連幾次震動，各自持續約十五秒鐘，把伊斯坦堡大半地區夷為平地。數百居民喪命，數千人受傷，許多建築被震毀，包括好幾棟清真寺。「那座城市，幾乎沒有哪條街沒有顯現出地震的破壞性影響，」國際新聞機構路透社這樣報導。[46]

鄂圖曼蘇丹，阿卜杜勒哈米德二世（Abdulhamid II）立刻召喚昆巴里。地震對蘇丹來說是個危機，也是個轉機。就像現代早期，地震就像不可預見的天文事件，也可能引發政治危機。公眾有可能對蘇丹的保護者與統治者地位失去信心。不過地震也可能為阿卜杜勒哈米德帶來一個轉機：現在就是個絕佳時點，可以向國際社群展現鄂圖曼的科學實力，也向伊斯坦堡居民展示現代化之長處。有鑑於此，阿卜杜勒哈米德便命令昆巴里準備一份報告來論述這次地震的起因。[47]

昆巴里出身希臘家庭，一八二七年生於伊斯坦堡，是新一代現代化鄂圖曼科學家的典型代表。他曾在雅典大學（University of Athens）學習數學，隨後便前往巴黎深造，接受進一步科學培訓。一八六八年返回伊斯坦堡時，昆巴里已經熟知有關地震學的所有最新突破。準備報告時，昆巴里還有一位名叫迪米特里奧斯·埃金尼提斯（Demetrios Eginitis）的希臘物理學家從旁協助。往後四週，這個科學家雙人組搭乘蘇丹提供的蒸氣船，周遊鄂圖曼帝國。他們評估了不同地區的受損情況，在瓦礫中翻尋並拍攝照片。試圖判定震波方向，從而得以判斷出地震的震央位置。昆巴里還蒐集了各地氣象站以及地震倖存者所提報告。此外

還進一步向世界各國徵詢，蒐集從遠至巴黎與聖彼得堡的科學家以電報發來的報告。[48]

最後報告除了進呈鄂圖曼蘇丹之外，還同時在一份法國著名的科學期刊上發表，這代表了迄至當時為止針對地震的最詳盡研究之一。在那時候，科學家還沒有構思出完整的板塊構造理論，不過幸虧物理學和化學的新近進展，就地震乃是肇因於地球核心的運動方面，已經有了粗略的認識。昆巴里和他的團隊運用所有不同的地震數據，描繪出一幅地圖，勾勒出伊斯坦堡附近地區的相貌，並指出了震波的走向是從北朝南移動。他們還能確定，這場地震是由位於伊斯坦堡附近的馬摩拉海（Sea of Marmara）下方一道地殼裂縫所引發的，裂縫就位於伊斯坦堡外海近處。最後昆巴里和埃金尼提斯以一項警告作結。他們指出，這不會是最後一次侵襲伊斯坦堡的地震。那片地帶的「地質演化」離結束還早得很。[49]

就像在沙皇俄羅斯的情況，鄂圖曼帝國的科學，也是在資本主義和衝突的世界裡被創造出來的，到後來也是被那同一個世界摧毀。當第一次世界大戰爆發，鄂圖曼蘇丹決定和德國以及「中央同盟」（Central Powers）的其他國家結盟。考慮到當時德國壯盛的軍事和工業實力，這樣做似乎十分合理。當時的期望是，德國或有可能幫助加速鄂圖曼的科學和工業發展。就如當時一份土耳其報紙熱情洋溢地宣告，「我們需要一支教師隊伍……我們需要採行德國的教育體系，德國的經濟理念、紀律與秩序」。結果德國也真的派出了一支「教師隊伍」。一九一五年，一群德國科學家來到了伊斯坦堡，來幫忙在鄂圖曼大學教學。他們由

一位名叫弗里茨・阿恩特（Fritz Arndt），先前在布雷斯勞大學
（University of Breslau）教書的化學家領軍。如同在沙皇俄羅斯
的情況，鄂圖曼蘇丹也期望現代科學與技術當能幫助在戰場上取
得勝利。[50]

　　到頭來，再多科學也改不了鄂圖曼帝國在英、法、俄協約國
強權聯手打壓下所面臨的基本軍事挑戰。一九一八年十一月，英
軍進入伊斯坦堡。阿恩特和其他德國科學家早就逃之夭夭。這標
誌了鄂圖曼帝國在第一次世界大戰戰後落得遭人瓜分下場的起
點。鄂圖曼末代蘇丹最終在一九二二年遭罷黜。鄂圖曼帝國淪亡
之後，新的中東衝突時代繼之而起，我們到後續篇章還會重拾這
段故事。不過現在就讓我們繼續討論十九世紀的化學與物理學的
故事，探究科學、民族主義與英屬印度戰爭之間的關係。

3. 在印度殖民地掀起波瀾

　　鮑斯花了整天功夫小心地設置他的器材。他預定在當天晚上
於倫敦皇家研究院（Royal Institution in London）就「電磁輻射」
課題發表一場演講。皇家研究院創辦於一七九九年，是十九世紀
英國首屈一指的科學機構。維多利亞時期許多最著名的科學家，
都是在那裡演講才出了名。現在，一八九七年一月，超過五百名
英國領導思想家在聽眾席上就座，滿心景仰看著鮑斯——第一位
受邀來皇家研究院演講的印度科學家——展示他所稱的「電射
線」（electric rays）的威力。[51]

　　鮑斯開始演講，首先他開啟、關閉一顆連著電火花線圈的電

池，發出一陣陣短暫的電脈衝。「實驗中閃現的一股輻射，發自單獨一次火花，」鮑斯指出。他提醒他的聽眾，「電射線」或就是如今我們所稱的無線電波是「看不見的……我們看不到產生出的波動」。那麼觀眾又該怎麼確定有無線電波？鮑斯指著擺在他前面木桌上的一台小型裝置——那是一台無線電收信機，他還在印度時製造的。這台「極端靈敏的」機器可以讓科學家檢測出「電輻射」，鮑斯解釋道。接著他繼續展示裝置的運作狀況。實驗很簡單，不過在維多利亞時代的聽眾看來，仍是完全不可思議。當鮑斯啟動無線電發射機，擺在講堂另一側的收信機便響起了鈴聲。[52]

鮑斯顯然很擅長駕馭文辭，對他的聽眾描述一片「飄渺海洋，而且我們全都浸泡在那裡面……受了這重重浪濤的攪動」。他繼續說明，描繪出一幅令人沉醉的圖像，勾勒出了凌駕我們感官的物質宇宙，還描述了電磁頻譜從紅外光到光線乃至於無線電波等不同區段：

當乙太音符提升到更高音調，我們就會在短時間內察覺到一股溫暖的感覺。隨著音符升得更高，我們的眼睛就開始受到影響，當它出現時，剛開始會閃耀紅光……隨著頻率升得更高，我們的知覺感官就完全失效；我們意識中的一個巨大缺口抹除了其餘部分。光短暫閃現之後，隨之出現無盡的黑暗。

鮑斯非常清楚這個場合的重要性，於是演講結束時，他呼籲

彌合歐洲和印度科學之間的鴻溝。他表達了他的衷心期盼，「在不久的將來，不再是西方或東方，而是既是東方也是西方，雙方共同努力，各自分攤開拓知識疆界的責任，並帶來隨之自然展現的種種福祉」。講完之後，全場掌聲雷動，急切渴望跟隨這位神祕的印度物理學家，進入電磁學隱祕世界。[53]

鮑斯是歷盡艱辛才來到皇家研究院發表他這場演講。他在一八五八年生於英屬印度，故鄉位於現今的孟加拉達卡（Dacca）北方一處小鎮。鮑斯的父親是殖民政府的文官，送他的兒子就讀當地孟加拉學校直到十一歲。當時幾乎沒有機會學習科學，更別提在物理學開創突破。在這整段期間，英國一般都不鼓勵印度人參與科學研究。

阿爾弗雷德·克羅夫特（Alfred Croft）爵士，鮑斯成長期間的孟加拉公共教育署長（Director of Public Instruction），毫不遮掩地宣稱印度人「氣質上就不適合傳授現代科學的精確方法」。這就是印度科學家在英國統治下所面對的典型種族歧視。[54]

既然幾乎得不到殖民地政府支持，一群印度知識分子決定把事情掌握在自己手中。這場運動的領導人是馬亨德拉拉爾·西爾卡（Mahendralal Sircar），他是孟加拉的富裕醫師，也是倡議印度科學教育的鬥士。一八七六年，在將近十年的鼓吹籌款並呼籲政治支持之後，西爾卡在加爾各答創辦了印度科學勵進會（Indian Association for the Cultivation of Science）。這所嶄新研究院設有講堂、圖書館與小型實驗室，並提供物理學與化學課程。根據西爾卡所述，印度科學勵進會當能「使印度原住民得以培養科學學養，並兼及其所有學門」。時機再好不過了。鮑斯才

剛通過了加爾各答大學入學考試，最近才來到那座城市。就像倫敦的皇家研究院，印度科學勵進會也舉辦晚間定期講座，講題範圍從熱力學到電學。因此，鮑斯在白天攻讀正式大學學位，晚上就待在印度科學勵進會的講堂和實驗室。他正是在那裡第一次接觸到物理學世界。[55]

完成學位之後，鮑斯迷上了物理學，不過他的父親希望他成為一名醫師，對於當時一名年輕的孟加拉畢業生而言，那肯定是比較有保障的事業道路。雙方達成妥協，鮑斯會前往英國，進入劍橋大學攻讀自然科學。這能讓他追求他對科學的熱情，同時也為攻讀醫學學位提供必要的準備。值得慶幸的是，鮑斯有很好的人脈關係。他的姐夫在幾年前曾就讀劍橋，於是幫他在劍橋大學基督學院（Christ's College）拿到一個入學名額。就如在加爾各答，鮑斯也來得恰到好處。他在一八八二年進入劍橋，恰逢該大學的科學授課轉型期，引進了更務實的實驗方法課程。就在幾年之前，英國的電磁理論先驅，馬克士威才剛創辦了卡文迪許實驗室（Cavendish Laboratory）。現在鮑斯有機會在世界上最先進的物理學實驗室之一學習。也正是在這裡，他真正掌握了無線電波科學。[56]

當鮑斯在一八八五年回到加爾各答，他很快就放棄了當醫師的一切培訓計畫。憑著卡文迪許實驗室的介紹信，他馬上受任命為加爾各答大學所屬總統學院（Presidency College）的第一位印度物理學教授。然而和那同一所機構的歐洲同事相比，他的薪資卻只有三分之一，這又一次提醒我們注意到殖民統治的不公平之處。鮑斯決意對抗這類歧視，於是他回到印度科學勵進會，不過

這次是冠上講師頭銜而非學生。在印度科學勵進會，鮑斯就能完善他的授課風格，啟發新生代印度科學家。他還開始運用印度科學勵進會最近才剛擴建的實驗室，認真研究電磁波的特性。到那時候，電磁波已經是廣為人知的現象。真正的挑戰則要以實驗來證明，不同類別的電磁波──不論那是光或是無線電波──全都表現出相同的物理特性。為達到這項目標，科學家必須證明無線電波能夠極化（裂解成垂直的與水平的部分）並能折射（在不同物質中傳播時會改變速度與方向）。倘若他們能辦到這點，則他們就可以判定，無線電波和光基本上就是相同的事物。[57]

鮑斯的重大獨創性在於開發出執行這些實驗所需儀器。這在加爾各答可不見得都那麼容易，因為除了炎熱和溼氣，在那裡也不太能夠接觸到專業資源。由於買不起從歐洲進口的昂貴機器，鮑斯必須訓練當地孟加拉鐵匠，從頭開始製造他的科學儀器。不過到頭來，這些艱困條件反而激勵鮑斯成就新的發現。他使用手頭能夠取得的事物。搜尋有可能讓電磁波極化的材料時，鮑斯求助於十九世紀晚期的印度工業化世界。在那時候，孟加拉是國際黃麻貿易的中心，有好幾千家工廠加工處理那種植物供應出口。鮑斯把一段「扭結黃麻」擺在無線電發射器和收信機之間，結果發現這種日常植物纖維的重疊集束可以用來極化無線電波。[58]

同樣地，當鮑斯拿新型無線電收信機做實驗時，他發現了用來檢測波動的鐵屑，在印度氣候下完全變成了鐵鏽。鮑斯把鐵屑換成了鋼絲，還塗敷了鈷來保護它不致受潮。這解決了問題。不過這也讓鮑斯發現了，只有表層塗料會影響收信機的靈敏度，底層金屬並沒有影響。這項突破產生自在熱帶環境做科學所面對的

挑戰，結果催生出了一篇刊載在著名的《倫敦皇家學會學報》（*Proceedings of the Royal Society of London*）上的文章。它還有助於推動無線電通訊領域的進步。隨著工程師對於使用電磁波來傳輸信息的前景愈加感到興趣，開發出一種靈敏又可靠的無線電收信機，也就高高列在待辦事項的頂端，而這也就成為製造出無線電報商業系統的第一步。鮑斯的新設計可以改造來「用於實務上與營利上的目的」，倫敦一份工程期刊這樣指出。[59]

　　生性樂於表演的鮑斯安排在一八九五年攜帶他的儀器，前往加爾各答市政廳（Calcutta Town Hall）做一次公開示範。這並不是一般的物理學講座。事實上，鮑斯是精心設計了一系列奇巧裝置，目的不只是要證明存有無線電波，還要驗證它們能用來傳輸信號。就許多方面來看，那是一次比較戲劇性的先導演說，帶出了兩年之後他在皇家研究院發表的那次演說。鮑斯在一個房間裡面設置他的發射機，接著在七十五公尺外的另一個房間裡面，他把他的收信機連上一個鈴鐺和一小罐火藥。接著他在兩個房間之間，安放了一張椅子，就位於無線電波的傳播路徑，然後請孟加拉的副總督，亞歷山大・麥肯奇（Alexander Mackenzie）爵士上座。實驗很簡單，卻很壯觀。鮑斯啟動了他的電磁發射機，收信機立刻綻放活力，鈴鐺開始響起，火藥在巨響聲中爆出火花。無線電波逕自穿越兩道牆，還有亞歷山大・麥肯奇爵士的身體，也讓他對這第一次在印度公開演示的無線電電報系統，留下了恰如其分的深刻印象。加爾各答這項實驗的消息，很快地傳到了歐洲。也正是這次成功，讓鮑斯有機會在一八九七年回到英國，前往皇家研究院發表他的著名演講。[60]

後來鮑斯還成為十九世紀晚期最著名的物理學家之一。在皇家研究院那場講座之後，鮑斯受邀到世界各地發表演說，包括德國的普魯士科學院（Prussian Academy of Sciences）以及美國的哈佛大學。我們在本章開頭已經見到，鮑斯也參加了一九〇〇年在巴黎舉辦的第一屆國際物理學會議。他在好幾份著名的科學期刊上發表論文，而且他的無線電設計得到了好幾項專利，接著在一九二〇年，他成為皇家學會的會員。然而，儘管取得了所有這些成就，如今在印度以外的地方，鮑斯基本上卻都被人遺忘了。這部分是肇因於殖民主義和種族主義殘留的後遺症，而這也正是鮑斯這輩子大半時間致力對抗的現象。不過這也是未能將印度科學史視為更廣泛全球故事部分環節所造成的後果。正如我們在其他地方所見，印度的現代物質科學發展，基本上也是由工業、民族主義和戰爭形塑而成。[61]

為了解十九世紀後期的印度科學史，我們就必須從觀察殖民統治的變動本質入手。一八五八年，鮑斯出生那年，英國王室正式控制了先前由東印度公司管轄的印度殖民地。這成為英屬印度（British Raj）的起點標誌，接著就延續直到一九四七年印度獨立為止。殖民統治正式開始之後，跟著便成立了好幾所新設科學研究院。就在英屬印度成立之前，東印度公司便在印度成立了最早三所大學，分別設在加爾各答、馬德拉斯和孟買。接著到了英屬印度時期，又成立了好幾所新大學，包括一八八二年成立的旁遮普大學（University of the Punjab），還有一八八七年設立的安拉阿巴德大學（University of Allahabad）。高等教育在印度的拓展，部分產生自一項殖民地計畫，目的在供應畢業生來為印度公

務員體系工作。這當中的許多崗位，都需要某種科學訓練，不論是任職於印度地質調查局（Geological Survey of India），從事礦石分析，或者在氣象局監測天氣。[62]

在此同時，印度殖民主義的拓展，也恰逢一段工業化時期。這也同樣部分肇因於統治權由東印度公司向王室轉移的影響。東印度公司壟斷了與印度的貿易，而英屬印度則向該地區開啟了遠遠更大規模的資本投資。英國和印度投資客把他們的錢挹注於鐵道和工廠，接著到了二十世紀早期，殖民地政府便旗幟鮮明地宣揚「工業化的印度能為帝國政權帶來的力量」。到了一九〇〇年，加爾各答已經轉變成為一座工業大都會，蒸氣船在胡格利河（Hooghly River）上下穿梭，黃麻工廠向世界市場供應布料和繩索。如同在其他地方，這裡也廣泛認為電力是工業現代化的標誌。電報線縱橫交錯遍布全國，也把印度和更廣大的大英帝國連繫起來，同時還有形形色色的私營公司，開始在印度各城市製造並安裝電燈。事實上，鮑斯本人便曾於一八九一年針對在加爾各答引進第一批電力街燈提供建言。[63]

儘管科學和工業在殖民統治下增長壯大，印度人進行原創研究的機會，卻依然相當渺茫。殖民地科學部門的領導職位，都保留給英國的科學家。印度各大學的絕大多數教學職位，也有這相同情況。鮑斯在一八八五年當上物理學教授之時，他也成為第一位——而且在幾年期間也是唯一的——在加爾各答大學教科學的印度人。鮑斯本人後來便曾回顧他面對的種族主義，抱怨訴說當時「有種強烈質疑，更別提歧視，不認為印度人有能力擔當任何重要的科學職位」。支撐殖民統治的種族主義是結構性的。和英

國同行相比，印度科學家的薪資只拿三分之一到三分之二，而且孟加拉公共教育署長還曾公開提到，「印度國人普遍智能退化現象」。就連到了一九二〇年代，在殖民政府聘僱的科學人員當中，印度人依然占不到一成，儘管他們構成了全人口中的絕大多數。[64]

久而久之，英國統治之不公不義，便激使印度反殖民民族主義增長壯大。這個課題我們到後續篇章還會更詳細探討，特別著眼於二十世紀早期反殖民運動的崛起。然而，就連在十九世紀，英屬印度也變得愈來愈不安穩。印度人開始凝聚起來，組建政治會社並動員爭取比較好的待遇和代表權。如同在其他地方，印度民族主義的發展，對科學也產生了深遠的影響。印度科學勵進會就是個好例子。鮑斯便曾在那裡就讀，後來還回到那裡教學。勵進會與印度國民協會（Indian National Association）同一年成立，這個協會是印度最早成立並致力於印度民族主義理想的政治會社之一。印度科學勵進會旨在促成一個雷同目標，「我希望它是完全本土的，而且純粹屬於全體國民，」協會創辦人西爾卡這樣寫道。西爾卡論據表示，印度科學成就的問題，乃在於「欠缺機會、欠缺方法，以及欠缺鼓勵，而不在於道德本性殘缺所致」。由西爾卡和他的支持者出資興建的新實驗室，當能提供印度人進行原創科學研究所需空間和設備。現在就「沒有什麼能剝奪印度原住民分攤自己責任，並推動自然科學進步的資格了」。[65]

印度科學勵進會為新一代印度科學家提供了一個家園。這當中有一位是個孟加拉化學家，他名叫普拉富拉・雷伊（Prafulla Chandra Ray）。他的事業生涯簡明地描畫出了工業、民族主義

和戰爭是如何整個集結起來形塑殖民地印度的現代科學發展。雷伊生於一八六一年，在東孟加拉一處小小的鄉村學校就讀，隨後才在一八七〇年隨父母親移居加爾各答。往後幾年在該城市內讀了好幾所英語學校之後，雷伊便進入加爾各答大學總統學院就讀。就像鮑斯，雷伊也參加了印度科學勵進會的講座。他見識了塔拉‧拉伊（Tara Prasanna Rai）進行的化學演示，心中大受震撼。拉伊除了在印度科學勵進會授課之外，還擔任殖民政府的助理化學檢驗官。雷伊受了拉伊講座的啟迪，便回到他的學生宿舍並設立了他後來所描述的「袖珍型實驗室」。有一次雷伊甚至還坦承自己點燃了氫氧混合物並引發了「一次可怕的爆炸」。[66]

一八八二年夏天，雷伊從加爾各答大學畢業。就像那個時期的許多印度科學家，接著他就前往英國深造。雷伊在當年八月抵達倫敦，與同樣才剛抵達帝國首都的鮑斯住在一起。幾個星期之後，鮑斯啟程前往劍橋，而雷伊則搭上火車北上前往蘇格蘭，他預計到那裡進入愛丁堡大學就讀。儘管他覺得寒冷氣候有點令人震撼，雷伊仍是非常享受他在蘇格蘭的時光。每天早上，他都會享用一碗他的蘇格蘭女房東煮的粥。接著雷伊裹上羊毛大衣，圍上圍巾，並「沿著白雪覆蓋的人行道跋涉」去上課。[67]

一八八八年，雷伊從愛丁堡大學畢業，拿到了理學博士學位，隨後便回到印度。一年之後，他受任命為總統學院的化學助理教授，與鮑斯重逢並一起成為當時的少數印度教員之一。在這時期，殖民政府也不是真的以為，印度科學家會進行任何有意義的研究。事實上，雷伊和鮑斯的職掌只要求他們教導現代科學基礎知識，主要是支持往後要進入印度公務員體系工作的學生。在

這段時期，加爾各答大學甚至也不授予博士學位。因此，總統學院的化學實驗室設備很差，老實講還很危險。後來雷伊回顧表示，「那裡沒有用來抽出有害氣體的煙道，而且通風裝置也十分簡陋」，有時會很難呼吸。「當實務操作課堂全面展開，空氣……濃煙瀰漫，令人窒息，對健康有高度危害，」雷伊抱怨道。經過一番折騰，雷伊總算說服殖民政府多撥出一些經費。一八九四年，總統學院開設了自己的新化學實驗室，而且是仿照愛丁堡大學的實驗室規格，這下就有了妥當的通風，工作台和儲物空間供貯放所有化學品。[68]

就是在加爾各答的這間新實驗室中，雷伊開始進行他最重要的科學研究。他最近才讀了門得列夫《化學原理》的英文譯本，根據雷伊所述，那是「化學文獻領域的經典之作」。受了門得列夫著述的啟迪，雷伊開始尋覓新的化學元素。「我著手分析特定幾種稀有的印度礦物，期望有可能出現一、兩種新的元素，從而填補門得列夫週期表系統中的空白，」他寫道。藉由一位在印度地質調查局工作的朋友，雷伊得以拿到種種不同的金屬礦石，期盼能由此發現一種新的化學元素。[69]

到最後，雷伊並沒有發現新的元素，不過他倒是發現了一種全新的化合物，而且經證實這對工業化學的發展，發揮了極其重要的作用。一八九四年，雷伊在總統學院的化學實驗室中工作時，將水、硝酸和汞倒入燒瓶並混合在一起。過了「約一小時」，他注意到混合物表面形成了某種「黃色晶體」。結果發現，這些晶體是先前未知的化學化合物，稱為「亞硝酸亞汞」。雷伊很快意識到，此外還有可能形成其他多種「亞硝酸鹽」——

這通常以一種涉及硝酸的反應為本。這項發現後來經歐洲一些主要科學期刊，包括《自然》（Nature），提出了報導，最終便開啟了化學研究的一個全新領域，如今我們稱之為「亞硝酸鹽化學」（nitrite chemistry）。世界各地的科學家，都開始尋覓其他相仿化合物，其中許多經證明具有實際用途。如今，亞硝酸鹽被用於從食品保存到藥品等所有領域。[70]

約略就在發現亞硝酸亞汞的時期，雷伊本人也進入了工業化學界。一八九三年，雷伊自掏腰包拿了三千盧布，投資一家位於加爾各答城郊的化學工廠，並由雷伊在廠內設置了一所專用實驗室。不久之後，那家工廠就以孟加拉化學和製藥廠（Bengal Chemical and Pharmaceutical Works）為人所知。到這時候，印度使用的化學品和藥品，絕大多數都依然由英國進口。雷伊的想法是要開始在當地生產這些產品，這樣就可以省下進口成本。雷伊還希望讓印度──連帶也讓印度人──別再那麼依賴英國。因此，孟加拉化學和製藥廠就相當於工業界的印度科學勵進會。這會成為一所「模範機構」，雷伊論稱，一個能展現印度科學與工業之自主性的楷模。到下一章我們就會見到，早期這些「自給自足」實驗，發揮了二十世紀反殖民運動之前身的作用，後來雷伊也親身參與了那場運動。[71]

雷伊的事業生涯，無疑是受了更寬廣的國際和工業科學世界的影響。他在蘇格蘭求學，在法國和德國參與科學會議，還閱讀了俄羅斯教科書的英文譯本。然而雷伊始終沒有忘記自己的出身。終其一生，雷伊都擁戴印度文化的價值，視之為現代科學發展的根源。他還深自介入了一場號稱婆羅門主義（Brahmoism）

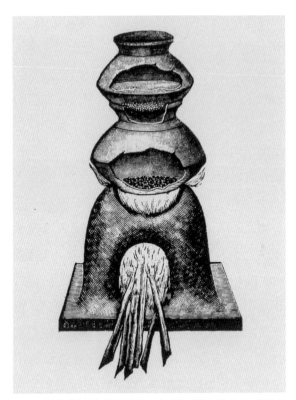

6-2　印度的傳統「汞萃取」技術，引自雷伊的《印度化學史》，一九〇二至四年出版。雷伊採行一種雷同方法，於一八九四年發現了亞硝酸亞汞。（Wellcome Digital Library）

的宗教運動，旨在改革、重振印度教。這與鄂圖曼帝國的故事有眾多雷同之處，鄂圖曼把採行現代科學當成伊斯蘭改革與現代化之環節來推廣。「我和任何人同樣都為古老的印度人榮耀感到自豪，」雷伊在一九一〇年寫道，接著他又描述「古代印度人對化學科學的貢獻」。[72]

事實上，就在這同時，雷伊也正在進行汞與硝酸實驗，而且他也著手著述一部兩卷冊的作品，書名是《印度化學史》（*A History of Hindu Chemistry*），一九〇二至四年出版。雷伊根據他所閱讀的古代梵文文本，確認古代和中古時期的印度人，擁有十分先進的化學知識。那些文獻有些收藏在孟加拉亞洲學會（Asiatic Society of Bengal），另有些則是他在貝拿勒斯聖城蒐集來的。他甚至還根據一種稱為阿育吠陀的古代體系，開始在孟加拉化學和製藥廠製造傳統印度藥物。雷伊便曾解釋，「需要做的就只是按照科學的最新方法來提取它們的有效成分」。[73]

　　一本中世紀文本特別讓雷伊著迷。那是在十二世紀以梵文寫成，書名是《金屬製劑論》（*Treatise on Metallic Preparations*），內容描述種種不同藥用化合物的生產製造。根據雷伊所述，這部文獻包含了「豐富的資訊和化學知識」。最引人矚目的是，很大部分篇幅都牽涉到汞化學，傳統印度醫學便廣泛使用汞。因此看來雷伊本人對於汞化學的興趣，很可能就是直接出自他閱讀這部中世紀梵文文本所受啟發，而那項興趣，後來就引領他發現了亞硝酸亞汞。到最後，雷伊還以另一件事例來提醒我們，支撐並催生出現代科學的文化交流過程是多麼複雜。他是個工廠業主，也是虔誠的印度教徒；是個現代科學家，也是古代梵文學者；是個印度民族主義者，不過後來也接受了英國政府晉封的騎士身分。如今我們很容易把雷伊看成一個矛盾的組合，這或許就是為什麼他很少出現在現代科學史上的原因之一。不過，雷伊實際上正是十九世紀晚期科學界的典型 —— 在那處世界，工業與民族主義的增長，導致種種不同的科學文化糾結在一起。[74]

一九一四年，第一次世界大戰爆發時，英國動員整個帝國，致力打敗同盟國。超過百萬印度士兵參戰，其中許多人在遠離家鄉的西方戰線喪命。除了軍事方面，英國還借助於印度的科學和技術。我們已經見到，好幾位印度科學家，都對現代物理學和化學的發展，做出了重要貢獻，而且他們是在幾乎沒有獲得殖民政府絲毫直接支持的情況下辦到這點。這種處境在第一次世界大戰爆發之後完全改觀。經過多年來相對淡然的施政風格，殖民政府開始投資新設科學和工業機構。戰爭期間在印度新設了四所大學，分別位於貝拿勒斯、邁索爾（Mysore）、巴特那（Patna）和海德拉巴（Hyderabad）。這些附設了現代物理學和化學實驗室的新大學，旨在支持一九一六年成立的印度工業委員會（Indian Industrial Commission），以及一九一七年成立的印度軍需董事會（Indian Munitions Board）履行他們的職掌。現在印度不是只能供應士兵，還能供應炸藥和化學品，並對戰事投入做出直接貢獻。[75]

印度科學家也受命發揮自己的功能。雷伊本人便在印度工業委員會任職，而孟加拉化學和製藥廠則轉型生產火藥和軍用藥品。事實上，正是由於在第一次世界大戰期間為國效勞，雷伊才在一九一九年受封爵士爵位。「後期戰事需要每一分科學知識，」雷伊在不久之後指出。「科學戰役一直是由實驗室人員來進行，」他歸結表示。接下來這節，我們會探討一種很相似的歷史 —— 工業、民族主義和戰爭的歷史 —— 不過是從截然不同的帝國國家視角來予以檢視。[76]

4. 明治時期日本的地震和原子

　　清晨六點三十八分，時鐘停止，大地開始震動。在東京，建築開始倒塌，同時在大阪城外，一座鋼鐵大橋坍塌墜入附近一條河中。一八九一年十月二十八日，日本發生了該國史上最強烈地震。超過七千人喪命，超過十萬人無家可歸，而且本州南岸周圍大半地區全都變成廢墟。前一章我們便曾見到，一八六八年的明治維新，為日本社會帶來了變革。諷刺的是，這卻也是一八九一年濃尾地震釀成那麼嚴重破壞的原因之一。工業化和都市化導致愈來愈多日本國民，住進了人口稠密的都市，而且各城市之間，則全都以鐵路以及電報線相連，其中許多都在地震時被摧毀。[77]

　　正如我們在鄂圖曼帝國所見情況，一八九一年的濃尾地震，為國家帶來了一個具有潛在危險的時刻。儘管歷經幾十年對現代社會與技術進行投資，明治政府卻依然沒辦法保護國民免受這場天災的毀滅性衝擊。若想讓日本民眾相信，現代科學有辦法讓國家變得更好，現在就是展現那種力量的時候了。政府立刻下令組成地震調查委員會。在一位名叫田中館愛橘的日本科學家領導下，地震調查委員會在往後一年間走遍全國，調查損壞情況。有一點很引人矚目，田中館本人的訓練背景並不是地質學，而是物理學。他相信物理學的最新突破，能幫助科學家不只認識地震的起因，甚至還可能用來預測地震。[78]

　　田中館一八五六年生於本州北部，他是在明治維新後續歲月間成長茁壯的新一代現代化日本科學家的典型代表。他的父親是位武士，起初田中館接受了傳統的書法與劍術教育。然而，明治

維新嚴重削弱了武士的政治力量。情況很快變得明朗，他們必須重新改造自己，才能在十九世紀生存下來。因此，田中館並沒有接受傳統的武士教育，而是進入東京大學攻讀物理學，隨後於一八八二年畢業並取得理學學士學位。就像許多前武士，他也認為現代科學是一種將戰爭藝術帶入工業時代的手段。沒錯，田中館在東京大學時，學校教導科學時，通常都藉由軍事或工業上的某種個案研究來傳授。物理學和化學的基本原理，則是藉由火砲操作來解釋，而且學生也經常被帶往當地工廠。[79]

就像許多日本科學家，田中館也曾出國留學一段時間。一八八八年，明治政府送他前往蘇格蘭格拉斯哥大學（University of Glasgow），在英國著名科學家克耳文勳爵（Lord Kelvin）設於校內的實驗室工作了兩年。克耳文勳爵是位物理學先驅，也是位卓有成就的工程師，對電報的發展做出了貢獻，正是個理想的導師。田中館很快就認識了最新的科學突破，對電磁學領域認識尤深。他還前往附近工廠和造船廠參訪，親眼見識了維多利亞時代英國的工業世界。也正是在格拉斯哥逗留期間，田中館發表了他的第一批科學論文，內容都是關乎電磁學。我們稍後就會見到，這對他日後的地震起因研究至關重要。[80]

一八九一年夏天，田中館回到日本，在東京大學擔任物理學教授。短短幾個月後就發生了濃尾地震。明治政府立刻徵召田中館來領導地震調查委員會。這下終於可以將他的科學知識派上實際用場。田中館的想法是對日本進行一次地質以及地磁調查研究。地質部分比較直截了當，包括辨識斷層線和種種不同地震活動的發生範圍，而且和我們前面所見鄂圖曼帝國在伊斯坦堡地震

之後進行的工作也沒有太大差別。不過就地磁部分的原創性就遠遠較高。從十九世紀早期以來，科學家便已知道，地球的磁場在全球各地互不相同。而這就意味著北極的方向（「真北」）和指南針的指向（「磁北」）不一定完全相同，實際狀況取決於你所在位置。磁場這種變異的起因，在整個十九世紀受到廣泛的討論與爭執。然而，多數科學家一致認為，這肯定與地殼包含金屬元素有關。[81]

從一八三〇年開始便出現了種種嘗試，企圖測繪全球地磁變化地圖。這一般都是為了協助更精確地調校科學設備和導航儀器。田中館本人也曾參與早期一項地磁測量研究。一八八七年，就在出國前往格拉斯哥之前，他曾由東京大學一位導師聘僱來協助測繪「日本一般磁性特徵」（the general magnetic characteristics of Japan）圖解。在六個月期間，田中館跨越了三千多英里路途，有時搭乘蒸氣船，其他時候則搭火車旅行，完成了好幾百次測量。他最北抵達了最近被納入日本殖民地的朝鮮半島，最南去到了太平洋上的日本殖民領地，小笠原群島（Bonin Islands）。每到一處地點，他都需要進行天文觀測來精確測定經、緯度，從這就能得出「真北」的方向。他還需要使用一種由電磁驅動的特製指南針，測得一個「磁北」讀數。接著田中館就計算兩個數值之間的差別，為那處地點求出一種稱為「磁偏角」（magnetic declination）或「磁變異」（magnetic variation）的夾角。這就是科學家、工程師和領航員在日本調校儀器所需資料。[82]

田中館的物理學家訓練，讓他對地震科學產生一種獨特的看法。多數地震學家是從地質學角度來思考地震，而田中館則是從

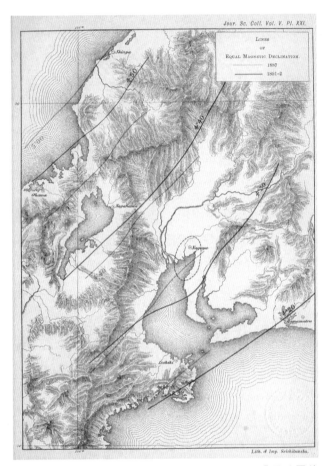

6-3　田中館愛橘繪製的地圖，顯示一八九一年濃尾地震位
置周邊地帶的地球磁場擾動情況。請注意，圓圈內名古屋
市附近的「等磁偏角」線出現了撓曲現象。（Biodiversity
Heritage Library）

電磁學視角來考量地震。事實證明他的想法是對的，他假設地震
有可能導致地球磁場出現局域擾動。田中館還主張，只要仔細監
測地磁變化，也就有可能預測地震。一八九一年濃尾地震為檢驗

這項假設提供了絕佳機會。田中館最近才剛完成了一項日本的地磁調查研究，他只需在地震周邊地帶重做一次調查，看地磁場是否出現改變即可。果不其然，事實證明他是對的。他的最後報告於一八九三年由東京大學發表，結果清楚顯示，地震確實導致「磁性狀態的改變」。田中館甚至還附上了一系列地圖，比較了一八九一年地震之前與震後的磁偏角線。（正好位於地震震央的）名古屋市的周圍明顯可見線條偏移。他總結表示，這是「地震事件對一個國家的磁性元素所生影響」的明確證據。[83]

就像俄羅斯和鄂圖曼帝國一樣，十九世紀也是一段日本改革的時期。這很大程度上是面對歐洲與美國帝國主義之威脅做出的反應。一八五三年，美國海軍封鎖江戶灣，迫使德川幕府將軍開啟對美貿易，接著在一八六三年，鹿兒島薩摩藩（Satsuma）一位英國商人遇害，隨後英國皇家海軍砲轟薩摩藩海岸。日本政府對這種砲艦外交深感憂心，於是創辦了好幾所新的科學與軍事研究院，包括一八五五年創辦長崎海軍傳習所（Nagasaki Naval Academy），教導海軍軍官工程學與物理學。不久之後，蒸氣船也第一次被引進日本海軍。接下來在一八六八年明治維新啟動之後的幾年期間，政府對現代科學與技術的投資也加速進行。就像在其他地方，這一切也全都帶有民族主義的元素。一八八六年，日本總理大臣表示：「唯有透過科學得出的成果，才能永遠保持國力並保障國民福祉。」我們已經見到，國與國之間的鬥爭，是這段時期許多政治家和科學家認識世界的核心理念。[84]

明治維新恰逢日本快速工業化的時期，而工業化也正是政府直接推動的措施。「今天，發展產業，奠定財富基礎，是我們的

當務之急。我們必須研究工業應用科學，培訓工業學者，」文部省教育局在一八八五年論據表示。許多日本科學家為這項工業願景做出貢獻。除了地震研究成果之外，田中館愛橘還就磁體製造與為日本海軍導入氣球應用提供建言。情況顯而易見，東京大學在一八八八到一九二○年間頒授的博士學位，絕大多數都屬於物理學和工程學類別。田中館本人把物質科學看成國家力量的根本要項，並寫道，他希望能「掌握所有科學之基礎的物理學，這樣才能全盤彌補我國之所欠缺」。[85]

化學也在日本的工業成長方面扮演重要角色。歐洲的許多化學書籍都在十九世紀早期翻譯成日文。江戶一位名叫宇田川榕菴的醫師，在一八三七年出版了一本書，書名叫做《化學導論》（*An Introduction to Chemistry*），內容以著名法國化學家拉瓦節的作品為本。除了現代化學術語之外，宇田川的書也為日本讀者介紹了現代化學比較實用的一面，好比如何製造電池。這種對工業化學的早期興趣，接著又在明治維新之後得到強化。東京大學設有專屬化學實驗室，其目的在「為學生預做準備，投入強化日本的工業繁榮」。這種將化學當成一門實用學科的觀點，得到了許多日本科學家的認同。東京大學應用化學教授高松豐吉描述他的研究的「主要目的」是「從原料產出有用的貨品」。[86]

明治時期日本最成功的工業化學家是個名叫高峰讓吉的人。高峰生於一八五四年，就像這個時期的許多日本科學家，他也出身武士家庭。然而在明治維新之後，他也決定走一條不同的道路，進入東京的工部大學校（帝國理工學院），攻讀化學學位。畢業之後，他獲選出國接受進一步培訓。一八八○年到一

八八二年間，他在格拉斯哥的安德森學院（Anderson's College）就讀，這所學校如今稱為斯特拉斯克萊德大學（University of Strathclyde）。從此開展了一段漫長、成功的工業化學家事業生涯，而且高峰也由此累積了龐大的財富。一八八三年回到日本之後，高峰先為農商務省工作了幾年，協助將日本傳統產業（好比清酒釀造業）現代化。[87]

事實上，也就是在為一家清酒釀造廠工作時，高峰成就了一項重要發現。清酒是日本的一種米酒，傳統上是使用一種名叫麴菌的真菌來發酵。高峰運用一種他在格拉斯哥學到的技術，提取出這種真菌製造的化學物質，並意識到那可以運用於種種不同的工業用途。首先，他嘗試製作威士忌，以麴菌取代麥芽，並將發酵期從六個月縮短到短短幾天。接著他開始把這同一種化學提取物當成消化不良藥物來銷售，並冠上「高峰氏澱粉酶」（Taka-Diastase）商品名稱。到了一九〇〇年代早期，高峰已經成為世界上最著名的實業家之一。他在日本和美國都擁有工廠，據報身價超過三千萬美元——換算成今日將近一億美元。就像本書所提許多人物，他的成功很大程度上得歸功於他如何將出自不同文化的知識結合起來，而且這一切都是從一瓶清酒開始。[88]

明治維新之後，好幾位日本科學家都為現代物理學和化學的發展做出了貢獻。不過有個人還更進一步，改變了我們對於物質本身之本質的理解。就像我們在本章接觸的其他日本科學家，長岡半太郎也出身武士家庭。他生於一八六五年，從小就開始接觸歐洲科學。他的父親支持明治維新，受了皇帝飭令，加入岩倉使節團於一八七一年前往歐洲。這次出使有兩重目的。首先，與其

他國家發展外交關係，第二，蒐集歐洲的科學和工業相關資訊，以進一步推動日本國內的改革計畫。長岡半太郎對他所見所聞深為折服，帶著在英國為他的孩子們購買的科學書籍回到日本。在父親鼓勵下，長岡半太郎於一八八二年進入東京大學攻讀物理學。[89]

接著長岡半太郎走上一條規劃完善的道路。從一八九三年到一八九六年間，他在德國和奧地利求學，結識了許多歐洲頂尖物理學家。在這段期間，長岡半太郎的研究生涯確實成果斐然。依循這個時期物理學國際化的典型作風，長岡半太郎以英文、法文、德文和日文發表科學論文。不過，他並不甘心完全複製歐洲正在進行的科學。長岡半太郎真正想做的，是要表明日本能在科學研究上領導全世界，就像它在早現代時期的表現。「我並不打算跟隨其他人的研究，也不想一輩子都從國外進口學識，」他解釋。在私下場合，長岡半太郎甚至還更坦率直言他對於競爭性民族主義的信念，而那正是他之所以想學習物理學的根本原因。「沒有理由認為歐洲人在所有事情上都會那麼優越，」他在寫給他的朋友，物理學家田中館愛橘的信中這樣表示。[90]

一八九六年回到東京大學時，長岡半太郎立刻升任教授。接著他就在日本成就他的最重要突破。一九〇三年十二月五日，長岡半太郎在東京數學物理學會（Tokyo Mathematico-Physical Society）發表了一篇論文，裡面他描述了「化學原子的實際列置方式」。幾個世紀以來，科學家對物質的本質始終深感困惑。然後在整個十九世紀，有關物質的基本結構更出現了激烈爭議。長岡半太郎終於平息了這場論戰，同時也開創了原子物理學領域。基於一系

列複雜的數學計算，他證明了原子肯定是一群帶負電的電子環繞一顆大型的「帶正電粒子」共組而成。理解這點時，長岡半太郎解釋，可以把它想像成土星。中央帶正電的粒子就像那顆行星本身，而帶負電的粒子就像土星環。最重要的是，長岡半太郎還能夠證明，他所稱的這種「土星系」，具有物理安定性。[91]

是什麼激發了這項根本上的突破？當然，長岡半太郎在歐洲度過的那段時期，顯然是發揮了影響。正如我們在本章開頭所見，他實際上還參加了一九〇〇年在巴黎舉辦的第一屆國際物理學會議，而且他在那裡結識了發現電子的英國科學家約瑟夫・湯姆森（J. J. Thomson）。不過在日本的生活，也有個特定事項形塑了長岡半太郎的思想。就在啟程前往德國之前，他受地震調查委員會僱用來協助田中館推展一八九一年濃尾地震調查工作。在六個月間，長岡半太郎隨田中館周遊日本，走遍高山深谷，精確測定地震帶來的地磁影響。長岡半太郎甚至還在田中館的最後報告上列名為協同作者。到頭來，也正是這次日本地震經驗，從根本上形塑了長岡半太郎對於原子物理學的想法。[92]

一九〇五年年初，長岡半太郎發表了另一篇論文，指出當電磁波與一顆原子的中央核心交互作用時，會發生什麼現象。最引人注目的是，他回頭以地震科學來描述那種作用。長岡半太郎論述表示，原子中央那顆帶正電的大型粒子就像「一座山或一片山脈」。因此一道電磁波通過一顆原子核心之時，它就會被分散開來，長岡半太郎指出，這就彷彿是發生地震時，地震波通過一座山。在一九〇五和一九〇六年之間，長岡半太郎甚至還發表了一組兩篇論文，將「地震波的分散」和「光的分散」直接相提並

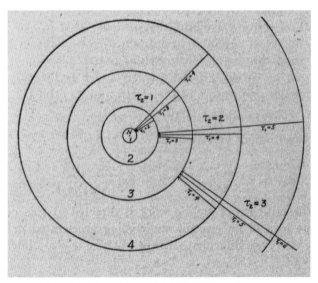

6-4 「土星式原子」圖解，引自恩內斯特・威爾遜（Ernest Wilson）一九一六年的著述《原子的結構》（*The Structure of the Atom*），那本書也提到了長岡半太郎。請注意中央帶正電原子核周圍有一批繞軌電子環圈。（Hathi Trust）

論。到最後，長岡半太郎就成為一個很好的例子，佐證了不同文化以及不同科學學門，如何在一九〇〇年前後那段歲月，被融合在一起，還有科學是如何成為全球文化交流的產物。長岡半太郎把物理學和化學的理念結合在一起，也借鑑了他在歐洲和日本的經驗。他也就這樣，成就了現代物理學最重要的科學突破之一。[93]

　　時至今日，原子結構的發現，一般都歸功於英國物理學家恩內思特・拉塞福（Ernest Rutherford）。這就是個典型的實例，說明了非歐洲科學家，如何遭人從現代科學史抹除。拉塞福那篇

宣布了原子結構並發揮了深遠影響力的論文，是在一九一一年發表的，然而早在多年之前，長岡半太郎已經針對這完全相通的題材，接連發表了好幾篇論文。情況還不只如此，拉塞福本人也熟知長岡半太郎的研究，而且並不刻意隱瞞。事實上，兩人便曾見面並討論各自的想法。一九一〇年九月，拉塞福便很高興地為長岡半太郎導覽，參觀他設於曼徹斯特大學（University of Manchester）的實驗室，並解釋說明他正在做實驗來確認原子的結構。接著到了一九一一年二月，拉塞福寫信給長岡半太郎，介紹他認識他接下來要發表的論文。「你會注意到，我的原子的假設結構，與你幾年之前在一篇論文中提出的結構有些相似，」拉塞福寫道。當然了，拉塞福在一九一一年發表他的結果時，便將長岡半太郎的一九〇四年原始論文納入為參考文獻。這裡，在拉塞福的腳註中，我們可以再次披露一段隱藏的現代科學史。這段歷史不完全是英國的，也不完全是日本的，而是結合兩者寫成的。[94]

　　日本隸屬十九世紀晚期範圍更廣大的科學界的一部分。在那段時期，幾乎所有日本科學家，都曾在歐洲深造一段時間，許多還繼續參加國際科學研討會，一直延續到第一次世界大戰爆發為止。然而，就如同我們在本章所有篇幅所見，國際主義和民族主義一般都是比肩並進。科學、民族主義和戰爭的連帶關係，在日本更是特別強烈，因為緊接一八六八年明治維新之後接受培訓的科學家，絕大多數都來自武士家庭。這些武士科學家把重視軍力的傳統信念，以及對現代科學和技術之價值的新穎體認結合在一起。「要想富國強兵，我們就必須完善物理和化學科學，」在東

京大學工作的另一位前武士這樣寫道。[95]

　　如同在其他地方，這種國際主義與民族主義的微妙均勢不會長久延續。一九一四年八月，日本參加了第一次世界大戰，加入了協約國這一邊，很快就擄奪了德國在東亞和太平洋地區的眾多殖民地。有些日本科學家，特別是曾在德國深造的，對戰爭都頗感不安，不過他們依然發揮自己的作用。田中館愛橘針對飛機設計方面對日軍提出建言，而高峰讓吉則協助設立了一家專屬工業研究院，來生產戰爭用的化學品。結果第一次世界大戰並沒有給日本帶來政治危機，這點和鄂圖曼與俄羅斯帝國的情況並不相同。相反，正如我們在接下來篇章中要討論的情節，日本是從第一次世界大戰崛起，成為東亞主要的科學、軍事和工業強權。[96]

5. 結論

　　要想了解現代科學史，我們就必須從全球歷史的角度來思考，對於十九世紀的物質科學尤其如此。不論你是在俄羅斯、土耳其、印度或日本工作，身為科學家，你就得周遊全世界，以不同語言發表著述，並與不同國家的閱聽眾接觸。因此，當時的科學出版所使用的語言，遠比現今更為多樣化。日本科學家以德文發表著述，俄羅斯科學家則閱讀法文。一八九〇年與田中館愛橘見面時，德國物理學家海因里希・赫茲（Heinrich Hertz）曾說，「看來從現在開始，我們就得學習日文了。這會成為多大的問題啊，」不過他這樣講也只是半開玩笑。[97]

　　不論在哪裡求學，本章介紹的科學家，全都對現代物理科學

的發展，做出了重大貢獻。而且在當時受到認可的程度，往往都超過今天的情況。時至今日，在他們自己祖國境外，幾乎沒有人聽過賈格迪什‧鮑斯、長岡半太郎或者彼得‧列別捷夫。不過在十九世紀時，歐洲領導科學家都非常認真地看待他們。拉塞福在他的原子結構著名論文中，引用了長岡半太郎的研究，克耳文勳爵則坦承，當初是列別捷夫的光壓實驗，才終於讓他深信，馬克士威的電磁理論是正確的。[98]

十九世紀的科學是種工業事業體。許多物理學家和化學家都投入時間為公司和政府工作，協助設計工廠並搭建電報線。就連著名的「馬克士威方程組」，至今依然為物理學界所採用，不過最早開發出這套方程式的人，並不是馬克士威，而是一位尋求更快速計算方法的電報工程師。工業時代並沒有把所有早期想法完全掃除，許多十九世紀科學家依然繼續借鑑現有的文化傳統，來從事他們的工作。雷伊的亞硝酸亞汞發現，當初也受了他所閱讀的古代梵文文獻的啟迪，而高峰讓吉則是藉由他在清酒釀造上的知識，才徹底革新了工業化學界。[99]

十九世紀期間，世界各地政府都把科學實力和軍事與工業力量劃上等號。這無疑就是激使明治時期日本和鄂圖曼帝國重啟對現代科學投資的起因。民族主義和國際主義似乎總是比肩並進。沒錯，就在許多科學家著手合作之時，另有些人則投身戰爭。一八六〇年代，明治政府派遣一些日本學生到沙皇俄羅斯求學。到了一九〇四年，兩國為搶奪滿州開戰。這種衝突模式延續下來，最後在一九一四年，第一次世界大戰爆發時達到頂峰。往後幾章，我們還會繼續推展，探索現代科學在這場全球衝突結束之後

如何發展。二十世紀的意識形態鬥爭會繼續促成變革，而且它所改變的不只是世界政治，還包括我們對宇宙，甚至對於生命本身的認識。[100]

肆 ———————————————————

意識形態和戰後餘波

約一九一四至二〇〇〇年

第七章　比光還快

　　北野丸號蒸氣船沿揚子江航向上海。船上載了一位非常重要的乘客。一九二二年十一月十三日早上，愛因斯坦來到了中國。當他走下舷梯，踏上了上海的堤岸，受到大群記者和攝影師夾道相迎。報社已經得到消息。愛因斯坦將要收到一則令人振奮的消息。就在長江岸邊，他拿到了一份電報，通知他，他獲頒諾貝爾物理學獎。對愛因斯坦來講，這是個重要的日子，確認他身為二十世紀最重要科學思想家之一的地位。不過由於才剛來到上海，愛因斯坦沒有時間反思，自己這項成就代表什麼意義。他很快就被帶開，開始參觀那座都市。在日記中，愛因斯坦寫道，二十世紀初的上海「非常熱鬧」，「擠滿路人、人力車，上面沾了各色泥巴」。用午餐時，他被帶往一家當地餐廳，雖然有點笨拙，他仍嘗試用筷子吃飯。當天晚上，他受邀前往富商暨現代派藝術家王一亭（本名王震，譯註：一亭是字）宅院，成為特邀嘉賓。晚餐之後，愛因斯坦發表簡短談話，表示，「對於中國青年，我相信未來他們必定會為科學做出重大貢獻」。[1]

　　隔天早上，愛因斯坦又搭上北野丸號。他在上海的短暫停留，屬於他周遊亞洲五個月行程的一部分。到了這時，愛因斯坦已經去過了錫蘭、新加坡和香港，他的旅程下一站是日本。一九二二年十一月十七日，愛因斯坦來到了神戶。一九二○年代早

期，日本已經轉型成為現代工業經濟體。愛因斯坦搭乘火車走遍日本，後面跟著「蜂擁人潮和閃爍閃光燈泡的攝影師」。來到京都，愛因斯坦向擁擠聽眾發表一場演說，談論他的最重要科學突破——狹義和廣義相對論。演講時，他解釋了自己的基進想法，認為時間推移並不是恆定的，而是會根據不同觀測者的相對速度而改變。這是從一項雖簡單卻很深刻的觀察得出的結果：宇宙間沒有任何事物能移動得比光速更快。接著愛因斯坦又解釋，重力對時間也有相似的影響。和待在弱重力場中的觀察者相比，強重力場中的觀察者會觀察到時間推移得更慢。這一切所歸結出的觀點，完全背棄了早期的牛頓物理學世界。愛因斯坦並不認為時間和空間是獨立的且恆定的，他表示，空間和時間是可以彎曲、扭曲的。這是一項革命性理論，對整個物理學領域都有深遠的影響。畢竟，截至當時所進行的所有科學實驗，全都以空間和時間維持恆定的觀點為準。舉例來說，科學家測量某物件的速率時，只需要拿移動距離除以移動該距離所需時間即可。不過倘若時間開始收縮而時間也開始變慢，這時科學家又該如何準確測定速率呢？[2]

當初愛因斯坦在德國發表的演說內容，很快就被日本物理學家石原純翻譯出來並予發表。石原純曾在柏林學習物理學，是當時歐洲之外少數真正懂得相對論的人士之一。愛因斯坦顯然很敬重石原純，甚至還同意與他合作寫了一篇聯合文章，並在《日本學士院紀事》（*Proceedings of the Japan Academy*）上發表。根據所有報導，愛因斯坦待在日本那段時光過得非常愉快。不發表科學演說時，他就前往日光的森林健行，甚至還前往帝國皇居御苑

參觀年度菊花祭。「你不禁要熱愛並敬重這個國家，」愛因斯坦在日記中寫道。[3]

離開日本之後，愛因斯坦踏上他這趟旅途的回程段落。他在麻六甲和檳城短暫停留，隨後便跨越印度洋，航向蘇伊士運河。到了塞得港，他再次登岸。從那裡，愛因斯坦搭上一列火車前往耶路撒冷。短短幾個月之前，在一九二二年七月間，國際聯盟批准確立巴勒斯坦託管指令（Mandate for Palestine）。這片新的領土將提供一處「國家立足地供猶太人」棲身，也就是現代以色列國的前身。身為猶太人，愛因斯坦在德國經歷了反猶太主義。他遭新聞界指控宣揚「猶太物理學」，同時他的演講也經常遭仇視猶太人的反愛因斯坦聯盟（Anti-Einstein League）找碴搗亂。就在愛因斯坦動身前往亞洲之前幾個月間，好幾位著名的德國猶太人也遭受了攻擊。到了一九二二年夏天，他不再覺得安全。「看來我屬於基進右翼打算暗殺的那群人士，」愛因斯坦在寫給物理學家馬克斯・普朗克（Max Planck）的一封信中這樣表示。實際上這也就是他決定啟程航向亞洲的一項原因。他期望出國幾個月之後，事情就會平息下來。[4]

愛因斯坦長年以來一直致力建立一處猶太人家園。早在一九一九年，他就曾寫到他「具有高度信心會出現正向發展，成立一個猶太國家……我們的兄弟不會被視為異邦人的一小片土地」。因此他高興終於能夠來到巴勒斯坦。一九二三年二月三日，愛因斯坦參觀耶路撒冷舊城，探訪岩石圓頂（Dome of the Rock）和哭牆。接著他在新近創辦的耶路撒冷希伯來大學（Hebrew University of Jerusalem）發表一場公開演說。愛因斯坦的那場演

講先以希伯來語開場，隨後才改用德語來發表科學內容。愛因斯坦是當時世界上最著名的科學家之一，他的現身對巴勒斯坦的猶太領袖來講意義十分重大。兩年過後，到了一九二五年，希伯來大學以他的名義成立了愛因斯坦數學研究院（Einstein Institute of Mathematics）。愛因斯坦甚至還受到邀請，希望他搬到耶路撒冷並在希伯來大學任職。由於德國反猶太主義興起，他認真考慮了那項提議。不過到最後，他決定自己不能接受。（「情感說好的，理智說不行，」愛因斯坦在他的日記裡寫道。）他並不打算永遠離開歐洲，至少當時還沒有。[5]

當愛因斯坦回到柏林，政治氛圍並沒有變好。惡性通貨膨脹讓德國的經濟逐漸惡化，同時納粹黨的黨徒人數和影響力都逐漸增長。往後數年期間，政治情況持續惡化。到了一九三三年一月三十日，阿道夫・希特勒（Adolf Hitler）受任命為德國總理。很快他就接連通過了一系列以歧視猶太族群為設計基礎的反猶太法律。德國猶太人被剝奪公民身分，遭逐出公立學校，還成為強制絕育的目標。愛因斯坦早就預見這種狀況。一個月之前，一九三二年十二月，他最後一次離開柏林。他旅行前往美國，放棄德國公民身分，並在普林斯頓大學任職。愛因斯坦再也沒有回到德國。「我不願意住在人民不能享有法律之前人人平等，不能隨心所欲自由說話與教學的國家，」他在寫給普魯士科學院的辭職信中這樣解釋。[6]

愛因斯坦經常被認為是個遺世獨立的天才，一個大半時期都與更寬廣的知識界和政治界不相往來的人。是的，愛因斯坦的狹義和廣義相對論徹底改變了科學家對物質宇宙的認識。不過他絕

對稱不上遺世獨立。事實上，愛因斯坦曾經環球旅行，前往從上海乃至於布宜諾斯艾利斯等都市宣揚他的理念。不只於此，愛因斯坦還曾經與世界上許多國家的科學家合作。所有這一切都反映出了愛因斯坦篤信國際合作之價值的深刻政治信仰。第一次世界大戰結束之後，他認為科學家眼前最重要的事務是齊心協力促成他所稱的「相互合作，共同進步」。「我想任何人都不應該推卸政治使命……恢復被世界大戰完全摧毀的國與國之間的團結，」愛因斯坦解釋道。他心中抱持著這個理念，加入了國際知識合作委員會（International Committee on Intellectual Cooperation）。那個國際委員會是國際聯盟於一九二二年成立的，負責促使「各不同國家的科學與知識社群」建立更密切的情誼關係。國際委員會的其他成員還包括印度物理學家鮑斯，以及日本物理學家田中館愛橘，這兩人我們在前一章都曾見過。[7]

愛因斯坦對國際科學界與政治界的興趣，是他那個世代的典型特徵。這段期間的物理學家，花很多時間旅行全世界。一九二九年晚期，德國物理學家維爾納・海森堡（Werner Heisenberg）拜訪印度。他是應孟加拉物理學家德本德拉・博斯（Debendra Mohan Bose）的邀約前來（德本德拉是賈格迪什・鮑斯的外甥）。海森堡是二十世紀早期另一個重要物理學領域，量子力學的先驅。他向一群印度科學家聽眾解釋了，原子之間或者在任意物理交互作用中所能交換的能量數額，似乎有個最小的離散值。這就稱為能量的「量子」。看來似乎並不重要，不過接著就會帶出好幾個很特別的結果。我們在第六章便曾見過，十九世紀的物理學家將光理解為一種電磁波。然而，量子力學卻表明，這並不

完全正確。實際上光有必要設想成既是波又是粒子。接下來幾年當中，就在物理學家開始質疑因果關係，甚至科學觀測的本質之時，情況只是變得還更奇怪。海森堡本人以提出「測不準原理」名聞於世，藉此他表明，任意物理測量的精確度都有個最終極限，這就是為什麼有時因果會混淆。這並不只是現有科學儀器的精確度問題，而是宇宙的一個根本特性。[8]

其他深具影響力的科學家，也從事了類似的旅行，包括英國物理學家保羅‧狄拉克（Paul Dirac）和丹麥物理學家尼爾斯‧波耳（Niels Bohr）。狄拉克發展出了第一種電子相對論，並在一九二九年前往日本發表系列演說，隨後走西伯利亞鐵路從海參崴搭火車一路前往莫斯科，參加一場蘇聯科學家會議。波耳同樣也提出了第一種原子的量子模型，並在一九三七年春季在中國待了兩週。波耳的演講是在上海交通大學發表，並以無線電現場轉播到全中國。一九三七年六月，他回到歐洲。一個月後，日軍對北京發動攻擊，掀起了第二次中日戰爭，很快這就成為第二次世界大戰更廣泛衝突的一部分。[9]

二十世紀上半葉是社會與政治激烈動盪的時期。在中國，一九一一年革命（辛亥革命）終結了清朝，同時在俄羅斯，布爾什維克發動一九一七年十月革命奪得政權。就算是沒有經歷革命的國家，也見識了同等重大的政治變遷。鄂圖曼帝國在第一次世界大戰之後解體，也因此在巴勒斯坦周圍土地上引發劇烈的政治與宗教衝突。在日本，天皇在一九一二年駕崩，標誌了一段自由漸增之政治時期，在此同時，印度的反殖民運動氣勢也變得更為旺盛，尤其在一九〇五年孟加拉分治之後更為明顯。

接著這就是我們在全球史上的關鍵時刻。法西斯主義者、社會主義者、民族主義者、婦女參政運動者和反殖民鬥士，全都發揮了部分作用，促使政治世界在一九〇〇年之後數十年間徹底改觀。這個政治世界對於科學世界產生了深遠的影響，而且不只在歐洲，還席捲全球。本章我們要探討二十世紀早期物理學和國際政治之間的關聯性。討論過程當中，我們也發現了，出身通常被現代科學史略過不提的國家的一些科學家，所做出的重大貢獻。接下來幾章，我們還會繼續前進，描繪冷戰和去殖民化對現代遺傳學發展所產生的衝擊。追根究柢，要認識二十世紀科學史，我們就必須關注於定義了那個時代的全球政治論爭。

1. 革命時期俄羅斯的物理學

每年夏天，彼得・卡皮察（Peter Kapjitza）都前往列寧格勒探訪母親。一九三四年八月，一開始也沒什麼不同。然而當他開始日常作息，買雜貨、拜訪老友時，卡皮察開始注意到事情不太對勁。不論他到哪裡，總是有人跟蹤。祕密警察盯上了他。過去十年間，卡皮察一直在劍橋大學卡文迪許實驗室工作，他的博士學位就是在那所大學拿到的。他已經做出了一些令人嘆服的發現。一九三四年年初，就在啟程前往俄羅斯之前，卡皮察已經成為世界上第一位成功大量製造出液氦的科學家。這是十分艱難的成就，因為氦必須反覆進行壓縮並冷卻到非常低溫，才能進入液體狀態。而且卡皮察最近還受任命主掌一所致力於尖端物理學的研究中心，那所新設機構稱為蒙德實驗室（Mond Laboratory），

設於劍橋大學。所有這一切讓卡皮察獲得國際認可。然而，這也讓他受到蘇聯當局的注意。[10]

一九三四年九月，約瑟夫・史達林（Joseph Stalin）親自簽署了一份命令，要卡皮察留在俄羅斯。「卡皮察不得被正式逮捕，不過他必須留在蘇聯，不許返回英國，」史達林寫道。當然了，當卡皮察嘗試動身前往劍橋時，他很快就遭拘留。他的護照被沒收，並被告知，他不得從事任何海外旅行。史達林之所以決定拘留卡皮察，部分是為了回應另一位蘇聯著名科學家的舉動。量子力學專家喬治・伽莫夫（George Gamow）最近才托詞參加歐洲一場研討會，結果卻逃往美國。在此同時，蘇聯政府也愈來愈擔心，在海外工作的俄羅斯科學家，或有可能充當間諜，或者對外國強權的軍事發展做出貢獻。[11]

起初卡皮察的情緒低落到谷底。他寫信給仍在劍橋的妻子，抱怨表示「現在我的生命就是一片空洞……我怒不可遏，想撕扯頭髮尖叫」。現在他脫離了他的實驗室，怎麼能夠好好做科學工作？「我想我要開始發瘋了，」他寫道，「我孤獨坐在這裡。又是為了什麼？我不明白。」幾個月間，卡皮察的劍橋同事竭力出手幫忙。卡文迪許實驗室主任，拉塞福寫信給俄羅斯駐倫敦大使，同時狄拉克則前往莫斯科，希望能確保卡皮察獲釋。到頭來，這一切全都落空了。史達林已經下定決心。俄羅斯科學家必須待在俄羅斯，在這裡他們才能好好地為蘇聯服務。[12]

一陣子之後，卡皮察開始接受他的新命運。「對我的不公，不能蒙蔽我的雙眼，」卡皮察在寫給波耳的一封信中這樣寫道。倘若他不能返回劍橋，那麼他就必須充分發揮他在俄羅斯能做的

事情。將近一九三四年年底時，卡皮察同意妥協。他會留在俄羅斯，支持蘇聯的科學發展。蘇聯政府的回報則是提供卡皮察執行嚴謹科學研究所需的設備和空間。基於這些考量，卡皮察奉派擔任一所全新研究中心的主管：設置於莫斯科的物理問題研究院（Institute for Physical Problems）。蘇聯政府還同意支付三萬英鎊，向劍橋蒙德實驗室買下卡皮察所需實驗設備。這包括一對威力極強的電磁體以及一具氦液化機。[13]

投資得到了回報。一九三八年一月一日，卡皮察在《自然》期刊發表了一篇短文，公開後來所稱的「超流體」（superfluidity）的發現消息。在那篇文章中，他描述了他在莫斯科執行的一項測量液氦黏度的實驗。基本上，這就牽涉到測量液氦從一個容器流入另一個容器時，穿過一個非常細小間隙的難易程度。誠如卡皮察所述，「測量結果相當驚人」。當氦冷卻到略低於其沸點，約降到 $-269°C$ 時，它的舉止就像普通液體，在兩個容器之間，以一個恆定的但相對較低的速率流動。然而，當氦進一步冷卻，逼近絕對零度時，也就是相當於 $-273°C$ 之時，它就突然開始以令人難以置信的速率流動，表現出類似「超流體」的舉止。這就開啟了一個全新的研究領域，稱為低溫物理學。卡皮察發現了，當某些物質冷卻到非常低溫，它們就會表現出一些古怪的新特性。卡皮察的部分實驗似乎違反了已知的物理定律。充分冷卻之後，液氦就會爬上玻璃容器的壁面，甚至在看似完全密封的空間之間移動。所有這一切都有必要對分子如何相互作用，提出一種全新的解釋。[14]

卡皮察後來便以他的超流體發現，贏得諾貝爾物理學獎。他

7-1　液氦進入「超流態」相。在這種態相下，液氦就會開始翻越玻璃杯壁流到外側，因此底部會出現小液滴。（Wikipedia）

是在整個二十世紀期間接連成就重大突破的俄羅斯新一代科學家當中的第一人。這項工作大部分屬於量子力學和相對論這兩個新領域。然而，卡皮察的生活也指向了蘇聯科學的兩個不同方面。就一方面，一九一七年俄羅斯革命提增了對科學的投資；然而就另一方面，蘇聯的科學也經常受到政治和意識形態的干擾。

　　正如我們在前幾章中所見，沙皇俄羅斯時期的科學家對現代科學的發展，做出了好幾項重大的貢獻。從十七世紀的彼得大帝到十九世紀的亞歷山大二世，各代沙皇都把科學當成促成俄羅斯帝國現代化與強化國力的一種手段。因此俄羅斯革命也沒有完全

擺脫過去。不過從一九一七年開始，對科學的投資，肯定是前所未見的，就如同激烈的意識形態衝突也是如此。在一九一七年掌權的布爾什維克相信，對科學的適當投資，是促成蘇聯軍事與工業發展的關鍵要項。他們稱之為「社會主義重建」。好幾位蘇聯早期的傑出政治家都有科學背景，其中也包括尼古拉‧戈爾布諾夫（Nikolai Gorbunov）。曾擔任弗拉迪米爾‧列寧（Vladimir Lenin）私人祕書的戈爾布諾夫，本身就擁有化學工程師專業訓練。他協助說服蘇聯當局建立了一系列高科技科學研究機構。這當中也包括了列寧格勒物理技術研究院（Physico-Technical Institute），其成立日期是在一九一八年九月，距離十月革命之後不到一年。在此同時，蘇聯政府還將現有的私營實驗室國有化，包括莫斯科物理學會（Moscow Physical Society）。到了一九三〇年，蘇聯每年都在科學上投入超過一億盧布。（這約略相當於蘇聯人在部隊軍需品生產上所投入的金額。）[15]

起初蘇聯政府支持俄羅斯科學家出國留學。第一次世界大戰之後，布爾什維克體認到，與歐洲科學家重新建立聯繫管道的重要性。卡皮察是早期曾留學國外大學的蘇聯科學家之一。他們通常肩負購買設備和書籍的使命奉派出國，同樣也是為了建立祖國的科學量能。在此同時，蘇聯人歡迎許多外國科學家來到俄羅斯。在一九一七年和一九三〇年間，俄羅斯物理學家協會（Russian Association of Physicists）舉辦了一連串年度研討會，其中許多都請來了歐洲頂尖科學家與會。狄拉克和德國物理學家馬克斯‧玻恩（Max Born）都參加了一九二八年在莫斯科舉辦的一次會議，與他們的俄羅斯同行分享量子力學方面的最新發展。研

討會第一天之後，所有與會人士──包括狄拉克和玻恩──都搭上一艘蒸氣輪船，沿著窩瓦河一路順流下行，一邊繼續討論。[16]

不過蘇聯科學還有另外一面。就像我們前面所見卡皮察的情況，蘇聯科學家都經歷了一段劇烈意識形態衝突的時期，特別在史達林於一九二二年掌權之後那段期間更是如此。到了一九三〇年代早期，史達林已經變得愈來愈偏執，也更偏向境內。他幾乎完全禁止海外旅行，特別在伽莫夫於一九三四年叛逃之後。科學家還遭到政治整肅清洗，特別當他們看來對蘇聯意識形態不夠效忠時。這並不只是公開支持馬克思主義的問題，意識形態爭議很容易就會擴大到現代科學的一些最基本層面。早期許多布爾什維克黨員（包括列寧在內）都已看出，最近發生在物質科學界的革命，和發生在俄羅斯的政治革命之間存有一種直接牽連。因此蘇聯科學家都得投入宣揚革命新思維。列寧本人甚至還在他影響深遠的一九〇九年著述，《唯物主義和經驗批判主義》（*Materialism and Empirio-Criticism*）書中撥出一章篇幅專門討論「最近的自然科學革命」。其中列寧談到了愛因斯坦的相對論，描述它披露了一項「現代物理學中的危機」，並映射於新近出現的社會危機。在列寧看來，愛因斯坦是現代時期一位「偉大的改革者」。[17]

有了列寧的認可擔保，愛因斯坦獲選為俄羅斯科學院的海外院士。接著到了一九二〇年代早期，在莫斯科和列寧格勒研讀物理學的學生，都開始學習相對論，教學時還經常把它說成對抗牛頓古典世界觀的革命性解方。不過並不是所有人都認同列寧對愛因斯坦的看法。相對論或許是種革命性理論，在某些人眼中，它

卻依然帶了「布爾喬亞（資產階級）科學」（bourgeois science）的氣息。恩斯特・科爾曼（Ernst Kolman）便把愛因斯坦描述成「一位偉大的科學家，卻是個差勁的哲學家」。科爾曼曾在一九三〇年代早期擔任莫斯科數學學會（Moscow Mathematical Society）會長，在他看來，狹義和廣義相對論實在太過抽象，看來也已經與日常經驗脫節。科爾曼指責愛因斯坦「把物理現實用數學符號來替換」。實際上，對於相對論與量子力學領域，這樣的批評都普遍見於蘇維埃俄羅斯，尤其在史達林統治時期更是如此。這反映出一種——出自馬克思哲學的——根深蒂固的信念，那就是科學作為一種以物質世界為基礎的實踐事務之重要性。在蘇聯，科學必須從服務人民角度來看待。[18]

　　這是俄羅斯科學家在二十世紀頭幾十年間身處的世界。在這個世界中，蘇聯的領導政治家對於科學表現出高度興趣，也願意支持。然而在這個世界中，政治氛圍卻也隨時都有可能瞬間改變，有時還釀成致命後果，危害了決策失當，站到蘇聯領導階層錯誤一邊的人士。儘管如此，許多早期的蘇聯科學家，依然支持俄羅斯革命，甚至有些人更直接參與其中。物理學家雅科夫・弗倫克爾（Yakov Frenkel）出身一個基進的家庭。一八八〇年代，他自己的父親被認定為革命組織成員，於是遭放逐到西伯利亞。弗倫克爾與父親抱持相同的政治情操。當十月革命讓沙皇統治劃下終點，他充分運用了一位有抱負年輕科學家眼前見到的機會。他先在彼得格勒大學（Petrograd University）攻讀物理學，隨後便於一九一八年遷往克里米亞（Crimea），在陶立德大學（Tauride University）謀得一職。這是布爾什維克成立的眾多新

大學之一。在克里米亞，弗倫克爾開始讀到一些撼動現代物理學的最新思想，包括波耳的原子量子模型著述。在此同時，弗倫克爾也繼續保持他的政治興趣，加入了當地克里米亞蘇維埃組織，並依循社會主義者路線來協助整頓該地區的教育。[19]

這是段不安定的時期，俄羅斯革命掀起了一場全面內戰。就在布爾什維克掌控了俄羅斯中部的大半地區時，反共的白軍則繼續在該國南部和西部作戰。一九一九年七月，白軍在克里米亞半島行進。身為當地蘇維埃的一員，弗倫克爾被逮捕入獄，不過他依然沒有放棄。弗倫克爾從監獄寫信給母親，安慰她說「我一點都不無聊；我花很多時間閱讀」。他還與獄友下棋，起碼在一名獄卒沒收棋盤之前都沒停過。結果發現，這對弗倫克爾來講是一段成果豐碩的時期。情況有點難以置信，不過實際上就是在獄中——在俄羅斯內戰期間——他展開了他的最重要理論工作。[20]

約從一九○○年開始，科學家便已假定，金屬中的電流可以簡單地以電子的自由運動來解釋。這些帶負電的纖小粒子，被設想成很像是氣體，在原子核之間的空間自由運行。不過弗倫克爾意識到，這不可能是真的。量子力學不容許這種現象。波耳便在他的原子量子模型中表明了，電子只可能位於繞行原子核的特定軌道上。正如弗倫克爾所述，因此電子「並不如字義所述那樣的自由」。那麼電子又是如何移動來產生電流？弗倫克爾根據量子力學提出了一種新的模型，其中電子能貨真價實在相鄰原子之間跳躍。這樣就會產生出一道電流，而且不必設想電子是完全「自由」地向任何地方移動。[21]

被困在克里米亞一座監獄中的期間，弗倫克爾發展出了第

一種關於電的量子力學解釋。很引人矚目的是，這取決於重新思考電子是「自由的」究竟代表什麼意義，而且發生在弗倫克爾本人遭監禁的一段時期。除此之外，弗倫克爾還提出了一項重要的理論概念，而且那種設想，物理學家還可以拿來做遠更廣泛的應用。他論述說明金屬所含電子的行為，能藉由想像出一種新粒子來解釋，這種設想他稱之為「集體激發」（collective excitation）。弗倫克爾再次細細斟酌他的措辭。這是種能與蘇維埃意識形態完美契合的量子力學願景。沒有個體，只有「集體」。這些新粒子後來在歐洲和美國被稱為「準粒子」（quasiparticle），而且事實證明，該粒子的鑑識確認，在整個二十世紀的量子力學發展歷程，扮演了最核心的樞紐角色。基本理念乃在於，當遇上奇特物理現象之時，只要科學家能想像出某種尚未鑑識確認粒子之集體行動，則該現象也就可以更容易地被解釋。[22]

　　弗倫克爾的準粒子論文是在一九二四年初次發表，標誌了基礎物理學一項重大新研究計畫的開始。蘇聯科學家在這方面領導群倫。在追隨弗倫克爾研究工作的人士當中，好幾位是女性，儘管對現代物理學做出了重大貢獻，如今她們卻大半都被遺忘，就連在俄羅斯也是。誠如我們在前兩章所見，在十九世紀的俄羅斯，女性通常都被排除在高等教育之外，儘管的確有少數人設法出國研讀科學。因此布爾什維克為自己的一種想法感到自豪，即便不見得都能落實，那就是女性當能為蘇聯的科學與工業發展做出貢獻。就這樣，一九一七年的十月革命，讓聰明的年輕女性有更多機會得以進入科學界。安東尼娜‧普里克霍特科（Antonina

Prikhot'ko）就是那群女性當中的一位。她在一九〇六年生於俄羅斯南部，成為最早在列寧格勒理工學院（Polytechnical Institute in Leningrad）攻讀物理學的女性之一。弗倫克爾在白軍戰敗之後獲釋出獄，到了一九二〇年代，他本人就在那裡任教。身為那裡的學生，普里克霍特科坐在列寧格勒冰冷的演講廳裡，聆聽弗倫克爾講授相對論與量子力學。因此她據有一個獨特的位置，在歐洲多數物理學家連聽都沒聽過準粒子名稱之前，就能學習這門學問。[23]

　　普里克霍特科在一九二九年畢業，隔年她便在哈爾科夫的烏克蘭物理技術研究院（Ukrainian Physico-Technical Institute）任職。這是布爾什維克創辦的新設研究中心之一，目的是要將科學與工業專業知識散播到蘇聯全境。在接下來十年期間，普里克霍特科著手工作，將弗倫克爾的理論構想付諸實際運用。她開始了一系列低溫物理學實驗，探究種種不同晶體的原子結構。就如同卡皮察的工作，這些實驗也得仰賴巨大的工業機具，好比氦液化機。在哈爾科夫的實驗室中，到深夜也能見到普里克霍特科，手中握著螺絲板手，調校維護液化器。藉由測量不同晶體在低溫下吸收、射出的光量，她便得以推斷出原子的行為。最重要的是，普里克霍特科是最早以實驗證明，弗倫克爾所預測的一種準粒子——稱為「激子」（exciton）——確實存在的第一人。雖然這一切看來或許都相當抽象，普里克霍特科的研究，實際上卻具有一個遠更實用的層面。她研究的晶體，許多都用來製造工業化學品，包括萘（naphthalene，具有殺蟲作用）和苯（鋼生產過程的溶劑）。因此從許多方面來看，普里克霍特科都是個蘇聯科學家

楷模。她使用最新的量子力學科學理論來執行實用的實驗，從而得以為現實世界的工業發展做出貢獻。秉持這項工作成果，普里克霍特科後來便獲頒蘇聯最受敬重的「列寧獎」以及「社會主義勞動英雄」兩個平民獎項。[24]

　　普里克霍特科在哈爾科夫工作時恰逢一段特別令人振奮的時期。一九三〇年代的烏克蘭物理技術研究院滿是胸懷抱負的年輕科學家，他們迫切想在現代世界留下自己的印記。其中天賦最高的或許就是列夫・朗道（Lev Landau）。朗道一九〇八年生於巴庫（Baku），所有人都說他是個神童，十三歲時已經精通微積分。然而沙皇統治下的僵化教育並不適合他。朗道對學校感到厭煩，故意侮辱校長好讓自己被開除。朗道很幸運，就在那同一年，俄羅斯革命拓展到了巴庫。為了向大眾開放教育，布爾什維克取消了進入當地大學的所有官樣要件。才剛十四歲的朗道抓住了這個機會，進入巴庫大學攻讀物理學。幾年過後，他決定轉學就讀列寧格勒大學，在那裡達成他取得學位的其餘要件。在列寧格勒，朗道結識了其他年輕物理學家，其中許多人就像他也有革命情操。他們一起閱讀有關於量子力學和相對論的最新作品，還有列寧與托洛斯基的政治著述。[25]

　　一九二七年，朗道畢業，接著就開始在列寧格勒物理技術研究院工作，擔任研究員。隨後他獲頒洛克菲勒獎學金，資助他前往歐洲深造。在整個二十世紀，總部設在美國的洛克菲勒基金會（Rockefeller Foundation）都提供資金來支持科學家之間的國際合作。儘管洛克菲勒基金會對蘇聯政治抱持高度疑慮，它依然將科學合作視為促進國際和平的一種手段。因此朗道才得以在歐洲

逗留超過一年，並與那裡的許多領導科學家共事。他在柏林結識了愛因斯坦，並在萊比錫見到了海森堡，隨後他前往哥本哈根與波耳一起工作。一九三一年，朗道回到了俄羅斯，對於量子力學領域做出的新成果愈加感到興奮。然而，他在列寧格勒開始感到厭煩。儘管有些像弗倫克爾這樣比較年輕的物理學家，努力推動事情向前發展，那裡的科學依然是由老一輩人主導。有鑑於此，朗道決定動身前往哈爾科夫，在那裡的烏克蘭物理技術研究院上任新職。他在一九三四年抵達，年僅二十六歲，立刻被任命為理論學系的系主任。[26]

接下來幾年期間，朗道取得了一系列重大的理論突破。他的研究範圍很廣，從恆星形成背後的物理學，到磁性的基本原理等，無所不包。不過他真正熱愛的是低溫物理學。在哈爾科夫，朗道與一批傑出的年輕科學家共事。他的研究大半與列夫·舒勃尼科夫（Lev Shubnikov）以及他的妻子奧爾嘉·特拉佩茲尼科娃（Olga Trapeznikova）合作進行，夫妻兩人都曾在一九二〇年代在列寧格勒學習物理學。朗道令人感佩的工作表現，很快就引起莫斯科資深物理學家的注意。一九三七年三月，卡皮察寫信給朗道，邀請他加入新近成立的物理問題研究院。前面我們已經見到，這是個新成立的研究中心，特別為支持卡皮察的低溫物理學研究而設。朗道了解這是個難得的機會。物理問題研究院擁有蘇聯最好的科學設備，其中大半都是向劍橋蒙德實驗室買來的。而且不像列寧格勒的一些老邁衛道人士，卡皮察還很熱心支持物理學家從事真正創新的理論工作。[27]

一九三七年春，朗道前往莫斯科上任新職。事實證明，這是

離開哈爾科夫的好時機。在一九三六和一九三八年間，史達林策動了一場大規模的政治鎮壓和迫害運動，後來稱之為「大恐怖」（Great Terror）。任何人就算只隱約被懷疑從事「反革命」活動，都會被逮捕，接著要麼遭槍決，不然就被送往各地勞改營（Gulag，音譯古拉格）。多達百萬人在這段期間喪生。一九三七年早期，大恐怖席捲烏克蘭。曾經與朗道共事的科學家，許多從此行蹤杳然。舒勃尼科夫在他的實驗室被逮捕。接著他被送進監獄，遭受拷打並被迫在一份供狀上簽名，認罪表示自己是「一個托洛斯基破壞組織的一員，藏身烏克蘭物理技術研究院院牆內工作」。關押幾個月後，舒勃尼科夫便遭行刑隊槍決。他的妻子，物理學家特拉佩茲尼科娃由於最近剛生下他們的獨子，才倖免於難。[28]

到最後，事態依然波及朗道。一九三八年四月二十八日，他在莫斯科被捕。這很可能是由於他在烏克蘭的一些同事，受了威逼脅迫，只能指控朗道也是舒勃尼科夫所屬那個「反革命」組織的成員。朗道下一年都待在監獄裡面。他遭審訊了好幾個小時，還被迫擺出屈服姿勢，雙臂綁在後背，蹲在地上。若非他的朋友暨導師卡皮察出手，朗道就大有可能會被處決。就在朗道被捕當天，卡皮察直接寫信給史達林本人。「鑑於他的極高天賦，懇請鈞座下令密切關注他的案例，」卡皮察敦促表示。「毫無疑問，失去朗道對於我們這所研究院和對於蘇聯，以及對於世界科學，都不會無關痛癢，而且會有很深刻的感受，」他解釋道。卡皮察最近才剛宣布發現超流體的消息。被逮捕的時候，朗道正領導一支團隊，嘗試解釋這種奇特的新現象。卡皮察知道，沒有了朗

道，他就沒辦法繼續這條研究路線。[29]

　　寫給史達林的信似乎奏效了。被逮捕之後整整一年，朗道被釋放了。他嚴重營養不良，幾乎不能走路。不過幾週過後，他就回到了物理問題研究院。關於朗道，卡皮察說得對，他真的擁有「極高天賦」。三年過後，朗道終於破解了超流體問題。一九四一年，他發表了第一篇針對非常低溫下液氦行為的理論解釋。自從卡皮察的發現以來，物理學家都一直假定，構思超流體相關事項時，最好是想像液氦會開始表現出很像氣體的行為，其中的原子都隨心所欲自由運動。不過朗道表明，這樣來構思超流體實際上並不合宜。結果他反而取法弗倫克爾的量子力學早期成果來論證，處於超流態的原子並不是完全自由的。實際上它們的運動是依循纖小漩渦的模式。在合宜溫度下，這些打旋的原子會將液氦的摩擦力降到完全為零。後來朗道便以他的超流體研究，獲頒諾貝爾物理學獎，成為二十世紀贏得諾貝爾獎的九名蘇聯科學家之一。[30]

　　朗道的事業生涯再次提醒了我們，蘇聯科學的兩個不同層面。就一方面，像朗道這樣的物理學家，只有在蘇聯才能茁壯成長。身為基進的知識分子，朗道受到鼓舞，特別在莫斯科的物理問題研究院，發展出革命性的科學新理論，突破了當時認定的可能上限。蘇聯政府也提供了必要的設備，朗道和其他人才得以進行尖端研究，特別是低溫物理學方面。所有這一切都反映出了，在第一次世界大戰戰後幾年期間，布爾什維克如何企圖把科學當成促進蘇聯知識與工業發展的手段。然而在此同時，朗道——就像許多蘇聯科學家——也在意識形態激烈衝突的氛圍下飽受茶

毒。他是個幸運兒，先被逮捕了，但後來又在史達林命令之下獲釋。許多與他共事的人，就沒有那麼幸運了。即便是在一九三六至三八年大恐怖時期倖存下來的人，仍在陰影下生活。卡皮察，一九三〇年代蘇聯科學界的寵兒，後來與史達林不合，結果遭物理問題研究院撤職。朗道也在祕密警察監視下度過餘生。科學的這種意識形態層面，在蘇聯尤其強烈。然而，底下我們就會見到，這絕不是獨一無二的。[31]

2. 愛因斯坦在中國

一九一九年五月四日，四千多名學生走上北京街頭。儘管一九一一年革命已經終結了中國的清朝統治，許多年輕一代仍對新成立的國民政府不滿。他們高舉旗幟，其中一幅上寫著「打倒軍國主義者！」另一幅則寫道：「打倒孔子和他的徒眾！」這是第一次世界大戰結束之後席捲中國的一場大規模抗議的開端。那次事件後來便稱為五四運動。最早點燃那次抗議的導火線是民眾感受中國政府在《凡爾賽條約》協商應對上表現軟弱，任憑列強宰割，無視戰時中國也支持協約國之實，硬將德國侵占的中國東部領地轉讓給日本。然而，五四運動很快就演變成對中國傳統社會的更廣泛批判。許多學生覺得，中國依然停滯在過去。除了要求頒訂新的（包括民主在內的）政治制度之外，抗議群眾還呼籲對現代科學進行更大量投資。「科學救國！」現場可以聽到，有些學生遊行穿越天安門廣場時這樣呼喊。「新科學、新文化！」另一些人這樣呼喊。[32]

愛因斯坦的相對論，恰恰代表了在許多人心目中，中國所欠缺的那種現代科學。在北京大學求學的學生，大有可能是經由那裡的一位基進年輕教授，才認識了愛因斯坦。夏元瑮出身政治改革者家庭。他的父親與一九一一年革命之後參與建立中華民國的許多關鍵人物都是朋友。夏元瑮本人曾在美國耶魯大學附設的謝菲爾德科學院（Sheffield Scientific School）攻讀物理學。他還曾在第一次世界大戰之前前往歐洲待了一段時間，在柏林大學修讀研究所課程，就是在那裡，他從德國物理學家普朗克那裡學到了相對論。一九一一年，清朝滅亡之後，夏元瑮回到中國，並很快受任命為北京大學物理學教授。[33]

五四運動爆發前夕，夏元瑮在講課時將相對論描述為「當今物理學最新的、最先進的，也最深刻的理論」。接著他解釋了愛因斯坦的研究帶來的一些必然結果。「絕對時間的概念是不能存在的，」夏元瑮告訴北京的學生。不只是這樣，而且「時間和空間也失去了獨立性」。根據夏元瑮所述，愛因斯坦的相對論是「自從牛頓和達爾文以來的最重要成就」。它代表了「物理學的一項偉大革命」。夏元瑮很快就發現，學生很熱切想更深入學習。一九二一年，他決定把愛因斯坦本人的一九一六年德文著述，《狹義與廣義相對論淺說》（*Relativity: The Special and General Theory*）翻譯成中文。這是中國第一本談相對論的書籍。[34]

在一九二二年前往上海之前，愛因斯坦就已經和中國革命連繫在一起。一份中國報紙把相對論描述為完全就是「整個科學界革命的起始點」。另一份則報導表示，「愛因斯坦革命的衝擊甚

至還比德國的路德宗教改革，或者馬克思過去的經濟改革還更了不起」。[35]

事實上，邀請愛因斯坦來中國的是蔡元培，正是五四運動的領導人之一。蔡元培在辛亥革命之後曾被任命為教育部長，期望在中國推展現代科學。這也部分延續自我們在第五章所見主題之一。自十九世紀中葉以來，特別是在清朝最後幾十年間的自強運動時期，中國的政治改革者一直試圖以從歐美引進的現代科學來取代古代儒家哲學。著眼於此，蔡元培乃在一九二一年三月前往德國，設法招募歐洲頂尖科學家前來中國。蔡元培在柏林見到了愛因斯坦，以一千美元（相當於當今一萬多美元）徵請他來北京大學發表系列講座。愛因斯坦接受邀約，不過最後他大半時間卻都待在日本。儘管如此，蔡元培仍很高興這位「二十世紀思想之星」能駐足中國。[36]

辛亥革命帶來了對現代科學的新一輪興趣和投資。儘管這並不是一場共產革命——那是後來發生於一九四九年人民共和國成立之時——但與蘇聯所發生狀況仍有眾多雷同之處。就像在俄羅斯，中國領導人也看出了政治革命和科學界的革命之間有種密切關聯。五四運動之後，中國政府接連建立了一系列新的科研機構。一九一九年，緊接著學生抗議之後，蔡元培批准在北京大學成立一所新的物理學實驗室。接著到了一九三〇年，中國新設了十一個物理系，包括武漢大學和上海大學物理系。[37]

除了在自家累積實力之外，中國也開始在國外建立新的聯繫。歐洲深具影響力的物理學家——包括愛因斯坦、波耳和狄拉克——全都應邀來華講學。好幾千名中國學生也被派往歐洲、美

國和日本各大學深造。就某些方面來講，這也隸屬一個遠更漫長趨勢的一部分。誠如我們在本書各處所見，就科學方面，中國絕非與世隔絕。從近代早期開始，中國學者始終不斷與世界各地人士思想交流，而且自從十九世紀中葉以來，也不斷有中國學生前往歐洲和美國各大學深造。儘管如此，辛亥革命仍大幅提增了知識交流的規模。二十世紀頭四十年間，超過一萬六千名中國學生前往美國，其中絕大多數都攻讀科學和工程。[38]

許多中國學生都是依循美國政府制訂的一項新方案前往留學。一九〇八年，美國總統狄奧多・羅斯福（Theodore Roosevelt）批准成立義和團庚子賠款獎學金（Boxer Indemnity Scholarship）。當時中國對美國政府欠款超過兩千四百萬美元。這原本是為支付一九〇一年一場暴動所致損失的償款，那次動亂主要針對歐洲和美國駐紮中國的部隊，號稱義和團事變。羅斯福同意中國政府不必直接支付賠款，可以改用那筆資金來支付給美國各大學作為獎助金。然而這可不是什麼慈善舉止，而是一次精明的外交謀略。目標是要為美國各大學挹注現款，同時也藉此來形塑中國的知識發展。誠如羅斯福一位顧問所述，「一個國家若能成功教育當前世代年輕中國人，它就會成為……往後在道德、知識以及商業影響上收割最大可能回報……的國家」。[39]

周培源是二十世紀頭幾十年間眾多出國留學的中國學生之一。他生於江蘇省，出身一個富裕家庭。不過辛亥革命之後，由於各地頻遭軍閥侵擾，周培源和他的家庭也四處搬遷。最後周培源在上海落腳，開始在美國傳教士開辦的學校就讀。然而就像他那一代的許多人一樣，周培源對中國社會現狀也懷有深沉的疑

慮。五四運動爆發，他加入抗議學生陣營。在他自己學校門外，可以見到周培源振臂高呼「打倒帝國主義！」校長對此不以為然，周培源被學校開除。他的父親很生氣。現在他這輩子打算怎麼辦？[40]

周培源遊蕩了一段時期。他在上海西邊林間一家佛寺待了一陣子。打坐數日之後，周培源終於決定起身踏上新的道路。他聽說中國學生有機會在國外發展。他要前往美國接受培訓，用他自己的話來講，成為「世界級物理學家」。周培源顯然有遠大的抱負。然而，要前往美國有個先決要件，他必須先進入北京清華大學。這所新學府成立於一九一一年，專門為希望請領庚子賠款獎學金出國深造的中國學生預做準備。周培源在北京求學時也學到了和相對性有關的內容。他在當地報紙上讀到了愛因斯坦將要訪問上海的報導，於是很快就買了一本愛因斯坦著作的夏元瑮譯本。[41]

一九二四年，周培源從清華大學畢業。同一年，他搭乘輪船橫渡太平洋，赴美求學。他首先在芝加哥大學待了兩年，隨後便遷往加州理工學院，開始攻讀博士學位。他的博士論文後來在《美國數學期刊》（*American Journal of Mathematics*）上發表，其中周培源率先就愛因斯坦在廣義相對論中所提方程式提出了最早幾則詳解。自從愛因斯坦在一九一五年發表「場方程式」以來，數學家就不斷尋覓能描述實際物理系統的解法：例如，行星或恆星的質量對空間曲率和時間推移，會產生什麼明確的作用？周培源這位被學校開除之後才轉學物理的退學生，提出了一項解答。[42]

周培源在一九二九年回到中國，進入清華大學當上物理學教授。這是個很大的轉變：從抗議學生到教授。往後幾年期間，周培源繼續從事相對性研究。接著在一九三五年，他收到了一份特殊邀約。他獲邀前往普林斯頓高等研究院（Institute for Advanced Study at Princeton University，譯註：高等研究院和普林斯頓大學相鄰並協同合作，不過並無從屬關係）待一年，那裡也是愛因斯坦逃離德國之後的主要研究機構。到了普林斯頓，周培源和愛因斯坦花許多時間交談，討論廣義相對論的更廣泛意涵，特別是就宇宙結構方面。宇宙是靜止的嗎？或者是不斷膨脹？這是一九三〇年代物理學的重大問題之一，也是愛因斯坦方程式有可能解鎖的一項疑難。周培源成為正確論述廣義相對論蘊含了一個膨脹宇宙的存在的學者之一。除了物理學，愛因斯坦還與周培源聊起他待在中國的那段時期，以及他對中國文化的深深賞識。「和我單獨談話時，他對中國勞動人民表達了深切同情……並對我們這個擁有悠遠文化歷史的國家寄予厚望，」後來周培源回顧表示。[43]

一九三七年年初，周培源再次回國。那年夏天日軍入侵北京。周培源和清華大學所有教職員生都不得不疏散，轉移到兩千四百公里之外的西南省分雲南。愛因斯坦盡力幫忙，簽署了一封譴責日本入侵的公開信。他擔心這可能是另一場重大國際衝突的開端。周培源感謝他的支持，並從他在雲南的臨時辦公室寫信給愛因斯坦。「我們一定要感謝您能認同我們的奮鬥目標，以及您推動抵制日本商品所做努力，」周培源寫道。再一次，物理和政治永遠不是分隔的。[44]

周培源是中國第一位新生代科學家，他們許多人對現代物理

學的發展都做出了重大貢獻。除了相對性研究之外，好幾位中國科學家還從事量子力學研究。就像周培源，他們通常都曾出國接受培訓，回到中國協助在家鄉建立新的實驗室。其中有一批學生都曾師從美國物理學家羅伯特・密立根（Robert Millikan）。[45]

葉企孫和趙忠堯的出身背景很相像。就像那個時期的許多中國科學家，他們都誕生在傳統文人世家。葉企孫的父親是清朝科層體系的公務員，趙忠堯的父親則是位學堂教師。葉企孫和趙忠堯都身負繼承傳統門風之家族期許，投身仕宦或儒學教育。然而辛亥革命把這一切都畫上了句點。於是葉企孫和趙忠堯也就像他們同時代的許多人，必須重新打造出自己的理想。他們選擇成為現代科學家。葉企孫第一個到達美國，一九一八年來到芝加哥大學，開始追隨密立根學習。在這整段期間，密立根都致力做實驗來檢驗量子力學領域的眾多新理論。葉企孫著手測定普朗克常數。這個常數是以德國物理學家馬克斯・普朗克的姓氏命名，代表任何物理交互作用所牽涉之能量的最小可能數額──「量子力學」中的那個「量子」。為測定這麼渺小的數值，葉企孫必須設計出一組新的實驗裝置。進行時還得小心測量 X 射線穿越「電離室」（裡面充填氣體用來探測輻射的裝置）時的能量等級。X 射線穿越電離室時便與氣體粒子互撞，發出一股微弱的電流，葉企孫測定後將結果納入他的計算。一九二一年，他發表了一篇和哈佛物理學家威廉・杜安（William Duane）合著的文章，發布迄至當時最精準測定的普朗克常數。這在往後數十年間，依然會是全世界物理學家所採用的標準數值。[46]

一九二一年，密立根離開芝加哥大學，遷往加州理工學院。

幾年過後，趙忠堯運用庚子賠款獎學金來到美國。他來到加州是專門為了追隨密立根做研究，到那時候，密立根已經以支持有抱負的中國科學家出了名。經過一番爭辯，檢討合適的題目之後，密立根同意收趙忠堯為他的博士生。於是趙忠堯啟動一項雄心勃勃的計畫，試圖驗證量子力學的一項最新近理論突破。一九二九年，在哥本哈根工作的兩位物理學家，發表了一組方程式，並宣稱那可以用來解釋（好比光等）電磁波進入原子核時所發生的狀況。趙忠堯決定查驗那組方程式有沒有作用。於是他以伽瑪射線 —— 這是種高能電磁波 —— 來照射不同化學元素。接著他測量每種狀況下原子核吸收或射出的能量數值。結果令人驚訝。就部分原子核，方程式作用得很不錯。不過就其他元素，特別是鉛一類的重元素，結果就與方程式不符，能量大幅超額。這股能量是從哪裡來的？起初趙忠堯並不能確定。但無論如何，他的結果已經十分重要，足以在享有盛譽的《美國國家科學院院刊》（*Proceedings of the National Academy of Sciences*）上發表。[47]

事實證明，趙忠堯是全球最早觀測發現一種嶄新基本粒子的第一位科學家，那種粒子就是「正子」，亦稱「正電子」。一九二八年，英國物理學家狄拉克便曾預測，世上存有這種粒子。狄拉克論述說明，在某些情況下，電子生成時有可能不帶負電荷，卻是帶了正電荷。這類奇特的粒子代表一類全新的物質 —— 也就是後來所稱的「反物質」。狄拉克也意識到，正子只可能存在剎那瞬間，因為它們會很快被拉向一顆帶負電荷的電子，接著就相互結合並相互「湮滅」。最重要的是，這種反應會爆發一股能量，而這也正是趙忠堯做實驗時偵測到的現象：電子和正子湮

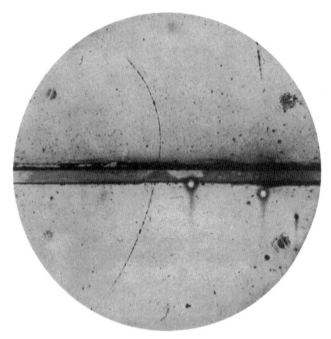

7-2 雲室內一顆正子的照片。正子的運動以從左下朝左上的
黑色曲線表示。（Wikipedia）

滅，因此才產生出多餘的能量。

　　一九三〇年，趙忠堯拿到博士學位。隔年他回到中國，進入
北京清華大學任職。儘管做了那麼重要的實驗，趙忠堯卻始終沒
有獲得發現正子的榮耀。這個殊榮歸於美國物理學家卡爾・安德
森（Carl Anderson），安德森也是密立根的加州理工學院學生。
趙忠堯和安德森在同一條走道上工作，大半時日都一起談論他
們的實驗。「他的發現讓我很感興趣，」安德森後來寫道。一
等趙忠堯回到中國，安德森馬上執行了進一步測試，一舉驗證

確認了狄拉克是對的：正子是真的。一九三六年，安德森以他的這項發現獲得諾貝爾獎。當時他只說他是「偶然」遇上了正子，不過到後來安德森才坦承，他是直接受了趙忠堯較早那些實驗的啟發。[48]

許多中國物理學家都曾在二十世紀頭幾十年間出國留學，趙忠堯就是其中之一。有些人去了美國，另有些人則前往歐洲和日本。他們共同為現代物理學的發展做出了好幾項重大貢獻，研究領域含括從廣義相對論背後的數學到新的基本粒子的存在。他們許多人都出身傳統文人背景，在辛亥革命和清朝垮台之後尋覓新的職志。他們回到中國時已經卸下儒士身分，成為現代物理學家。就像蘇聯的情況，中國的政治領導人也把科學看成實現國家現代化的手段。他們把相對論和量子力學的新理論，與更美好的未來連結在一起。一九一九年春，中國各地掀起一波波學生抗議浪潮，而這樣的連結思潮，尤其常見於涉入學生抗議活動的陣營。「中國最欠缺，也最需要的是自然科學，」五四運動領導人之一，蔡元培這樣論稱。在下一節中，我們將探討現代物理學史的另一面。二十世紀初的日本並沒有發生政治革命。儘管如此，誠如我們將看到的，日本科學依然受了更寬廣世界的意識形態衝突影響而改變了。[49]

3. 日本的量子力學

一群日本學生擠在一落科學期刊周圍，開始討論量子力學領域的最新作品。首先他們檢視了狄拉克談氫彈的新文章，接著他

們改談海森堡討論「電子躍遷」的論文。在那群年輕學生看來，就如同同時代中國年輕學子所見，量子力學也代表未來。日本科學必須超越「古典理論」，其中一位表示。「今天死氣沉沉的教學已經過時了，」另一位宣告。這是「物理閱讀會」（Physics Reading Group）的第一次聚會，這個會在一九二六年三月成立於東京。參加每週聚會的學生，對東京大學的教學早就深感失望。在那時候，物理學的主要課程只含括艾薩克・牛頓的古典力學，加上馬克士威有關電磁學的若干成果。完全沒有新物理學，也沒量子力學。學生決定自力學習。[50]

儘管日本並沒有經歷政治革命，對他們來講，二十世紀早期依然是一段重大社會變革時期。明治天皇在一九一二年駕崩時，年輕世代的許多人抓住了機會。他們要求新式民主政治，以及伴隨導入一種新的文化。年輕日本男女不再上傳統歌舞伎劇場，開始改去電影院並聽爵士樂。就在東京學生閱讀量子力學之時，另有些人則加入新近成立的馬克思主義學會。事實上，後來成為領導物理學家的學生當中，好幾位也都加入了成立於一九二二年的日本共產黨。不過也不是所有人都受到馬克思主義的吸引。不同政治派別競逐影響力。民族主義者呼籲，第一次世界大戰已然終結，有必要建立更強大的軍事力量，自由主義者要求國會改革，而無政府主義者則圖謀推翻政府。看來所有人對日本的未來都各具遠見。[51]

許多人都把科學看成未來的關鍵。第一次世界大戰過後，日本開始提增對科學和技術的投資。就某些意義來看，這也就是我們在前兩章中所見主題的延續。一八六八年明治維新之後，日本

政府已經開始派學生出國到美國和歐洲接受培訓。這個較早期世代的日本科學家後來便回國，協助在各大學成立了一些最早期的物理系和生物系。然而就像在中國，科學投資的規模，是在第一次世界大戰之後才有明顯增長。與戰前相比，一九三〇年在日本大學求學的學生人數已經增長到將近十倍。在這段時期，日本政府還建立了好幾所新的大學和科學組織。其中包括成立於一九三一年的大阪大學，以及成立於一九三二年的日本學術振興會（Japan Society for the Promotion of Science）。[52]

這當中最重要的新組織是理化學研究所（Institute of Physical and Chemical Research），在日本常以理研（Riken）相稱。理研於一九一七年設立於東京，兼具實務以及智識的目的。第一次世界大戰之後，日本希望維繫它在東亞的工業和軍事霸權地位。「最近的戰爭⋯⋯教導我們在軍用物資和工業原料上追求獨立自主和自給自足的迫切必要性，」負責成立理研的委員會這樣解釋。在此同時，這所新的研究機構的宗旨是要成為科學前沿理論工作的核心。兩項目標實際上是相輔相成的。理研的資金部分來自高峰讓吉，我們在前一章認識的這位富有的工業化學家，很快就累積了形形色色的化學和工業製程專利。其中甚至還有釀造日本米酒（或就是清酒）的特殊製作手法。從這些專利掙得的資金，接著就拿來幫助挹注更多理論研究，尤其就物理學領域更是如此。畢竟，理研的目的不僅只是支援工業，還包括「為世界文明做出貢獻，提升我們國家的地位」。日本科學家就要成為他們各相關領域的領導者。理研聲名鵲起，成為想投身解決科學新問題的有志年輕畢業生該去的地方。[53]

仁科芳雄就是進入理研做研究的年輕畢業生之一。他生於十九世紀末，出身一個深具影響力但最近陷入艱困處境的家庭。仁科芳雄的祖父是位武士，然而父親的地位就比較低下，在岡山市（Okayama）市郊經營一座小型農場。不過仁科芳雄在學校表現很好，接著在一九一四年，也就是第一次世界大戰爆發的那一年，進入東京大學電機工程學系。仁科芳雄在大學成績優異，一九一八年以班上第一名畢業。這種表現令人稱羨。在畢業典禮上，仁科芳雄獲得了日本天皇親自頒發的銀錶，而在戰爭期間表現出色的頂尖工程公司，則提供了最令人嚮往的工作任他挑選。不過他心中自有主見。儘管擁有出色的工程稟賦，仁科芳雄仍希望成為科學家。他的夢想是要從事理論物理學研究，於是他放棄了工程公司的高薪職位，決心進入理研物理系擔任研究員。[54]

　　到這時候，日本科學家出國遊學一段時期已經成為常態。仁科芳雄也不例外，於是在一九二一年四月，他離開東京，搭上一艘前往歐洲的蒸氣輪船。他打算到劍橋大學學習一年。仁科芳雄的旅程是理研物理系主任長岡半太郎安排的，正如我們在第六章所見，長岡半太郎是日本物理學早期先驅之一，他提出的一種原子模型，和劍橋卡文迪許實驗室主任拉塞福所提模型十分相似。到了一九二〇年代，長岡半太郎已經在歐洲物理學界享有盛譽。他曾派出好幾位前程看好的學生前往劍橋工作，還親自寫信向拉塞福推薦仁科芳雄。在一年期間，仁科芳雄學習現代物理學基本實驗技巧，還隨性擺弄一種能用來記錄次原子粒子所留下軌跡的特殊裝置——稱為雲室。他還結識了其他好幾位國際物理學家，他們都是到劍橋來和拉塞福一起工作，包括我們前面曾見過的卡

皮察。不過仁科芳雄還渴望更多。實驗物理學好是很好，不過他真正想要從事的是量子力學背後的理論工作。唯有如此他才能了解宇宙本身的根本本質。[55]

　　到了一九二一年底，仁科芳雄本該準備回日本的時候，他卻寫信給波耳。兩人曾在波耳一次前往劍橋時短暫會晤，仁科芳雄詢問，他能不能到哥本哈根和波耳共事，並寫道，「若有人要找助理做實驗或做計算，我會很樂意去做」。波耳決定接受仁科芳雄所提條件，於是邀請那位日本物理學家來到哥本哈根大學理論物理學研究所（Institute for Theoretical Physics in Copenhagen）。有了波耳的支持，仁科芳雄拿到了拉司寇斯帖德基金會（Rask-Orsted Foundation）提供的獎助金。那個基金會是個丹麥政府組織，在第一次世界大戰之後成立，旨在促進國際科學合作。於是在往後五年期間，仁科芳雄都在哥本哈根工作。原訂一年的行程，到最後在海外待了將近十年。[56]

　　一九二八年，離開哥本哈根前夕，仁科芳雄成就了一項重大的理論突破。當年稍早，英國物理學家狄拉克發表了一篇論文，結合使用相對論和量子力學來描述電子的物理現象。狄拉克來劍橋的時候就認識了仁科芳雄，於是他寄了一份副本來到哥本哈根。論文令人振奮不已。狄拉克表明了，起碼就原則而言，要想將相對論和量子力學融合在一起，是有可能辦到的，而截至當時，兩門學理幾乎都是完全分開處理。不過仁科芳雄還想更進一步。他和瑞典物理學家奧斯卡‧克萊因（Oskar Klein）合作，開始研究一組公式，期能藉此擴充狄拉克的方程式，來描述實際的物理現象：就本例則是，當你向一顆電子發射 X 射線會發生什

麼事情。[57]

　　仁科芳雄和克萊因在接下來的幾個月間勤奮工作，每天在哥本哈根會面討論他們得出的結果。最後完成的論文在一九二九年發表，刊載在德國一份主要的物理學期刊上。就數學方面，老實講是十分費解。不過他們把它做出來了，後來這就稱為「克萊因－仁科公式」（Klein-Nishina formula）。這是率先把相對論和量子力學同時運用來描述具體物理現象的第一次成功嘗試。事實上，也正是這則公式啟發了前面所述中國物理學家趙忠堯的那些實驗。因此我們也可以開始體認到這個時期物理學在國際上觸及的非凡層面，其中一位在哥本哈根工作的日本科學家，有可能啟發了一位在加州工作的中國科學家。二十世紀早期一段短暫時期，看來科學合作有可能真的促成更為和諧的世界。[58]

　　一九二八年當仁科芳雄回到東京時，他幾乎認不出這座城市。在他出國期間，日本被一九二三年關東大地震撼動。十萬多人罹難，許多建築都被摧毀。連科學界也受了影響。「物理系主要建築震裂並瀕臨崩塌。數學系建築完全燒毀，」東京大學一位學生這樣記載。仁科芳雄回國時，日本仍在收拾殘局。儘管如此，許多人認為這是個重新開始的機會。新的日本就要從灰燼中誕生。[59]

　　仁科芳雄比任何人都更勤奮，竭力讓量子力學成為日本科學之未來的一部分。他邀請狄拉克和海森堡同時來到日本，並在兩人於一九二九年發表系列講座時擔任他們的口譯。後來這些內容還由仁科芳雄親自翻譯成日文供學生研讀，也為他們介紹了量子力學的眾多基本概念。仁科芳雄還到全國各地發表演說，協助激

勵了新一代物理學家，而且其中許多人都會接棒發展出他們自己的重要成就。仁科芳雄對日本科學的最重要貢獻，實際上有可能就是一九三一年五月他在京都大學發表的一場演說。聽眾中有一位讀物理的年輕學生，名叫湯川秀樹。他靜聽仁科芳雄描述量子力學奇特新世界，並在演講之後向那位較為年長的教授提問。仁科芳雄當時並不曉得，這位年輕人後來會成為第一位獲頒諾貝爾獎的日本科學家。[60]

湯川秀樹一九〇七年生於東京，他的父親在日本地質調查總局服務。這個單位成立於一八八二年，同樣是明治維新時期（見本書前兩章所述日本歷史時期）創辦的新的科研機構之一。湯川秀樹的父親曾周遊全世界，和來自中國與歐洲的地質學家一起工作，而這也正是十九世紀現代日本科學家的典範。不過在湯川秀樹的早年時代，還另有一位重要人物。他的祖父是位深受敬重的傳統文人，因此湯川秀樹的學養兼及現代和傳統。他的父親教他物理學和化學，祖父則要他背誦中國典籍。[61]

到最後，湯川秀樹決定追隨父親成為科學家。他在一九二六年進入京都大學攻讀物理學。然而，就像日本各地許多年輕學生，他也發現教學相當乏味。他受量子力學新物理學激起的興奮之情，比起過時的教學大綱上的任何題材都強烈得多。於是湯川秀樹決定自學。他會在物理學圖書室裡待上好幾個小時。「滿書架的老書對我毫無用處，不過我想學習，而且要盡快，有關新的量子理論的文章，在外國期刊上發表的論文，特別是德國的，而且是過去兩、三年內刊出的，」後來他這樣寫道。一個十九歲學生想要自學量子力學，那是一項壯舉。不過湯川秀樹顯然是被迷

住了。另一位京都大學學生朝永振一郎也加入他的自修行列。（後來朝永振一郎也會贏得諾貝爾物理學獎，成為獲此殊榮的第二位日本科學家。）兩位年輕人到晚上就一起聊量子力學，偶爾也下盤圍棋這種奇特的遊戲。[62]

湯川秀樹畢業時正值一次經濟衰退，那也是後來摧毀世界經濟的大蕭條的初步跡象。一九二九年晚期，湯川秀樹權衡他的選擇。沒有給大學畢業生的工作，他納悶自己是不是該當個祭司？起碼這會讓祖父開心。不過聽了仁科芳雄在京都發表的演講之後，湯川秀樹決定聽從自己所愛，他要成為理論物理學家。畢竟，大學幾乎是當時唯一還在招聘的地方。一九三二年，湯川秀樹在京都大學物理系謀得講師職位。他很快就開設了一門有關量子力學的新課程，讓學生十分開心。不過一年之後，湯川秀樹獲得大阪大學職務邀約。這所大學是日本政府在一九三〇年代成立的新大學之一，也是為在全國推廣科學所做努力的一部分。那時大阪大學已經享有盛譽，號稱進行令人興奮新研究的人該去的地方。而且最終湯川秀樹也是在大阪開創突破，並因此獲頒諾貝爾獎。[63]

一九三四年十一月十七日，湯川秀樹在日本物理數學學會（Physico-Mathematical Society of Japan）會上提報他的最新成果。顯然聽眾幾乎毫無所覺，沒發現他們正在聆聽現代物理學最重要的理論進展之一。在那篇論文中，湯川秀樹解出了一道難倒當代一些最優秀科學家的問題。兩年之前，劍橋物理學家詹姆士・查兌克（James Chadwick）發現了中子的存在跡象。這種不帶電荷的大型粒子見於原子核的中央，並與帶正電的質子結合。

不過這裡有個問題。當時並不清楚，是什麼力量把原子核束縛在一起。那不可能是電荷，因為中子並不帶電，任何帶正電的質子都會相互排斥。因此物理學家假定，必然有其他某種作用力來讓中子和質子就定位。不過那是什麼呢？湯川秀樹提出了答案。在那篇一九三五年年初發表的論文當中，他預測存有一種全新的基本粒子，後來便稱之為「介子」（meson）。依湯川秀樹所見，介子是傳遞強核力的媒介，能把質子和中子束縛在一起。[64]

幾年之後，湯川秀樹所述經證明是對的。而且是由他的舊時恩師仁科芳雄驗證確認存有介子。到這時候，仁科芳雄已經是理研物理系的主任。他最近還招募了湯川秀樹的大學朋友暨同儕量子力學愛好者朝永振一郎。兩人一起著手獵捕介子。湯川秀樹提出了一些線索。他預測介子只在非常高能量狀況下才偵測得到，而且它的質量約兩百倍於電子的質量。一九三七年年底，仁科芳雄在雲室中瞧見了一道似乎能與條件相符的線條。他一直在用高能宇宙射線做實驗，查看當它們在雲室中與其他次原子粒子互撞時會發生什麼情況。在某些情況下，這會短暫出現一顆新的粒子，在仁科芳雄拍攝的照片上留下一道肉眼可見的細白線。這就是了，正如預測所述。「湯川秀樹粒子」（Yukawa particle），仁科芳雄喜歡這樣稱呼那種粒子。介子是真的。[65]

不像中國和俄羅斯，日本並沒有在二十世紀頭幾十年間經歷一場革命，然而那裡的科學，依然受了國際政治更廣闊世界的影響形塑而成。一九一二年，明治天皇駕崩，引發了改革日本社會的呼聲。年輕世代希望在政治上和知識上促成變革：有些人加入了日本共產黨，另有些人則開始閱讀量子力學。在大阪大學和湯

川秀樹共事的武谷三男兩樣都做了。在此同時，日本也決意鞏固它在東亞的軍事和經濟地位。像東京的理研這樣的新設科學研究機構的功能兼及政治和知識目標。理研當能「累積國家財富」同時也鼓舞「物理和化學學門的創造研究」。到了一九三〇年代，在理研這樣的新設研究機構工作的日本物理學家，已經做出了一系列重大突破。就像俄羅斯和中國的科學家，新一代科學家在現代物理學中看到了更美好的未來。對湯川秀樹而言，量子力學代表那個時代的「自由精神」。這是新日本的一門新科學。下一節我們要探討更光明未來的理念，如何形塑了英屬印度現代物理學在這同一時期的發展。[66]

4. 物理學和對抗帝國

梅格納德・薩哈（Meghnad Saha）就要賭上他的一切。薩哈生於孟加拉一個貧困的印度教家庭，才剛拿到入學許可，進入深具名望的達卡（Dacca，位於現今的孟加拉）政府學院高校（Government Collegiate School）就讀。他的表現很好，攻讀數學、物理學和化學。不過在一九〇五年暑期，薩哈參與了一場決定他下半輩子的抗議活動，在那時候，孟加拉仍在大英帝國殖民統治之下，隸屬印度帝國的一部分。自十九世紀晚期以來，許多印度人都挺身對抗帝國的不義舉措。不過對抗殖民主義的鬥爭，就要進入一個新的階段。一九〇五年七月，印度總督宣布，他打算把孟加拉分割為兩個新的行省：印度教徒占多數的西孟加拉和穆斯林占多數的東孟加拉。薩哈就像其他許多孟加拉人，對於

自己的家園被分裂深感憤慨。孟加拉副總督來視察達卡學院高校時，學生決定發起一場抵制行動。他們拒絕上課，並站在校門外，嘲弄那位大英殖民官。[67]

隔天薩哈就被學校開除。身為家族第一個接受中等教育的成員，這肯定是個嚴重打擊。不過薩哈不肯放棄。他可不想回到他的小小村莊，像父親那樣當個店老闆。於是薩哈決定待在達卡。他進入另一所學校，這次不是英國的，而是孟加拉人開辦的。由於家境貧寒，沒辦法支持他就學，於是薩哈只能靠當家教來賺錢養活自己，他踩著一台生鏽的腳踏車穿越城市，前往比較有錢學生的家裡教導數學和物理學。最終所有努力得到了回報。他以優異成績考進了總統學院就讀，這所學院隸屬於深受景仰的加爾各答大學的一部分。[68]

一九一一年，來自孟加拉鄉下貧窮人家的男孩，來到了英屬印度帝國的心臟地帶。在加爾各答，薩哈受教於前一個世代最優秀的科學家，包括我們在第六章見到的那些人物。雷伊講授化學，鮑斯則教導物理學。薩哈在大學表現出色。在一九一五年畢業並拿到理學碩士學位。他對於量子力學新的工作成果特別感到興奮，甚至還自學德文，於是他就能閱讀海森堡和普朗克的原文論文。然而，政治世界就要趕上他。在總統學院，薩哈和好幾位學生基進分子共同學習，這當中的許多人，後來還繼續在對抗殖民主義的行動中扮演領導角色。其中也包括蘇巴斯·鮑塞（Subhas Chandra Bose），鮑塞是印度民族主義者，在二戰期間站在納粹德國這邊，還有阿圖克里希納·戈什（Atulkrishna Ghosh），他是革命組織祖甘塔爾黨（Jugantar Party）的領導人

之一。[69]

畢業之後，薩哈發現自己的事業生涯選擇嚴重受限。多數成績優異的數學系和物理系印度畢業生都進入加爾各答的財政部，幫助管理殖民地經濟。然而薩哈卻不得參加相關考試。殖民政府得知他曾在少年時期抗議孟加拉分治，也擔心薩哈近期在加爾各答時與學生革命分子的聯繫。薩哈沒有其他選擇餘地，只好進入加爾各答大學擔任物理系講師。就像其他許多學生基進分子，不論那是在印度、中國或者日本，由於政治形勢讓他別無出路，薩哈最終便選擇成為科學家。[70]

二十世紀早期是印度反殖民運動蓬勃興起的時期。儘管對英國統治始終存有一定程度的抵制，一九〇五年孟加拉分治則促使許多人——包括薩哈——積極投入以行動終結帝國統治。英國向來完全罔顧印度百姓的意願，導入那項政策是基於不信任並意圖藉分化來遂行統治。就如同在其他地方，這種政治世界也形塑了印度科學的發展。就像那個時期的許多印度科學家，薩哈也是個致力投入的反殖民主義行動派人士。他也相信，科學本身在終結殖民主義上也扮演一個角色。從一九二〇年代起，薩哈便論述表示，為求獨立，印度就必須工業化，並在科學和技術上擺脫對英國支援的依賴。這是反殖民運動陣營許多成員所共有的願景。一九三八年，賈瓦哈拉爾·尼赫魯（Jawaharlal Nehru）在加爾各答印度科學大會（India Science Congress）上宣稱：「在往後歲月中，印度會再次成為科學之鄉，而且那不只是種知識活動，同時也會是種推動國民進步的手段。」尼赫魯本身在劍橋大學時期便曾修讀自然科學，後來他還會繼續發展，成為印度於一九四七年

獨立之後的第一任總理。[71]

　　印度民族主義陣營這樣熱衷科學，為薩哈帶來巨大的好處。一九一五年，他開始在加爾各答大學科技學院（University College of Science and Technology in Calcutta）攻讀理學博士學位。這所新的研究機構一年之前方才成立。它是兩位孟加拉有錢律師的心血結晶，兩位都致力追求印度獨立大業。甚至那當中有一位創辦人，還是印度國民大會黨黨員，這個黨是致力終結英國統治的主要政治組織。這所新設研究機構旨在成為「一所全印度的科學學院」，一個「學生將從印度帝國各個角落蜂擁而至」的學院。拿到理學博士學位之後，薩哈很快就拿到獎學金，資助他到國外研究所深造。他希望能前往美國，最後卻只到了英國，在一九二〇年年初抵達倫敦。薩哈對英國政權並無好感，現在卻發現自己身處帝國首都。他肯定感到不自在。儘管如此，他依然充分善用這個處境，在倫敦帝國學院（Imperial College, London）與物理學家阿爾弗雷德‧福勒（Alfred Fowler）一起工作。正是在這裡，薩哈開創了他的第一項重大突破。[72]

　　在帝國學院，薩哈開始研究，當物質被加熱至極端溫度時，會發生什麼狀況。自從十九世紀晚期以來，科學家便知道，物質在非常高溫情況下可能進入一種奇怪的新狀態，稱為電漿（亦稱「等離子體」）。在這種狀態下，電子似乎能在原子間自由移動，產生一團電荷雲霧並釋放能量。不過儘管有這項高溫物理學基本認識，仍沒人真正知道，該如何詳細描述或解釋這當中所發生的狀況。這得等到一九二〇年三月，薩哈在《哲學雜誌》（*Philosophical Magazine*）上發表一篇文章之後，情況方才

改觀。在那篇文章中，薩哈以他的量子力學知識來描述電漿的熱、壓力和電能等級——或就是「電離化等級」——之間的明確關係。他擬出的公式後來便稱為「薩哈電離方程式」（Saha ionization equation）。結果發現它還十分管用，而且不只是從理論觀點來看，就解釋形形色色物理現象方面也是如此。薩哈的構想後來被用來識別恆星中所含元素，以及描述太陽表面所發生的現象。[73]

薩哈在一九二一年回到印度，進入加爾各答大學擔任教授職。接下來那幾年期間，他繼續將他的科學和政治興趣結合起來。印度邁向獨立那幾年期間，他和印度國民大會黨密切合作。到了一九三〇年代，薩哈同時服務於國家規劃委員會（National Planning Committee）以及科學與工業研究理事會（Board of Scientific and Industrial Research）。他還經常與蘇聯的科學家聯繫。薩哈在一九四五年前往俄羅斯，在莫斯科的蘇維埃科學院（Soviet Academy of Sciences）與卡皮察見面。回到印度時，他已經遠比以往都更熱衷於現代科學的政治力量。根據薩哈所述，印度民族主義陣營必須把重點擺在「運用科學和工業方法的歷史使命……如同蘇聯所做的那樣」。當印度最終獲得獨立時，薩哈進入政界，並在新議會中挺身參選。一九五二年，他在心愛的孟加拉獲選為革命社會黨（Revolutionary Socialist Party）黨員。不論從哪層意義來說，薩哈肯定都是個基進分子。[74]

薩哈只是印度眾多將科學與政治混為一談的物理學家之一。不是所有人都像薩哈那麼大膽——有些人就實現獨立的方法意見分歧，也很少有人熱衷依循蘇聯的道路。即便存有這些差異，

這個時期的多數印度科學家，都在他們的工作和對抗帝國之間存有一種關聯性。薩特延德拉・玻色（Satyendra Nath Bose）就是與薩哈志同道合的人士之一，對物理學的未來和印度的未來也抱持相同的願景。一九〇五年暑期，玻色著手安排自己對孟加拉分治的抗議活動。年輕的玻色那時才十一歲，他在加爾各答挨家挨戶收集進口的英國紡織品，然後在街頭堆成一堆並點火焚燒。這項抗議隸屬於當時席捲全孟加拉的國貨運動（swadeshi movement）的一環。反殖民民族主義陣營發起國貨運動並呼籲杯葛所有英國貨。他們期望這就能減少依賴英國進口貨，同時刺激印度製造業。不過有一點和薩哈不同，玻色並沒有在抗議之後蒙受任何嚴重後果。他進入加爾各答印度學校（Hindu School in Calcutta）就讀，接著在一九〇九年進入總統學院。畢業之後，玻色繼續進入新設的加爾各答大學科技學院擔任物理學講師。他就是在這裡結識了薩哈。[75]

　　薩哈和玻色出身迥異背景。薩哈生於鄉下一個低種姓家庭，而玻色則出身加爾各答一個高種姓家庭。儘管有這些差異，薩哈和玻色仍然成為一輩子的朋友。他們都相信，現代科學最終就能幫助印度掙脫英國統治。兩人對相對論和量子力學的新物理學也都抱持很濃厚的興趣。兩位年輕的孟加拉物理學家一起自學德文，並開始搜購進口的德文科學期刊，凡是他們能接觸到的全都買下。這當中也有反殖民主義成分，抵制英國科學並支持出自德國的令人興奮的新近成果。[76]

　　接著薩哈和玻色做了件了不起的事情。兩人把愛因斯坦論述狹義和廣義相對論的原始論文從德文翻譯成英文。書成之後於一

九二〇年以《相對性原理》（*The Principle of Relativity*）名稱在加爾各答出版，這實際上是全世界所能找到的愛因斯坦著述的第一部英文譯本。英國和美國學生後來便購買這本書，通過印度學習愛因斯坦的學理。這裡值得再次暫停一下，反思這點。兩位孟加拉人把德國科學帶來給講英語的世界。這再次提醒人們，在這段時期，科學的國際影響力如何令人不敢置信，還有印度在現代物理學的發展上，扮演了何等重要的角色。[77]

一九二一年，玻色獲聘為達卡大學講師。該大學是第一次世界大戰之後設立的新大學之一。往後幾年他都教相對論和量子力學，同時也做他自己的研究。接著玻色鼓起勇氣寫了封信給愛因斯坦本人。一九二四年六月，玻色寫道：「尊敬的先生，冒昧隨信將文章寄來給您，敬請指正並請賜教。殷切企盼知道您對此有何想法。」幾個月前，玻色便曾寄了一篇文章給倫敦的《哲學雜誌》。文章遭編輯退件。他不氣餒，再把同一篇文章轉寄給愛因斯坦，並請教「您認為這篇論文是否值得發表？」[78]

愛因斯坦很驚訝。那時玻色在印度境外幾乎完全不為人所知，他卻提出了一種全新的方法，來思考基本粒子的行為，而且這是基於量子力學，而非以古典物理學為本。就微觀層級，玻色意識到，個別粒子通常都無從彼此區辨。這讓熱力學的現有方程式有如緣木求魚。玻色不為此途，改發展出了一種新的統計方法，來描述所發生的現象。這第二種手法後來便稱為「玻色——愛因斯坦統計」。物理學家也很快就意識到，只有某些特定種類的粒子會遵照這種統計模式。如今這種粒子便以玻色的姓氏為名，稱為「玻色子」（boson）。[79]

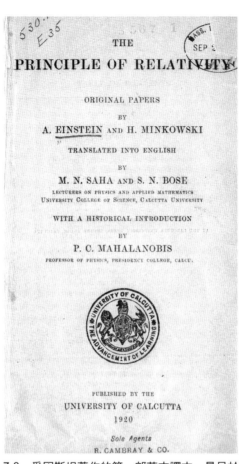

THE

PRINCIPLE OF RELATIVITY

ORIGINAL PAPERS

BY

A. EINSTEIN AND H. MINKOWSKI

TRANSLATED INTO ENGLISH

BY

M. N. SAHA AND S. N. BOSE

LECTURERS ON PHYSICS AND APPLIED MATHEMATICS
UNIVERSITY COLLEGE OF SCIENCE, CALCUTTA UNIVERSITY

WITH A HISTORICAL INTRODUCTION

BY

P. C. MAHALANOBIS

PROFESSOR OF PHYSICS, PRESIDENCY COLLEGE, CALCU.

PUBLISHED BY THE
UNIVERSITY OF CALCUTTA
1920

Sole Agents
R. CAMBRAY & CO.

7-3　愛因斯坦著作的第一部英文譯本，最早於一九二〇年在加爾各答出版。（Archive.org）

　　這是「向前邁出的重要一步，也讓我非常開心」，愛因斯坦在回函中寫道。事實上，愛因斯坦對玻色的文章十分嘆服，還把它從英文翻譯成德文。接著他安排讓文章在柏林的一份主要物理學期刊上發表。愛因斯坦還建議玻色到歐洲來，這樣兩人就可以

見面並好好討論雙方的想法。起初達卡大學很不情願讓玻色離開。不過後來愛因斯坦寫了一封推薦信,這下一切都改觀了。大學立刻批准玻色的請假申請。一九二四年九月,他搭上一艘航向歐洲的蒸氣輪船。「我向德國領事館出示愛因斯坦的名片,就這樣拿到了簽證,」玻色後來回顧說明。玻色先在巴黎待了一陣子,接著就向柏林出發,最後終於在那裡見到了愛因斯坦本人。兩人聊起量子力學的未來,就這點愛因斯坦比較沒那麼肯定。他們還談到政治。誠如我們稍早所述,愛因斯坦對於第一次世界大戰之後的社會狀況愈來愈感到憂心。話題自然也轉到了英屬印度帝國。「你們真的希望英國人退出你的國家嗎?」愛因斯坦問道。「當然了,」玻色回答道,「我們都想決定自己的命運。」[80]

　　和玻色見面之後,愛因斯坦對印度科學和印度政治的興趣變得遠更為濃厚。他經常花時間回覆印度科學家,甚至博士生的信函。愛因斯坦還與二十世紀早期印度許多領導政治人物通信,包括莫罕達斯·甘地(Mohandas Gandhi)以及尼赫魯。愛因斯坦向來致力促進國際和平,也在甘地的非暴力哲學當中找到了啟示。「您所做的一切全都表明,即使不訴諸暴力,我們也能實現理想,」愛因斯坦在一九三一年九月給甘地的一封信中這樣寫道。甘地很高興愛因斯坦對印度獨立運動產生了興趣。「我所做的事情能得到您的青睞,對我來講是個很大的安慰,」他回覆道。甘地和愛因斯坦的書信往來,是在印度科學史上最重要時刻之一發生過後不到一年就開始。一九三〇年十一月,一位印度科學家榮獲諾貝爾物理學獎,表彰他所成就的發現,改變了人們對光之本質的認識。[81]

錢德拉塞卡拉・拉曼（Chandrasekhara Venkata Raman）坐在納爾昆達號蒸氣輪船（SS *Narkunda*）上眺望波光粼粼的湛藍大海。他最近才參加了在牛津大學舉辦的一場研討會，現在正在回印度途中。一九二一年八月，橫越地中海時，拉曼的思緒開始漂移。他納悶，為什麼海是藍的？拉曼知道標準答案。自從十九世紀中葉開始，科學家就已經說明了，由於大海反射天空的顏色，所以看來是藍色的。在那時候，多數物理學教科書也都這樣講。「備受稱頌的深海湛藍和海的顏色無關，那只是天空的藍經反射後所見色彩，」英國物理學家瑞利男爵（Lord Rayleigh）在一九一〇年寫道。不過拉曼可不是那麼肯定。他開始玩弄一件袖珍濾光鏡，在船隻甲板上從不同角度來查看大海的顏色。突然之間，拉曼意識到瑞利錯了。大海不只是反射天空的顏色，實際上大海是轉移了光本身的顏色。這項觀察發現最終讓拉曼贏得諾貝爾獎，也讓他成為第一位獲此殊榮的印度科學家。[82]

人還在海上時，拉曼草草寫了一則短文發給倫敦的《自然》（*Nature*）雜誌。他希望讓科學家相信，「深海的藍色本身就是種獨特的現象」，而且只能以量子力學的最新近理論來解釋。由於那篇文章的作者是相對不知名的印度物理學家，所以一開始歐洲很少有人特別投以關注。不過拉曼下定決心證明自己是對的。一九二一年十月，拉曼回到了加爾各答，他才剛被任命為加爾各答大學科技學院第一任帕利特物理學講座教授（Palit Professor of Physics）。接著他展開一系列實驗，來表明水確實會改變光的顏色。器材設置相當簡單，不過確實有用。拉曼首先拿一件紫色濾光片擺在電燈前方。接著他拿一罐水接受紫光照射，並在一

側放了一件綠色濾光片。這樣一來，拉曼就能（單憑肉眼）偵測得知光線的波長是否改變了，導致顏色也跟著改變了。倘若他是對的，則穿過濾光片時，部分紫光的波長就會延展，並轉為綠色。[83]

一九二八年，拉曼發表了他的最後結果，刊載在《印度物理學期刊》（Indian Journal of Physics），這是一份新的期刊，創辦宗旨在鼓勵本土培育的人才。在那篇文章中，他以本身的量子力學知識來描述當光和水分子互動時，是出了什麼狀況。沒錯，部分光直接反射了，正如瑞利等早期物理學家所稱。然而最重要的是，還有部分光則是被水分子吸收了。接著殘餘的光就會攜帶較少能量，延伸波長，因此也改變顏色。拉曼稱之為「一種新的輻射」。很快這就被稱為「拉曼散射」（Raman scattering）。兩年之後，他贏得了諾貝爾物理學獎。這是個非常崇高的個人成就，但那也是印度獨立運動的一個重要時刻。拉曼證明了印度科學家也可以對現代物理學的發展做出重大貢獻，而且這還受到了國際科學界的認可。[84]

就在贏得諾貝爾獎之後不久，拉曼離開加爾各答前往上任新職。設於班加羅爾（Bangalore）的印度科學理工學院（Indian Institute of Science）延攬他擔任院長一職。該學院成立於一九〇九年，是由富裕的工業家賈姆希德吉・塔塔（Jamsetji Tata）出資創辦。誠如這段期間成立的許多新設研究院，其創辦宗旨也是要藉由科學和技術來促進印度產業的發展。儘管大半由印度捐贈人出資挹注，印度科學理工學院長久以來一直被英國科學家把持。該學院所有前任院長全都是英國人，大多數高級職員也都如

此。因此拉曼的一九三三年任命安排，在印度民族主義陣營引發高度振奮激情。這標誌著從英國統治過渡到印度統治的轉變，起碼就科學界而言。就連以批判現代技術之社會衝擊著稱的甘地，也前往印度科學理工學院來為拉曼祝賀。[85]

在班加羅爾，拉曼把他的理論發現付諸實際應用。他很快就意識到，光的散射或許披露了不同材料結構的相關事項。有鑑於此，拉曼開始使用感光底片，就不同材料改變光波長的程度，進行遠更為精確的測量。這項技術後來便稱為「拉曼光譜學」（Raman spectroscopy），而且至今仍然被科學家使用。鑽石是拉曼特別著迷的物件，儘管這不見得總是那麼容易取得。起初他向一位朋友借用婚戒，最後才說服當地一位摩訶羅闍借他一件大得多的樣本。藉由測量光的散射程度，拉曼便得以解釋分子結構的細微差異，如何影響不同類鑽石的色澤和光輝。[86]

班加羅爾的其他研究員鑽研比較傳統的工業原料。蘇南姐·巴伊（Sunanda Bai）在一三〇年代執行了一系列實驗，來探究不同化合物的結構。巴伊是印度科學理工學院聘用的少數女性雇員之一，她使用拉曼的方法，辨認出四氫化萘和硝基苯的分子結構和化學屬性。兩種化學物質都是當時印度工業發展的要素：四氫化萘用來把煤轉化為液體燃料，從而構成進口石油的一種替代品，而硝基苯則是用來生產靛藍染料，印度的重要出口商品。藉由更深入認識這類化學物質的結構，巴伊對印度科學和印度工業都做出了貢獻。

然而，儘管印度女性實際從事了這麼重要的研究，當時她們的工作環境不見得總是那麼合宜。參與印度民族主義運動的男

性，大多數總認為女性應該待在家裡，在那裡她們就能以母親的身分，而非當個科學家來支持獨立事業。而且拉曼本人也不喜歡有女性在實驗室裡面工作，他還曾向一位潛在申請人回覆說明，他不希望「我的研究院有任何女生」。儘管如此，巴伊並不完全是單獨一人。在一九三〇年代，印度有愈來愈多女性排斥傳統性別角色，要求能有機會在以往由男性主導的行業工作。物理學也不例外。

在班加羅爾，巴伊多了幾位開創先河的印度女性同伴。其中也包括了安娜·瑪妮（Anna Mani），她發表了好幾篇關於寶石分子結構的重要文章。瑪妮一九一八年生於喀拉拉邦（Kerala）南方城市的一個富裕家庭。她的父親擁有一座小豆蔻種植園，瑪妮小時候會去園裡玩耍。瑪妮的家庭希望她嫁做人婦，相夫教子，不過她另有想法。瑪妮才七歲時曾在喀拉拉邦一次集會上聽了甘地演說，從那時開始，她就堅定了反殖民信念。很快她就斷定，她支持印度獨立事業的最好辦法就是成為一名科學家。到下一個生日時，瑪妮就拒絕了一對鑽石耳環的傳統禮物，卻希望能得到一套《大英百科全書》。她努力學習，後來便在隸屬馬德拉斯大學（University of Madras）的總統學院物理學課堂上贏得一個位置。接著她在班加羅爾和巴伊與拉曼一起工作了將近十年。瑪妮經歷一次奇異的命運轉折，在印度科學理工學院的大半時期，她都在探究鑽石和其他寶石的分子結構，正是她小時候拒絕的那種禮物。[87]

除了瑪妮，巴伊身邊又來了個卡瑪拉·索霍尼（Kamala Sohonie）。索霍尼生於一九一一年，出身科學家家庭。她的父

親和叔叔都讀化學，並鼓勵年輕的索霍尼也進入這相同領域。在孟買大學（University of Bombay）拿到物理和化學本科學位之後，她便在一九三三年申請進入印度科學理工學院並在拉曼手下工作。索霍尼在大學時期成績名列前茅，然而拉曼卻拒絕了她的申請，這又一次提醒我們，當時女性面對了何等歧視。「拉曼是個偉大的科學家，心胸卻非常狹隘。我永遠忘不了，只因為我是個女人，他就這樣對待我，」索霍尼後來寫道。不過她可不會一遭拒絕就認命。索霍尼鼓起十足勇氣採取行動，前往班加羅爾拉曼的辦公室和他對峙，要求拉曼准予自己入學。到最後拉曼讓步了，接受索霍尼為研究學生。後來她還繼續深造，在一九三九年從劍橋大學畢業並拿到博士學位，成為第一位擁有科學博士頭銜的印度女性。隨後她便返回印度並當上教授。拉曼或許不希望他的實驗室裡有「任何女生」，不過不管喜不喜歡，女性會待在這裡不走了。[88]

　　一九〇五年的孟加拉分治，為英屬印度帝國的終結標上了起點。英國試圖分而治之，實際上卻激發了印度獨立運動。就如其他地方的情況，二十世紀早期在印度發生的重大政治變革，對現代科學的發展產生了深遠的影響。許多印度物理學家都把自己的工作視為對抗帝國的一部分。就這方面而言，薩哈是最大膽的，一九二〇年代一位英國情報官便曾形容他是個「狂熱的革命分子」。不過另有些人，包括拉曼，則分享薩哈的科學願景，甚至他的社會主義政治觀點。他們相信，科學最後就會幫助印度轉變為獨立的工業經濟體。「印度的經濟問題只有一種解決辦法，那就是科學，更多科學，然後再更多科學，」這是拉曼在一九四八

年一月，獨立之後短短五個月內提出的主張。有鑑於此，印度的民族主義陣營便協助創辦了好幾所新的科研機構。在合宜的財政支持之下，印度的科學家便得以產生出好幾項重要突破，特別是在和相對論以及量子力學連帶有關的領域。這份對科學的熱情，也見於印度政治領導人身上，包括獨立印度的第一任總理尼赫魯。就像中國和日本的領導人，他也在科學中見到了更美好的未來。「未來屬於科學，」尼赫魯說道。[89]

5. 結論

一陣炫目強光。一股熾烈高溫。在片刻瞬間，世界改變了。一九四五年八月六日，一架 B-29 超級堡壘轟炸機在日本廣島市投下一枚原子彈。至少五萬人喪命，絕大多數是平民。三天之後，美國投下第二枚原子彈，這次落在長崎。估計罹難人數互異，不過兩處轟炸地點總共死了約二十萬人，包括爆炸直接作用以及後續輻射毒害所致。

二十世紀頭幾十年間，科學似乎掌握著邁向更美好社會的鑰匙。許多人在相對論和量子力學當中，看到了打破傳統並淬煉出更光明未來的機會。來自俄羅斯、中國、日本和印度的科學家，與全世界各地的同行協同努力，為現代物理學的發展開創了好幾項重大貢獻。愛因斯坦本人在第一次世紀大戰戰後的一九二〇年代與一九三〇年代，大半時期都致力推廣國際合作。一九三九年，第二次世界大戰爆發，接著是在一九四五年原子武器投入使用，終結了這一切。這為冷戰開啟了起點，國際合作退卻，繼之

而起的是個國際衝突新時代。這當中有個無情的諷刺。我們在本章中接觸到的樂觀年輕科學家，最終都在一九五〇年代和一九六〇年代投入核武計畫工作。畢竟，他們比其他任何人都更了解，該如何駕馭原子所蘊含的龐大能量。朗道不情不願地幫蘇聯計算第一種核武，而葉企孫則訓練出許多後來製造出中國最早原子彈的物理學家。下一章我們要推進到二十世紀的後半期，探討冷戰期間的科學進展和它的後續演變。意識形態衝突繼續形塑現代科學的發展，不過是以新的方式發生在新的地方。[90]

第八章　遺傳學之國

　　都築正男早聽說了狀況很糟糕，然而在他抵達被炸成廢墟的廣島市之前，也沒有任何東西能讓他預先做好心理準備，來面對那種慘烈景象。面目全非的臉孔，躺在瓦礫下的軀體和嘔吐鮮血的孩子──這肯定難以設想，就一次爆炸，怎麼會釀出這麼重大的苦難。都築正男是東京帝國大學的教授，也是一九四五年八月六日原子彈投落後第一批進入廣島的科學家之一。往後幾天，他檢視了倖存者並驗屍執行解剖，就那次爆炸所造成的醫學影響，累積構成一幅細部影像。「燃燒作用十分劇烈又嚴重，整層皮膚都被燒毀了，」他報告說明。都築正男還指出，有多少倖存者似乎罹患了他所稱的「原子彈輻射病」。沒有在爆炸中喪命的人，卻也出現了令人憂心的症狀，包括嘔吐、失血和高燒。病情最嚴重的，通常撐不到一週就死亡。[1]

　　爆炸剛發生過後，都築正男專注探究爆炸所釀成的最直接的和可觀測的影響，這是可以理解的。不過注意力很快就轉移到使用核武的長期後果。一年之後，都築正男指出，科學家們並沒有充分了解，暴露於輻射會怎樣影響到原爆倖存者「往後要產下的胎兒、孩子和後代」。自一九二〇年代以來，人們已經知道輻射有可能導致基因突變。然而卻沒有人真正考慮到，這對於人類的未來代表什麼意義，情況到了一九四五年八月方才改觀。這些突

變可不可能遺傳給未來世代？暴露於原子輻射的人，生育孩子安全嗎？都築正男論述表示，「遺傳研究」勢在必行。事實上，許多科學家同樣也有這些顧慮，而且不只在日本，在美國也是如此。「若是他們在一千年後能預知這樣的結果……或許他們就會認為，讓炸彈把他們炸死，對他們反而更幸運，」美國遺傳學家赫爾曼‧馬勒（Hermann Joseph Muller）這樣表示，後來馬勒贏得一九四六年諾貝爾生理學或醫學獎，來表彰他先前開創的輻射遺傳作用發現。「倖存者的生殖細胞中，已經被植入了成千上萬枚微小的定時炸彈，」馬勒警告，指稱破壞性基因突變，有可能傳承給下一個世代的風險。[2]

有鑑於廣泛的公眾關切，國內、國外皆然，美國政府決定自己必須有所作為。一九四六年十一月，杜魯門總統授權成立原子彈傷害委員會（Atomic Bomb Casualty Commission）。這時日本已經投降，全國都遭美國人占領。原子彈傷害委員會由美國國家科學院籌組成立，旨在追蹤原爆倖存者（在日本被稱為「被爆者」）的長、短期健康結果。這項工作大半關乎原爆的遺傳衝擊。「驗證原子輻射所致遺傳效應的獨特可能性，不可任其流失」，國家科學院這樣表示。研究由一位名叫詹姆士‧尼爾（James Neel）的美國遺傳學家主導，手下有好幾名日本科學家、醫師和助產士協助。事實上，原子彈傷害委員會聘僱的員工超過九成都是日本人。都築正男很快也應聘加入，因為他是在原爆後幾星期內，就進入廣島市的少數科學家之一。他還曾在第二次世界大戰之前執行了一些輻射生物效應相關實驗，對使用核武有可能釀成的遺傳後果，比多數人都認識更深。[3]

原子彈傷害委員會的初步工作由尼爾和都築正男協同一位名叫北村三郎（Saburo Kitamura，音譯）的日本醫師合作完成，研究重點是追蹤倖存者的生育結果。都築正男和北村三郎還會在廣島市各處走動，探訪懷孕的女性，檢查新生兒，看有沒有任何異常徵兆。早期幾篇報告似乎暗指，就父親暴露於高劑量輻射的情況，自發流產似乎較為常見，不過原爆倖存者實際產下的孩子，就重大出生缺陷方面，並沒有受到明顯的影響。這與最具破壞性的基因突變，很早就導致胚胎死亡的觀點一致相符，或許這些胚胎根本就沒有機會成長。因此，儘管無法證明輻射暴露和生殖健康之間存有確鑿關聯性，尼爾依然歸結認定，倖存者體內肯定是發生了基因突變。[4]

除了生育結果之外，委員會也開始研究染色體層級的輻射效應。這方面的工作是由小谷增尾（Masuo Kodani，音譯）主導。小谷是位日裔美籍遺傳學家，戰爭期間他在美國實習。在加州大學柏克萊分校拿到博士之後，小谷增尾便搬到日本——部分原因是他的日本太太被美國政府宣判為非法移民——並在一九四八年開始為委員會工作。小谷增尾的研究重心是原爆倖存者細胞中能找到的染色體數量。這時已經有可能在顯微鏡下辨識出個別染色體。染色體是承載遺傳資訊的構造，由 DNA 鏈組成。小谷增尾從患者身上採集細胞標本，也經常在屍檢時採集，染色後仔細清點他眼中能見到的染色體數量。[5]

一九五七年，他發表了一篇重要論文，記錄了原爆後好幾位男性倖存者的睪丸內多出一條染色體的事例。人類一般而言都有四十六條染色體——這項事實前一年才剛由印尼遺傳學家蔣有

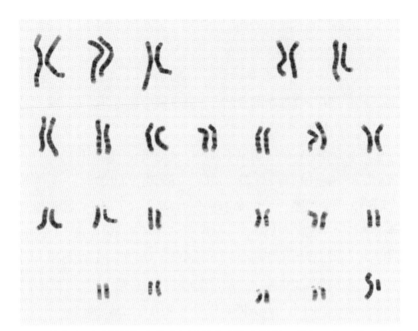

8-1　染色後以顯微鏡觀察的人類男性典型染色體組。共有二十三對，總計四十六條。（Wikipedia）

興（Joe Hin Tjio）證實——而小谷增尾則發現了一些案例，顯示有些原爆倖存者具有四十七條或四十八條染色體。由於出現額外染色體會導致某些醫學狀況，好比唐氏症候群和克氏症候群（Klinefelter syndrome），而且這類狀況還經常會遺傳給孩子，因此這是一項十分重要的發現。[6]

　　原子彈傷害委員會是美國政府在二戰剛結束期間資助的最大型科學計畫之一。該計畫在最高峰時期聘僱了超過一千名員工，消耗了國家科學研究委員會（National Research Council）的近半預算。這項鉅額投資的動機不僅只是醫療問題，還有國際政治因

素。一九四〇年代是冷戰開始的時期，美國和蘇聯陷入一場意識形態鬥爭。原子彈傷害委員會是美國為拓展它在東亞影響力的更廣泛努力的一部分，此外也是為了贏取日本大眾的「民心和民意」。這會是一場艱苦的奮鬥，畢竟，短短幾個月前，美國才在日本投下兩枚原子彈。美國政府一份一九四七年報告便指出，「和日本合作進行的一項原子彈傷亡長期研究，為強化國際關係帶來了一個絕佳機會。」就在這時，美國也正開始擔心共產主義在亞洲拓展的問題——北韓已經轉向共產主義，很快中國和越南也跟著仿效。誠如我們在前一章所見，共產黨活動在日本有長遠的歷史，科學界也包括在內。美國希望，幫助重建日本科學，能引導日本遠離共產主義。它還希望能緩和對持續進行原子武器試驗的恐懼，然而在一九五四年三月，美國在比基尼環礁（Bikini Atoll）引爆一枚氫彈，導致一群日本漁民無意間暴露於放射性落塵之後，情況就變得更加困難。[7]

　　整個一九五〇年代，就原子輻射效應相關問題，始終存有重大的科學分歧，特別是誘發人類基因突變所需劑量方面。有些科學家認為，劑量有個最低閾值，低於那個門檻就不可能發生基因突變，因此人類可以安全地暴露於相對較高劑量的輻射中，就像核電廠員工或住在核武試驗場附近的居民有可能接觸到的劑量。另有些人則表示這是錯的，就算最小可能輻射劑量，也可能誘發破壞性的基因突變。然而，到了一九六〇年代中葉——部分歸功於小谷增尾這樣的日本遺傳學家——多數科學家都能一致同意，並沒有閾值：只要暴露於輻射中，不論劑量多小，全都有可能對基因組造成破壞。[8]

然而，這並沒有標誌著原子時代的結束，反而是它的起點。儘管知道了輻射的破壞性效應，世界各政府依然繼續投資於種種核技術，特別是與能源以及國防相關的項目。接著這又創造出了更深入從事生物學研究的需求，並兼及原子輻射的用途和作用方面。稍後我們就會見到，原子彈傷害委員會只是好幾個將生物學和核科學結合在一起的研究機構之一。在國際層面，這項工作獲得聯合國支持，在整個一九五〇年代和一九六〇年代，聯合國籌辦了一系列探討「和平運用原子能」的研討會。每隔幾年，全世界科學家便齊聚日內瓦，討論他們的研究。題材包括使用放射性療法來治療癌症，以及使用放射性來創造出新的高產量品種主食作物。一九五七年，尼爾寫道，「我真心認為，我們正來到……遺傳學……研究新紀元的臨界點，」這句話呼應了一項普遍抱持的觀點，那就是核技術，包括原子武器的發展，已經為生物科學帶來空前進展。[9]

　　大家很容易認為，以分子生物學為本的現代遺傳學的歷史，始於 DNA 結構的發現。故事經常就是這樣講。儘管從十九世紀晚期起，我們就知道有 DNA，卻是直到一九五三年，在劍橋大學一起工作的法蘭西斯・克里克（Francis Crick）和詹姆士・華生（James Watson），才終於辨識出了那種分子的著名「雙螺旋」結構。克里克和華生是透過檢視 DNA 的 X 光照片才開創了這項成果，而那些照片則是倫敦帝國學院的莫里斯・威爾金斯（Maurice Wilkins）和羅莎琳・富蘭克林（Rosalind Franklin）拍攝的。這是一項重大突破，並幫助科學家更深入認識了基因遺傳的運作方式。科學家在二十世紀早期就知道，長鏈 DNA 所構成

的染色體攜帶遺傳資訊。因此確認 DNA 構造，也就是了解基因如何傳遞生物特徵的第一步。事實上，在克里克和華生開創那項發現之後不久，科學家便證明 DNA 還編碼指導合成另一種稱為 RNA 的分子，而 RNA 則編碼指導合成種種蛋白質——生命的基本建材。一九五八年時，克里克指稱（DNA 編碼指導合成 RNA，而 RNA 則編碼指導合成蛋白質的）這個歷程為現代分子生物學的「中心法則」（Central Dogma）。這些發現結合起來，最後便促成了新的基因技術的發展，例如基因編輯和基因組測序。[10]

　　沒錯，DNA 結構的發現，確實是現代遺傳學史上的重要時刻。然而，單只專注於這一項發現，我們也就疏忽了生物科學領域在二十世紀後半葉期間取得的眾多重大進展。彰顯強調克里克和華生，也就是只注意歐洲和美國，漠視了在歐美之外地區工作的科學家，還有他們許多人在現代生物科學的發展上，所扮演的重要角色。有鑑於此，我想提出思考現代遺傳學歷史的另一種方式。與其從一九五三年在劍橋發現 DNA 結構開始，我認為不妨就以一九四五年在廣島和長崎投下原子彈為起點。這起事件標誌了冷戰的開始，也標誌了現代遺傳學發展的起點。我們已經見到，在原子彈傷害委員會工作的日本科學家，如何探究輻射對人類的遺傳影響，完成了大半早期相關研究。我們還見到了，美國對這項研究計畫的投資，是如何受了冷戰恐懼的激使，因為他們害怕共產主義在亞洲擴張。因此，為了解現代遺傳學的歷史，我們就必須檢視定義二十世紀後半葉的全球衝突，也就是冷戰。[11]

　　現代遺傳學是冷戰期間國家形成過程的核心要項，而且不單

只在歐洲和美國，還遍及整個亞洲、中東和拉丁美洲。這同樣是若只專注 DNA 結構之發現時，往往會被忽略的事項。畢竟，多數政府對 DNA 的結構並不是特別感興趣 —— 它是不是種雙螺旋，對國家的未來，並不具有特別的影響。不過，世界各國政府對於遺傳學晚近發展所帶來的實際好處都很感興趣，特別是關乎人類健康和糧食保障方面。對許多國家而言，緊接第二次世界大戰之後的最迫切問題就是如何餵飽國人。二十世紀後半葉是人口大幅增長的時代，世界人口數從一九四五年的略微超過二十億，增加到一九九〇年的五十億。這便導致人們憂心所謂的「人口炸彈」 —— 另一種對原子時代的暗示 —— 倘若世界糧食供應沒有大幅增長，很可能就會有數百萬人餓死。到了一九六〇年代早期，據估計，世界上有八成人口營養不良。多數政府都體認到，國家的合法性取決於它為民眾提供糧食的能力。亞洲和拉丁美洲的情況尤其如此，那裡有許多國家要麼就是最近才獲得獨立，不然就是才剛走過一場政治革命。有鑑於此，世界各國政府紛紛投資於植物遺傳學，希望能有機會設計出新的高產能作物品種，好比水稻和小麥。這項工作多半得到了洛克菲勒基金會（Rockefeller Foundation）的支持，他們協助在（從印尼乃至於奈及利亞等）世界各國成立了種子庫。[12]

美國政府也鼓勵植物遺傳學研究，因為它認為，世界饑荒的蔓延，將助長共產主義的蔓延。一九五〇年代早期，一位美國著名的遺傳學家寫道：「共產主義對吃不飽的人提出了誘人的承諾」。一九六一年成立的美國國際開發總署（United States Agency of International Development）警告表示，國家不能提供

充足糧食給國民，是「對世界和平以及對我國國家安全的一項威脅」，該總署的成立宗旨在為形形色色的「第三世界」政府提供科學和技術協助。到了一九六〇年代末，已經有人談起「綠色革命」，意指植物遺傳學、化學肥料和灌溉技術的進步，當能解決世界饑荒的問題。顧名思義，這被設想為蘇聯「紅色革命」的解毒劑。[13]

除了植物遺傳學，政府還投資於發展中的人類遺傳學領域。前面我們已經見到，廣島和長崎轟炸之後，人們開始對原子輻射的生物效應產生廣泛關注。隨著愈來愈多國家發展核武，建造核電廠，這些關注只會不斷增長。因此，對許多政府而言，原子輻射和人類遺傳學的關係，也就成為了一項國家安全議題，這是因應未來任何核戰預做規劃的重要部分。與此同時，許多國家都認為，藉由推廣核研究的醫學效益——就診斷和治療方面——他們可以讓不情願的公眾相信，住在原子時代是有好處的。再次，這個想法也獲得了新成立的國際組織出力推廣，好比世界衛生組織（World Health Organization，成立於一九四八年）和國際原子能總署（International Atomic Energy Agency，成立於一九五七年），這兩所機構都為世界各地的科學家提供資金，贊助執行輻射的醫學用途和影響等相關研究。

更廣泛而言，從拉丁美洲到東亞等各國政府都認為，現代遺傳學有可能大幅改善人類健康，特別是藉由對遺傳疾病的更深入認識。另一項引發關注的議題是，現代遺傳學如何用來解答國家和種族認同上的問題——這也是在國家形成和大規模移民時期的另一項主要問題。如今我們知道，種族並不是個有意義的生物學

類目。事實上，早在一九五〇年，聯合國便已發表聲明，將種族描述為一種「社會神話」而非「生物學事實」。儘管如此，在整個冷戰時期，世界各國政府依然辦理了無數遺傳學調查研究，希望藉由各族群的基因構成，來區辨「土耳其人」和「阿拉伯人」等不同族裔群體，即便最後證明這是不可能的。[14]

這一切都表明，現代遺傳學的發展和冷戰政治是密不可分的。然而，儘管許多歷史學家已經體認到，冷戰是現代科學發展的一個重要時期，不過他們始終傾向專注於美國、歐洲和蘇聯成就的科學進展。本章我將採行另一種取徑，依循現代遺傳學在拉丁美洲、亞洲和中東的發展歷史。畢竟，這些全都是美國和蘇聯競逐影響力，期望形塑地緣發展的區域，而且不侷限於科學和技術，還含括世界政治。歸結到底，為了正確認識冷戰期間的科學史，我們也再次需要從全球歷史的角度來思考。接下來，我們從一位墨西哥遺傳學家前往市場的半途開始。[15]

1. 墨西哥的突變

埃弗連姆・埃爾南德茲・索洛科齊（Efraím Hernández Xolocotzi）已經開車好幾個小時。那趟旅程很不舒服，坐在他那輛老舊吉普車裡一路顛簸，在墨西哥鄉間穿行，最後他終於來到目的地——南方塔巴斯科州（Tabasco）一座小小的市集城鎮。埃爾南德茲停靠路邊，跳下車，開始和市場民眾聊天。這是墨西哥一處相當偏遠的區域，當地人不講西班牙語。幸虧埃爾南德茲熟悉那個地帶的土著語言——眾多馬雅方言當中的一種——溝通

上並沒有太大困難。他說明自己是來買玉米，市場裡的農民指點他去一處高高堆滿玉米棒的攤販。埃爾南德茲很高興。他到那個攤販那裡，仔細檢視每根玉米棒，接著同意整批買下來。那群農人肯定很奇怪，為什麼他需要那麼多玉米。不過他付錢很慷慨，所以他們也沒有太多心。接著埃爾南德茲帶著好幾袋玉米，走回他的吉普車，發動引擎，繼續他的旅程，一路蜿蜒前往猶加敦半島（Yucatán Peninsula）。[16]

早在十六世紀歐洲人到來之前許久，玉米已經在墨西哥栽植了數千年。然而到了二十世紀中葉，它卻成為一項構成綠色革命基礎的主要科學調查的研究焦點。埃爾南德茲是墨西哥農業計畫（Mexican Agricultural Program）聘僱來研究玉米的好幾位遺傳學家之一。該計畫成立於一九四三年，隸屬墨西哥農業部（Mexican Ministry of Agriculture），不過營運資金主要得自美國慈善組織——洛克菲勒基金會。如同我們在前一章所見，洛克菲勒基金會在二十世紀資助國際科學方面發揮了重要作用。除了物理學，洛克菲勒基金會還投資挹注生物學，特別在有明顯實際用途的領域，就如植物遺傳學事例。在墨西哥，依計畫是要運用現代遺傳學最新技術，來提高小麥和玉米等大宗作物的產量。[17]

洛克菲勒基金會肯定希望能改進墨西哥民眾的生活。然而，如同所有慈善事業，這當中也有個政治因素。二十世紀中葉，美國愈來愈擔心共產主義四處擴散，不單只在歐洲和亞洲，還離自家領土愈來愈靠近。一九一〇至二〇年間的墨西哥革命，各軍閥派系在總統被推翻之後競逐控制權，墨西哥似乎逐漸向基進社會主義傾斜。在一九三〇年代，墨西哥政府把大範圍農地重新分配

給貧農，到了一九三八年，政府取得了好幾處美國人擁有的油田。這類土地徵收以及集體擁有方式，看來就很像發生在蘇聯的狀況，於是到了一九四○年代早期，美國政府也開始擔心自己邊境有可能出現共產國家。洛克菲勒基金會主席也同感憂心，描述墨西哥「被布爾什維克教條所汙染」。墨西哥農業計畫肩負了好幾個部分重疊的政治和科學目標，這當中最主要的是一項信念，認為制止飢餓擴散有助於制止共產主義擴散。提高玉米等主食作物的產量，洛克菲勒基金會也就能幫助引導墨西哥偏離社會主義政治。「飢餓是和平的大敵，」曾任職於墨西哥農業計畫的美國遺傳學家之一，保羅‧曼格爾斯朵夫（Paul Mangelsdorf）這樣寫道。[18]

綠色革命的歷史往往專注描述曼格爾斯朵夫這樣的美國遺傳學家的貢獻。然而，墨西哥農業計畫也聘僱了好幾位墨西哥科學家，只是到如今他們通常都被人遺忘。埃爾南德茲就是這些科學家當中的一位。埃爾南德茲生於一九一三年，出身貧寒。他的父親是位農人，有可能是土著後裔，母親則是名教師。埃爾南德茲對土地認識很深，從小隨著父親一起在田裡幹活，也學會了好幾種土著方言。不過由於衝突持續不斷，父親只能到處找工作，設法避開麻煩，於是埃爾南德茲也跟著四處搬遷。一九二三年，墨西哥革命後續時期，十歲的埃爾南德茲隨著母親移居美國。他在紐奧良當地學校就讀，後來又到紐約讀書，隨後他獲得獎學金，進入康乃爾大學攻讀生物學，並於一九三八年畢業。這是一項偉大的成就，特別是考量到，在美國的墨西哥人，就很像今天的處境，也遭受系統性種族歧視，特別是教育方面。康乃爾大學畢業

之後，埃爾南德茲獲得洛克菲勒基金會遴選，進入哈佛大學研究所攻讀遺傳學，花了兩年時間學習最新的科學技術，然後在一九四九年回到墨西哥。隨後他被墨西哥農業計畫聘僱為「副遺傳學專員」，成為在該計畫工作的十八名墨西哥科學家之一。[19]

兩年期間，埃爾南德茲周遊拉丁美洲，有時候開吉普車，有時搭乘火車或船隻。他最南去到了秘魯，甚至還曾經橫跨墨西哥灣，到古巴採集標本。身為土著農民的兒子，埃爾南德茲對於在那片地帶生長的玉米千變萬化的品種，認識得比任何人都更深入。「地理分布……只有埃爾南德茲·索洛科齊才懂，」為該計畫工作的美國科學家之一這樣回顧表示。埃爾南德茲精通好幾種土著方言，讓不同玉米品種的追蹤工作變得遠更為容易。「要想在特定社區採集玉米的遺傳變異，你必須堅定不移，還得發揮高度機智來應付農民，」埃爾南德茲解釋道。就算這樣，有時候他還是得費盡唇舌來說服民眾賣給他罕見的樣本，特別是在某些特定儀式上使用的紅色玉米品種。「我沒辦法說服胡爾科爾（Hulchol）土著民眾賣給我他們的儀式用玉米品種，」埃爾南德茲從墨西哥西北部一處偏遠地帶空手回來之後這樣表示。不過，兩年辛勤工作之後，埃爾南德茲和他的團隊，已經從美洲各地採集累積了超過兩千個不同品種的玉米。[20]

到了這個階段，墨西哥農業計畫所完成的工作，與我們在十八世紀和十九世紀所見的自然歷史研究並沒有太大不同。埃爾南德茲採集這些不同品種是為了將它們分門別類，最終目的是要確定，哪些品種可以雜交來提高產量。然而，差別在於他們利用了遺傳學的最新進展，來引導這項研究。這一切都在墨西哥農業

8-2 遺傳學家從拉丁美洲和美國採集的不同玉米品種。（United States Department of Agriculture）

計畫於一九五二年出版的一本書中提出解釋，書名為《墨西哥玉米品種》（*Races of Maize in Mexico*）。埃爾南德茲是協同作者之一，另三位作者是美國遺傳學家埃德溫・威爾豪森（Edwin Wellhausen）、路易斯・羅伯茨（Louis Roberts）和曼格爾斯朵夫。該團隊在《墨西哥玉米品種》書中解釋，計畫目標是要將一項「植物的蔬菜性狀」分析和一項「遺傳和細胞學因素」研究結合起來，意思就是打算在顯微鏡下檢視個別細胞。因此，除了測量每件標本的葉片、纓穗和仔粒的大小之外，團隊還運用了種種最新的遺傳學技術。該計畫使用的一種方法稱為吉姆薩染色法（Giemsa staining），這是德國化學家古斯塔夫・吉姆薩（Gustav Giemsa）在二十世紀早期發明的方法。這種染色技術可以在顯微鏡下辨認個別染色體，還可以區辨濃縮 DNA 個別條帶，並在此

基礎上對不同品種的玉米分門別類。埃爾南德茲本人很熟悉這項技術，因為這就是他在一九四○年代就讀哈佛大學，修習植物遺傳學課程時應該學到的一類事項。[21]

　　結合運用傳統自然歷史和現代遺傳學，科學家建立起一幅細部圖像，描繪出美洲「玉米的非凡多樣性」。這項工作大半都能確認，當初埃爾南德茲根據他對墨西哥農業的現有知識所做揣測——過去八千年來，藉由不同品種的雜交，玉米穗軸的尺寸已經增大了。較晚近的品種，特別是十六世紀西班牙征服之後所培育的種類，往往擁有較大型的穗軸，而從考古遺跡發掘的比較古老品種，則穗軸往往較小。遺傳學家以顯微鏡檢視較晚近品種的細胞時，還發現了特有的條帶模式，稱為「染色體結」（chromosome knot），而這也似乎同樣證實了長期的發展模式。接著這種遺傳分析便為一項重大努力奠定了基礎，促使墨西哥在往後數十年間提高糧食產量。根據遺傳特性選出不同玉米品種來培育，雜交種的產量往往都能提高，接著把這些雜交品種賣給農民栽植。到了一九六○年代晚期，改良種玉米已經占了年收成的兩成。[22]

　　墨西哥農業計畫並沒有解決所有問題，也不是所有人都支持該計畫導入改良玉米品種的努力。在整個一九五○年代和一九六○年代，墨西哥的糧食短缺問題持續，土地徵收也同樣如此。在此同時，許多墨西哥科學家（包括埃爾南德茲在內）都擔心洛克菲勒基金會過度強調工業化農業，卻殃及自耕農和小農。畢竟，該計畫產出的雜交品種售價昂貴。由於這類品種對化肥反應良好，因此墨西哥農人還受慫恿使用更多化肥，儘管這有可能對生

態造成長期破壞。另一項相關顧慮是專注於改良品種，最後有可能摧毀綠色革命所仰賴的遺傳多樣性。甚至還有部分墨西哥科學家指出，他們最好是尋求蘇聯幫忙，因為蘇聯提倡的是「社會主義式」農耕法，有別於美國較偏向工業化的門路。儘管如此，不論民眾怎麼想，墨西哥農業計畫為現代遺傳學史標出一個重要時刻。隨後洛克菲勒基金會又在巴西和哥倫比亞創辦了相仿計畫，而綠色革命也很快就蔓延到了整個拉丁美洲。本章稍後我們就會見到，墨西哥農業計畫實際上是為全世界包括亞洲和中東地區在內的許多政府提供了一個模型。[23]

除了植物遺傳學工作之外，墨西哥科學家還為人類遺傳學的發展，做出了好幾項重大貢獻。這部分得歸功於洛克菲勒基金會的努力，他們不只資助了墨西哥農業計畫，還在墨西哥國立自治大學（National Autonomous University of Mexico）創辦了一個新的生物醫學研究院（Institute for Biomedical Research）。在這個時期，墨西哥政府本身也開始對生物醫學領域挹注愈來愈多資金。人類遺傳學研究大半是由一支為國家核能委員會（National Commission of Nuclear Energy）從事遺傳學和放射生物學計畫（Genetics and Radiobiology Program）工作的團隊負責執行。誠如我們在日本所見，墨西哥的人類遺傳學發展，同樣與核科學的成長密切相關。事實上，墨西哥坐擁大量鈾礦，礦床就座落在該國南方，而這也就是為什麼在冷戰期間，美國會那麼關心它鄰國未來的眾多理由之一。然而，與美國不同的是，墨西哥政府並沒有謀求發展核武，而是專注於原子能的醫療和科學用途。[24]

遺傳學和放射生物學計畫建立於一九六〇年，領導人是一

位名叫阿方索・德加萊（Alfonso León de Garay）的墨西哥科學家。德加萊一九二〇年生於普埃布拉州（Puebla in 1920），進入當地大學讀醫學，隨後於一九四七年搬到墨西哥城當個神經內科醫師。就在這段時期，墨西哥政府開始設想該如何運用該國的鈾礦礦藏，並於一九五三年成立了國家核能委員會。德加萊本人也開始對放射生物學（運用輻射來診斷、處理醫學狀況的學問）以及輻射對人體的長期影響產生興趣。一九五七年，他獲得國際原子能總署提供的獎學金，前往歐洲做博士後研究。德加萊選擇到倫敦大學學院高爾頓實驗室（Galton Laboratory at University College, London）做研究，在那裡待了三年學習遺傳學領域的最新技術。回到墨西哥之後，德加萊說服國家核能委員會成立遺傳學和放射生物學計畫。[25]

　　德加萊很快著手招募了一批前途看好的年輕研究人員來與他共事。其中也包括了墨西哥國立自治大學畢業的魯道夫・費利克斯・埃斯特拉達（Rodolfo Félix Estrada），他起初是進入墨西哥農業計畫擔任遺傳學家，還有一位是瑪莉亞・科爾蒂娜・杜蘭（María Cristina Cortina Durán），她曾就讀國立自治大學，隨後在一九六〇年代早期前往巴黎大學拿到博士學位。（科爾蒂娜・杜蘭也是遺傳學和放射生物學計畫最早聘僱的女性之一。）這組人馬一起執行重要研究，探索原子輻射的遺傳影響。費利克斯・埃斯特拉達的大半工作都是以輻射來照射果蠅，接著看牠們活了多久，目的是要算出不同劑量所產生的影響。德加萊和科爾蒂娜・杜蘭也對人類組織執行了相仿實驗，以輻射照射培育的細胞，並在顯微鏡下予以檢視。採用一系列非常精確的測量，德加

萊得以證明，原子輻射有可能縮短人類染色體長度，從而誘發突變。科爾蒂娜・杜蘭專注探究輻射和癌症的關係，協助驗證一些早期報告，確認暴露於輻射中，是有可能誘發二十二號染色體的某種突變，從而引致白血病。這整組研究納入了一連串的大規模研究報告，並由聯合國原子輻射影響科學委員會（United Nations Scientific Committee on the Effects of Atomic Radiation）在一九六〇年代公開發表，而德加萊就是這個委員會的一個主要成員。[26]

　　一九六八年，遺傳學和放射生物學計畫啟動了它最具雄心壯志的項目。當年十月，墨西哥城負責主辦夏季奧運會，全世界五千多名運動員參賽。結果這成為了二十世紀最具爭議的體育賽事之一。開幕之前十天，武裝警察對一群抗議民眾開火，釀成了所謂的特拉特洛爾科大屠殺（Tlatelolco massacre）。當時人民不斷聚眾對墨西哥政府發起抗議，民眾廣泛認為政府反民主，經常訴諸警察暴力來維繫政權。政治緊張局勢在整個比賽期間依然持續。南非在最後一刻被禁止參賽，因為其他運動員抗議種族隔離政權並威脅退賽。最著名的是，男子兩百米短跑結束之後，非洲裔美籍短跑選手湯米・史密斯（Tommie Smith）和約翰・卡洛斯（John Carlos）在受獎台上戴了黑手套握拳高舉，這是對美國種族不公的無聲抗議。

　　在所有這不斷出現的爭議當中，德加萊說服墨西哥政府資助一項針對奧運選手進行的大型遺傳研究。計畫構想是要在世界舞台上展現墨西哥科學的最好一面。計畫當能「藉由提供對人類卓越性的更好認識，來裨益人類全體」，德加萊解釋道。他甚至還宣稱，這樣的研究或許能發揮「早期識別並遴選有潛力運動員類

型」的用途。在國家和國際體育委員會的支持下，遺傳學和放射生物學計畫的科學家在奧運村內設立了一個臨時實驗室，向代表九十二國的一千兩百五十六名運動員採集血樣。接著血樣便歷經種種不同基因檢測，包括鐮刀形紅血球疾病以及葡萄糖 -6- 磷酸去氫酶缺乏症（G6PD deficiency，一種代謝疾病，會導致血球瓦解）。[27]

　　這也是第一次所有女運動員都接受基因檢測，來確認性別的夏季奧運會，實際做法是檢查血樣看是否出現 Y 染色體。（這是通常只見於男性的性染色體。在二〇〇四年之前，奧運會禁止跨性別運動員參賽，通常就是根據這種基因測試來判斷。）除此之外，墨西哥科學家團隊還針對每位運動員進行身體測量並拍照，詳盡記錄他們的狀況，構成德加萊所稱的「他們的遺傳和人類學特徵」。接受檢驗的受試者包括當時最著名的運動員，好比捷克斯洛伐克體操運動員維拉‧恰斯拉夫斯卡（Věra Čáslavská），她曾在頒獎儀式時轉頭看向別處，以此來抗議最近蘇聯入侵她的祖國，此外還包括了卡洛斯本人，甚至他還在德加萊的最後報告中被指名道姓提了出來。[28]

　　如果這一切看來都有點像是優生學，那是因為從許多方面來看，它確實就是。畢竟，德加萊曾就讀於倫敦的高爾頓實驗室，那個機構的名稱就是得自法蘭西斯‧高爾頓（Francis Galton），也就是十九世紀的優生學運動創始人。高爾頓惡名遠播，曾表示人類族群應該藉由選擇育種來予以「改進」。在最後報告中，德加萊認同引述了高爾頓所述，以及一本比較近代的書籍，英國優生學學會（British Eugenics Society）在一九六六年出版的《人類

能力中的遺傳和環境因素》（*Genetic and Environmental Factors in Human Ability*）。如今有許多科學家往往認為，由於優生學和大屠殺期間納粹所犯殘暴罪行扯上關係，因此第二次世界大戰之後，它就完全消失了。不幸的是，這並非事實。冷戰時期的緊張局勢，加劇了人們對相互競爭的人類族群的「適應度」（fitness）的關切程度，促使許多科學家嘗試辨識並確認哪些基因有可能編碼指導生成或多或少可令人滿意的特徵。甚至到了一九六〇年代，還有人談起一種根據最新分子生物學技術發展的「新優生學」。事後證明這是個虛假的承諾。德加萊本人也承認，「在任何特定基因和任何特定運動成就之間，並沒有找到良好的相關」。儘管如此，在一九六八年夏季奧運會上出現了基因普遍檢測，正是一記響亮的警鐘，提醒我們，到了二十世紀下半葉，優生學依然保有影響力 —— 成為科學界依然努力試圖解答的有害遺產。[29]

到了一九七〇年代早期，墨西哥已經牢固確立為領導全球的國際遺傳學研究中心。這是一段以綠色革命為起點的故事，期望透過解決「糧食問題」，遺傳學家就能讓墨西哥偏離社會主義。洛克菲勒基金會資助的墨西哥農業計畫，也為新一代墨西哥科學家提供了一個機會，讓他們能接受高等遺傳學訓練。拉丁美洲各地也隨之出現了相仿趨勢，阿根廷和巴西的領導科學家，也都先在美國接受培訓，接著才回國成立新的遺傳學實驗室。甚至到了一九六九年，還成立了一個拉丁美洲遺傳學學會（Latin American Society of Genetics），來協助促進該地區的科學交流。同一時期，拉丁美洲各政府也投資於人類遺傳學領域。墨西哥科

學家經常在遺傳學和優生學的分界線上游走，這種關乎健康和身分認同的顧慮，並不侷限於墨西哥。在整個冷戰期間，世界各國都認為，遺傳學有可能開啟一道讓人們更快樂、更健康的門戶。在下一節中，我們會著眼探討，食品安全和人類健康方面的類似顧慮，如何形塑出後殖民期印度的遺傳學發展。[30]

2. 獨立後的印度遺傳學

曼昆布・斯瓦米納坦（Mankombu Sambasivan Swaminathan）永遠忘不了飢餓的兒童，憔悴的身軀躺在路邊的照片。一九四三年至一九四四年間，三百萬印度人死於後來所稱的孟加拉大饑荒。起初英國殖民政府還設法隱匿不讓消息傳出，不過到了一九四三年八月，加爾各答一份報紙刊出了一個孟加拉女孩佝僂伏在兩具幼童死屍上的悽慘景象。這幅照片加上後續有關英國對這次危機管理不善的報導，激發了印度反殖民運動。許多人體認到，饑荒不僅只是歉收或乾旱釀成的。真正禍根是英國在二戰期間攫奪糧食庫存來支援部隊，卻任憑數百萬印度人挨餓。因此其部分原因是歷史淵源久遠的殖民管理不善問題，並可以追溯至十八世紀，而這也曾多次釀成饑荒。

斯瓦米納坦住在印度東南方馬德拉斯省。不過他對英國政府處理饑荒所做反應依然大感震驚和憤怒，特別是在見了當地報紙刊出的挨餓兒童照片之後。他聲稱，那場饑荒是個「人為問題」。事實上，當時斯瓦米納坦已經致力於印度獨立事業。他的父親熱情追隨甘地，全家都穿自紡自織的衣物，來杯葛英

國貨並支持國貨運動。一九四二年，斯瓦米納坦還組織了一次學生罷課，走出他攻讀動物學的特拉凡哥爾大學（University of Travancore）課堂，來響應甘地的「退出印度運動」（Quit India campaign）。孟加拉大饑荒真正證實了斯瓦米納坦一向以來的信念：英國人只照顧自己人。除非擺脫殖民統治，否則印度是不會繁榮的。[31]

正如我們在前一章得知的，這段時期的許多印度科學家，都把他們的工作看成對抗殖民主義的一部分。物理學如此，生物學也同樣如此。斯瓦米納坦一九二五年生於一處宮廟小鎮，貢伯戈訥姆（Kumbakonam），後來他成為了舉世最先進的植物遺傳學家之一，協助將綠色革命帶來印度。他對植物遺傳學的興趣，直接根源自他對印度政治的興趣。起初斯瓦米納坦想成為動物學家，聽聞一九四三年孟加拉大饑荒消息之後，他便決定改換科目，畢業後轉而攻讀農業科學學位。他希望藉由加深對水稻和小麥等主食作物的遺傳認識，獨立的印度就能避免英國統治下常見的那種毀滅性饑荒。「人為問題必須有人為的解決方案，」他論稱。一九四七年夏天，斯瓦米納坦從馬德拉斯大學畢業並拿到理學碩士學位。同一年夏季，八月十五日時，印度終於脫離英國獨立出來。這終結了將近兩百年的殖民統治，斯瓦米納坦和親友走上街頭慶祝。不過慶祝活動仍不能持續太久。就像許多印度科學家，斯瓦米納坦這時便轉頭從事建立新國家的實務工作。[32]

畢業過後不久，他進入德里的印度農業研究所（Indian Agricultural Research Institute），與一群全心投入的印度遺傳學家合作，開始探究該如何養活這個擁有三億多人口的國家。毫不

意外，這是緊接獨立之後那幾年期間，印度政府必須優先處理的一件事情。畢竟，反殖民民族主義者在過去幾十年間，一直在批評英國沒辦法供應充足的糧食。因此為了印度國的正統地位，當務之急就是避免另一場饑荒。事實上，這項研究的重要性備受矚目，連尼赫魯總理都在一九四八年親自來印度農業研究所巡視，希望更深入了解那裡的工作進行得如何。尼赫魯本人對現代科學支持新國家的能力充滿信心，特別是關於對抗饑荒這方面。他宣稱：「由於科學，如今貧窮不再是不可避免的。」[33]

斯瓦米納坦很快就意識到，為了養活國家，他必須接受植物遺傳學方面的進一步培訓。有鑑於此，他在一九五〇年前往英國，進入劍橋大學開始攻讀博士學位。他的研究焦點是一種稱為「多倍體」（polyploidy）的現象，指稱植物正常染色體數倍增所致狀況。這是具有直接實務用途的主題，因為擁有多倍體的植物，產量通常也愈高。斯瓦米納坦花了兩年使用顯微鏡檢視不同植物的細胞，仔細計算染色體數量。接著他再把得到的數字與每個變種的特性（尤其是產量）交叉比對，點滴建構出多倍體的影響全貌。一九五二年，斯瓦米納坦從劍橋畢業，成為印度最早養成的新生代科學家之一，他再也不是殖民地百姓，而是一個獨立國家的公民。接著斯瓦米納坦前往美國待了一年，在威斯康辛大學做博士後研究。在那裡他甚至還得到一個工作機會。不過斯瓦米納坦從來沒有忘記成為科學家的初衷，「我問自己，我為什麼研究遺傳學？那是為了在印度生產足夠的糧食。所以我回來了，」他後來解釋道。[34]

約略就在這時，他第一次聽聞墨西哥農業計畫正在推展的工

作。綠色革命的潛力讓斯瓦米納坦深感振奮，於是他寫信給一位在墨西哥工作的美國遺傳學家諾曼‧布勞格（Norman Borlaug）尋求幫忙。這是印度和墨西哥之間成果豐碩的長期科學交流的一部分，而且雙方往來迄今依然延續。到了一九六三年三月，布勞格來訪德里的印度農業研究所，還在他的手提箱中裝了一些墨西哥改良小麥品種的樣本隨身帶來。「墨西哥做到的，你的國家也辦得到，只是你的國家應該能在一半時間內完成，」布勞格在德里告訴印度科學家。受了布勞格鼓勵，斯瓦米納坦和他的團隊開始拿這些新品種做實驗，把種子栽植在印度農業研究所的試驗苗床。洛克菲勒基金會也提供資金，讓印度遺傳學家團隊得以參訪墨西哥，更深入學習墨西哥農業計畫所致力完成的工作。結果很有希望。斯瓦米納坦發現，將墨西哥使用的小麥品種與印度現有品種雜交，就能培育出產量更高的新式雜交品種，而且也適合當地的土壤和氣候。[35]

不過這裡有個問題。這些新的雜交小麥品種往往會產出紅色麵粉。這在墨西哥沒有人真正在意。然而在印度，消費者會希望他們的麵粉顏色更淺，特別是用來製造洽巴提烤餅（chapatis）等傳統麵包時。這種簡單的顏色差異，有可能讓整個計畫走不下去。最後是在一位名叫迪爾巴格‧阿斯瓦爾（Dilbagh Singh Athwal）的印度遺傳學家，使用 X 光展開一系列實驗之後，這種情況方才改觀。阿斯瓦爾曾於一九五〇年代到澳洲留學，就讀雪梨大學，他知道以輻射照射植物，有可能誘發基因突變。他想，或許這樣做也可能改變小麥的顏色？略做嘗試錯誤之後，阿斯瓦爾終於成功誘發他期盼的突變──能產出淡金色麵粉的高產

量小麥品種。這個問題解決了，印度政府便在一九六〇年代晚期開始擴大農業計畫規模。到了一九六八年，印度的小麥產量已經提增超過四成。到了一九七一年，印度終於能夠生產出充分糧食，並停止從外國進口小麥。如同在其他地方，綠色革命也在印度引發了眾多爭議。小農被擠出市場，引進了高產量品種，免不了要導致化肥使用過量，從而釀成生態受損問題。不過對印度政治領導人來講，甚至就該國農夫而言，這是值得為糧食安全付出的代價。[36]

就像我們在墨西哥所見情況，印度現代遺傳學的發展，也和糧食供應問題密切關聯。原本由殖民政府於一九一一年成立的印度農業研究所，在印度獨立之後很快就崛起成為植物遺傳學研究的領導中樞。在那裡工作的科學家，做出了好幾項重大突破，特別是在發展出適合南亞市場的雜交小麥品種方面。這項成果得以成真，得歸功於獨立之後科學資金大幅提增所致。在一九四八到一九五八年間，印度的國家科學預算提增了將近十倍。這點反映出了尼赫魯總理特別提倡的一項信念，印度需要投資於現代科學和技術，這樣才能擺脫過去的問題。缺了「科學精神」，印度「注定要衰敗」，尼赫魯警告表示。有鑑於此，印度政府便接連啟動了系列「五年計畫」，目標是要強化科學能力。這項措施直接受到蘇聯的啟發，自一九二〇年代以來，蘇聯便推動了一系列五年計畫。尼赫魯本人並不是個共產黨徒，不過他依然認同社會主義，也認為印度能向蘇聯學習的東西，與能向美國學習的東西一樣多。事實上，在一九五〇年代便有好幾位印度遺傳學家奉派前往莫斯科以及北京，學習共產國家所推展的農業科學。[37]

從一九五一到一九五六年的第一個五年計畫，印度創辦了好幾所新的科學機構，其中包括了一九五四年在孟買郊區成立的原子能研究所。獨立之後，印度政府對原子研究挹注了大筆資金。期望核能或能保障新國家的能源，從而減輕對進口石油和天然氣的依賴。在此同時，印度政府還祕密啟動了一項核武計畫，並於一九七四年五月進行了首次成功試驗。就如我們在其他地方所見情況，印度原子科學的發展，也與現代遺傳學的發展齊頭並進。一九五八年，尼赫魯親自命令原子能研究所著手進行「這類爆炸對現今與未來世代的遺傳影響」研究。最後這就促成原子能研究所下設一個專屬的分子生物學單位。[38]

　　新的分子生物學單位，是由一位出色的印度遺傳學家領軍，他名叫奧貝德・西迪奇（Obaid Siddiqi）。西迪奇一九三二年生於北印度北方邦（Uttar Pradesh），年輕時差點離開印度。一九四七年，英國將印度次大陸劃分為穆斯林占多數的巴基斯坦和印度教徒占多數的印度。這釀成了現代史上最大規模的移民事件之一，其中超過一千四百萬人從一國遷往另一國。在次大陸，宗教暴力層出不窮，數十萬人喪生。西迪奇是個穆斯林，他的大家庭大半遷往巴基斯坦。所幸到了最後一刻，他決定留在印度完成學業。他進入北方邦阿里格爾穆斯林大學（Aligarh Muslim University），開始攻讀生物學學位。就讀期間，西迪奇還參與基進的政治活動。一九四九年，仍在大學之時，他被捕並關押在當地一所監獄，同牢囚徒包括一群共產主義活躍分子。後來西迪奇回顧當時曾遭警衛毆打。最後，他在兩年過後獲判不起訴開釋。[39]

鑑於他在獄中的經驗，西迪奇或許會很想搬遷到巴基斯坦。然而，就像許多印度穆斯林，他最終仍把印度當成自己的家園，也覺得自己沒有理由搬到異國。西迪奇實際上是相當愛國的。他期望經由自己的科學工作，為新國家的發展做出貢獻。於是一九五一年從阿里格爾穆斯林大學畢業之後，西迪奇便進入德里的印度農業研究所。他打算終生致力植物遺傳學研究。然而到了一九五四年，一場怪誕的冰雹風暴把西迪奇長期栽植的作物摧殘一空。這下實驗毀了，他也開始反思，自己在事業生涯中真正想做什麼。他才剛讀到了 DNA 結構的發現，那是在一九五三年四月公開的。西迪奇對這項最新突破深感興奮，於是決定接受再教育。一九五八年，他搬到蘇格蘭，進入格拉斯哥大學開始攻讀分子生物學博士學位。[40]

　　一九六一年，得到博士學位之後，西迪奇獲邀約前往賓夕法尼亞大學（University of Pennsylvania）擔任研究員。到這時候，印度科學家到美國做博士後工作已經愈見普遍。美國政府很熱衷支持印度的科學發展，同樣是期望藉此來遏止共產主義在亞洲蔓延。就許多印度科學家而言，美國是個很有吸引力的替代去處，畢竟，英國是前殖民政權，有些人並不想去。西迪奇在美國科學界表現亮麗，他甚至還結識了他的科學英雄，一九五三年 DNA 結構原始論文的協同作者之一，美國生物學家詹姆士・華生。也就是在美國，西迪奇開創了他的第一項突破。他在賓夕法尼亞大學和美國遺傳學家艾倫・蓋倫（Alan Garen）合作，發現了一種自然機制，有機生物有時會循此來保障自己免生某些基因突變。在某些情況下，會出現一個第二次突變，稱為「抑制性」突變，

這會把早先釀成較大損害的突變影響給抵銷掉。西迪奇和蓋倫研究的是細菌，不過抑制性突變發生在所有有機生物身上。因此，他們的發現對人類健康研究具有更廣泛的蘊含，這讓科學家得以確定特定基因突變所生效應。[41]

到了一九六〇年代早期，西迪奇開始尋求返回印度。然而這時國內並沒有適合他進行分子生物學劃時代研究的實驗室。有鑑於此，他寫信給孟買原子能研究所所長，名叫霍米·巴巴（Homi Bhabha）的核物理學家。「我覺得在印度，不論是從設施角度或者從知識環境來看，物理學實驗室都比傳統生物學機構更適合用來發展分子生物學，」西迪奇在信中解釋道。時機恰恰好，巴巴最近才因應尼赫魯指示，在原子能研究所內部成立了分子生物學單位。一九六二年夏天，巴巴延攬西迪奇回印度來掌管新的實驗室，不久之後該機構就搬遷到附近的塔塔基礎研究所（Tata Institute of Fundamental Research）。「我個人對支持印度的分子生物學和遺傳學研究非常感興趣，」當時正在幫助發展印度核能計畫的巴巴寫道。[42]

西迪奇在整個一九七〇年代都在孟買工作，接連開創了一系列重大科學突破。這項工作大半隸屬於不斷發展的神經遺傳學領域。冷戰期間，科學家擔心基因突變（好比原子輻射和化學戰所誘發的那些）或有可能影響神經系統的機能。這在一九七〇年代早期是個特別緊迫的問題，起因是美國最近才在越戰中布署了一種代號「橙劑」的毀滅性化學武器。這種化學物質由美軍直升機運載在越南四處噴灑，用來摧毀林木以清除敵軍士兵可用的掩體。然而，後來證實橙劑除了會誘發皮膚慢性發炎之外，還會引

致人類癌症。此外，在綠色革命之後，化肥與殺蟲劑用量增加也令人擔憂，這當中有些物質已知會誘發基因突變。事實上，橙劑本身的原始開發用途，就是作為一種化學除草劑。

西迪奇開始研究化學誘發突變對神經系統所生影響。就像那個時期的許多遺傳學家，他也選擇研究果蠅。果蠅很容易繁殖，染色體數又少，讓遺傳分析更為直截了當。在孟買他的實驗室中，西迪奇開始用一種稱為甲基磺酸乙酯（EMS）的危險化學物質來處理果蠅幼蟲。他還開始與一位美國遺傳學家西摩·本澤（Seymour Benzer）通信，本澤主要在加州理工學院工作，西迪奇曾於一九六八年在那裡擔任客座教授一年。西迪奇和本澤攜手合作證明了，以化學方法確有可能誘發基因突變，從而導致果蠅癱瘓。後來發現，西迪奇和本澤辨識出的基因，負責調節果蠅神經電信號的傳導，也因此該突變會導致癱瘓。這是一項非常重要的發現，開啟了一個全新的研究領域。截至這時為止，果蠅主要都被用來研究相對單純的遺傳學特質，好比眼睛的顏色。現在，科學家開始研究遠更為複雜的特質，好比基因如何調控神經系統的發展。[43]

除了與美國遺傳學家合作的事項之外，西迪奇還與一位名叫薇蘿妮卡·羅德里格斯（Veronica Rodrigues）的印度遺傳學家協同執行了好幾項重要實驗。羅德里格斯生於一九五三年，是獨立之後接受科學培訓的第一批印度女性之一。如同我們在前一章所見，二十世紀頭幾十年間，確實有少數印度女性進入了科學界。然而她們面臨的是層層巨大阻滯，尤其是她們的男性同行的性別態度。性別歧視問題並不會在一九四七年獨立之後就此消失。即

便到了一九七五年，在印度各大學研讀科學的學生當中，女性依然僅占了不到百分之二十五。儘管如此，幸虧有印度女科學家協會（Indian Women Scientists' Association）等運動團體的努力，這種處境才開始有所改善。漸漸地，愈來愈多印度女性能夠投身科學事業生涯。有些人，好比羅德里格斯，更進一步改造了這整個領域。[44]

羅德里格斯也是冷戰時期更寬廣的國際政治世界如何形塑科學發展的又一個好例子。事實上，她生命的頭二十年，是在印度境外度過的。她生於肯亞，出身果亞邦（Goa）移民家庭，當初父母是為了找工作才前往東非，很可能是發生在二十世紀初那幾十年間。那時大英帝國招募了成千上萬印度勞工前往東非工作，羅德里格斯的雙親也因此移民到肯亞。這家人比較貧窮，羅德里格斯的早年生活十分艱辛。所幸母親和父親湊足學費，讓羅德里格斯進入奈洛比（Nairobi）一所當地學校就讀。就在那裡，她初步養成了對科學的熱愛。一九七一年，羅德里格斯進入烏干達的東非大學（University of East Africa）深造。然而就在抵達首都坎帕拉（Kampala）之後不久，羅德里格斯就被迫逃離。因為這年，伊迪·阿敏（Idi Amin）在烏干達發起軍事政變。隨後的暴力事件導致幾十萬百姓遇害。阿敏在烏干達眾多種族當中挑出亞裔族群為目標。一九七二年八月，所有印度人都被命令離開該國。不過羅德里格斯並沒有就此放棄她進大學研讀科學的夢想。於是她回到奈洛比，並決定前往愛爾蘭，進入都柏林聖三一學院（Trinity College, Dublin）攻讀學位。[45]

羅德里格斯在一九七六年畢業。到了這時，她基本上已經沒

有國籍。她的愛爾蘭學生簽證已經過期，羅德里格斯沒辦法回到烏干達或肯亞。英國又在最近收緊了移民法規，防止來自前殖民地的民眾到該國定居。這下羅德里格斯沒有其他地方可去，於是開始考慮搬到印度。她寫信給孟買的塔塔基礎研究所，詢問那裡有沒有空缺讓她前往攻讀博士學位。西迪奇讚佩她追求科學事業生涯的決心，於是同意收羅德里格斯為學生，並安排她進入分子生物學單位。她在一九七六年年末來到孟買，當時二十三歲。這是羅德里格斯這輩子第一次踏上印度。[46]

羅德里格斯的重大突破在一九七八年出現，那時她還是個博士生。做了一系列嚴謹實驗之後，她得以離析出影響果蠅味覺和嗅覺的特定基因突變。就像西迪奇，羅德里格斯也使用化學物質來誘發果蠅基因突變。接著她檢測判定果蠅是否偏愛或嫌惡某些物質，好比糖或奎寧。完成這點之後，羅德里格斯接著對突變果蠅的解剖結構進行一項精密研究。這是該研究的關鍵部分。羅德里格斯最終得以證明，特定基因控制了果蠅觸角上特定感測器的發育。她甚至還能測繪出，這些基因在一條染色體上特定範圍的分布情形。這是神經遺傳學史上一個開創新基礎的時刻。羅德里格斯證明了，我們有可能可以追蹤遺傳突變的作用，並一路追溯至神經系統，直抵偵測出特定味覺或嗅覺的層級。[47]

印度在一九四七年獨立標誌了一個重要片刻，不只是就國家的政治歷史，就科學史上也是如此。印度首相尼赫魯本人曾在劍橋大學攻讀自然科學，而且對科學改造這個新國家的可能性充滿熱情。藉由一系列仿效蘇聯施政的五年計畫，印度政府開始累積出科學實力，並建立新的實驗室和研究院。尼赫魯在一九五四年

宣稱，這些會成為「為服務我們祖國而建造的科學殿堂」。這項早期科學工作的重點，大半擺在解決飢餓問題。到了一九八〇年代初期，印度已經成為該地區的重要研究中樞，來自孟加拉、斯里蘭卡、緬甸、越南和泰國的科學家，紛紛前來印度農業研究所，一同研究植物遺傳學。[48]

去殖民化從根本上形塑了二十世紀印度的現代科學發展。西迪奇是個印度穆斯林，他險些沒逃過一九四七年印巴分治之後的暴亂。羅德里格斯也經歷了帝國末年階段，她的一生代表了科學史上我認為我們如今都迫切需要記住的一段時期。這是一部關於帝國終結如何改造了前景看好的年輕科學家，把他們改變成無國籍移民的歷史。不過這也是一部同樣那些科學家，如何掌握獨立的機會，鋪設出一條嶄新道路的歷史。在下一節中，我們要探討冷戰期間科學史的另一面。跨越國界，中國的科學家正在努力對付二十世紀最重大的政治事件之一，那就是中國共產黨的崛起。[49]

3. 毛主席領導下的共產黨遺傳學

李景均計畫這次逃亡已經花了好幾個月。最後到了一九五〇年二月，他判斷待在中國已經不再安全。於是他帶領妻子和四歲大的女兒，一起登上從北京出發的火車。那是在中國新年前後，所以他希望當局不會注意到他已經離開，等他們察覺，已經太晚了。接下來好幾週，李景均和家人一路向南，最後才終於來到廣東。接著他們在午夜時分越過邊界進入香港，那裡在這時期仍是

英國殖民地。李景均的女兒累壞了，於是到了旅程這最後階段，他都得背著女兒。來到香港時，李景均崩潰了，被疲累和情緒壓垮了。他終於自由了。不再受政治迫害了。而且可以平和地自由執行他的科學研究了。[50]

李景均是二十世紀遺傳學宗師之一，一九四九年中國共產黨掌政之後，他發現自己成為國家敵人。第二次世界大戰爆發之前，李景均便在美國康乃爾大學拿到植物遺傳學博士。前一章我們見到，中國新一代科學家許多都在二十世紀頭幾十年期間留學接受培訓，他就是這當中一位。然而，當李景均在一九四〇年代早期回到中國，他發現國家已經陷入內戰。接下來幾年期間，毛澤東領導的中國共產黨，奪得了大陸大半江山，國民黨則撤守臺灣島上。一九四九年十月，毛澤東宣布中華人民共和國成立。世界上人口最多的國家，現在是世界上最大的共產國家。[51]

在那時候，李景均還在北京農業大學教遺傳學。他很快得知，他不再受歡迎了。十月底，大學的新院長，一位共產黨官員，召集全體教職員開會。李景均和其他一些人都被告知，他們必須停止教導孟德爾遺傳學（Mendelian genetics）。（這是當時最廣受接受的遺傳學理論，循此，生物特性完全由包含在染色體內的遺傳物質來傳遞。）然而，北京農業大學的科學家，卻奉命教導另一套遺傳學理論，那是一位名叫特羅菲姆·李森科（Trofim Lysenko）的蘇維埃科學家所宣揚的理論。這套新的理論顯然是「有意識地、徹底地將馬克思主義和列寧主義應用於生物科學上所取得的一項偉大成就」。李景均大為震驚，李森科惡名昭彰。一九四八年八月，在列寧格勒農業科學院（Leningrad

Academy of Agricultural Sciences）一次會議上，李森科發表了一場演說，貶斥歐洲和美國遺傳學家所做研究。根據李森科所述，孟德爾遺傳學和馬克思主義完全不能相容。他宣稱，那是種「理想主義教條」。「基因」的概念是抽取自「生機自然之真實規律性」的一種空想。於是李森科試圖復甦後天獲得之特性能夠遺傳的老舊觀點，他認為這遠更能與馬克思哲理相符，而且也側重唯物主義和集體行動。任何人不同意此說，都要被送進勞改營。[52]

一九五〇年代，事後經證明完全錯誤的李森科理論，在全中國傳播開來。中國共產黨官方報紙《人民日報》告訴讀者，李森科主義代表了「生物學的一場根本革命」，而且「老舊的遺傳學……必須徹底改革」。同樣地，另一份報紙也驕傲地宣布，「孟德爾提出的反動遺傳理論……已經從生物學教科書徹底剷除」。在這相同時期，蘇維埃科學家受邀到中國各大學講學，俄羅斯教科書也紛紛被翻譯成中文。北京一家戲院甚至還播映了一段用中文配音的蘇維埃宣傳影片，片中解釋了李森科理論的基本原理。這全都是毛澤東在一九五〇年代早期企圖與蘇聯結盟的部分努力。中國必須「學習蘇聯的先進經驗」，毛澤東宣稱。這能幫忙加速中國的科學發展，以及「強化我們與蘇聯，〔以及〕與所有社會主義國家的團結」。[53]

李景均不肯受強迫傳授中國共產黨提倡的「新遺傳學」，於是決定離開中國。逃到香港過後不久，他寫了一封簡短通訊來描述他的經歷。那篇短函發表在美國遺傳協會（American Genetic Association）的官方刊物《遺傳期刊》（*Journal of Heredity*）上，標題為〈中國的遺傳學已死〉（Genetics Dies in China）。

這是國際科學界第一次聽聞李森科主義在中國散布的狀況。北京農業大學已經「完全被共產黨徒接管……孟德爾遺傳學課程都立刻被中止」,李景均說明。他還描述了中國共產黨如何強求奉守嚴苛的意識形態,並解釋道,「你必須宣示效忠李森科理論,否則就必須離開。離開終歸是我的選擇。」短訊末尾李景均向讀者求助。「若我有幸能為你所知道的任何美國大學或研究機構提供任何服務,我會十分高興為他們效勞,」他寫道。隔年,李景均被任命為匹茲堡大學的教授,接著在往後的事業生涯,他全都在那裡度過,使用新的群體遺傳學統計方法來執行開創性研究。他再也沒有回到中國。[54]

一九四九年毛主席崛起之後有許多科學家逃離中國,李景均只是其中之一。他所遭受的迫害,也再次提醒我們,意識形態衝突是如何影響了二十世紀科學的發展,特別是在冷戰期間。在整個一九五〇年代,美國政府出手協助世界各地的科學家逃脫政治壓迫,並為此深感自豪。美國一位著名的遺傳學家表示,李景均的經驗就是有必要「維護科學自由,挑戰極權主義」的一個實例。[55]

不過,有一點很重要,那就是要記得,這只是故事的一面。誠然,科學家在中國面臨異常艱辛的處境,許多都遭人從崗位移除,從此行蹤杳然。甚至依循黨派路線的人,也發現自己與更寬廣世界斷絕聯絡了,而且能運用、接觸的實驗室器材和國際科學期刊也相當有限。儘管如此,我們也不該認為,只因為他們是在共產國家工作,中國的科學家在這段時期就無法進行任何有價值的研究。這種觀點只會強化一種冷戰說詞,把中國描繪成一個反

現代化的落後國家。這種說詞也傷害了許多中國科學家，儘管面臨異常處境，他們依然想方設法為現代科學的發展，開創了眾多重大貢獻。追根究柢，為了正確理解二十世紀中國的科學史，我們就必須適度權衡。我們必須體認共產主義政權，特別在毛主席統治下的壓迫本質。不過我們也必須認可，中國科學家所開創的成就，而不該逕自將其忽視。[56]

和流行看法相反，毛澤東本人並不反對現代科學。事實上，就像世界上許多社會主義領導人，毛澤東也認為，科學在共產主義治下能夠蓬勃發展。毛澤東在一九五七年宣稱：「我們必定能夠以現代工業、現代農業和現代科學來建設一個社會主義國家。」幾年之後，他重申了這項主張，認為「科學實驗」是「建設社會主義強國的三大革命運動」之一。有鑑於此，中國政府在一九五三至五七年的第一個五年計畫期間，投入了大量資金，將國家科學預算提增至三倍，來促進新的科學研究機構的發展。甚至到了一九五九年，毛澤東還批准創辦一所新的遺傳學研究院（Institute of Genetics），附屬於北京的中國科學院。接著到了一九六七年，中國進行了第一次成功的核武試爆，讓許多美國決策者大驚失色，因為他們早就認定中國根本沒有能力產出任何先進的技術。[57]

在這同時，中國共產黨也不再奉守李森科主義。這部分是肇因於地緣政治局勢的改變。一九五六年，毛澤東開始與蘇聯決裂，原因是他認為蘇聯並沒有全力投注於世界革命事業。就在那一年，毛澤東發表了一場深具影響力的演講，其中他確認知識必須有更大的多樣性，特別是就科學這方面。他宣布，要讓「百花

齊放、百家爭鳴。」這激勵一群中國科學家籌辦了一場重要的研討會，共議遺傳學的未來。在開幕式上，一位中共官員明確表示，李森科主義不再是國家政策。「我們的黨不希望像蘇維埃黨那樣干涉遺傳學辯論，」他解釋道。這位官員甚至還就最近發現的 DNA 結構，冠上了一種馬克思主義詮釋，並指出這就證明了基因概念有其物質基礎。（馬克思主義哲學的核心包含一種觀點，那就是一切事物，甚至連「基因」這樣的科學概念，都是生命之物質條件的產物。如同馬克思所述，「不是人們的意識決定他們的存在，而是人們的社會存在決定他們的意識」。）接著那位官員引用毛澤東的講話來總結發言，他說，在科學就如同在其他地方，中共的政策也是讓「百花齊放」。[58]

正如我們在其他地方見到的情況，中國對現代遺傳學重新燃起興趣，主要是出於糧食供應出了問題。第二次世界大戰期間，中國遭受嚴重饑荒荼毒，超過兩百萬人喪命。接著又有一九五九至六一年的「三年大饑荒」。在那三年期間，超過五千五百萬人死於這場慘禍，事後更證明，這是人類歷史上最嚴重饑荒之一。這場饑荒根源自許多不同因素，不過首要起因是中共放下糧食生產，卻調用鄉村農民投入大煉鋼鐵的政策。採用李森科主義更讓情勢惡化，由於中國農業科學家在一九五〇年代把他們的時間大半都浪費在徒勞無用的實驗上頭。當然了，毛澤東是不肯承擔責任的。儘管如此，中共也認識到，它是無法承受這種災難重演的，於是從一九六〇年代開始，便大力投資於農業科學和現代遺傳學的發展。[59]

袁隆平腦中縈繞著三年大饑荒的記憶。他後來回顧表示，看

到軀體倒在路邊，孩子為求生存，無計可施，只好拿土來吃。就是這種無情經歷，激使袁隆平尋找能提高中國作物產量的新方法。如今，他被尊奉為開發出第一批雜交水稻品種的功臣，這是歐美許多科學家都認為不可能實現的重大突破。袁隆平一九三〇年生於北京，代表中國遺傳學歷史的另一面。不像中國上一代的多數科學家，袁隆平並沒有留學美國接受培訓，他是在一九五〇年代早期就讀於西南農業大學，主修植物遺傳學。這所學校是中共創辦的新設研究院之一。袁隆平求學時，李森科主義依然主導中國的遺傳教學，甚至他在大學還必修俄語。不過袁隆平的一位講師私下向他介紹了孟德爾遺傳學，還拿了一本很流行的美國教科書的老舊中譯版本來與他分享。牽連上這種事情是很危險的，那位講師後來遭撤職，從此行蹤杳然。袁隆平很快學會保持低調，不過他仍繼續閱讀孟德爾，還拿最近出的《人民日報》來包他那本教科書，把它隱藏起來。[60]

　　一九五三年畢業之後，袁隆平分發到安江農業學校工作。學校座落於湖南省西部一所古老佛寺。就連在中國這處偏遠地區，李森科主義仍影響遺傳學家做研究的方式。袁隆平奉命進行古怪的實驗，將番茄植株嫁接到一株番薯上，期盼能產出新的雜交種。結果不消說，實驗失敗了。幾年之後，三年大饑荒蔓延到了湖南。袁隆平親眼目睹那種慘況。「我看到五個人倒在路邊、田埂或橋下，奄奄一息，」後來他回顧表示。一九五九至六一年大饑荒之後，袁隆平終於能夠開始在安江農業學校傳授孟德爾遺傳學。前面提過，到這時候，中國已經和蘇聯決裂，於是又能安全地批評李森科主義。不過袁隆平仍應依循社會主義的科學研究模

式。中共提倡「群眾科學」觀點，認為「老農」和「知青」要相互學習。「在很大程度上，發明不是出自專家學者，而是得自勞動人民，」《人民日報》解釋。因此，像袁隆平這樣受過大學教育的科學家，也應該花時間下鄉向農民學習。毛主席稱此為「農村科學實驗運動」。[61]

因此袁隆平將大半時間都花在附近田間，和農民交談，並指導農民認識孟德爾遺傳學的基本知識。事實證明這非常有用。一九六四年夏天，袁隆平在當地稻田走動時，遇上了一種不同尋常的水稻植株品種，花朵形狀很奇特。他好奇將標本帶回安江農業學校。花朵天生具有雄性的和雌性的生殖器官。雄性器官稱為花藥，能生產花粉，雌性器官稱為心皮，用來接受花粉。袁隆平以顯微鏡檢視那株奇特的水稻標本，並很快注意到，花藥全都皺縮起來，並不產出任何花粉。這顯示該植物是號稱「雄不稔」（male sterile）的種類。[62]

袁隆平立刻意識到他這項發現的重要性。水稻原本就是自花授粉的植物，因此科學家認定，培育雜交水稻根本是不可能辦到的，因為在有機會與不同品種雜交之前，那種植物總是會自花授粉。美國和墨西哥的遺傳學家，之所以集中精神來處理玉米，這就是其中一項原因，因為玉米是自然異花授粉的植物。不過袁隆平猛然意識到，雜交水稻終究是有可能培育出來的。他在湖南的田野裡發現了一種水稻植株，只因為隨機遺傳突變，沒辦法自行授粉。重點在於，那株植物的雌性生殖器官依然完整，能夠接受另一株水稻植株傳粉。理論上，這樣一來也就得以選擇不同的水稻品種，並與這種雄不稔標本雜交，創造出許多人認為不可能的

產物——改良的雜交水稻品種。[63]

　　一九六六年，袁隆平在北京中國科學院出版的主要期刊《科學通報》（*Chinese Science Bulletin*）上提出他的發現，這標誌了中國一項大規模的雜交水稻育種計畫的起點。從多方面來看，這是毛澤東「群眾科學」產生作用的一個實例。袁隆平是在中國農村與農民一起工作時開創他的發現。為了擴大計畫規模，他也需要訓練那同一群農人，教他們懂得辨認、採集更多雄不稔水稻植株標本。接下來幾年期間，袁隆平和他的團隊採集了超過一萬四千件樣本，最後其中只有五件適合耕植。這是遺傳科學，卻不是我們通常設想的那種。沒有高科技實驗室，沒有 X 射線，也沒有化學物質。實際上袁隆平是把遺傳學帶回到了田野間。[64]

　　儘管明顯致力於社會主義科學，袁隆平仍未能倖免於政治迫害。一九六九年某一天，他來上班時發現牆上貼了一張手工製作的海報，上面寫著：「打倒反革命現行犯袁隆平！」在這時候，一場號稱文化大革命的運動進入最熾烈階段，那是毛主席領導來對付他眼中布爾喬亞（資產階級）社會餘毒的運動。受株連的標的包括來自中產階級背景的人士，特別是知識分子。中國各大學學生都受鼓勵指認潛在「反革命分子」並向當局舉報。袁隆平的大學教育，還有他對歐洲與美國遺傳學的興趣，讓他惹人注意。幾星期之後，安江農業學校領導人命令袁隆平辭職。他得知自己已經被調到附近一處煤礦工作。[65]

　　文革期間，成千上萬的中國科學家被「下放」到類似這種勞改營工作。許多人就此銷聲匿跡。不過袁隆平是幸運人士之一。兩個月艱苦工作之後，他突然被釋放，並被告知要回到安江農業

學校。是他的科學救了他。一位任職中國科學技術部的官員讀了袁隆平刊載在《科學通報》上的文章，體認到那對中國農業的未來是多麼重要。於是那位官員發了一封電報給安江當局，命令釋放袁隆平。獲得了中國共產黨的允許，袁隆平終於可以安心地繼續他的研究。經過了一些嘗試錯誤，結合不同品種雜交培育，到了一九七三年，袁隆平成功開發出世界上第一種能用於農業生產的雜交水稻植株，而這是許多科學家原先都認為不可能辦到的。[66]

從許多方面來看，現代遺傳學在中華人民共和國的發展是非比尋常的。在一九五〇年代早期，中共拿蘇聯生物學家李森科惡名昭彰的理論來大力推廣，導致許多先驅遺傳學家去國逃亡。即便在中共排斥李森科主義之後，遺傳學依然是釀成意識形態嚴重衝突的一項根源。遺傳學家袁隆平，原本是社會主義科學家樣板，到了文化大革命卻險些逃不過意識形態清洗。這一切當然非比尋常，只有蘇聯的經驗才能與之相提並論。然而，在其他許多方面，現代遺傳學在中國的歷史進程，仍與我們在其他地方看到的模式十分相似。因此，我們不該將中國視為異常，而是應該嘗試了解它如何融入更寬廣的冷戰科學歷史。

在中國，就像在墨西哥和印度，現代遺傳學的發展緊密牽連到國家的實際需求，特別是提高糧食生產的需求。那麼這段情節就帶了點諷刺意味，綠色革命是美國推動來作為反共鬥爭的部分措施，最終卻發現它的最大支持者之一，正是毛主席本人。縱貫整個一九六〇年代，毛澤東支持他所稱的「科學種田」。他的期望是，開發出主食作物的改良品種，加上使用化肥和殺蟲劑，將

有助於中國農業現代化並養活全國人民。這似乎奏效了。如今，袁隆平雜交水稻的最新版本，不只在中國生長，還種在印度、越南和菲律賓，幫助養活了亞洲數億人民。[67]

4. 遺傳學和以色列國

每天早上，約瑟夫・古列維奇（Joseph Gurevitch）都鑽進他的車子，開到耶路撒冷郊區一處移民營地。到了那裡，他就會開始進行醫療查房——檢查病患、施打疫苗和採集血樣。從一九四九到一九五一年間，超過六十萬猶太人來到以色列。那些營地是在一九四八年以色列國建立之後由政府成立的，絕大多數移民都是通過那些營地之一入境。許多移民來自歐洲，多半是大屠殺倖存者。另有些人來自中東、非洲和亞洲的猶太社群。所有人都期望前往以色列，擺脫反猶太主義，在長久以來被許諾為「猶太民族家園」的國度展開新生活。古列維奇是受僱來檢查並照料新來移民的數百位醫師之一。他在十九世紀末生於德國一個東正教猶太家庭，第一次世界大戰之後在捷克斯洛伐克學醫，隨後在一九二〇年代早期移民到巴勒斯坦託管地。以色列建國之時，古列維奇正在耶路撒冷的哈達薩醫院行醫。就在這段期間，他開始對「猶太人遺傳學」燃起興趣。[68]

古列維奇在移民營地四處走動，對於來到以色列的不同猶太族群的身體歧異大感驚訝。例如，葉門猶太人看來和阿什肯納茲猶太人（Ashkenazi Jews）就非常不同，而後者看來又與波斯猶太人有別。然而，根據《妥拉》（Torah）記載，這所有不同的

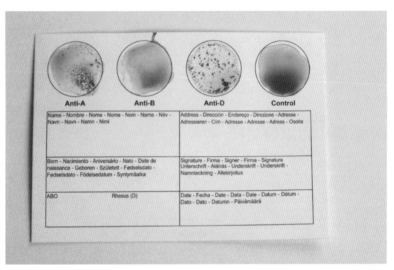

8-3 一種用於鑑定 ABO 和離血型因子（rhesus factor）血液類型的試劑。二十世紀的群體遺傳學家廣泛使用血液檢測。（Alamy）

猶太族群都有個共同祖先，並可上溯至約三千年前。古列維奇開始納悶，以現代科學最新技術，可不可能追溯出這個祖先。有鑑於此，他開始在耶路撒冷四周營地，向猶太移民採集成千上萬份血樣，將樣本儲存在哈達薩醫院的血庫中。這每份血樣都經仔細標示，這樣才能辨識出它是採集自哪個特定族裔群體，接著檢定判別那位相關人士的血型——看是 A、B、AB 或 O 型。這些全都完成之後，古列維奇便開始比對各個猶太社群中不同血型的比例。[69]

　　ABO 血型系統約一九〇〇年就已發現，因此古列維奇最早學到這套體系的時間，有可能追溯至他在歐洲學醫期間。在一九二〇年代和一九三〇年代，其他許多血型系統也都被人發現，好

比離血型系統（rhesus system）和 MN 系統（MN system），它們各自扮演不同角色，影響人類健康。例如，ABO 系統能有助於規範血液之凝固作用。這是為什麼輸血時接受正確血型是這麼重要，因為血型不合會導致血液凝固。第一次世界大戰期間，世界各國都開始建立血庫，來提供正確血液，供病患（特別是作戰傷兵）輸血時使用。血庫主要是用於醫療保健，但也為遺傳學研究帶來新的機會。有史以來第一次，遺傳學家得以取用大量血樣，而且很容易就能與個別患者病歷做交叉比對。就像這個時期的其他許多科學家，古列維奇也相信，驗血或能提供一把鑰匙，讓我們得以追溯人類的遺傳史。[70]

在整個一九五〇年代，古列維奇發表了一系列猶太遺傳學相關論文。他比較不同血型的出現頻率，嘗試表明是什麼因素讓抵達以色列的個別猶太社群團結一致，還有哪種因素讓特定族群與眾不同。例如，古列維奇便主張，「庫德斯坦猶太人」（Kurdistani Jews）和「巴格達猶太人」（Baghdad Jews）的 A、B 和 O 血型的出現頻率往往都相同。這便顯示，各族群有相通的世襲傳承。然而，古列維奇也注意到，M 和 N 抗原的相對頻率則相當不同，「巴格達猶太人」具有 M 抗原的比例約達四成，相較於「庫德斯坦猶太人」的約三成。在另一篇文章，古列維奇甚至還聲稱，「所有猶太社群」同具某特定的離血型抗原組合。他論述表示這「暗示了猶太人具有共同起源」。[71]

二十世紀後半葉是中東出現劇烈政治變革的時期。第二次世界大戰之後，歐洲殖民帝國都被迫撤離那片區域，英國撤出埃及和巴勒斯坦，法國撤出敘利亞和黎巴嫩。這促成了許多新國家的

誕生，包括一九四八年建立的以色列國。在以色列也就像在其他地方，現代科學被廣泛認為對新國家的成功至關重要。「以色列是個小國，欠缺物質財富，自然資源匱乏。一九六〇年，耶路撒冷的希伯來大學校長論稱，「科學研究對國家發展的重要性，再怎樣強調都不為過。」這項觀點也是許多政治領導人的共通識見，包括以色列第一屆總理戴維・本－古里安（David Ben-Gurion），他批准成立了許多新設科學機構，好比成立於一九五二年的生物醫學研究院（Institute for Biomedical Research）。以色列政府還提增了對現有科學機構的挹注，其中許多都可以回溯至英屬巴勒斯坦託管地時期，好比耶路撒冷希伯來大學。[72]

事實上，在這段期間，整個中東地區都很常見到國家對現代科學投資。一九五二年埃及革命之後，賈邁勒・納瑟（Gamal Abdel Nasser）批准成立埃及國家研究中心（Egyptian National Research Centre），而在土耳其，一九六〇年軍事政變之後不久，政府就成立了科學技術研究委員會（Scientific and Technological Research Council）。埃及和土耳其政府也都投資於遺傳學研究，通常都希望能改進農業和民眾健康。埃及和土耳其的醫師，如同他們的以色列同行醫師，也同樣對中東人口的遺傳組成感到興趣。他們也努力處理民族認同的問題。土耳其共和國嘗試將土耳其人與其他族裔群體區隔開來，其他族群也包括阿拉伯人和猶太人，那些族裔在原本由（一九二二年瓦解的）鄂圖曼帝國領有的土地上住了很久。同樣地，納瑟領導下的埃及政府，也宣導以一種共有阿拉伯身分認同理念，來作為去殖民化之後區域合作的基礎，因此政府也投資於族群遺傳學研究。[73]

我們已經見到，在冷戰期間，現代科學——尤其是遺傳學——是如何可以轉化發揮種種不同政治用途。這在以色列肯定能成立，特別是當涉及民族認同問題之時。《以色列獨立宣言》（Israeli Declaration of Independence）明確定義「以色列領土」為「以色列民族的出生地」。而一九五〇年的《回歸法》（Law of Return）則宣布，「每個猶太人都有權利來到這個國家」。因此，誰是猶太人，誰不是猶太人的問題，也就成為二十世紀中葉的一個關鍵政治課題。古列維奇只是眾多相信現代遺傳學有可能提供問題解方的以色列醫師之一。在此同時，以色列政治領導人也討論了是否需要某種「移民監管」，或甚至根據醫療準則來進行的選擇。沒錯，一九五〇年的《回歸法》實際上還包含一個條款，允許以色列政府拒絕任何有可能「危害公共衛生」的人。這就是政府設立移民營地的部分原因，這樣就能對新來的人進行醫學評估，並做疫苗接種並給予抗瘧疾藥物。這兩個問題——關於國家認同和公共衛生——在形塑中東現代遺傳學的發展中發揮了關鍵作用。[74]

一九六一年九月，耶路撒冷希伯來大學舉辦了一場有關群體遺傳學的重要國際會議。與會人員包括美國遺傳學家尼爾，前面我們便曾見到，他是日本原子彈傷害委員會的成員，還有一位是英國遺傳學家亞瑟·莫蘭特（Arthur Mourant），最近他才在一九五四年發表了一部很有影響力的著作，書名為《人類血型的分布》（*The Distribution of the Human Blood Groups*）。另有些人則是從印度、巴西和土耳其前往參加，來分享他們就不同人類群體起源的最新研究成果。不過相鄰的阿拉伯國家都沒有代表與

會，儘管這些國家的科學家，此時也在研究群體遺傳學的類似問題。例如，任職於貝魯特美國大學的黎巴嫩醫生穆尼布・沙希德（Munib Shahid），最近便發表了一系列關於阿拉伯人口群鐮狀紅血球貧血症盛行率的文章，而任職於開羅國立血清研究所（State Serum Institute in Cairo）的埃及醫師卡里瑪・易卜拉欣（Karima Ibrahim），事實上與莫蘭特合著了一篇討論〈埃及人的血型〉（The Blood Groups of the People of Egypt）的文章。然而，考慮到最近的一九四八年阿以戰爭和一九五六年蘇伊士危機，還有以色列軍隊趁機侵占西奈半島，也難怪後來沙希德和易卜拉欣都沒有參加耶路撒冷那場研討會。[75]

研討會籌辦人是一位以色列遺傳學家，名叫伊莉莎白・戈德施密特（Elisabeth Goldschmidt）。就像這段期間的其他許多猶太科學家，戈德施密特也是來自納粹德國的難民。戈德施密特一九一二年生，出身猶太家庭，一九三〇年代早期開始在法蘭克福大學（Frankfurt University）學醫，由於納粹黨崛起，她被迫出走。逃到英國之後，戈德施密特進入倫敦大學攻讀動物學，並於一九三六年畢業。接著她遷往巴勒斯坦託管地，進入耶路撒冷希伯來大學深造，開始攻讀蚊子遺傳學博士學位。前往美國待了一年之後，戈德施密特在一九五一年回到以色列，協助在希伯來大學開設了第一門專授遺傳學的課程。戈德施密特還在一九五八年成立了以色列遺傳學會（Genetics Society of Israel），並擔任第一屆會長。[76]

一九六一年研討會另一位幕後要角是一位名叫柴姆・舍巴（Chaim Sheba）的以色列醫師。就像戈德施密特，舍巴也在歐

洲長大，度過一段反猶太主義興起的時期。他在一九〇八年生於奧匈帝國，先在當地好幾家猶太學校就讀，隨後才於一九三〇年代早期到維也納研讀醫學。接著由於相鄰的德國納粹黨在選戰獲勝，舍巴決定最好是離開奧地利，於是他在一九三三年移民到巴勒斯坦託管地。到了一九五〇年代早期，他已在位於特拉維夫近郊的特拉希默醫院（Tel-Hashomer Hospital）工作。就像古列維奇，舍巴也花了許多時間到鄰近的移民營地採集血樣，並照料病患。也就是在這段期間，他也開始對「以色列的猶太人群體之間的遺傳分化」產生興趣。[77]

到了一九六〇年代早期，以色列已經被廣泛認為是研究群體遺傳學的重要場所。「以色列擁有多樣化人口群體，分別來自世界許多地方和許多不同的環境，為遺傳學家提供了一個獨特的實驗室，」耶路撒冷希伯來大學校長在一九六一年研討會開幕演講中這樣宣布。儘管提報的論文涵蓋了形形色色的廣泛主題，但大多數都專注論述群體遺傳學與疾病之間的關係。例如，戈德施密特便在會上提報她就泰－薩克斯病（Tay–Sachs disease）（一種會影響神經系統的遺傳性病症）在阿什肯納茲猶太人群體之盛行率的最新研究，而舍巴則討論他有關葡萄糖 -6- 磷酸去氫酶缺乏症（一種代謝疾病）在不同猶太族群之盛行率的研究成果。[78]

講明白點，這類研究並不是以色列特有的，實際上在整個冷戰時期這類研究在全世界都很常見。其他與會科學家也介紹了他們就不同領域和族裔群體所得研究成果。一位日本遺傳學家描述他的「高加索人和日本人的差別」最新研究，還有一位巴西遺傳學家則提報他針對他所稱的「白人」和「非白人」所做突變研

究。正如所料，以色列與會人士都確保將他們的研究與納粹那類優生學實踐清楚區隔開來。縱貫整個一九六〇年代，戈德施密特尤其努力奮鬥來扭轉優生學對現代科學的持續影響，並提醒國際社群，「偽遺傳學論證是滅絕數百萬人的藉口」。會上另一位科學家還敦促與會人士記住，「群體遺傳學是一門遭借名犯下重罪的領域」。[79]

在冷戰時期，我們對種族和身分的科學理解經歷了重大改變。第二次世界大戰之前，多數科學家都把種族理解為一個直截了當的生物學事實。然而，在大屠殺之後，這種觀點遭受愈來愈強烈的質疑。「出於所有實際的社會目的，『種族』與其說是種生物學現象，不如說是種社會神話，」聯合國在一九五〇年發表了深具影響力的《關於種族的聲明》（Statement on Race），文中便這樣闡述。遺傳學家不再將種族視為一種固定不變的生物學概念，而是開始把它想成不斷變遷的事物。因此現代群體遺傳學的重點並不在於辨認固定的族裔群體，而是要追蹤不同社群隨時間演變的遷徙和混合。這就是為什麼血型經證明成為這般熱門研究主題的原因之一。英國遺傳學家莫蘭特解釋，「一項血型研究表明，最自豪的民族都有種異質性，並支持一種觀點，那就是現今的種族，不過就是種暫時的融合。」在任何特定的族裔群體，事實上都存有大量的遺傳多樣性。他歸結認定，「我們必須推翻有關血液是個種族因子的任何神祕概念。」[80]

然而，要維繫這種種族觀點，就原則上看來容易，實際上就難了。在許多新國家還在形成過程的時期，養成強烈民族認同感之政治需求，往往占了優先地位。我們已經見到，一九四八年以

色列建國之後不久，古列維奇便宣稱，藉由 ABO 血型研究，他已經確認了「猶太民族的共同起源」。舍巴也提出了相仿主張，論稱（已知靠基因傳承的）葡萄糖 -6- 磷酸去氫酶缺乏症的盛行率，可以用來追蹤不同猶太群體的「種族起源」。其他人就心懷質疑，好比戈德施密特就否認泰－薩克斯病是猶太人身分的良好指標，而莫蘭特則論稱「現代猶太社群的遺傳組成，顯現出範圍廣泛的變異」。到最後，多數科學家都試圖找到一個平衡點，論稱儘管沒有單一的「猶太基因」，但仍有可能藉由不同猶太群體的遺傳歷史，來追蹤它們的遷徙。[81]

就在舍巴和莫蘭特討論人類遺傳史之時，另一群人則投入探索農業的起源。歷史學家長久以來一直認為，最早的農耕社區可以追溯至約一萬年前，位置就在巴勒斯坦和波斯之間的那片區域，也就是通常稱為「肥沃月彎」的地帶。一九六〇年代早期，耶路撒冷希伯來大學的一組科學家開始檢驗這項假設。他們的領導人是一位名叫丹尼爾・佐哈里（Daniel Zohary）的植物遺傳學家。佐哈里一九二六年生於耶路撒冷，父親是一位出色的植物學家，第一次世界大戰之後從奧地利移居巴勒斯坦託管地。丹尼爾幼時便隨父親進行植物學實地考察，尤其經常前往加利利海（Sea of Galilee）周邊地帶，學習植物分類學的基礎知識。一九四六年，佐哈里進入耶路撒冷希伯來大學學習植物學，希望追隨父親的腳步。然而，他的學位因一九四八年阿以戰爭爆發而中斷。座落於斯科普斯山（Mount Scopus）的耶路撒冷希伯來大學原校區受到約旦軍隊侵擾而不得不撤離。佐哈里本人設法逃脫，接著接受分發來支持戰役，不過他的一位最好的朋友遇害。作戰

結束之後，佐哈里回到設於吉瓦特拉姆（Givat Ram）社區的新校區完成學位。[82]

到這時候，佐哈里的科學知識和父親所知並沒有太大差別。然而在一九五〇年代早期，他前往美國之後，這一切就改觀了。在一九五二和一九五六年間，佐哈里就讀加州大學柏克萊分校，攻讀遺傳學博士學位。就是在這裡，他學到了後來證明對識別馴化作物的起源非常有用的技術。佐哈里會投入時日使用顯微鏡來檢查植物染色體，將它們染色並比對條帶模式。此外在加州時，佐哈里還結識了他的終身朋友和合作夥伴，那是一位名叫傑克・哈蘭（Jack Harlan）的美國遺傳學家，他後來為美國農業部工作。佐哈里和哈蘭兩人期盼能合作「發現穀類的早期馴化是在何時、何地還有在什麼情況下發生」。不過佐哈里很快就意識到，若是真想解決這道問題，他就必須回到「肥沃月彎」本身。於是在完成博士學位之後，佐哈里便遷回以色列，並於一九五六年進入耶路撒冷希伯來大學的遺傳學系任職。[83]

佐哈里的農業史研究所採門路，與我們前面接觸到的墨西哥農業計畫所執行的工作有很多共通之處。佐哈里首先外出採集不同品種的野生植物，特別是他認為或許與主食作物有關的植物，如小麥和大麥等。實際上這說起來容易，做起來就難了，特別是當「肥沃月彎」覆蓋地區延伸遠超出以色列領土之外的情況。佐哈里必須找人幫忙，寫信給美國的哈蘭，還有英國、伊朗和蘇聯的植物學家，要求他們從當地種子庫寄來樣本。幸虧最近在聯合國糧食及農業組織（Food and Agricultural Organization）支持下，建立了一家主要的區域種子庫，座落於土耳其西部的伊茲密

爾（Izmir），於是這項工作也就變得比較容易。累積了大量收藏之後，接著佐哈里便開始比較不同品種的野生植物。在一九五〇年代，他的工作重點是他所稱的「染色體分析」，意思是將植物染色體染色並使用顯微鏡進行比較，這就是他是在加州學到的技術。然而，隨著一九七〇年代的一系列技術突破，佐哈里也能夠分析直接從他想比較的植物中提取的 DNA 的實際序列。如此也就有可能準確計算出不同植物之間的「遺傳距離」，判定哪些有密切親緣關係，哪些則是遠親。佐哈里指出，就解答栽培植物之起源的問題方面，這些新的分子技術的衝擊，才剛開始顯現。[84]

經過近三十年的深入研究，佐哈里在一九八八年發表了他的重要著述，題為《舊世界植物的馴化》（*Domestication of Plants in the Old World*）。在這本與德國考古學家瑪麗亞·霍普夫（Maria Hopf）合著的書中，佐哈里證實，小麥和大麥等主食作物，最早確實是在約一萬年前的古代中東首次被馴化。最重要的是，他還能夠指認出當代許多作物的野生祖先，表明它們彼此之間的確切「遺傳關係」。這是一項了不起的知識成就，不過佐哈里的成果也有實際的一面。佐哈里的一位耶路撒冷希伯來大學同事指出，「栽培穀類的原始野生祖先」的發現……開啟了將它們用作遺傳材料，來進一步改良作物的可能性」。這是個很簡單的理念，不過事實證明這也非常有效。以現有小麥和大麥品種來與它們的野生祖先雜交，農業科學家就能夠大幅提高農作物的產量。佐哈里本人也看出了他所做研究的重要意涵，不只能幫助開發出改良型小麥和大麥品種，還能用來開發蔬菜和水果。這整個就是以色列實現糧食生產自給自足的主要驅動力量之部分環節。

考慮到從一九四〇年代晚期以來，數十萬猶太移民蜂擁抵達，導致人口急遽增加，追求糧食自足也就變得更加緊迫。[85]

二十世紀下半葉期間，科學家將中東描述成人類歷史的「十字路口」。無論是不同族裔群體的遷移，還是農業的起源，巴勒斯坦周圍的土地，都被廣泛認為是過去一萬年間一些最重要事件的發生地。在本節中，我們看到了，以色列科學家如何運用現代遺傳學的最新發展，來更深入地了解這段歷史。正如我們在其他地方看到的情況，以色列的現代遺傳學發展，同樣與國家的形成過程緊密關聯。對猶太遺傳學的科學興趣，乃是出於對無限制移民措施的顧慮，而對農業深遠歷史的研究，則是增加糧食產量的更廣泛計畫的一部分。[86]

以色列的科學家，有許多都是來自納粹德國的難民，或大屠殺劫餘倖存者，他們在對抗科學界的反猶太主義行動中，扮演了一個很重要的角色。以色列遺傳學會的創辦人戈德施密特，投入大量心血，奮力對抗優生學在戰後時期對群體遺傳學的持續影響。然而在此同時，另有些以色列科學家則認為，現代遺傳學有可能提供一種方法，來追蹤不同猶太社群的種族起源。這種略顯矛盾的人類遺傳學取徑，其實是戰後時期的特徵，並不是以色列的特有現象。在土耳其，遺傳學家使用血樣來區辨「阿拉伯人」和「土耳其人」，而在伊朗，同樣這種技術也被用來追蹤祆教人口群的起源。亞洲和美洲也都進行了類似的研究。檯面上，科學界拒絕將種族概念當成一種有意義的生物學類目；然而，事實證明，一旦面對中東和其他地方對強烈民族認同感的政治需求，這往往就很難取得平衡。今天，我們依然生活在遺傳學、種族和民

族主義之間這種懸而未決的緊張關係傳承當中。[87]

5. 結論

　　二〇〇〇年六月二十六日，美國科林頓總統在白宮東廳舉辦了一場記者會。現場還有德國、法國和日本駐美大使與會，同時英國首相東尼・布萊爾（Tony Blair）則是以視訊連結線上加入。

　　在全世界媒體注視之下，科林頓開始了他的演講。他宣布，「我們在這裡是為了慶祝完成對全套人類基因組的第一次調查。」接著他繼續解釋，「六個國家的一千多名研究人員，是如何揭示了我們神奇遺傳密碼的幾乎所有三十億個字母」。美國在十年之前啟動了人類基因組計畫（Human Genome Project），計畫費用為三十億美元，不過到了二〇〇〇年夏季，科學家終於完成了全套人類基因組的草測序列。計畫期望人類基因組圖譜能幫助科學家更深入認識（諸如癌症和帕金森氏症等）疾病的起因。接著就可以將藥物個人化，直至個體層級，並得防患未然，在症狀出現之前，事先辨認出遺傳因子所致高風險群。儘管計畫由美國領導，這是一項貨真價實的國際努力，在英國、法國、德國、日本和中國工作的遺傳學家，全都奉獻心力投入定序。不同國家不同團隊各自分配到人類基因組的特定段落，好比某特定染色體，得出的結果再組合成為完整的基因序列。[88]

　　對包括科林頓在內的許多人來講，人類基因組計畫是冷戰結束的象徵。該計畫在蘇聯開始解體之際啟動，相關研究人員分布於各大洲，甚至還包括在中國工作的科學家，而自從一九七六年

毛主席去世開始，中國便著手讓國家經濟自由化，並發展與美國的外交關係。科林頓聲稱，人類基因組計畫旨在「致力讓所有世界公民的生活都更為美好」。這項觀點獲得布萊爾的認同，他談到了「全球社群……現在跨越國界，努力守護我們共同的價值觀，並以這一卓越的科學成就來服務全人類」。[89]

誠如我們在本章所見到的，現代遺傳學的發展，基本上是受了冷戰政治影響，特別是國家形成歷程之影響才形塑而成。因此我們很容易會把人類基因組計畫，設想成一個過渡的時刻，就在這時，冷戰對抗的時代終結，全球化新時代繼之而起。這肯定就是科林頓和布萊爾——或許是最常與蘇聯解體之後那波全球化浪潮連結在一起的兩位政治家——對人類基因組計畫的理解。「就基因方面，所有人類，不論哪個種族，相同比例全都超過百分之99.9」，這個想法確實具有十足吸引力，很能獲得謀求宣揚「共同人性」願景人士的青睞。人類基因組計畫被想像成沒有種族歧視的未來的一部分。[90]

然而，在這裡結束這段故事並不妥當。冷戰結束並不是故事的終點，全球化在一九九〇年代的擴張，並沒有促成更和諧的世界。人類基因組計畫肯定沒有為種族主義畫下終點。如今我們都非常清楚，全球化——在科學領域，就像在更寬廣的社會範圍——實際上是釀成了更嚴重的區塊分化，讓民眾分裂得更甚既往，還加劇了現有的不平等。就連個人化醫療的許諾，基本上也都未能落實，而科學家們依然繼續爭論，基因編輯的倫理問題。

當遺傳學在整個二〇〇〇年代發展之時，所有這一切也都反映在那個領域。幾乎就在人類基因組計畫才剛完成之際，科學家

和政治領導人就開始挑戰這種以單一參考基因組來代表全人類的構想。畢竟，人類基因組計畫所定序的遺傳物質，絕大多數都出自一位住在紐約州水牛城的男性捐獻人——基本上可以肯定也就是個白人。有鑑於此，世界各國都開始成立自己的國家基因組計畫。其中包括了伊朗人類基因組計畫（二〇〇〇年啟動）、印度基因組變異聯盟（Indian Genome Variation Consortium）（二〇〇三年啟動）、土耳其基因組計畫（二〇一〇年啟動）、俄羅斯基因組計畫（二〇一五年啟動）和漢族華人基因組倡議（Han Chinese Genome Initiative）（二〇一七年啟動）。所有這些計畫都有宣揚種族民族主義的作用，各國民族也再次以種族面貌呈現出來。這種情況在中國的例子看得最為明顯，該計畫只著眼占多數的漢族群體，卻忽略了中國人口群在遺傳與種族上的更寬廣多樣性。冷戰或許是已經過去了，不過遺傳學在二〇〇〇年代和在一九五〇年代，有一點依然相同，它仍是國家形成的工具。[91]

在此同時，政府也開始著眼少數民族群體，這些群體遭指責為釀成各種社會和政治問題的禍首。例如俄羅斯基因組計畫就明確區分了所謂的「俄羅斯族裔群體」和「非俄羅斯族裔群體」。後者包含了政府視之為對國家安全構成威脅的好幾個少數族裔，好比車臣人，他們為爭取獨立，整個一九九〇年代都與俄羅斯部隊在車臣共和國作戰。美國政府也針對少數族裔進行了類似的基因檢測。二〇二〇年年初，國土安全部開始向越過美墨邊境的移民採集 DNA 樣本，所得結果都回饋輸入一個龐大的犯罪數據庫中。就中國的情況，縱貫整個二〇〇〇年代，這樣把遺傳學當成國家偵監工具的情況，也變得愈來愈普遍。二〇一六年，中國政

府開始向維吾爾少數民族成員採集 DNA 樣本，其中多數都是穆斯林。這全都是追蹤、壓迫維吾爾族群的更廣泛措施的一環，最終便導致百萬維吾爾族人被強制轉移到中國西北部新疆省一處拘留營中。今天，現代遺傳學許諾的「共同人性」，似乎比以往任何時候都更遙遠。[92]

尾聲　科學的未來

　　二〇二〇年一月二十八日早上，哈佛大學化學和化學生物學系系主任查爾斯・利伯（Charles Lieber）遭聯邦調查局特務逮捕。利伯是世界知名的奈米科學專家，被指控「幫助中華人民共和國」。法庭文件說明，聯邦調查局指稱利伯是中國「千人計畫」（譯註：正式名稱為「海外高層次人才引進計畫」）的「契約參與者」。按照聯邦調查局的說法，該計畫成立於二〇〇八年，目的是要「誘引海外中國人才與外國專家，將他們的知識和經驗帶進中國，並獎賞給竊取事業專屬資訊的個人。」聯邦調查局官員指控利伯在二〇一一年就被武漢理工大學吸收，每月支付五萬美元。聯邦調查局指稱，從此利伯「一再就他參與千人計畫之事撒謊」。聯邦調查局宣稱，這就相當於欺詐。本文撰寫期間，審訊仍在進行。利伯否認所有指控，但若被判有罪，他就要面對最高五年徒刑和最高二十五萬美元罰款。[1]

　　同一天，聯邦調查局還指控兩名中國國民犯下類似罪行。葉燕青（Ye Yangqing，音譯）曾在波士頓大學物理、化學和生物醫學工程系擔任研究員，她遭指控「充當外國政府的代理人」。截獲許多 WeChat 信息之後，聯邦調查局歸結認定，葉燕青已經「完成了多項人民解放軍軍官所指派的任務，好比進行研究並評估美國軍隊網站，以及將美國的文件和資訊發送到中國」。

還有更引人矚目的，這次是在波士頓貝斯以色列女執事醫療中心（Beth Israel Deaconess Medical Center）擔任研究員的鄭兆松（Zheng Zaosong，音譯）。他遭指控「試圖將二十一瓶生物研究材料偷帶到中國」。二〇一九年十二月，當鄭兆松試行登上從波士頓飛往中國的班機時，海關官員「發現一隻襪子裡面藏的一些瓶子，就裝在鄭兆松的一個袋子裡面」於是官員將他逮捕，隨即移交聯邦調查局審問。[2]

調查局特務約瑟夫・博納沃隆塔（Joseph Bonavolonta）宣讀這些指控時，明確闡述了聯邦調查局進行這些調查背後的地緣政治動機。「沒有哪個國家比中國對我們的國家安全和經濟繁榮構成更重大、更嚴峻，也更長期的威脅，」博納沃隆塔告訴記者。「簡單地說，中國的目標是取代美國成為世界的領導強權，而且他們不惜違法來達成這個目標，」他宣稱。這些調查都是聯邦調查局更廣泛計畫的一部分，該計畫是從二〇一八年開始，旨在根除美國科研機構內部的中國間諜。近年來，多名華人和華裔美籍科學家被逮捕，並遭指控未能披露與中國的財務或機構的牽連。各大學也開始斷絕與中國技術公司（好比華為）的關係，因為它們愈來愈被視為國安威脅。接著在二〇一八年十二月，應美國的引渡要求，加拿大逮捕了華為創辦人的女兒，該公司財務長孟晚舟。孟晚舟遭指控竊取商業機密，她否認了這些指控。不過若是被美國法庭定罪，她就得面臨最高十年監禁。[3]

縱貫本書篇幅，我論述說明了要了解現代科學史的最佳方法，就是從全球史關鍵時刻來思考。我們從十五世紀殖民美洲開始，隨後再探索十六和十七世紀期間，貿易和宗教網絡在亞洲和

非洲全境的發展。接著我們來到十八世紀，歐洲帝國和跨大西洋奴隸貿易大幅擴張的時期。到了十九世紀，我們見證了資本主義、民族主義和工業戰爭的時代。最後在二十世紀，我們發現了一個充滿意識形態衝突的世界，一個反殖民民族主義陣營和共產主義革命陣營的世界。這四個世界歷史變遷時期，各自影響並形塑了現代科學的發展。全球聯繫將不同民族和科學文化聚集在一起，有時是出於選擇，不過通常是憑藉武力。

今天，我們正在經歷全球歷史上的另一個關鍵時刻。世界各地的科學家發現，自己處於中美之間地緣政治衝突的核心。從二〇〇〇年代晚期開始，世界進入了可以最妥當地描述為「新冷戰」的階段。本質上而言，這是中美之間為爭奪經濟、政治和軍事主導地位而進行的鬥爭。二〇〇七至〇八年金融危機之後，中美經濟差距大幅縮小，到了二〇一〇年，中國超越日本，成為世界上第二大經濟體。為了確保經濟持續成長，還有為了獲取天然資源和能源，中國在整個二〇一〇年代早期開始擴大國際影響力。最終這就導致中國在二〇一三年發起「一帶一路」倡議，那是一項國際融資和基礎建設計畫，挹注種種建設，包括從斯里蘭卡的新港口到哈薩克共和國的鐵路等。因此，儘管大多數分析家只關注美國和中國，但我們有必要體認到，這次新冷戰——必然就像二十世紀原先那次冷戰——也是全球性的。發生在拉丁美洲、非洲、南亞和中東的事情，對科學的未來和政治的未來，都有根本性的影響。[4]

為了了解當今的科學世界，我們需要密切關注全球化和民族主義之間的關係。在一九九〇年代，政治家和科學家對全球化往

往抱持相當天真的態度，誤以為全球化會帶來更和諧、成效更高的世界，而且在此過程中，還能掃除過去的不平等。通過將人們連繫在一起，全球化理當讓我們變得更加富裕，也更加國際化。事實證明，這是一個虛假的承諾。事實上，全球化加劇了大多數國家內部的不平等，儘管它舒緩了國與國之間的若干不平等。中美之間的整體經濟差距，或許是縮小了，然而美國頂尖百分之十最富裕有錢人，如今擁有的資產和收入，都比他們在一九九〇年的財富還多。中國也是如此，如今他們擁有的億萬富翁人數，超過世界上除美國以外的任何其他國家。這種不平等的增長，促成了民族主義復甦——這完全背離了全球化擁護者所想像的那種世界主義未來。在過去十年間，我們見證了英國脫離歐盟、唐納・川普（Donald Trump）當選美國總統、印度民族主義在印度的復興，以及拉丁美洲各國右翼政治領袖的崛起。[5]

正是這種全球化和民族主義的奇特組合，才描繪出新冷戰的真正特性。世界各國將其參與全球化的科學世界，視為維護國家和區域權威的一種手段。這正是美國為什麼如此關注中國對美國各大學所發揮影響力的原因。正如我們將看到的，這也是中國投資的原因，不僅僅是將學生送到美國，還包括在亞洲和非洲建立科學聯繫。

在這段結語當中，我將揭示我們自己的全球歷史時刻，如何形塑現代科學的發展。我們關注三個主要科學研究領域的最新趨勢：人工智能、太空探索和氣候科學。這當中每個領域的未來，都將取決於科學家和政治家如何面對全球化和民族主義的雙重力量。科學的未來與世界的未來密不可分。

二〇一七年七月，中國共產黨頒布了《新一代人工智能發展規劃》。這項計畫制訂了一張時間表，打算在二〇三〇年將中國轉變為人工智能研究的世界領導者。如今它已經起身朝這個目標大步邁進。中國發表的人工智能論文，比包括美國在內的其他任何國家的總數都多，而且中國共產黨還投資建置昂貴的新穎研究設施，包括全新的北京智源人工智能研究院。根據二〇一七年規劃，人工智能將為中國提供「經濟發展新引擎」，預計到二〇三〇年，人工智能產業將為中國經濟貢獻一千四百六十億美元。人工智能有望為「民族偉大復興」提供助力。[6]

　　就當前現況，就一般智能方面——意思是執行多重複雜且相互關聯之智能任務的能力——電腦仍遠遠不能與人類匹敵，不過，訓練電腦變得非常擅長某特定任務，是有可能辦到的，例如從照片中認出一個人。這就是現代人工智能或通常所說的「機器學習」的意義之所在。科學家編寫演算法，基本上那就是一組指令，讓電腦得以在給定任務中訓練自己。接著該演算法就會被輸入大量數據——例如，數十萬張人臉數位化照片。藉由分析照片，演算法逐漸學會區辨不同的臉部特徵，也許還包括其他特徵。你給演算法提供的數據愈多，它學到的東西就愈多，它執行手頭任務的表現就愈好。人臉識別是人工智能研究的主要領域之一，不過此外仍有許多領域。人工智能已經被用於做出投資決策、識別軍事目標、診斷疾病和翻譯外語。由於用途十分廣泛，高級人工智能研究或有可能具有龐大的經濟和地緣政治利益。

　　最近在中國和其他地區對人工智能的興趣呈爆發性增長，俐落地闡明了新冷戰是如何形塑今天的科學發展。中國共產黨自己

就描述人工智能研究是「國際競爭的新焦點」。而谷歌中國的前負責人李開復，甚至暗示中美正在進行軍備競賽，因為雙方都謀求成為下一個「人工智能超級強權」。對中國和美國等國家來說，人工智能具有徹底改變經濟、顛覆現有就業模式，開創全新工作領域的潛力。同時，人工智能也被視為國家安全的關鍵。世界各國愈來愈頻繁轉向人工智能技術，好比藉由人臉識別軟體，期能藉此強化偵監和軍事硬體。國家之間的競爭，以及電腦科學研究的全球相連本質，正助長人工智能資金大幅增長。這已經促成了近年來的眾多重大突破。[7]

　　這些突破當中有部分很可能朝好的方向改變我們的生活。二〇一九年，廣州醫科大學的一組研究人員發表了一篇論文，描述以人工智能來掃描數百萬病歷，從而發現常見兒童疾病的早期跡象。這是藉由比對症狀模式並交叉引用醫學檢驗結果來實現的。研究人員發現，他們的演算法能夠準確診斷從腸胃炎到腦膜炎的種種疾病，甚至在當醫生疏失沒有看出這些疾病的情況下也不例外。人工智能愈來愈頻繁部署在世界各地的醫院當中。科學家已經開發出能夠分析 X 射線或 MRI 掃描，由此來識別疾病跡象的演算法。這些演算法已經能夠在訓練有素的放射科醫生的層次上運行，從而可以更便宜、更快速地診斷癌症等疾患。[8]

　　雖然這一切看來或許都比較偏良性，但仍有理由對人工智能的正向影響抱持懷疑態度。最近的突破，乃是肇因於私營公司和國家政府所收集的個人數據量大幅增加所致。畢竟，現代人工智能背後的基本理念已經出現了幾十年，就人臉識別等事項的概念驗證，在一九六〇年代就已經完成。然而，由於欠缺訓練人工智

能之根本演算法所需大量數據，科學家也就無從取得長足進展。現在，隨著 Facebook 等公司和一些國家（好比中國）收集了數億民眾的個人資料，如今已經有可能訓練演算法來完成以前認為不可能辦到的事情。

這就是為什麼中國在人工智能方面，具有這種競爭優勢的原因之一。中國政府從本國公民那裡收集了大量個人資料，從醫療紀錄和消費習慣到能源使用和在線活動。接著這些數據就可以作為訓練新一代人工智能演算法的原料。難怪中國擁有世界上最先進的人臉識別軟體，性能遠遠超過美國各大公司的產品。這種軟體經常用於監控中國公民的行蹤。更令人不安的是，華為部署的人臉識別軟體，據說能夠識別一個人所屬族裔，然後在發現維吾爾少數民族成員之時，向當局發出警示，目前已經有超過一百萬維吾爾族人被約束在新疆各地的拘留營中。[9]

人工智能的最新發展是新冷戰的產物，這是一場已經在全球範圍內蔓延的衝突。中美企業都在非洲投資人工智能研究設施。再次，所產生的影響正、反面都有。就一方面，增加投資使非洲科學家能夠將人工智能研究導往對他們有意義的方向，二○一九年開張的迦納谷歌人工智能中心就是個很好的例子。那裡的研究人員一直在努力訓練演算法，教它識別木薯等非洲主食作物的疾病是否發作。接著這套軟體就能幫助非洲農民，更快速反應來處理疫情。還有一個項目旨在改良處理、翻譯非洲語言的演算法，到目前為止，這在很大程度上都被美國和歐洲的研究人員所忽視。非洲數學科學研究所（African Institute for Mathematical Sciences）的機器學習教授暨迦納谷歌人工智能中心主任穆斯塔

法‧西塞（Moustapha Cissé）對此抱持樂觀態度。最近他曾告訴一位記者，「機器學習研究的未來是在非洲」。[10]

然而在此同時，挹注非洲人工智能研究的外國投資，也可能帶了剝削意味。當牽涉到中國的「一帶一路」倡議之時，情況還特別明顯。二〇一八年，一家名為雲從科技（CloudWalk）的中國公司簽署了一項協議，作為該倡議的一部分，約定向辛巴威政府提供人臉識別軟體。雲從科技承諾「協助在辛巴威建立一個國家人臉資料庫」。為這樣一個人權紀錄不佳的國家，引進一套大規模偵監系統的可能性，遭受了廣泛批評。如同在其他地方，辛巴威政府很可能會使用該技術來打擊政治異議。我們還需要弄清楚，究竟是什麼動機，促使中國對非洲科學投資。為了在人工智能方面取得進步，科學家需要大量資料。中國已經全力從本國公民那裡盡量收集了最多資訊。為了進一步擴展，它需要在全球範圍內收集個人數據。這當然也正是美國公司在過去十年左右一直在做的事情。近年來，特別是 Facebook 也大舉進軍非洲。為什麼？這與整個非洲相對較差的資料保護立法和執法狀況有很大的關係。這在一定程度上推動了外國對非洲人工智能的重大投資。事實上，作為雲從科技與辛巴威政府所簽署協議的一部分，中國研究人員往後就可以從遠端取用非洲人臉資料。這當能用於進一步改進中國的人臉識別演算法。[11]

人工智能也在中東蓬勃發展。研究議程同樣受到全球政治的影響。二〇二〇年九月，阿拉伯聯合大公國與以色列簽署了一份和平協議。這份由美國斡旋的協議是一項重大外交突破，也為所有希望中東享有長期和平的人士，帶來很好的慶祝理由。協議

簽署之後，阿聯也成為區區第三個承認以色列主權的阿拉伯國家。再者，協議的一部分是，阿聯和以色列同意開始合作進行人工智能研究。任職於阿布達比（Abu Dhabi）穆罕默德・本・扎耶德人工智能大學（Mohamed bin Zayed University of Artificial Intelligence）的科學家，現在就能與以色列魏茲曼科學研究所（Weizmann Institute of Science）的同行一起參加一系列研討會。和平協議簽署之前，這樣的科學合作實際上是不可能的。因為阿聯人不能前往以色列，以色列人也不能來到阿聯。[12]

在這項協議中，我們看到了科學合作如何幫助促進國際和平。不過在此同時，我們也不該對激勵中東國家投資人工智能的理由視而不見。以色列和阿聯的核心顧慮都是國家安全。以色列國防部隊已經使用人工智能來辨認巴勒斯坦境內的潛在軍事目標。根據一位以色列軍方工程師，他們的軟體能夠預測「最可能架設起〔火箭〕發射器的區域和時間。這讓我們能夠預先知道會發生什麼情況，以及應該攻擊哪些區域。」安全也是阿聯挹注人工智能投資的主要驅動力量。阿聯保安服務部門已經使用人臉識別軟體來追蹤人群並壓抑政治異議。新冠疫情期間，杜拜警察甚至還使用這同一套軟體，來監控民眾是否遵守社交距離準則。[13]

隨著新冷戰在亞洲、非洲和中東地區逐步開展，全球化和民族主義的力量，也漸次形塑了人工智能的增長。另一項主要的科學研究領域也是如此，而且它還與二十世紀的原始冷戰兩相呼應。近年來，各國對太空探索的興趣日益濃厚。從中國和日本乃至於印度和土耳其等國家，全都挹注投資太空計畫，標誌著一場新的太空競賽的開端。這些計畫通常都需要國際合作，而這也再

次提醒我們，全球化如何繼續形塑科學研究。二〇一四年，阿拉伯聯合大公國太空總署的成立就是一個很好的例子。為了增強實力，阿聯從美國和韓國招募了科學家和工程師，為衛星設計提供建議，並幫助規劃未來的太空任務。經過六年的努力，阿聯於二〇二〇年夏天啟動了一趟無人火星任務。又一次，這當中也帶了個國際元素。阿聯的火星探測器是由日本火箭運載，從日本種子島宇宙中心發射的。藉由國際合作，阿聯成為第一個上太空的阿拉伯國家。「這是阿聯的未來，」阿聯大公國火星任務計畫項目副經理莎拉·阿米里（Sarah Al Amiri）宣布。[14]

不過這是什麼樣的未來呢？當然有很多事項可以樂觀看待。首先，阿聯大公國火星任務是為提高阿聯科技界女性代表性所投注心力的一部分。阿米里和她的團隊（其中三分之一是女性）無疑將激勵該地區的新一代女性科學家。當然，還有許多工作必須進行，在這樣一個法律仍然歧視婦女的國家更是如此，不過對這樣的進展仍應表示歡迎。除此之外，這種對太空科學的投資，是轉型偏離石油經濟的更廣泛努力的一部分，因為阿聯尋求成為中東科技發展的樞紐。甚至還計畫在阿布達比建設太空港，以支持商業太空旅遊。[15]

如同所有的太空探索，這同樣帶了民族主義元素。阿聯希望在中東保持領導地位，並將牽連到太空科學的相關威望，視為實現這一目標的手段。火星探測器發射之後不久，阿聯政府的推特（Twitter）帳號便分享了一則信息「為阿拉伯地區的驕傲、希望以及和平」。阿聯隨後承諾將領路邁向新的「阿拉伯和伊斯蘭發現的黃金時代」。阿聯大公國火星任務經過精心策劃，時機恰逢

阿聯立國五十週年。任務最終在二〇二一年年初抵達火星時，它將成為國家慶典的重要組成部分。據阿聯大公國政府稱，這是「我們歷史上的一個決定性時刻，標誌著阿聯已經加入了參與太空探索的先進國家之林」。[16]

　　類似這樣的民族主義，也正推動中國對太空探索投資。二〇二〇年十一月，中國啟動了一趟無人登月任務。官方科學目的是收集月岩並將其送回地球進行分析。但中國共產黨也忍不住要施展公關噱頭。在採集岩石的同時，太空船也在月球表面插上了一面中國國旗。直到那時，還只有五面旗幟插在月面，全都是美國插的。同一年，中國還啟動了一項無人火星任務。就像阿聯，計畫時點適逢一個重要的政治週年紀念日。該任務於二〇二一年年初抵達火星，正值中國共產黨成立一百週年。官媒甚至還開始將火星任務稱為「一百週年賀禮」。[17]

　　世界各國政府都清楚明白將太空計畫的發展，視為國家威望的指標。然而，太空科學也發揮更實際的作用，特別是在安全和國防方面。土耳其太空總署於二〇一八年成立之後，該國政府就此也毫不諱言。「土耳其已經證明我國在國防工業上的技術能力，」當時的工業和技術部長解釋道。「太空技術必能使我們得以在新穎、獨特的維度上擴展，」他論述說明，而這也恰逢土耳其開始設計、製造自己的軍用無人機和火箭之時。印度也將太空科學視為確立其軍事實力的一種手段。除了一系列無人月球任務之外，印度也大力投資於相關軍事技術。二〇一九年三月，印度總理納倫德拉‧莫迪（Narendra Modi）宣布，印度進行了首次成功的反衛星試驗，用地對太空飛彈擊落了自己的一枚衛星。這

被廣泛認為是對印度鄰國中國所構成威脅的一次反制，因為中國近年來發射了多枚軍事和偵查衛星。莫迪身為民族主義派印度人民黨（Bharatiya Janata Party）的領導人，慶祝飛彈試驗，並論稱現在印度已經是世界領先的「太空強權」之一。[18]

我們已經見到，全球化和民族主義如何影響形塑人工智能和太空探索的發展。國與國之間的競爭，特別是中國和美國的對抗，還有區域強權之間的競爭，好比阿拉伯聯合大公國和以色列的角力，正激發科學研究的合作和競爭。這就是新冷戰，它標誌出我們自己的全球歷史時刻。科學研究還有個最後一門領域，同樣蒙受全球化和民族主義的雙重影響，而且所受衝擊勝過其他任何領域。

我們正經歷一場氣候緊急情況。這顯然是個全球性問題，溫室氣體排放對我們的共同環境釀成不可逆轉的損害。氣候變遷會釀成世界浩劫，這是由於生計遭到破壞，數億人被迫成為氣候難民。關於氣候變遷的基本事實，在這幾十年來都早為人所知，況且這也在一九九〇年政府間氣候變遷專門委員會（IPCC）第一次評估時清楚闡明。由世界氣象組織（World Meteorological Organization）和聯合國環境規劃署（United Nations Environment Programme）成立的 IPCC 集結全球各地專家，共同評估氣候變遷的科學證據，並提出潛在的解決方案。IPCC 在其第一次評估中得出結論，認為溫室氣體排放量的增加，很可能便導致了過去一百年來全球平均氣溫上升。按照這個速率，預測往後一百年間，全球平均氣溫將進一步提升達三攝氏度。IPCC 還強調，全球科學家社群有必要研究氣候變遷，這樣才能協調擬出全球應對

措施。這是冷戰之後與去殖民化之後重新平衡科學力量之嘗試的一部分。共產中國和前蘇聯的科學家，與歐洲、美國、拉丁美洲、南亞、非洲和中東的科學家並肩共同工作。[19]

然而，即便政府間氣候變遷專門委員會做出了最大努力，然而在一九九〇年代和二〇〇〇年代，卻幾乎都見不到絲毫對抗氣候變遷的具體行動。這期間簽署了形形色色的國際協議，例如一九九七年的《京都議定書》，該協議明文要求各國減少溫室氣體排放，然而全球暖化依然迅速惡化。不過情緒已經開始轉變。世界上許多最大汙染國家，這時都已經意識到，氣候變遷是對國家安全和經濟繁榮的重大威脅。中國就是一個很好的例子。每年，中國排放的二氧化碳量，超過世界上任何其他國家。中國還推動「一帶一路」倡議，導致異常嚴重的環境破壞，該倡議已經促成不可永續的基礎設施項目，在亞洲、非洲和中東地區各處擴張。

然而，最近中國共產黨也開始體認到，氣候變遷帶來的威脅，即便不考慮世界，對中國仍是有害的。畢竟，中國擁有大型沿海城市、大範圍的河川三角洲，和廣袤的沙漠，所以特別容易受到氣候變遷的影響。就算海平面只小幅上升，都可能讓上海和廣州等沿海經濟中心飽受蹂躪。一場大旱或大洪水，也可能嚴重影響糧食供應，從而減少民眾對執政的中國共產黨的支持。為因應此一威脅，中國在氣候科學和綠色能源研究方面投入了大量資金。例如，北京清華大學便成立了一個專門研究小組，專事開發「新能源」技術，好比適合用來儲存可再生能源的電池。中國也是世界上最大的太陽能生產國，以及最大的電動汽車製造國。二〇二〇年年底，中國國家主席習近平甚至還宣布，中國規劃在二

○六○年實現碳中和。[20]

　　國家自利顯然就是中國因應氣候變遷的背後推動力量。然而，中國也體認到，自己完全不可能單獨對抗氣候變遷。二○一六年，中國啟動「數字一帶一路計畫」（Digital Belt and Road Program）作為該國全球氣候策略的一部分。這個計畫項目的大本營設於北京中國科學院，將國際專門知識彙整在一起，來監測整個亞洲、非洲和中東的環境和氣候變遷。作為「數字一帶一路」計畫的一部分，中國正在各個偏遠地區廣設氣候監測設備，特別是在氣象服務相對貧瘠的國家。中國還設立了多處聯合研究站。例如，二○一九年，斯里蘭卡的魯胡納大學（University of Ruhuna）開設了一個新的海洋學研究站，並由斯里蘭卡和中國的科學家進駐該站，致力監測印度洋的氣候變遷。最後，中國還提供衛星影像來與這些數據搭配運用，並使用先進的人工智能演算法，來分析和模擬氣候所生變遷。參與「數字一帶一路」計畫的科學家分別來自世界各國，包括中國、俄羅斯、印度、巴基斯坦、馬來西亞和突尼西亞以及其他國家。因此，這就是當今科學受到民族主義和全球化影響的一個典型實例。許多國家在因應氣候變遷之時，都努力權衡輕重，試圖在狹隘的民族主義式反應，以及作為全球科學界的一員，面對共同努力的需求之間，謀求一條出路，而中國不過是這當中的一個例子。[21]

　　就如數字一帶一路計畫，區域合作是晚近氣候科學的一項主要議題。畢竟，全球氣候模型對於希望規劃未來的個別國家來講，並不是特別有幫助。實際上，科學家和政治家都開始愈來愈擔心，氣候變遷會以什麼方式，如何影響特定區域。這催生出了

許多區域型研究機構。例如，二〇一二年，一批非洲國家成立了南部非洲氣候變遷和適應性土地管理科學服務中心（Southern African Science Service Centre for Climate Change and Adaptive Land Management, SASSCAL）。該中心設於納米比亞，由盧旺達——南非氣候科學家珍・奧爾沃克（Jane Olwoch）負責領導。參與該項目的科學家來自世界各國，包括來自安哥拉、波札那、南非、尚比亞、德國和納米比亞本身。就像數字一帶一路計畫，項目構想是要匯集資源和資料，來產生出更準確的區域氣象模型。計畫還重點關注非洲所面臨的能源和氣候挑戰，好比沙漠化，也就是原本肥沃的土地乾涸變得貧瘠的現象。[22]

談到氣候研究的未來，拉丁美洲是另一個主要參與者。再一次，目前的重點是更多的區域性研究。就這方面，政府間氣候變遷專門委員會的氣象科學家，任職於布宜諾斯艾利斯大學的卡蘿琳娜・維拉（Carolina Vera）正投入進行開創性工作。她與阿根廷馬坦薩河（Matanza River）沿岸的當地玉米農戶密切合作，期能製作出洪水風險地圖。過去，氣候科學家往往忽略了土著居民和當地農民的知識。至於維拉則是將現代氣候科學與當地知識兩相結合。她的團隊使用科學設備來收集降雨數據，接著採訪當地農民，期能更深入了解該地區的淹水時機和所生影響。「我需要與有可能用上或受益於我所做研究的人士進行對話，並與他們平等合作，」維拉在最近的一篇文章中解釋道。藉由將科學知識和當地知識兩相結合，維拉和她的團隊便得以製作出更準確的洪水風險地圖。接著將這些區域結果反饋納入政府間氣候變遷委員會製作的全球氣候模型當中。[23]

科學並不是（也從來不是）歐洲獨一無二的努力成果。縱貫本書所有篇幅，我們見到了來自世界各地的民族和文化，如何為現代科學的發展做出貢獻。從阿茲特克博物學家和鄂圖曼天文學家，乃至於非洲的植物學家和日本化學家，現代科學史有必要把它當成一個全球性的故事來講述。談到科學的未來之時也是如此。事實上，沒有理由認為下一個重大科學發現必然出自歐洲或美國的實驗室。如今在亞洲、非洲、中東和拉丁美洲，已經就人工智能、太空探索和氣候科學等各領域開創出了令人振奮的新成果。中國電腦科學家正在機器學習方面取得突破進展，阿聯大公國工程師也正著手發射太空船上火星，而阿根廷環境科學家則正投入幫助製作新的氣候模型。

儘管有很多值得慶賀的事項，不過科學也面臨嚴重的問題。私營公司和國家政府正在收集大量個人數據，以期成為下一個「人工智能超級強權」。土耳其和印度等國正向所費不貲的太空計畫投入鉅額資金，然而其價值──除了軍方和民族主義者所聲稱的之外──卻不見得都很清楚。儘管世界正緩慢覺醒並面對氣候緊急情況，但各國通常都只在符合其國家利益時才採取行動。[24]

如今科學家發現自己身處新冷戰的最前線。在美國，這已經促成了一組科學家所準確描述的「種族貌相判定」（racial profiling）現象，亦即華裔愈來愈頻繁成為聯邦調查局的調查目標。至於在中國，過去幾年間，有好幾位維吾爾族科學家失蹤，而在土耳其，批評艾爾多安總統的人士，包括許多頂尖科學家在內，都已遭拘留，相仿情節也在非洲和拉丁美洲上演。在蘇

丹，任職喀土木大學（University of Khartoum）的非洲遺傳多樣性專家，遺傳學家蒙塔瑟‧易卜拉欣（Muntaser Ibrahim）在二〇一九年二月一次和平抗議中被捕，不過所幸，當年稍晚一場軍事政變之後，他隨即獲釋。在巴西，許多氣候科學家已經開始匿名發表文章，因為他們擔心右翼總統雅伊爾‧波索納洛（Jair Bolsonaro）秋後算帳。波索納洛自二〇一九年當選以來就凍結科學預算，並推行亞馬遜森林砍伐政策。[25]

挑戰很艱辛，不過科學的未來取決於在全球化和民族主義的雙重力量之間找到一條出路。我們可以怎麼做呢？我們需要從正確認識歷史開始。現代科學在歐洲發明是個神話故事，這不只是錯的，還釀成了嚴重破壞。當世界大部分地區都被排除在故事之外，期盼全球科學界共同努力，根本是希望渺茫。有關伊斯蘭、中國或印度科學的中世紀「黃金時代」的敘事也同樣無濟於事，然而它們在當今的民族主義政治陣營中依然廣受歡迎。這些敘事只是將歐洲以外的世界所取得的科學成就，降格歸之於遙遠的過去。然而，正如我們在本書各處所見，穆斯林、中國和印度科學家在中世紀之後很長時間，依然繼續為現代科學的發展做出貢獻。

在此同時，我們也必須超越對全球化及其歷史的幼稚看法。現代科學無疑是全球文化交流的產物。然而，這種文化交流是在權力關係極度不平衡的背景下進行的。奴隸制、帝國、戰爭和意識形態衝突的歷史，是現代科學起源故事的核心要素。十七世紀的天文學家乘坐奴隸船旅行，十八世紀的博物學家為殖民貿易公司工作，十九世紀的演化思想家參與工業戰爭，二十世紀的遺傳

學家在整個冷戰期間都不斷宣揚種族科學。我們必須積極參與這些歷史的遺產，而不是乾脆漠視不理。科學的未來最終便取決於對其全球過往的更好理解。

致謝

　　首先，我要感謝近年來做出巨大貢獻，改變了科學史領域的眾多學者。科學史一度都以歐美案例研究為主，如今則已經有大量關於更寬廣世界的詳細文獻。這門學識大部分都是在過去十年左右發表，若是缺了這項學術成就，本書也就不可能出版。期望藉由將這項工作連結在一起，我就得以證明，這對現代科學起源的故事，發揮了多麼重要的影響。

　　在為本書進行研究和撰述過程當中，許多人很大方地分享了他們對不同地區、語言和歷史時期的專業知識。就這方面，我要感謝以下這些人士：里卡多・阿吉拉爾－岡薩雷斯（Ricardo Aguilar-González）、大衛・阿諾德（David Arnold）、索馬克・比斯瓦斯（Somak Biswas）、瑪麗・布拉澤爾頓（Mary Brazelton）、珍妮特・布朗（Janet Browne）、埃莉絲・伯頓（Elise Burton）、邁克爾・拜克羅夫特（Michael Bycroft）、雷米・德維埃（Rémi Dewiere）、麗貝卡・厄爾（Rebecca Earle）、安妮・格里森（Anne Gerritsen）、尼古拉斯・巴埃扎（Nicolás Gómez Baeza）、羅布・伊利夫（Rob Iliffe）、尼克・渣甸（Nick Jardine）、吉多・范・梅爾斯貝根（Guido van Meersbergen）、普羅日・穆克哈吉（Projit Bihari Mukharji）、埃德溫・羅斯（Edwin Rose）、西蒙・謝弗（Simon Schaffer）、

吉姆・塞科德（Jim Secord）、卡塔尤恩・沙菲伊（Katayoun Shafiee）、克萊爾・肖（Claire Shaw）、湯姆・辛普森（Tom Simpson）、查魯・辛格（Charu Singh）、本・史密斯（Ben Smith）、杉浦美紀（Miki Sugiura）和西蒙・韋雷特（Simon Werrett）。這裡還要表達對我的科學界朋友的感激之情，謝謝他們幫我閱讀各個章節，特別是慕尼黑工業大學（Technical University of Munich）的約翰內斯・諾爾（Johannes Knolle）和雷丁大學（University of Reading）的邁克爾・肖（Michael Shaw）。

我很榮幸能在過去四年忝為華威大學（University of Warwick）歷史系的一員。這裡要向我的所有華威同事致謝，感謝他們這麼大力支持，並提供這麼能激勵求知的工作場所。這裡還要謝謝妳，我們的系主任麗貝卡・厄爾（Rebecca Earle），感謝她在十分艱困時期提供的所有協助，還能這般慷慨地分享她的美洲歷史專業知識。華威的全球史和文化中心（Global History and Culture Centre），也同樣是個源源不絕提供理念和友誼的地方，對此我非常感激。

進入華威之前，我在劍橋大學工作了十年，我進劍橋是來攻讀電腦科學，結果卻成為歷史學家。這在相當程度上證明了學位課程的出色靈活性，也證實了這一路上都有人出手幫助我。其中我特別要感謝吉姆・塞科德（Jim Secord），他指導我在劍橋科學歷史和科學哲學系攻讀博士學位，還要感謝西蒙・謝弗（Simon Schaffer），他指導我的哲學碩士研究，而且自此一直是位了不起的導師。這裡還要感謝哈佛大學的珍妮特・布朗尼

（Janet Browne），謝謝妳審核我的博士學位，並支持我走過事業生涯的各個階段。我還要特別感謝我的另一位博士學位主考官，蘇吉特・西瓦桑達拉姆（Sujit Sivasundaram）。二〇一〇年，蘇吉特發表了一篇重要之極的全球科學史論文。這篇論文徹底改變了我對這個領域的看法。讀了這篇論文，讓我下定決心回劍橋攻讀博士學位。我要感謝蘇吉特介紹我認識了全球科學史，並感謝他在過去十年期間，始終都是這麼出色的導師。

能與維京出版社（Viking）合作出版這本書實在很愉快。我要感謝我的兩位編輯，康納・布朗（Connor Brown）和丹尼爾・克魯（Daniel Crewe）在這個計畫項目全程所表現出的支持和熱忱。他們以種種不同方法出手幫忙，特別是鼓舞我完善我的論點。這裡還要謝謝企鵝藍燈書屋（Penguin Random House）團隊其他成員——從事製作、營銷、宣傳、銷售和版權等方面工作——以及在本書早期階段負責編輯工作的傑克・拉姆（Jack Ramm）。這裡還要向亞歷山大・利德菲爾德（Alexander Littlefield）、奧利維亞・巴茨（Olivia Bartz）以及霍頓・哈考特出版社（Houghton Mifflin Harcourt）的團隊全員致上謝忱，感謝他們投入處理美國版本。

這裡要大大感謝你，我的經紀人，蘇荷經紀公司（Soho Agency）的本恩・克拉克（Ben Clark）。我肯定所有人都認為他們的經紀人是最棒的。不過本恩確實是！他一直是個摯友和熱情支持者，幫助引導我悠遊出版界，談論我的想法，閱讀我的作品。我想像不出還有更好的經紀人。

出了學術界和出版界，我要向其他好些人致上謝意，沒有他

們，我就不可能寫出這本書。我十分感激西北安格利亞國民保健署基金會信託（North West Anglia NHS Foundation Trust）經管之欣欣布魯克醫院（Hinchingbrooke Hospital）所屬團隊，特別要感謝大衛（David）、露雲娜（Rowena）和賽義德（Syed）。他們近十年來提供的照護，貨真價實讓我得以繼續走下去。

　　本書獻給我的妻子愛麗絲（Alice）和我的母親南希（Nancy）。撰寫這本書特別具有挑戰性，沒有她們的支持，我是根本無法完成的。謝謝妳，愛麗絲。也謝謝您，媽媽。謝謝您的一切。

註釋

鑑於本書規模，參考文獻僅侷限於我寫作時直接參照的著述。基於相同理由，我將註釋中討論的觀點數量保持在絕對最低限度。

緒論

1　從二十世紀中葉開始撰寫的科學史中所記述的所有調查研究，或多或少都清楚明白地反覆呈現了這段情節，相關事例包括以下著述。Herbert Butterfield, *The Origins of Modern Science* (London: G. Bell and Sons, 1949), Alfred Rupert Hall, *The Scientific Revolution* (London: Longmans, 1954), Richard Westfall, *The Construction of Modern Science: Mechanisms and Mechanics* (Cambridge: Cambridge University Press, 1977), Steven Shapin, *The Scientific Revolution* (Chicago: University of Chicago Press, 1996), John Gribbin, *Science: A History, 1543–2001* (London: Allen Lane, 2002), Peter Bowler and Iwan Rhys Morus, *Making Modern Science: A Historical Survey* (Chicago: University of Chicago Press, 2005), and David Wootton, *The Invention of Science: A New History of the Scientific Revolution* (London: Allen Lane, 2015).

2　Kapil Raj, *Relocating Modern Science: Circulation and the Construction of Knowledge in South Asia and Europe, 1650–1900* (Basingstoke: Palgrave, 2007) 所提論點和我的作品所述最為貼近，不過只侷限於一個特定區域（南亞）和一段特定時期（一九〇〇年之前）。Arun Bala, *The Dialogue of Civilizations in the Birth of Modern Science* (Basingstoke: Palgrave, 2006) 也提出了相仿論述，不過也同樣侷限於一段較早時期。其他涵蓋比較寬廣地區的現有作品往往都只強化歐洲例外論，包括以下例子：H. Floris Cohen, *The Rise of Modern Science Explained: A Comparative History* (Cambridge: Cambridge University Press, 2015), Toby Huff, *Intellectual Curiosity and the Scientific Revolution: A Global Perspective* (Cambridge: Cambridge University Press, 2010), and James E. McClellan III and Harold Dorn, *Science and Technology in World History: An Introduction*, 3rd edn (Baltimore: Johns Hopkins University Press, 2006)。

3　關於全球科學史的必要性，參見 Sujit Sivasundaram, 'Sciences and the Global: On Methods, Questions, and Theory', *Isis* 101 (2010)。

4　Jeffrey Mervis, 'NSF Rolls Out Huge Makeover of Science Statistics', Science, 上網取得日期為二〇二〇年十一月二十二日，https://www.sciencemag.org/news/2020/01/nsfrolls-out-huge-makeover-science-statistics, Jeff Tollefson, 'China Declared World's Largest Producer of Scientific Articles', *Nature* 553 (2018), Elizabeth Gibney, 'Arab World's First Mars Probe Takes to the Skies', *Nature* 583 (2020), 以及 Karen Hao, 'The Future of AI is in Africa', MIT Technology Review, 上網取得日期為二〇二〇年十一月二十二日，https://www.technologyreview.com/2019/06/21/134820/ai-africa-machinelearning-ibm-google/。

5　David Cyranoski and Heidi Ledford, 'Genome-Edited Baby Claim Provokes International Outcry', *Nature* 563 (2018), David Cyranoski, 'Russian Biologist Plans More CRISPR-Edited Babies', *Nature* 570 (2019), Michael Le Page, 'Russian Biologist Still Aims to Make CRISPR Babies Despite the Risks', New Scientist, 上網取得日期為二〇二一年二月十三日，https://www.newscientist.com/article/2253688-russian-biologist-still-aims-to-make-crispr-babies-despite-the-risks/, David Cyranoski, 'What CRISPR-Baby Prison Sentences Mean for Research', *Nature* 577 (2020), Connie Nshemereirwe, 'Tear Down Visa Barriers That Block Scholarship', *Nature* 563 (2018), *A Picture of the UK Workforce: Diversity Data Analysis for the Royal Society* (London: The Royal Society, 2014), and 'Challenge Anti-Semitism', *Nature* 556 (2018)。

6　Joseph Needham's multivolume *Science and Civilisation in China* (Cambridge: Cambridge University Press, 1954 to present)。李約瑟的《中國科學技術史》多冊鉅著是頌揚古代中國科學成就的最著名作品，時至現代則今不如昔。Seyyed Hossein Nasr, *Science and Civilization in Islam* (Cambridge, MA: Harvard University Press, 1968) 則為伊斯蘭世界推出同等重要的單冊著述。亦見吉姆‧艾爾－卡利里的中世紀伊斯蘭科學通俗簡述：Jim Al-Khalili, *Pathfinders: The Golden Age of Arabic Science* (London: Allen Lane, 2010)。就「黃金時代」的歷史和政治意涵，參見 Marwa Elshakry, 'When Science Became Western: Historiographical Reflections', *Isis* 101 (2010)。

7　'President Erdoğan Addresses 2nd Turkish–Arab Congress on Higher Education', Presidency of the Republic of Turkey, 上網取得日期為二〇一九年十二月十四日，https://tccb.gov.tr/en/news/542/43797/president-erdogan-addresses-2nd-turkish-arab-congresson-higher-education。

8　Butterfield, *Origins of Modern Science*, 191, James Poskett, 'Science in History', *The Historical Journal* 62 (2020), Roger Hart, 'Beyond Science and Civilization: A

Post-Needham Critique', *East Asian Science, Technology, and Medicine* 16 (1999): 93, and George Basalla, 'The Spread of Western Science', *Science* 156 (1967): 611. 二十世紀的科學歷史學家借鑑了一項較早之前的東方主義傳統，該信念可追溯至十八世紀晚期，把「歐洲」和「現代性」畫上等號，而且到了冷戰時期，特別是在去殖民化之後，那項迷思還被大幅強化，參見 Elshakry, 'When Science Became Western'。

9   Elshakry, 'When Science Became Western', Poskett, 'Science in History', and Nathan Rosenberg and L. E. Birdzell Jr, 'Science, Technology and the Western Miracle', *Scientific American* 263 (1990): 42.

10 David Joravsky, 'Soviet Views on the History of Science', *Isis* 46 (1955): 7.

11 Elshakry, 'When Science Became Western', Benjamin Elman, '"Universal Science" Versus "Chinese Science": The Changing Identity of Natural Studies in China, 1850–1930', *Historiography East and West* 1 (2003), and Dhruv Raina, *Images and Contexts: The Historiography of Science and Modernity in India* (New Delhi: Oxford University Press, 2003), particularly 19–48 and 105–38.

第一章

1   我在本章並未採用比較精確的「墨西加」（Mexica）一詞，而是選擇使用「阿茲特克」稱法。相同道理，我沒有使用「墨西哥——特諾奇提特蘭」而是採用了「特諾奇提特蘭」稱法。就這種專門用語的歷史，參見 Alfredo López Austin, 'Aztec', in *The Oxford Encyclopaedia of Mesoamerican Cultures*, ed. Davíd Carrasco (Oxford: Oxford University Press, 2001), 1:68–72。

2   Davíd Carrasco and Scott Sessions, *Daily Life of the Aztecs*, 2nd edn (Santa Barbara: Greenwood Press, 2011), 1–5, 38, 80, 92, 164, 168, and 219, James McClellan III and Harold Dorn, *Science and Technology in World History: An Introduction*, 3rd edn (Baltimore: Johns Hopkins University Press, 2006), 155–64, Miguel de Asúa and Roger French, *A New World of Animals: Early Modern Europeans on the Creatures of Iberian America* (Aldershot: Ashgate, 2005), 27–8, Jan Elferink, 'Ethnobotany of the Aztecs', in *Encyclopaedia of the History of Science, Technology, and Medicine in Non-Western Cultures*, ed. Helaine Selin, 2nd edn (New York: Springer, 2008), 827–8, and Ian Mursell, 'Aztec Pleasure Gardens', Mexicolore, accessed 12 April 2019, http://www.mexicolore.co.uk/aztecs/aztefacts/aztec–pleasure–gardens/.

3   Francisco Guerra, 'Aztec Science and Technology', *History of Science* 8 (1969): 43, Carrasco and Sessions, *Daily Life*, 1–11, 38, 42, 72, and 92, and McClellan III and Dorn, *Science and Technology in World History*, 155–64.

4   Frances Berdan, 'Aztec Science', in Selin, ed., *Encyclopaedia of the History of Science*, 382, Francisco Guerra, 'Aztec Medicine', *Medical History* 10 (1966): 320–32, E. C. del Pozo, 'Aztec Pharmacology', *Annual Review of Pharmacology* 6 (1966): 9–18, Carrasco and Sessions, *Daily Life*, 59–60, 113–5, 173, and McClellan III and Dorn, *Science and Technology in World History*, 155–64.

5   Carrasco and Sessions, *Daily Life*, 72 and 80.

6   Iris Montero Sobrevilla, 'Indigenous Naturalists', in *Worlds of Natural History*, eds. Helen Curry, Nicholas Jardine, James Secord, and Emma Spary (Cambridge: Cambridge University Press, 2018), 116–8, and Carrasco and Sessions, *Daily Life*, 88 and 230–7.

7   Peter Dear, *Revolutionizing the Sciences: European Knowledge and Its Ambitions, 1500–1700* (Basingstoke: Palgrave, 2001), and John Henry, *The Scientific Revolution and the Origins of Modern Science* (Basingstoke: Palgrave, 1997).

8   Herbert Butterfield, *The Origins of Modern Science* (London: Bell, 1949), David Wootton, *The Invention of Science: A New History of the Scientific Revolution* (London: Penguin Books, 2015), Robert Merton, 'Science, Technology and Society in Seventeenth-Century England', *Osiris* 4 (1938), Dorothy Stimson, 'Puritanism and the New Philosophy in 17th Century England', *Bulletin of the Institute of the History of Medicine* 3 (1935), Christopher Hill, *Intellectual Origins of the English Revolution* (Oxford: Clarendon Press, 1965), Steven Shapin and Simon Schaffer, *Leviathan and the Air-Pump* (Princeton: Princeton University Press, 1985), Elizabeth Eisenstein, *The Printing Press as an Agent of Change: Communications and Cultural Transformations in Early Modern Europe* (Cambridge: Cambridge University Press, 1997), and Steven Shapin, *The Scientific Revolution* (Chicago: University of Chicago Press, 1998).

9   Toby Huff, *Intellectual Curiosity and the Scientific Revolution: A Global Perspective* (Cambridge: Cambridge University Press, 2010), Antonio Barrera-Osorio, *Experiencing Nature: The Spanish American Empire and the Early Scientific Revolution* (Austin: University of Texas Press), Jorge Canizares-Esguerra, *Nature, Empire, and Nation: Explorations of the History of Science in the Iberian World* (Stanford: Stanford University Press, 2006), William Burns, *The Scientific Revolution in Global Perspective* (New York: Oxford University Press, 2016), Klaus Vogel, 'European Expansion and Self-Definition', in *The Cambridge History of Science: Early Modern Science*, eds. Katharine Park and Lorraine Daston (Cambridge: Cambridge University Press, 2006), and McClellan III and Dorn, *Science and Technology in World History*, 99–176.

10 Alfred Crosby, *The Columbian Exchange: Biological and Cultural Consequences of 1492* (Westport: Praeger, 2003), 1–22, and J. Worth Estes, 'The European Reception of the First Drugs from the New World', *Pharmacy in History* 37 (1995): 3.

11 Katharine Park and Lorraine Daston, 'Introduction: The Age of the New', in Park and Daston, eds., *Cambridge History of Science: Early Modern Science*, Dear, *Revolutionizing the Sciences*, 10–48, and Shapin, *Scientific Revolution*, 15–118.

12 Anthony Grafton with April Shelford and Nancy Siraisi, *New Worlds, Ancient Texts: The Power of Tradition and the Shock of Discovery* (Cambridge, MA: The Belknap Press, 1992), 1–10, Paula Findlen, 'Natural History', in Park and Daston, eds., *The Cambridge History of Science: Early Modern Science*, 435–58, and Barrera-Osorio, *Experiencing Nature*, 1–13 and 101–27.

13 Crosby, *Columbian Exchange*, 24, Grafton, *New Worlds, Ancient Texts*, 84, and Asúa and French, *A New World of Animals*, 2.

14 Andres Prieto, *Missionary Scientists: Jesuit Science in Spanish South America, 1570–1810* (Nashville: Vanderbilt University Press), 18–34, and Thayne Ford, 'Stranger in a Foreign Land: José de Acosta's Scientific Realizations in Sixteenth-Century Peru', *The Sixteenth Century Journal* 29 (1998): 19–22.

15 Prieto, *Missionary Scientists*, 151–69, Grafton, *New Worlds, Ancient Texts*, 1, and Ford, 'Stranger in a Foreign Land', 31–2.

16 José de Acosta, *Natural and Moral History of the Indies*, trans. Frances López-Morillas (Durham, NC: Duke University Press, 2002), 37 and 88–9, Prieto, *Missionary Scientists*, 151–69, Grafton, *New Worlds, Ancient Texts*, 1, and Ford, 'Stranger in a Foreign Land', 31–2.

17 Acosta, *Natural and Moral History of the Indies*, 236–7.

18 Grafton, *New Worlds, Ancient Texts*, 1–10, Park and Daston, 'Introduction: The Age of the New', 8, and Ford, 'Stranger in a Foreign Land', 26–8.

19 Arthur Anderson and Charles Dibble, 'Introductions', in *Florentine Codex: Introduction and Indices*, eds. Arthur Anderson and Charles Dibble (Salt Lake City: University of Utah Press, 1961), 9–15, Arthur Anderson, 'Sahagún: Career and Character', in Anderson and Dibble, eds., *Florentine Codex: Introduction and Indices*, 29, and Henry Reeves, 'Sahagún's "Florentine Codex", a Little Known Aztecan Natural History of the Valley of Mexico', *Archives of Natural History* 33 (2006).

20 Diana Magaloni Kerpel, *The Colors of the New World: Artists, Materials, and the Creation of the Florentine Codex* (Los Angeles: The Getty Research Institute), 1–3, Marina Garone Gravier, 'Sahagún's Codex and Book Design in the Indigenous

Context', in *Colors between Two Worlds: The Florentine Codex of Bernardino de Sahagun*, eds. Gerhard Wolf, Joseph Connors, and Louis Waldman (Florence: Kunsthistorisches Institut in Florenz, 2011), 163–6, Elizabeth Boone, *Stories in Red and Black: Pictorial Histories of the Aztecs and Mixtecs* (Austin: University of Texas Press, 2000), 4, and Anderson and Dibble, 'Introductions', 9–10.

21 Victoria Ríos Castano, 'From the "Memoriales con Escolios" to the Florentine Codex: Sahagún and His Nahua Assistants' Co-Authorship of the Spanish Translation', *Journal of Iberian and Latin American Research* 20 (2014), Kerpel, *Colors of the New World*, 1–27, Anderson and Dibble, 'Introductions', 9–13, and Carrasco and Sessions, *Daily Life*, 20.

22 Anderson and Dibble, 'Introductions', 11, Reeves, 'Sahagún's "Florentine Codex"', 307–16, and Kerpel, *Colors of the New World*, 1–3.

23 Bernardino de Sahagún, *Florentine Codex. Book 11: Earthly Things*, trans. Arthur Anderson and Charles Dibble (Santa Fe: School of American Research, 1963), 163–4 and 205, Guerra, 'Aztec Science', 41, and Corrinne Burns, 'Four Hundred Flowers: The Aztec Herbal Pharmacopoeia', Mexicolore, accessed 12 April 2019, http://www.mexicolore.co.uk/aztecs/health/aztec-herbal-pharmacopoeia-part-1.

24 Sahagún, *Florentine Codex. Book 11: Earthly Things*, 24.

25 Sobrevilla, 'Indigenous Naturalists', 112–30, and Asúa and French, *A New World of Animals*, 44–5.

26 Benjamin Keen, *The Aztec Image in Western Thought* (New Brunswick: Rutgers University Press, 1971), 204–5, Lia Markey, *Imagining the Americas in Medici Florence* (University Park: Pennsylvania State University Press, 2016), 214, and Kerpel, *Colors of the New World*, 6 and 13.

27 Andrew Cunningham, 'The Culture of Gardens', in *Cultures of Natural History*, eds. Nicholas Jardine, James Secord, and Emma Spary (Cambridge: Cambridge University Press, 1996), 42–7, Paula Findlen, 'Anatomy Theaters, Botanical Gardens, and Natural History Collections', in Park and Daston, eds., *The Cambridge History of Science: Early Modern Science*, 282, Paula Findlen, *Possessing Nature: Museums, Collecting, and Scientific Culture in Early Modern Italy* (Berkeley: University of California Press, 1996), 97–154, and Barrera-Osorio, *Experiencing Nature*, 122.

28 Dora Weiner, 'The World of Dr. Francisco Hernández', in *Searching for the Secrets of Nature: The Life and Works of Dr. Francisco Hernandez*, eds. Simon Varey, Rafael Chabrán, and Dora Weiner (Stanford: Stanford University Press, 2000), Jose López Pinero, 'The Pomar Codex (ca. 1590): Plants and Animals of the Old World

and the Hernandez Expedition to America', *Nuncius* 7 (1992): 40–2, and Barrera-Osorio, *Experiencing Nature*, 17.

29 Harold Cook, 'Medicine', in Park and Daston, eds., *The Cambridge History of Science: Early Modern Science*, 407–23, and López Pinero, 'The Pomar Codex', 40–4.

30 Weiner, 'The World of Dr. Francisco Hernández', 3–6, and Harold Cook, 'Medicine', 416–23.

31 Simon Varey, 'Francisco Hernández, Renaissance Man', in Varey, Chabrán, and Weiner, eds., *Searching for the Secrets of Nature*, 33–8, Weiner, 'The World of Dr. Francisco Hernández', 3–6, and Pinero, 'The Pomar Codex', 40–4.

32 Simon Varey, ed., *The Mexican Treasury: The Writings of Dr. Francisco Hernandez* (Stanford: Stanford University Press, 2001), 149, 212, and 219, Jose López Pinero and Jose Pardo Tomás, 'The Contribution of Hernández to European Botany and Materia Medica', in Varey, Chabrán, and Weiner, eds., *Searching for the Secrets of Nature*, J. Worth Estes, 'The Reception of American Drugs in Europe, 1500–1650', in Varey, Chabrán, and Weiner, eds., *Searching for the Secrets of Nature*, 113, Arup Maiti, Muriel Cuendet, Tamara Kondratyuk, Vicki L. Croy, John M. Pezzuto, and Mark Cushman, 'Synthesis and Cancer Chemopreventive Activity of Zapotin, a Natural Product from *Casimiroa Edulis*', *Journal of Medicinal Chemistry* 50 (2007): 350–5, Ian Mursell, 'Aztec Advances (1): Treating Arthritic Pain', Mexicolore, accessed 24 January 2021, ttps://www.mexicolore.co.uk/aztecs/health/aztec-advances-4-arthritis-treatment, Varey, 'Francisco Hernández, Renaissance Man', 35–7, and del Pozo, 'Aztec Pharmacology', 13–17.

33 David Freedberg, *The Eye of the Lynx: Galileo, His Friends, and the Beginnings of Modern Natural History* (Chicago: University of Chicago Press, 2003), 246–55, Pinero, 'The Pomar Codex', 42, Vogel, 'European Expansion and Self-Definition', 826, and Asúa and French, *A New World of Animals*, 98–100.

34 Millie Gimmel, 'Reading Medicine in the Codex de la Cruz Badiano', *Journal of the History of Ideas* 69 (2008), Sandra Zetina, 'The Encoded Language of Herbs: Material Insights into the de la Cruz–Badiano Codex', in Wolf, Connors, and Waldman, eds., *Colors between Two Worlds*, and Vogel, 'European Expansion and Self-Definition', 826.

35 William Gates, 'Introduction to the Mexican Botanical System', in Martín de la Cruz, *The de la Cruz–Badiano Aztec Herbal of 1552*, trans. William Gates (Baltimore: The Maya Society, 1939), vi–xvi, and Gimmel, 'Reading Medicine', 176–9.

36 Martín de la Cruz, *The de la Cruz-Badiano Aztec Herbal of 1552*, trans. William Gates (Baltimore: The Maya Society, 1939), 14–15.

37 Gimmel, 'Reading Medicine', 176–9.

38 Raymond Stearns, *Science in the British Colonies of America* (Urbana: University of Illinois Press, 1970), 65, Paula Findlen, 'Courting Nature', in Jardine, Secord, and Spary, eds., *Cultures of Natural History*, Cook, 'Medicine', 416–23, Barrera-Osorio, *Experiencing Nature*, 122, Grafton, *New Worlds, Ancient Texts*, 67, and Worth Estes, 'The Reception of American Drugs in Europe, 1500–1650', 111–9.

39 Gimmel, 'Reading Medicine', 189, and Freedberg, *Eye of the Lynx*, 252–6.

40 Surekha Davies, *Renaissance Ethnography and the Invention of the Human: New Worlds, Maps and Monsters* (Cambridge: Cambridge University Press, 2016), 149–70, Laurence Bergreen, *Over the Edge of the World: Magellan's Terrifying Circumnavigation of the Globe* (New York: Morrow, 2003), 160–3, and Antonio Pigafetta, *The First Voyage around the World*, ed. Theodore J. Cachey Jr (Toronto: University of Toronto Press, 2007), 12–17.

41 Alden Vaughan, *Transatlantic Encounters: American Indians in Britain, 1500–1776* (Cambridge: Cambridge University Press, 2006), xi–xii and 12–13, and Elizabeth Boone, 'Seeking Indianness: Christoph Weiditz, the Aztecs, and Feathered Amerindians', *Colonial Latin American Review* 26 (2017): 40–7.

42 Anthony Pagden, *The Fall of Natural Man: The American Indian and the Origins of Comparative Ethnology* (Cambridge: Cambridge University Press, 1982), Joan-Pau Rubiés, 'New Worlds and Renaissance Ethnology', *History of Anthropology* 6 (1993), and J. H. Eliot, 'The Discovery of America and the Discovery of Man', in Anthony Pagden, ed., *Facing Each Other: The World's Perception of Europe and Europe's Perception of the World* (Aldershot: Ashgate, 2000), David Abulafia, *The Discovery of Mankind: Atlantic Encounters in the Age of Columbus* (New Haven: Yale University Press, 2009), and Rebecca Earle, *The Body of the Conquistador: Food, Race and the Colonial Experience in Spanish America, 1492–1700* (Cambridge: Cambridge University Press, 2012), 23–4.

43 Cecil Clough, 'The New World and the Italian Renaissance', in *The European Outthrust and Encounter*, eds. Cecil Clough and P. Hair (Liverpool: Liverpool University Press, 1994), 301, Davies, *Renaissance Ethnography*, 30 and 70, Acosta, *Natural and Moral History of the Indies*, 71, and Crosby, *Columbian Exchange*, 28.

44 Saul Jarcho, 'Origin of the American Indian as Suggested by Fray Joseph de Acosta (1589)', *Isis* 50 (1959), Acosta, *Natural and Moral History of the Indies*, 51, and Pagden, *Fall of Natural Man*, 150.

45 Acosta, *Natural and Moral History of the Indies*, 51–3 and 63–71.

46 Diego von Vacano, 'Las Casas and the Birth of Race', *History of Political Thought* 33 (2012), Manuel Giménez Fernández, 'Fray Bartolomé de las Casas: A Biographical Sketch', in *Bartolome de las Casas in History: Towards an Understanding of the Man and His Work*, eds. Juan Friede and Benjamin Keen (DeKalb: Illinois University Press, 1971), 67–73, and Pagden, *Fall of Natural Man*, 45–6, 90, and 121–2.

47 G. L. Huxley, 'Aristotle, Las Casas and the American Indians', *Proceedings of the Royal Irish Academy* 80 (1980): 57–9, Vacano, 'Las Casas', 401–10, and Giménez Fernández, 'Fray Bartolomé de las Casas', 67–73.

48 Bartolomé de las Casas, *Bartolome de las Casas: A Selection of His Writings*, trans. George Sanderlin (New York: Alfred Knopf, 1971), 114–5, and Christian Johns, *The Origins of Violence in Mexican Society* (Westport: Praeger, 1995), 156–7.

49 Earle, *Body of the Conquistador*, 19–23.

50 Earle, *Body of the Conquistador*, 21–3.

51 Jorge Canizares-Esguerra, 'New World, New Stars: Patriotic Astrology and the Invention of Indian and Creole Bodies in Colonial Spanish America, 1600–1650', *American Historical Review* 104 (1999), and Earle, *Body of the Conquistador*, 22.

52 Karen Spalding, 'Introduction', in Inca Garcilaso de la Vega, *Royal Commentaries of the Incas and General History of Peru*, trans. Harold Livermore (Indianapolis: Hackett Publishing Company, 2006), xi–xxii.

53 Inca Garcilaso de la Vega, *Royal Commentaries of the Incas and General History of Peru*, trans. Harold Livermore (Indianapolis: Hackett Publishing Company, 2006), 1–11.

54 Inca Garcilaso de la Vega, *First Part of the Royal Commentaries of the Yncas*, trans. Clements Markham (Cambridge: Cambridge University Press, 1869), 1:v–vi, 2:87, and 2:236–7.

55 Barbara Mundy, *The Mapping of New Spain: Indigenous Cartography and the Maps of the Relaciones Geograficas* (Chicago: University of Chicago Press, 1996), 14, and Hans Wolff, 'America–Early Images of the New World', in *America: Early Maps of the New World*, ed. Hans Wolff (Munich: Prestel, 1992), 45.

56 Hans Wolff, 'The Conception of the World on the Eve of the Discovery of America–Introduction', in Wolff, ed., *America*, 10–15, and Klaus Vogel, 'Cosmography', in Park and Daston, eds., *The Cambridge History of Science: Early Modern Science*, 474–8.

57 Vogel, 'Cosmography', 478.

58 Wolff, 'America', 27 and 45.

59 Rüdiger Finsterwalder, 'The Round Earth on a Flat Surface: World Map Projections before 1550', in Wolff, ed., *America*, and Wolff, 'America', 80.

60 María Portuondo, 'Cosmography at the *Casa, Consejo*, and *Corte* during the Century of Discovery', in *Science in the Spanish and Portuguese Empires, 1500–1800*, eds. Daniela Bleichmar, Paula De Vos, Kristin Huffine, and Kevin Sheehan (Stanford: Stanford University Press, 2009), and Barrera-Osorio, *Experiencing Nature*, 1–60.

61 Vogel, 'Cosmography', 484, and Mundy, *Mapping of New Spain*, 1–23 and 227–30.

62 Felipe Fernández-Armesto, 'Maps and Exploration in the Sixteenth and Early Seventeenth Centuries', in *The History of Cartography: Cartography in the European Renaissance*, ed. David Woodward (Chicago: University of Chicago Press, 2007), 745, G. Malcolm Lewis, 'Maps, Mapmaking, and Map Use by Native North Americans', in *The History of Cartography: Cartography in the Traditional African, American, Arctic, Australian, and Pacific Societies*, eds. David Woodward and G. Malcolm Lewis (Chicago: University of Chicago Press, 1998), and Brian Harley, 'New England Cartography and Native Americans', in *American Beginnings: Exploration, Culture, and Cartography in the Land of Norumbega*, eds. Emerson Baker, Edwin Churchill, Richard D'Abate, Kristine Jones, Victor Konrad, and Harald Prins (Lincoln, NE: University of Nebraska Press, 1994), 288.

63 Juan López de Velasco, 'Instruction and Memorandum for Preparing the Reports', in *Handbook of Middle American Indians: Guide to Ethnohistorical Sources*, ed. Howard Cline (Austin: University of Texas Press, 1972), 1:234, Guerra, 'Aztec Science and Technology', 40, and Mundy, *Mapping of New Spain*, xii and 30.

64 Mundy, *Mapping of New Spain*, 63–4 and 96.

65 Mundy, *Mapping of New Spain*, 135–8.

66 Christopher Columbus, *The Four Voyages of Christopher Columbus*, trans. J. M. Cohen (London: Penguin Books, 1969), 224.

67 Wootton, *The Invention of Science*, 57–108, makes the same point, but without recognizing the role of Indigenous Amerindian knowledge in this process.

第二章

1 Aydın Sayılı, *The Observatory in Islam and Its Place in the General History of the Observatory* (Ankara: Türk Tarih Kurumu Basımevi, 1960), 259–88, Stephen Blake, *Astronomy and Astrology in the Islamic World* (Edinburgh: Edinburgh University Press, 2016), 82–8, and Toby Huff, *Intellectual Curiosity and the*

Scientific Revolution: A Global Perspective (Cambridge: Cambridge University Press, 2010), 138.

2　Sayılı, *Observatory in Islam*, 213 and 259–88, Vasiliĭ Vladimirovich Barthold, *Four Studies on the History of Central Asia* (Leiden: E. J. Brill, 1958), 1–48 and 119–24, and Benno van Dalen, 'Ulugh Beg', in *The Biographical Encyclopedia of Astronomers*, ed. Thomas Hockey (New York: Springer, 2007).

3　Stephen Blake, *Time in Early Modern Islam* (Cambridge: Cambridge University Press, 2013), 8–10, and Sayılı, *Observatory in Islam*, 13–14 and 259–88.

4　See Seyyed Hossein Nasr, *Science and Civilization in Islam* (Cambridge, MA: Harvard University Press, 1968), and Jim Al-Khalili, *Pathfinders: The Golden Age of Arabic Science* (London: Allen Lane, 2010), for an overview.

5　Marwa Elshakry, 'When Science Became Western: Historiographical Reflections', *Isis* 101 (2010). 伊斯蘭天文學的歷史一般都以烏魯伯格為終點，因此我選擇從他開始。

6　Sayılı, *Observatory in Islam*, 262–90.

7　Huff, *Intellectual Curiosity*, 138, and İhsan Fazlıoğlu, 'Qūshjī', in Hockey, ed., *The Biographical Encyclopedia of Astronomers*.

8　Sayılı, *Observatory in Islam*, 272, Huff, *Intellectual Curiosity*, 135, and Blake, *Astronomy and Astrology*, 90.

9　David King, 'The Astronomy of the Mamluks', *Muqarnas* 2 (1984): 74, and Huff, *Intellectual Curiosity*, 123.

10　Barthold, *Four Studies*, 144–77.

11　Jack Goody, *Renaissances: The One or the Many?* (Cambridge: Cambridge University Press, 2009), and Peter Burke, Luke Clossey, and Felipe Fernández-Armesto, 'The Global Renaissance', *Journal of World History* 28 (2017).

12　Michael Hoskin, 'Astronomy in Antiquity', in *The Cambridge Illustrated History of Astronomy*, ed. Michael Hoskin (Cambridge: Cambridge University Press, 1997), and Michael Hoskin and Owen Gingerich, 'Islamic Astronomy', in Hoskin, ed., *The Cambridge Illustrated History of Astronomy*.

13　Hoskin, 'Astronomy in Antiquity', 42–5.

14　Abdelhamid I. Sabra, 'An Eleventh-Century Refutation of Ptolemy's Planetary Theory', in *Science and History: Studies in Honor of Edward Rosen*, eds. Erna Hilfstein, Paweł Czartoryski, and Frank Grande (Wrocław: Polish Academy of Sciences Press, 1978), 117–31, F. Jamil Ragep, 'T. ūsī', in Hockey, ed., *The Biographical Encyclopedia of Astronomers*, and Sayılı, *Observatory in Islam*, 187–223.

15 John North, *The Fontana History of Astronomy and Cosmology* (London: Fontana Press, 1994), 192–5, F. Jamil Ragep, 'Nasir al-Din al-Tusi', in *Nas.īr al-Dīn al-T. ūsī's Memoir on Astronomy*, trans. F. Jamil Ragep (New York: Springer-Verlag, 1993), F. Jamil Ragep, 'The *Tadhkira*', in *Nas.īr al-Dīn al-T. ūsī's Memoir*, and Nasir al-Din al-Tusi, *Nas.īr al-Dīn al-T. ūsī's Memoir*, 130–42.

16 Michael Hoskin and Owen Gingerich, 'Medieval Latin Astronomy', in Hoskin, ed., *The Cambridge Illustrated History of Astronomy*, 72–3.

17 Avner Ben-Zaken, *Cross-Cultural Scientific Exchanges in the Eastern Mediterranean, 1560–1660* (Baltimore: Johns Hopkins University Press, 2010), 2, and North, *Fontana History of Astronomy*, 255.

18 George Saliba, *Islamic Science and the Making of the European Renaissance* (Cambridge, MA: The MIT Press, 2007), and George Saliba, 'Whose Science is Arabic Science in Renaissance Europe?', Columbia University, 上網取得日期為二〇一八年十一月二十日，http://www.columbia.edu/~gas1/project/visions/case1/sci.1.html。

19 Ernst Zinner, *Regiomontanus: His Life and Work*, trans. Ezra Brown (Amsterdam: Elsevier, 1990), 1–33, and North, *Fontana History of Astronomy*, 253–9.

20 Zinner, *Regiomontanus*, 1–33, and North, *Fontana History of Astronomy*, 253–9.

21 Noel Swerdlow, 'The Recovery of the Exact Sciences of Antiquity: Mathematics, Astronomy, Geography', in *Rome Reborn: The Vatican Library and Renaissance Culture*, ed. Anthony Grafton (Washington, DC: Library of Congress, 1993), 125–53, and Zinner, *Regiomontanus*, 51–2.

22 Fazlıoğlu, 'Qūshjī', Huff, *Intellectual Curiosity*, 139, F. Jamil Ragep, "Ali Qushji and Regiomontanus: Eccentric Transformations and Copernican Revolutions', *Journal for the History of Astronomy* 36 (2005), and F. Jamil Ragep, 'Copernicus and His Islamic Predecessors: Some Historical Remarks', *History of Science* 45 (2007): 74.

23 Robert Westman, *The Copernican Question: Prognostication, Skepticism, and Celestial Order* (Berkeley: University of California Press, 2011), 76–108, and Hoskin and Gingerich, 'Medieval Latin Astronomy', 90–7.

24 Ragep, 'Copernicus and His Islamic Predecessors', 65, George Saliba, 'Revisiting the Astronomical Contact between the World of Islam and Renaissance Europe', in *The Occult Sciences in Byzantium*, eds. Paul Magdalino and Maria Mavroudi (Geneva: La Pomme d'Or, 2006), and Saliba, 'Whose Science is Arabic Science in Renaissance Europe?'.

25 North, *Fontana History of Astronomy*, 217–23, Ragep, 'Copernicus and His Islamic

Predecessors', 68, Saliba, *Islamic Science*, 194–232, and Hoskin and Gingerich, 'Medieval Latin Astronomy', 97.

26   Saliba, 'Revisiting the Astronomical', Saliba, *Islamic Science*, 193–201, and Ragep, 'Copernicus and His Islamic Predecessors'.

27   B. L. van der Waerden, 'The Heliocentric System in Greek, Persian and Hindu Astronomy', *Annals of the New York Academy of Sciences* 500 (1987).

28   Ben-Zaken, *Cross-Cultural Scientific Exchanges* 24–5.

29   Ben-Zaken, *Cross-Cultural Scientific Exchanges*, 8–26, and Sayılı, *Observatory in Islam*, 289–305.

30   Ben-Zaken, *Cross-Cultural Scientific Exchanges*, 8–26, and Sayılı, *Observatory in Islam*, 289–305.

31   Ben-Zaken, *Cross-Cultural Scientific Exchanges*, 8–21.

32   Ben-Zaken, *Cross-Cultural Scientific Exchanges*, 10–21, and Ekmeleddin İhsanoğlu, 'Ottoman Science', in *Encyclopaedia of the History of Science, Technology and Medicine in Non-Western Cultures*, ed. Helaine Selin, 2nd edn (New York: Springer, 2008), 3478–81.

33   Ben-Zaken, *Cross-Cultural Scientific Exchanges*, 21–4, and Sayılı, *Observatory in Islam*, 297–8.

34   Ben-Zaken, *Cross-Cultural Scientific Exchanges*, 21–4, and Sayılı, *Observatory in Islam*, 297–8.

35   Ben-Zaken, *Cross-Cultural Scientific Exchanges*, 21–4, and Sayılı, *Observatory in Islam*, 297–8.

36   Ben-Zaken, *Cross-Cultural Scientific Exchanges*, 40–2.

37   Harun Küçük, *Science Without Leisure: Practical Naturalism in Istanbul, 1660–1732* (Pittsburgh: University of Pittsburgh Press, 2019), 25–6 and 56–63, Feza Günergun, 'Ottoman Encounters with European Science: Sixteenth-and Seventeenth-Century Translations into Turkish', in *Cultural Translation in Early Modern Europe*, eds. Peter Burke and R. Po-chia Hsia (Cambridge: Cambridge University Press, 2007), 193–206, and Ekmeleddin İhsanoğlu, 'The Ottoman Scientific-Scholarly Literature', in *History of the Ottoman State, Society & Civilisation*, ed. Ekmeleddin İhsanoğlu (Istanbul: Research Centre for Islamic History, Art and Culture, 1994), 521–66.

38   Küçük, *Science Without Leisure*, 109 and 237–40, İhsanoğlu, 'Ottoman Science', 5, Günergun, 'Ottoman Encounters', 194–5, and Ekmeleddin İhsanoğlu, 'The Introduction of Western Science to the Ottoman World: A Case Study of Modern Astronomy (1660–1860)', in *Science, Technology and Learning in the Ottoman*

Empire*, ed. Ekmeleddin İhsanoğlu (Aldershot: Ashgate, 2004), 1–4.

39 Küçük, *Science Without Leisure*, 1–3, and Goody, *Renaissances*, 98.

40 現有二次文獻多將彗星之目擊成果歸功於穆罕默德・卡蒂（Mahmud al-Kati）在一五八三年完成的觀測。然而，晚近毛羅・諾比利（Mauro Nobili）則著述表明，我們一般認定為卡蒂之作品的名著《西非編年史》（*Tarikh al-fattash*），並不是他寫的。此外，《西非編年史》中也沒有提到彗星出現。因此看來卡蒂不大可能記錄了彗星觀測結果。有鑑於此，我改採阿卜杜・薩迪的《蘇丹地區編年史》（*Tarikh al-Sudan*）為佐證，這部作品確實提到彗星，後續諸如作者不明的 *Tadhkirat al-nisyan* 等作品也都曾提及。我非常感謝雷米・杜維爾（Rémi Dewiere）指出這點並提醒我注意這些文獻來源，並謝謝他就薩赫爾（Sahel）歷史提出的總體建言。Thebe Rodney Medupe et al., 'The Timbuktu Astronomy Project: A Scientific Exploration of the Secrets of the Archives of Timbuktu', in *African Cultural Astronomy: Current Archaeoastronomy and Ethnoastronomy Research in Africa*, eds. Jarita Holbrook, Johnson Urama, and Thebe Rodney Medupe (Dordecht: Springer Netherlands, 2008), 182, Thebe Rodney Medupe, 'Astronomy as Practiced in the West African City of Timbuktu', in *Handbook of Archaeoastronomy and Ethnoastronomy*, ed. Clive Ruggles (New York: Springer, 2014), Sékéné Mody Cissoko, 'The Songhay from the 12th to the 16th Century', in *General History of Africa: Africa from the Twelfth to the Sixteenth Century*, ed. Djibril Tamsir Niane (Paris: UNESCO, 1984), Aslam Farouk-Alli, 'Timbuktu's Scientific Manuscript Heritage: The Reopening of an Ancient Vista?', *Journal for the Study of Religion* 22 (2009), Mauro Nobili, *Sultan, Caliph, and the Renewer of the Faith: Ah. mad Lobbo, the Tārīkh al-fattāsh and the Making of an Islamic State in West Africa* (Cambridge: Cambridge University Press, 2020), John Hunwick, *Timbuktu and the Songhay Empire: Al-Sa'di's Ta'rīkh al-Sūdān down to 1613, and Other Contemporary Documents* (Leiden: Brill, 1999), 155, and Abd al-Sadi, *Tarikh es-Soudan*, trans. Octave Houdas (Paris: Ernest Leroux, 1900), 341.

41 Souleymane Bachir Diagne, 'Toward an Intellectual History of West Africa: The Meaning of Timbuktu', in *The Meanings of Timbuktu*, eds. Shamil Jeppie and Souleymane Bachir Diagne (Cape Town: HSRC Press, 2008), 24.

42 Cissoko, 'The Songhay', 186–209, Toby Green, *A Fistful of Shells: West Africa from the Rise of the Slave Trade to the Age of Revolution* (London: Allen Lane, 2019), 25–62, Lalou Meltzer, Lindsay Hooper, and Gerald Klinghardt, *Timbuktu: Script and Scholarship* (Cape Town: Iziko Museums, 2008), and Douglas Thomas, 'Timbuktu, Mahmud Kati (Kuti) Ibn Mutaw', in *African Religions: Beliefs and Practices through History*, eds. Douglas Thomas and Temilola Alanamu (Santa

Barbara: ABC-Clio, 2019).

43 Medupe et al., 'The Timbuktu Astronomy Project', Farouk-Alli, 'Timbuktu's Scientific Manuscript Heritage', 45, Shamil Jeppie and Souleymane Bachir Diagne, eds., *The Meanings of Timbuktu* (Cape Town: HSRC Press, 2008), and Ismaël Diadié Haidara and Haoua Taore, 'The Private Libraries of Timbuktu', in Jeppie and Diagne, eds., *The Meanings of Timbuktu*, 274.

44 Claudia Zaslavsky, *Africa Counts: Number and Pattern in African Cultures* (Chicago: Lawrence Hill Books, 1999), 201 and 222–3, Suzanne Preston Blier, 'Cosmic References in Ancient Ife', in *African Cosmos*, ed. Christine Mullen Kreamer (Washington, DC: National Museum of African Art, 2012), Peter Alcock, 'The Stellar Knowledge of Indigenous South Africans', in *African Indigenous Knowledge and the Sciences*, eds. Gloria Emeagwali and Edward Shizha (Rotterdam: Sense Publishers, 2016), 128, and Keith Snedegar, 'Astronomy in Sub-Saharan Africa', in Selin, ed., *Encyclopaedia of the History of Science*.

45 Medupe et al., 'The Timbuktu Astronomy Project', Meltzer, Hooper, and Klinghardt, *Timbuktu*, 94, Diagne, 'Toward an Intellectual History of West Africa', 19, Cissoko, 'The Songhay', 209, Cheikh Anta Diop, *Precolonial Black Africa*, trans. Harold Salemson (Westport: Lawrence Hill and Company, 1987), 176–9, Elias Saad, *Social History of Timbuktu: The Role of Muslim Scholars and Notables 1400–1900* (Cambridge: Cambridge University Press, 1983), 74 and 80–1, and 'Knowledge of the Movement of the Stars and What It Portends in Every Year', Library of Congress, accessed 11 September 2020, http://hdl.loc.gov/loc.amed/aftmh.tam010.

46 Medupe, 'Astronomy as Practiced in the West African City of Timbuktu', 1102–4, Meltzer, Hooper, and Klinghardt, *Timbuktu*, 80, and Hunwick, *Timbuktu and the Songhay Empire*, 62–5.

47 Green, *A Fistful of Shells*, 57, Salisu Bala, 'Arabic Manuscripts in the Arewa House (Kaduna, Nigeria)', *History in Africa* 39 (2012), 334, WAAMD ID #2579, #3955, and #15480, West African Arabic Manuscript Database, accessed 11 September 2020, https://waamd.lib.berkeley.edu, and Ulrich Seetzen, 'Nouveaux renseignements sur le royaume ou empire de Bornou', *Annales des voyages, de la geographie et de l'histoire* 19 (1812), 176–7. (翻譯是我做的。不過仍要感謝杜維爾提示這最後一則文獻。)

48 Mervyn Hiskett, 'The Arab Star-Calendar and Planetary System in Hausa Verse', *Bulletin of the School of Oriental and African Studies* 30 (1967), and Keith Snedegar, 'Astronomical Practices in Africa South of the Sahara', in *Astronomy*

Across Cultures: The History of Non-Western Astronomy, ed. Helaine Selin (Dordrecht: Springer, 2000), 470.

49   Zaslavsky, *Africa Counts*, 137–52, Adam Gacek, ed., *Catalogue of the Arabic Manuscripts in the Library of the School of Oriental and African Studies* (London: School of Oriental and African Studies, 1981), 24, and Dorrit van Dalen, *Doubt, Scholarship and Society in 17th-Century Central Sudanic Africa* (Leiden: Brill, 2016).

50   Zaslavsky, *Africa Counts*, 137–52, and Musa Salih Muhammad and Sulaiman Shehu, 'Science and Mathematics in Arabic Manuscripts of Nigerian Repositories', Paper Presented at the Middle Eastern Libraries Conference, University of Cambridge, 3–6 July 2017.

51   Medupe et al., 'The Timbuktu Astronomy Project', 183, and H. R. Palmer, ed., *Sudanese Memoirs* (London: Frank Cass and Co., 1967), 90.

52   Augustín Udías, *Searching the Heavens and Earth: The History of Jesuit Observatories* (Dordrecht: Kluwer Academic, 2003), 1–40, Michela Fontana, *Matteo Ricci: A Jesuit in the Ming Court*, trans. Paul Metcalfe (Lanham: Rowman & Littlefield, 2011), 1–12 and 185–209, Benjamin Elman, *On Their Own Terms: Science in China, 1550–1900* (Cambridge, MA: Harvard University Press, 2005), 64–5, and R. Po-Chia Hsia, *A Jesuit in the Forbidden City: Matteo Ricci, 1552–1610* (Oxford: Oxford University Press, 2010), 206–7.

53   Fontana, *Matteo Ricci*, 30 and 193–209.

54   Huff, *Intellectual Curiosity*, 74, and Willard J. Peterson, 'Learning from Heaven: The Introduction of Christianity and Other Western Ideas into Late Ming China', in *China and Maritime Europe, 1500–1800: Trade, Settlement, Diplomacy and Missions*, ed. John E. Wills Jr (Cambridge: Cambridge University Press, 2011), 100.

55   Catherine Jami, Peter Engelfriet, and Gregory Blue, 'Introduction', in *Statecraft and Intellectual Renewal in Late Ming China: The Cross-Cultural Synthesis of Xu Guangqi (1562–1633)*, eds. Catherine Jami, Peter Engelfriet, and Gregory Blue (Leiden: Brill, 2001), Timothy Brook, 'Xu Guangqi in His Context', in Jami, Engelfriet, and Blue, eds., *Statecraft and Intellectual Renewal*, Keizo Hashimoto and Catherine Jami, 'From the *Elements* to Calendar Reform: Xu Guangqi's Shaping of Mathematics and Astronomy', in Jami, Engelfriet, and Blue, eds., *Statecraft and Intellectual Renewal*, Peter Engelfriet and Siu Man-Keung, 'Xu Guangqi's Attempts to Integrate Western and Chinese Mathematics', in Jami, Engelfriet, and Blue, eds., *Statecraft and Intellectual Renewal*, and Catherine Jami, *The Emperor's New Mathematics: Western Learning and Imperial Authority during*

the Kangxi Reign (Oxford: Oxford University Press, 2011), 25–6.

56 Han Qi, 'Astronomy, Chinese and Western: The Influence of Xu Guangqi's Views in the Early and Mid-Qing', in Jami, Engelfriet, and Blue, eds., *Statecraft and Intellectual Renewal*, 362.

57 Engelfriet and Siu, 'Xu Guangqi's Attempts to Integrate Western and Chinese Mathematics', 279–99.

58 Jami, *The Emperor's New Mathematics*, 15 and 45, Engelfriet and Siu, 'Xu Guangqi's Attempts to Integrate Western and Chinese Mathematics', 279–99, and Goody, *Renaissances*, 198–240.

59 Jami, *The Emperor's New Mathematics*, 31, Joseph Needham, *Science and Civilisation in China* (Cambridge: Cambridge University Press, 1959), 3:171–6 and 3:367, and Elman, *On Their Own Terms*, 63–6.

60 Huff, *Intellectual Curiosity*, 90–8, and Elman, *On Their Own Terms*, 90.

61 Elman, *On Their Own Terms*, 84.

62 Udías, *Searching the Heavens*, 18, and Elman, *On Their Own Terms*, 64.

63 Jami, *The Emperor's New Mathematics*, 33, Needham, *Science and Civilisation*, 3:170–370, and Elman, *On Their Own Terms*, 65–8.

64 Udías, *Searching the Heavens*, 41–3.

65 Sun Xiaochun, 'On the Star Catalogue and Atlas of *Chongzhen Lishu*', in Jami, Engelfriet, and Blue, eds., *Statecraft and Intellectual Renewal*, 311–21, and Joseph Needham, *Chinese Astronomy and the Jesuit Mission: An Encounter of Cultures* (London: China Society, 1958), 1–12.

66 Needham, *Science and Civilisation*, 3:456, Jami, *The Emperor's New Mathematics*, 92, and Han, 'Astronomy, Chinese and Western', 365.

67 Virendra Nath Sharma, *Sawai Jai Singh and His Observatories* (Delhi: Motilal Banarsidass Publishers, 1995), 1–4 and 235–312, and George Rusby Kaye, *Astronomical Observatories of Jai Singh* (Calcutta: Superintendent Government Printing, 1918), 1–3.

68 Dhruv Raina, 'Circulation and Cosmopolitanism in 18th Century Jaipur', in *Cosmopolitismes en Asie du Sud: sources, itineraires, langues (XVIe–XVIIIe siecle)*, eds. Corinne Lefevre, Ines G. Županov, and Jorge Flores (Paris: Éditions de l'École des hautes études en sciences sociales, 2015), 307–29, S. A. Khan Ghori, 'Development of Zīj Literature in India', in *History of Astronomy in India*, eds. S. N. Sen and K. S. Shukla (Delhi: Indian National Science Academy, 1985), K. V. Sharma, 'A Survey of Source Material', in Sen and Shukla, eds., *History of Astronomy in India*, 8, Takanori Kusuba and David Pingree, *Arabic Astronomy in*

Sanskrit (Leiden: Brill, 2002), 4–5.

69　Raina, 'Circulation and Cosmopolitanism', 307–29, and Huff, *Intellectual Curiosity*, 123–6.

70　Sharma, *Sawai Jai Singh*, 41–2, and Anisha Shekhar Mukherji, *Jantar Mantar: Maharaj Sawai Jai Singh's Observatory in Delhi* (New Delhi: Ambi Knowledge Resources, 2010), 15.

71　Sharma, *Sawai Jai Singh*, 304–8, and Mukherji, *Jantar Mantar*, 15.

72　Sharma, *Sawai Jai Singh*, 254, 284–97, 312, and 329–34, and S. M. R. Ansari, 'Introduction of Modern Western Astronomy in India during 18–19 Centuries', in Sen and Shukla, eds., *History of Astronomy in India*, 372.

73　Sharma, *Sawai Jai Singh*, 3 and 235–6, and Kaye, *Astronomical Observatories*, 1–14.

74　Kaye, *Astronomical Observatories*, 4–14, Mukherji, *Jantar Mantar*, 13–16, and Sharma, *Sawai Jai Singh*, 235–43.

75　Kaye, *Astronomical Observatories*, 4–14, Mukherji, *Jantar Mantar*, 13–16, and Sharma, *Sawai Jai Singh*, 235–43.

76　Kaye, *Astronomical Observatories*, 11–13.

第三章

1　Simon Schaffer, 'Newton on the Beach: The Information Order of *Principia Mathematica*', *History of Science* 47 (2009): 250, Andrew Odlyzko, 'Newton's Financial Misadventures in the South Sea Bubble', *Notes and Records of the Royal Society* 73 (2019), and Helen Paul, *The South Sea Bubble: An Economic History of Its Origins and Consequences* (London: Routledge, 2011), 62.

2　Paul Lovejoy, 'The Volume of the Atlantic Slave Trade: A Synthesis', *The Journal of African History* 4 (1982): 478, John Craig, *Newton at the Mint* (Cambridge: Cambridge University Press, 1946), 106–9, Schaffer, 'Newton on the Beach', Odlyzko, 'Newton's Financial Misadventures', and MINT 19/2/261r, National Archives, London, UK, via 'MINT00256', The Newton Papers, accessed 15 November 2020, http://www.newtonproject.ox.ac.uk/view/texts/normalized/MINT00256.

3　Roy Porter, 'Introduction', in *The Cambridge History of Science: Eighteenth-Century Science*, ed. Roy Porter (Cambridge: Cambridge University Press, 2003), Gerd Buchdahl, *The Image of Newton and Locke in the Age of Reason* (London: Sheed and Ward, 1961), Thomas Hankins, *Science and the Enlightenment* (Cambridge: Cambridge University Press, 1985), and Dorinda Outram, *The*

Enlightenment (Cambridge: Cambridge University Press, 1995).

4 Lovejoy, 'The Volume of the Atlantic Slave Trade', 485, John Darwin, *After Tamerlane: The Global History of Empire since 1405* (London: Allen Lane, 2007), 157–218, and Felicity Nussbaum, 'Introduction', in *The Global Eighteenth Century*, ed. Felicity Nussbaum (Baltimore: Johns Hopkins University Press, 2003).

5 Richard Drayton, 'Knowledge and Empire', in *The Oxford History of the British Empire: The Eighteenth Century*, ed. Peter Marshall (Oxford: Oxford University Press, 1998), Charles Withers and David Livingstone, 'Introduction: On Geography and Enlightenment', in *Geography and Enlightenment*, eds. Charles Withers and David Livingstone (Chicago: University of Chicago Press, 1999), Larry Stewart, 'Global Pillage: Science, Commerce, and Empire', in Porter, ed., *The Cambridge History of Science: Eighteenth-Century Science*, Mark Govier, 'The Royal Society, Slavery and the Island of Jamaica, 1660–1700', *Notes and Records of the Royal Society* 53 (1999), and Sarah Irving, *Natural Science and the Origins of the British Empire* (London: Pickering & Chatto, 2008), 1.

6 Anthony Grafton with April Shelford and Nancy Siraisi, *New Worlds, Ancient Texts: The Power of Tradition and the Shock of Discovery* (Cambridge, MA: The Belknap Press, 1992), 198, Irving, *Natural Science*, 1–44, and Jorge Canizares-Esguerra, *Nature, Empire, and Nation: Explorations of the History of Science in the Iberian World* (Stanford: Stanford University Press, 2006), 15–18.

7 Steven Harris, 'Long-Distance Corporations, Big Sciences, and the Geography of Knowledge', *Configurations* 6 (1998), and Rob Iliffe, 'Science and Voyages of Discovery', in Porter, ed., *The Cambridge History of Science: Eighteenth-Century Science*.

8 Schaffer, 'Newton on the Beach'.

9 Isaac Newton, *The Principia: The Authoritative Translation and Guide*, trans. I. Bernard Cohen and Anne Whitman (Berkeley: The University of California Press, 2016), 829–32, John Olmsted, 'The Scientific Expedition of Jean Richer to Cayenne (1672–1673)', *Isis* 34 (1942), Nicholas Dew, 'Scientific Travel in the Atlantic World: The French Expedition to Gorée and the Antilles, 1681–1683', *The British Journal for the History of Science* 43 (2010), and Nicholas Dew, '*Vers la ligne*: Circulating Measurements around the French Atlantic', in *Science and Empire in the Atlantic World*, eds. James Delbourgo and Nicholas Dew (New York: Routledge, 2008).

10 Olmsted, 'The Scientific Expedition of Jean Richer', 118–22, and Jean Richer,

Observations astronomiques et physiques faites en l'Isle de Caienne (Paris: De l'Imprimerie Royale, 1679).

11 Dew, 'Scientific Travel in the Atlantic World', 8–17.

12 Schaffer, 'Newton on the Beach', 261.

13 Newton, *Principia*, 832.

14 Schaffer, 'Newton on the Beach', 250–7, and David Cartwright, 'The Tonkin Tides Revisited', *Notes and Records of the Royal Society* 57 (2003).

15 Michael Hoskin, 'Newton and Newtonianism', in *The Cambridge Illustrated History of Astronomy*, ed. Michael Hoskin (Cambridge: Cambridge University Press, 1997), Larrie Ferreiro, *Measure of the Earth: The Enlightenment Expedition That Reshaped Our World* (New York: Basic Books, 2011), 7–8, and Henry Alexander ed., *The Leibniz–Clarke Correspondence: Together with Extracts from Newton's Principia and Opticks* (Manchester: Manchester University Press, 1956), 184.

16 Hoskin, 'Newton and Newtonianism', and Rob Iliffe and George Smith, 'Introduction', in *The Cambridge Companion to Newton*, eds. Rob Iliffe and George Smith (Cambridge: Cambridge University Press, 2016).

17 Iliffe, 'Science and Voyages of Discovery', and John Shank, *The Newton Wars and the Beginning of the French Enlightenment* (Chicago: University of Chicago Press, 2008).

18 Ferreiro, *Measure of the Earth*, 132–6.

19 Ferreiro, *Measure of the Earth*, xiv–xvii, Neil Safier, *Measuring the New World: Enlightenment Science and South America* (Chicago: University of Chicago Press, 2008), 2–7, Michael Hoare, *The Quest for the True Figure of the Earth: Ideas and Expeditions in Four Centuries of Geodesy* (Aldershot: Ashgate, 2005), 81–141, Mary Terrall, *The Man Who Flattened the Earth: Maupertuis and the Sciences in the Enlightenment* (Chicago: University of Chicago Press, 2002), and Rob Iliffe, '"Aplatisseur du Monde et de Cassini": Maupertuis, Precision Measurement, and the Shape of the Earth in the 1730s', *History of Science* 31 (1993).

20 Safier, *Measuring the New World*, 7, and Ferreiro, *Measure of the Earth*, 31–8.

21 Ferreiro, *Measure of the Earth*, 62–89.

22 Hoare, *The Quest for the True Figure of the Earth*, 12–13, and Ferreiro, *Measure of the Earth*, 133–4.

23 Ferreiro, *Measure of the Earth*, 105–8 and 114.

24 Ferreiro, *Measure of the Earth*, 108, Iván Ghezzi and Clive Ruggles, 'Chankillo', in *Handbook of Archaeoastronomy and Ethnoastronomy*, ed. Clive Ruggles

(New York: Springer Reference, 2015), 808–13, Clive Ruggles, 'Geoglyphs of the Peruvian Coast', in Ruggles, ed., *Handbook of Archaeoastronomy and Ethnoastronomy*, 821–2.

25   Brian Bauer and David Dearborn, *Astronomy and Empire in the Ancient Andes: The Cultural Origins of Inca Sky Watching* (Austin: University of Texas Press, 1995), 14–16, Brian Bauer, *The Sacred Landscape of the Inca: The Cusco Ceque System* (Austin: University of Texas Press, 1998), 4–9, and Reiner Tom Zuidema, 'The Inca Calendar', in *Native American Astronomy*, ed. Anthony Aveni (Austin: University of Texas Press, 1977), 220–33.

26   Zuidema, 'Inca Calendar', 250, and Bauer, *Sacred Landscape*, 8.

27   Ferreiro, *Measure of the Earth*, 26 and 107–11, Bauer and Dearborn, *Astronomy and Empire*, 27, and Safier, *Measuring the New World*, 87–8.

28   Ferreiro, *Measure of the Earth*, 108.

29   Ferreiro, *Measure of the Earth*, 221–2.

30   Teuira Henry, 'Tahitian Astronomy', *Journal of the Polynesian Society* 16 (1907): 101–4, and William Frame and Laura Walker, *James Cook: The Voyages* (Montreal: McGill-Queen's University Press, 2018), 40.

31   Henry, 'Tahitian Astronomy', 101–2, Frame and Walker, *James Cook*, 40, Andrea Wulf, *Chasing Venus: The Race to Measure the Heavens* (London: William Heinemann, 2012), xix–xxvi, and Harry Woolf, *The Transits of Venus: A Study of Eighteenth-Century Science* (Princeton: Princeton University Press, 1959), 3–22.

32   Iliffe, 'Science and Voyages of Discovery', 624–8, Wulf, *Chasing Venus*, 128, and Anne Salmond, *The Trial of the Cannibal Dog: Captain Cook and the South Seas* (London: Penguin Books, 2004), 31–2.

33   Newton, *Principia*, 810–15, and Woolf, *Transits of Venus*, 3.

34   Wulf, *Chasing Venus*, xix–xxiv, and Woolf, *Transits of Venus*, 3–16.

35   Wulf, *Chasing Venus*, 185, and Woolf, *Transits of Venus*, 182–7.

36   Rebekah Higgitt and Richard Dunn, 'Introduction', in *Navigational Empires in Europe and Its Empires, 1730–1850*, eds. Rebekah Higgitt and Richard Dunn (Basingstoke: Palgrave Macmillan, 2016), Wayne Orchiston, 'From the South Seas to the Sun', in *Science and Exploration in the Pacific: European Voyages to the Southern Oceans in the Eighteenth Century*, ed. Margarette Lincoln (Woodbridge: Boydell & Brewer, 1998), 55–6, and Iliffe, 'Science and Voyages of Discovery', 635.

37   Salmond, *Trial*, 51.

38   Salmond, *Trial*, 64–7, Wulf, *Chasing Venus*, 168, and Simon Schaffer, 'In Transit:

European Cosmologies in the Pacific', in *The Atlantic World in the Antipodes: Effects and Transformations since the Eighteenth Century*, ed. Kate Fullagar (Newcastle: Cambridge Scholars Publishing, 2012), 70.

39　Salmond, *Trial*, 79, Orchiston, 'From the South Seas', 58–9, Charles Green, 'Observations Made, by Appointment of the Royal Society, at King George's Island in the South Seas', *Philosophical Transactions* 61 (1771): 397 and 411.

40　Wulf, *Chasing Venus*, 192–3, Orchiston, 'From the South Seas', 59, and Vladimir Shiltsev, 'The 1761 Discovery of Venus' Atmosphere: Lomonosov and Others', *Journal of Astronomical History and Heritage* 17 (2014): 85–8.

41　Wulf, *Chasing Venus*, 201.

42　Salmond, *Trial*, 95, and David Lewis, *We, the Navigators: The Ancient Art of Landfinding in the Pacific* (Honolulu: University of Hawaii Press, 1994).

43　Salmond, *Trial*, 38–9, Lewis, *We, the Navigators*, 7–8, Joan Druett, *Tupaia: Captain Cook's Polynesian Navigator* (Auckland: Random House, 2011), 1–11, and Lars Eckstein and Anja Schwarz, 'The Making of Tupaia's Map: A Story of the Extent and Mastery of Polynesian Navigation, Competing Systems of Wayfinding on James Cook's *Endeavour*, and the Invention of an Ingenious Cartographic System', *The Journal of Pacific History* 54 (2019): 4.

44　Lewis, *We, the Navigators*, 82–101, and Ben Finney, 'Nautical Cartography and Traditional Navigation in Oceania', in *The History of Cartography: Cartography in the Traditional African, American, Arctic, Australian, and Pacific Societies*, eds. David Woodward and G. Malcolm Lewis (Chicago: University of Chicago Press, 1998), 2:443.

45　Finney, 'Nautical Cartography', 443 and 455–79, and Lewis, *We, the Navigators*, 218–48.

46　Druett, *Tupaia*, 2, Salmond, *Trial*, 38–9, and Eckstein and Schwarz, 'Tupaia's Map', 4.

47　Salmond, *Trial*, 37–40, and Eckstein and Schwarz, 'Tupaia's Map', 4.

48　Salmond, *Trial*, 112, Eckstein and Schwarz, 'Tupaia's Map', 93–4, and Finney, 'Nautical Cartography', 446.

49　Salmond, *Trial*, 99–101, and Eckstein and Schwarz, 'Tupaia's Map', 5.

50　Eckstein and Schwarz, 'Tupaia's Map'.

51　Eckstein and Schwarz, 'Tupaia's Map', 29–52.

52　Eckstein and Schwarz, 'Tupaia's Map', 32–52.

53　Salmond, *Trial*, 110–13, and Eckstein and Schwarz, 'Tupaia's Map', 5.

54　Eckstein and Schwarz, 'Tupaia's Map', 6–13.

55 Valentin Boss, *Newton and Russia: The Early Influence, 1698–1796* (Cambridge, MA: Harvard University Press, 1972), 2–5, Loren Graham, *Science in Russia and the Soviet Union: A Short History* (Cambridge: Cambridge University Press, 1993), 17, and Alexander Vucinich, *Science in Russian Culture: A History to 1860* (London: P. Owen, 1965), 1:51.

56 Boss, *Newton and Russia*, 5–14, Vucinich, *Science in Russian Culture*, 1:43–4, Arthur MacGregor, 'The Tsar in England: Peter the Great's Visit to London in 1698', *The Seventeenth Century* 19 (2004): 129–31, and Papers Connected with the *Principia*, MS Add. 3965.12, ff.357–358, Cambridge University Library, Cambridge, UK, via 'NATP00057', The Newton Papers, accessed 15 November 2020, http://www.newtonproject.ox.ac.uk/view/texts/normalized/NATP00057.

57 Boss, *Newton and Russia*, 9, and Vucinich, *Science in Russian Culture*, 1:51–4 and 1:74.

58 Boss, *Newton and Russia*, 116 and 235, Vucinich, *Science in Russian Culture*, 1:45 and 1:75–6, Wulf, *Chasing Venus*, 97, and Simon Werrett, 'Better Than a Samoyed: Newton's Reception in Russia', in *Reception of Isaac Newton in Europe*, eds. Helmut Pulte and Scott Mandelbrote (London: Bloomsbury, 2019), 1:217–23.

59 Boss, *Newton and Russia*, 94–5, and John Appleby, 'Mapping Russia: Farquharson, Delisle and the Royal Society', *Notes and Records of the Royal Society* 55 (2001): 192.

60 Andreĭ Grinëv, *Russian Colonization of Alaska: Preconditions, Discovery, and Initial Development, 1741–1799*, trans. Richard Bland (Lincoln, NE: University of Nebraska Press, 2018), 73, Alexey Postnikov and Marvin Falk, *Exploring and Mapping Alaska: The Russian America Era, 1741–1867*, trans. Lydia Black (Fairbanks: University of Alaska Press, 2015), 2–6, and Orcutt Frost, *Bering: The Russian Discovery of America* (New Haven: Yale University Press, 2003), xiii–xiv.

61 Frost, *Bering*, xiii and 34.

62 Robin Inglis, *Historical Dictionary of the Discovery and Exploration of the Northwest Coast of America* (Lanham: Scarecrow Press, 2008), xxxi–xxxii.

63 Frost, *Bering*, 40–63.

64 Frost, *Bering*, 65–158, Postnikov and Falk, *Exploring and Mapping*, 32 and 46, and Carol Urness, 'Russian Mapping of the North Pacific to 1792', in *Enlightenment and Exploration in the North Pacific, 1741–1805*, eds. Stephen Haycox, James Barnett, and Caedmon Liburd (Seattle: University of Washington Press, 1997), 132–7.

65 Frost, *Bering*, 144–58, Frank Golder, ed., *Bering's Voyages: An Account of the*

Efforts of the Russians to Determine the Relation of Asia and America (New York: American Geographical Society, 1922), 1:91–9, and Dean Littlepage, *Steller's Island: Adventures of a Pioneer Naturalist in Alaska* (Seattle: Mountaineers Books, 2006), 61–2.

66   Inglis, *Historical Dictionary*, xlix and 39, Urness, 'Russian Mapping', 139–42, Postnikov and Falk, *Exploring and Mapping*, 78–174, and Simon Werrett, 'Russian Responses to the Voyages of Captain Cook', in *Captain Cook: Explorations and Reassessments*, ed. Glyndwr Williams (Woodbridge: Boydell & Brewer, 2004), 184–7.

67   Postnikov and Falk, *Exploring and Mapping*, 159–61, Werrett, 'Better Than a Samoyed', 226, and Alekseĭ Postnikov, 'Learning from Each Other: A History of Russian–Native Contacts in Late Eighteenth–Early Nineteenth Century Exploration and Mapping of Alaska and the Aleutian Islands', *International Hydrographic Review* 6 (2005): 10.

68   Postnikov and Falk, *Exploring and Mapping*, 99.

69   John MacDonald, *The Arctic Sky: Inuit Astronomy, Star Lore, and Legend* (Toronto: Royal Ontario Museum, 1998), 5–15, 101, and 164–7, and Ülo Siimets, 'The Sun, the Moon and Firmament in Chukchi Mythology and on the Relations of Celestial Bodies and Sacrifices', *Folklore* 32 (2006): 133–48.

70   MacDonald, *Arctic Sky*, 9, 44–5, and Siimets, 'Sun, Moon and Firmament', 148–50.

71   MacDonald, *Arctic Sky*, 173–8, and David Lewis and Mimi George, 'Hunters and Herders: Chukchi and Siberian Eskimo Navigation across Snow and Frozen Sea', *The Journal of Navigation* 44 (1991): 1–5.

72   Postnikov and Falk, *Exploring and Mapping*, 99–100, Inglis, *Historical Dictionary*, 96, and John Bockstoce, *Fur and Frontiers in the Far North: The Contest among Native and Foreign Nations for the Bering Fur Trade* (New Haven: Yale University Press, 2009), 75–6.

73   Postnikov and Falk, *Exploring and Mapping*, 161–74.

74   Dew, '*Vers la ligne*', 53.

75   Shino Konishi, Maria Nugent, and Tiffany Shellam, 'Exploration Archives and Indigenous Histories', in *Indigenous Intermediaries: New Perspectives on Exploration Archives*, eds. Shino Konishi, Maria Nugent, and Tiffany Shellam (Acton: Australian National University Press, 2015), Simon Schaffer, Lissa Roberts, Kapil Raj, and James Delbourgo, 'Introduction', in *The Brokered World: Go-Betweens and Global Intelligence, 1770–1820*, eds. Simon Schaffer, Lissa Roberts,

Kapil Raj, and James Delbourgo (Sagamore Beach: Science History Publications, 2009), and Schaffer, 'Newton on the Beach', 267.

76　Vincent Carretta, 'Who was Francis Williams?', *Early American Literature* 38 (2003), and Gretchen Gerzina, *Black London: Life before Emancipation* (New Brunswick: Rutgers University Press, 1995), 6 and 40–1.

第四章

1　Natural History Museum [hereafter NHM], 'Slavery and the Natural World, Chapter 2: People and Slavery', accessed 15 October 2019, https://www.nhm. ac.uk/content/dam/nhmwww/discover/slavery-natural-world/chapter-2-peopleand-slavery.pdf, and Susan Scott Parrish, *American Curiosity: Cultures of Natural History in the Colonial British Atlantic World* (Chapel Hill: University of North Carolina Press, 2006), 1–10.

2　NHM, 'Slavery and the Natural World, Chapter 2: People and Slavery', Parrish, *American Curiosity*, 1–10, and Londa Schiebinger, *Plants and Empire: Colonial Bioprospecting in the Atlantic World* (Cambridge, MA: Harvard University Press, 2009), 8.

3　Parrish, *American Curiosity*, 1–10, Schiebinger, *Plants and Empire*, 209–19, and Lisbet Koerner, 'Carl Linnaeus in His Time and Place', in *Cultures of Natural History*, eds. Nicholas Jardine, James Secord, and Emma Spary (Cambridge: Cambridge University Press, 1996), 145–9.

4　NHM, 'Slavery and the Natural World, Chapter 2: People and Slavery', and Parrish, *American Curiosity*, 1–10.

5　Richard Drayton, *Nature's Government: Science, Imperial Britain, and the 'Improvement' of the World* (New Haven: Yale University Press, 2000), Harold Cook, *Matters of Exchange: Commerce, Medicine, and Science in the Dutch Golden Age* (New Haven: Yale University Press, 2007), Dániel Margócsy, *Commercial Visions: Science, Trade, and Visual Culture in the Dutch Golden Age* (Chicago: University of Chicago Press, 2014), Londa Schiebinger and Claudia Swan, eds., *Colonial Botany: Science, Commerce, and Politics in the Early Modern World* (Philadelphia: University of Pennsylvania Press, 2005), Kris Lane, 'Gone Platinum: Contraband and Chemistry in Eighteenth-Century Colombia', *Colonial Latin American Review* 20 (2011), and Schiebinger, *Plants and Empire*, 194.

6　Schiebinger, *Plants and Empire*, 7–8, and Lisbet Koerner, *Linnaeus: Nature and Nation* (Cambridge, MA: Harvard University Press, 1999), 1–2.

7　Drayton, *Nature's Government*, Schiebinger, *Plants and Empire*, Miles Ogborn,

'Vegetable Empire', in *Worlds of Natural History*, eds. Helen Curry, Nicholas Jardine, James Secord, and Emma Spary (Cambridge: Cambridge University Press, 2018), and James McClellan III, *Colonialism and Science: Saint Domingue and the Old Regime* (Chicago: University of Chicago Press, 2010), 148–59.

8   Schiebinger, *Plants and Empire*, 25–30, James Delbourgo, 'Sir Hans Sloane's Milk Chocolate and the Whole History of the Cacao', *Social Text* 29 (2011), James Delbourgo, *Collecting the World: The Life and Curiosity of Hans Sloane* (London: Allen Lane, 2015), 35–59, and Edwin Rose, 'Natural History Collections and the Book: Hans Sloane's *A Voyage to Jamaica* (1707–1725) and His Jamaican Plants', *Journal of the History of Collections* 30 (2018).

9   NHM, 'Slavery and the Natural World, Chapter 2: People and Slavery', Schiebinger, *Plants and Empire*, 28, Delbourgo, *Collecting the World*, 35–59, and Hans Sloane, *A Voyage to the Islands Madera, Barbados, Nieves, S. Christophers and Jamaica* (London: B.M. for the Author, 1707).

10   Miles Ogborn, 'Talking Plants: Botany and Speech in Eighteenth-Century Jamaica', *History of Science* 51 (2013): 264, Judith Carney and Richard Rosomoff, *In the Shadow of Slavery: Africa's Botanical Legacy in the Atlantic World* (Berkeley: University of California Press, 2011), 71 and 124, and Bertram Osuagwu, *The Igbos and Their Traditions*, trans. Frances W. Pritchett (Lagos: Macmillan Nigeria, 1978), 1–22.

11   Carney and Rosomoff, *In the Shadow of Slavery*, 123–4.

12   Londa Schiebinger, *Secret Cures of Slaves: People, Plants, and Medicine in the Eighteenth-Century Atlantic World* (Stanford: Stanford University Press, 2017), 1–9 and 45–59.

13   Ogborn, 'Talking Plants', 255–71, Kathleen Murphy, 'Collecting Slave Traders: James Petiver, Natural History, and the British Slave Trade', *William and Mary Quarterly* 70 (2013), and NHM, 'Slavery and the Natural World, Chapter 7: Fevers', accessed 15 October 2019, https://www.nhm.ac.uk/content/dam/nhmwww/ discover/slavery-natural-world/chapter-7-fevers.pdf.

14   Schiebinger, *Secret Cures of Slaves*, 90, Ogborn, 'Talking Plants', 275, and Kwasi Konadu, *Indigenous Medicine and Knowledge in African Society* (London: Routledge, 2007), 85–9.

15   Schiebinger, *Plants and Empire*, 1–35, NHM, 'Slavery and the Natural World, Chapter 2: People and Slavery', and Julie Hochstrasser, 'The Butterfly Effect: Embodied Cognition and Perceptual Knowledge in Maria Sibylla Merian's *Metamorphosis Insectorum Surinamensium*', in *The Dutch Trading Companies as*

Knowledge Networks, eds. Siegfried Huigen, Jan de Jong, and Elmer Kolfin (Leiden: Brill, 2010), 59–60.

16   Schiebinger, *Secret Cures of Slaves*, 12, NHM, 'Slavery and the Natural World, Chapter 6: Resistance', accessed 15 October 2019, https://www.nhm.ac.uk/content/dam/nhmwww/discover/slavery-natural-world/chapter-6-resistance.pdf, and Susan Scott Parrish, 'Diasporic African Sources of Enlightenment Knowledge', in *Science and Empire in the Atlantic World*, eds. James Delbourgo and Nicholas Dew (New York: Routledge, 2008), 294.

17   Richard Grove, 'Indigenous Knowledge and the Significance of South-West India for Portuguese and Dutch Constructions of Tropical Nature', *Modern Asian Studies* 30 (1996), K. S. Manilal, ed., *Botany and History of Hortus Malabaricus* (Rotterdam: A. A. Balkema, 1980), 1–3, J. Heniger, *Hendrik Adriaan van Reede tot Drakenstein (1636–1691) and Hortus Malabaricus* (Rotterdam: A. A. Balkema, 1986), vii–xii and 3–95, Kapil Raj, *Relocating Modern Science: Circulation and the Construction of Knowledge in South Asia and Europe, 1650–1900* (Basingstoke: Palgrave Macmillan, 2007), 44–5, and Hendrik van Rheede, *Hortus Indicus Malabaricus* (Amsterdam: Johannis van Someren, 1678), vol. 1, pl. 9.

18   Grove, 'Indigenous Knowledge', 134–5, and Heniger, *Hendrik Adriaan van Reede*, 3–33.

19   Grove, 'Indigenous Knowledge', 136–9, Heniger, *Hendrik Adriaan van Reede*, 41–64, 144–8, and H. Y. Mohan Ram, 'On the English Edition of van Rheede's *Hortus Malabaricus*', *Current Science* 89 (2005).

20   Heniger, *Hendrik Adriaan van Reede*, 147–8, and Rajiv Kamal, *Economy of Plants in the Vedas* (New Delhi: Commonwealth Publishers, 1988), 1–23.

21   Heniger, *Hendrik Adriaan van Reede*, 43 and 143–8, and Grove, 'Indigenous Knowledge', 139.

22   E. M. Beekman, 'Introduction: Rumphius' Life and Work', in Georg Eberhard Rumphius, *The Ambonese Curiosity Cabinet*, trans. E. M. Beekman (New Haven: Yale University Press, 1999), xxxv–lxvii, and Genie Yoo, 'Wars and Wonders: The Inter-Island Information Networks of Georg Everhard Rumphius', *The British Journal for the History of Science* 51 (2018): 561.

23   Beekman, 'Introduction', xxxv–xcviii, and George Sarton, 'Rumphius, Plinius Indicus (1628–1702)', *Isis* 27 (1937).

24   Matthew Sargent, 'Global Trade and Local Knowledge: Gathering Natural Knowledge in Seventeenth-Century Indonesia', in *Intercultural Exchange in Southeast Asia: History and Society in the Early Modern World*, eds. Tara Alberts

and David Irving (London: I. B. Taurus, 2013), 155–6.

25 Beekman, 'Introduction', lxvii, Sargent, 'Global Trade', 156, Jeyamalar Kathirithamby-Wells, 'Unlikely Partners: Malay-Indonesian Medicine and European Plant Science', in *The East India Company and the Natural World*, eds. Vinita Damodaran, Anna Winterbottom, and Alan Lester (Basingstoke: Palgrave Macmillan, 2014), 195–203, and Benjamin Schmidt, *Inventing Exoticism: Geography, Globalism, and Europe's Early Modern World* (Philadelphia: University of Pennsylvania Press, 2015), 136–8.

26 Yoo, 'Wars and Wonders', 567–9.

27 Georg Eberhard Rumphius, *The Ambonese Curiosity Cabinet*, trans. E. M. Beekman (New Haven: Yale University Press, 1999), 93–4, Georg Eberhard Rumphius, *Rumphius' Orchids: Orchid Texts from The Ambonese Herbal*, trans. E. M. Beekman (New Haven: Yale University Press, 2003), 87, and Maria-Theresia Leuker, 'Knowledge Transfer and Cultural Appropriation: Georg Everhard Rumphius's *D'Amboinsche Rariteitkamer* (1705)', in Huigen, de Jong, and Kolfin, eds. *The Dutch Trading Companies*.

28 Beekman, 'Introduction', lxii–lxiii.

29 Ray Desmond, *The European Discovery of the Indian Flora* (Oxford: Oxford University Press, 1992), 57–9, and Tim Robinson, *William Roxburgh: The Founding Father of Indian Botany* (Chichester: Phillimore, 2008), 41–3.

30 Desmond, *European Discovery*, 59, and Robinson, *William Roxburgh*, 41.

31 Robinson, *William Roxburgh*, 5–10, Pratik Chakrabarti, *Materials and Medicine: Trade, Conquest and Therapeutics in the Eighteenth Century* (Manchester: Manchester University Press, 2010), 41, Minakshi Menon, 'Medicine, Money, and the Making of the East India Company State: William Roxburgh in Madras, c. 1790', in *Histories of Medicine and Healing in the Indian Ocean World*, eds. Anna Winterbottom and Facil Tesfaye (Basingstoke: Palgrave, 2016), 2:152–9, and Arthur MacGregor, 'European Enlightenment in India: An Episode of Anglo-German Collaboration in the Natural Sciences on the Coromandel Coast, Late 1700s–Early 1800s', in *Naturalists in the Field: Collecting, Recording and Preserving the Natural World from the Fifteenth to the Twenty-First Century* (Leiden: Brill, 2018), 383.

32 Prakash Kumar, *Indigo Plantations and Science in Colonial India* (Cambridge: Cambridge University Press, 2012), 68–75, and Menon, 'Medicine, Money, and the Making of the East India Company State', 160.

33 Robinson, *William Roxburgh*, 43–56.

34 Robinson, *William Roxburgh*, 95, Chakrabarti, *Materials and Medicine*, 126, Beth Tobin, *Picturing Imperial Power: Colonial Subjects in Eighteenth-Century British Painting* (Durham, NC: Duke University Press, 1999), 194–201, M. Lazarus and H. Pardoe, eds., *Catalogue of Botanical Prints and Drawings: The National Museums & Galleries of Wales* (Cardiff: National Museums & Galleries of Wales, 2003), 35, I. G. Khan, 'The Study of Natural History in 16th–17th Century Indo-Persian Literature', *Proceedings of the Indian History Congress* 67 (2002), and Versha Gupta, *Botanical Culture of Mughal India* (Bloomington: Partridge India, 2018).

35 Markman Ellis, Richard Coulton, and Matthew Mauger, *Empire of Tea: The Asian Leaf That Conquered the World* (London: Reaktion Books, 2015), 32–5 and 105, and Erika Rappaport, *A Thirst for Empire: How Tea Shaped the Modern World* (Princeton: Princeton University Press, 2017), 23.

36 Ellis, Coulton, and Mauger, *Empire of Tea*, 9 and 22–57, Rappaport, *A Thirst for Empire*, 41, Linda Barnes, *Needles, Herbs, Gods, and Ghosts: China, Healing, and the West to 1848* (Cambridge, MA: Harvard University Press, 2005), 93–116 and 181–5, and Jane Kilpatrick, *Gifts from the Gardens of China* (London: Frances Lincoln, 2007), 9–16.

37 Markman Ellis, 'The British Way of Tea: Tea as an Object of Knowledge between Britain and China, 1690–1730', in *Curious Encounters: Voyaging, Collecting, and Making Knowledge in the Long Eighteenth Century*, eds. Adriana Craciun and Mary Terrall (Toronto: University of Toronto Press, 2019), 27–33.

38 Ellis, Coulton, and Mauger, *Empire of Tea*, 66–7 and 109–10.

39 Ellis, 'The British Way of Tea', 23–8, and James Ovington, *An Essay upon the Nature and Qualities of Tea* (London: R. Roberts, 1699), 7–14.

40 Ellis, 'The British Way of Tea', 29–32, Kilpatrick, *Gifts from the Gardens of China*, 34–48, and Charles Jarvis and Philip Oswald, 'The Collecting Activities of James Cuninghame FRS on the Voyage of *Tuscan* to China (Amoy) between 1697 and 1699', *Notes and Records of the Royal Society* 69 (2015).

41 Ellis, 'The British Way of Tea', 29–32, and James Cuninghame, 'Part of Two Letters to the Publisher from Mr James Cunningham, F. R.S.', *Philosophical Transactions of the Royal Society* 23 (1703): 1205–6.

42 Ellis, Coulton, and Mauger, *Empire of Tea*, 15–19, Huang Hsing-Tsung, *Science and Civilisation in China: Biology and Biological Technology, Fermentations and Food Science* (Cambridge: Cambridge University Press, 2000), vol. 6, part 5, 506–15, and James A. Benn, *Tea in China: A Religious and Cultural History* (Hong Kong: Hong Kong University Press, 2015), 117–44.

43 Carla Nappi, *The Monkey and the Inkpot: Natural History and Its Transformations in Early Modern China* (Cambridge, MA: Harvard University Press, 2009), 10–33 and 141–2, and Federico Marcon, *The Knowledge of Nature and the Nature of Knowledge in Early Modern Japan* (Chicago: University of Chicago Press, 2015), 25–50.

44 Nappi, *The Monkey and the Inkpot*, 10–33, Marcon, *The Knowledge of Nature*, 25–50, Ellis, 'The British Way of Tea', 27, Georges Métailié, *Science and Civilisation in China: Biology and Biological Technology, Traditional Botany: An Ethnobotanical Approach* (Cambridge: Cambridge University Press, 2015), vol. 6, part 4, 77–8, and Joseph Needham, *Science and Civilisation in China: Biology and Biological Technology, Botany* (Cambridge: Cambridge University Press, 1986), vol. 6, part 1, 308–21.

45 Nappi, *The Monkey and the Inkpot*, 155–8, Needham, *Science and Civilisation*, vol. 6, part 1, 308–21, Métailié, *Science and Civilisation in China*, vol. 6, part 4, 36 and 77, and Marcon, *The Knowledge of Nature*, 25–50.

46 Nappi, *The Monkey and the Inkpot*, 19, Métailié, *Science and Civilisation in China*, vol. 6, part 4, 620–5.

47 Nappi, *The Monkey and the Inkpot*, 19, Métailié, *Science and Civilisation in China*, vol. 6, part 4, 620–5, and Jordan Goodman and Charles Jarvis, 'The John Bradby Blake Drawings in the Natural History Museum, London: Joseph Banks Puts Them to Work', *Curtis's Botanical Magazine* 34 (2017): 264.

48 Marcon, *The Knowledge of Nature*, 128–31 and 161–3, and Ishiyama Hiroshi, 'The Herbal of Dodonaeus', in *Bridging the Divide: 400 Years, The Netherlands–Japan*, eds. Leonard Blussé, Willem Remmelink, and Ivo Smits (Leiden: Hotei, 2000), 100–1.

49 Marcon, *The Knowledge of Nature*, 128–31, 161–3, and 171–203.

50 Marcon, *The Knowledge of Nature*, x and 3–6, Iioka Naoko, 'Wei Zhiyan and the Subversion of the *Sakoku*', in *Offshore Asia: Maritime Interactions in Eastern Asia before Steamships*, eds. Fujita Kayoko, Shiro Momoki, and Anthony Reid (Singapore: Institute of Southeast Asian Studies, 2013), and Ronald Toby, 'Reopening the Question of *Sakoku*: Diplomacy in the Legitimation of the Tokugawa Bakufu', *Journal of Japanese Studies* 3 (1977): 358.

51 Marcon, *The Knowledge of Nature*, 113–28 and 141–6, and Marie-Christine Skuncke, *Carl Peter Thunberg: Botanist and Physician* (Uppsala: Swedish Collegium for Advanced Study, 2014), 113.

52 Marcon, *The Knowledge of Nature*, 128–31 and 161–3, and Harmen Beukers,

'Dodonaeus in Japanese: Deshima Surgeons as Mediators in the Early Introduction of Western Natural History', in *Dodonaeus in Japan: Translation and the Scientific Mind in the Tokugawa Period*, eds. W. F. Vande Walle and Kazuhiko Kasaya (Leuven: Leuven University Press, 2002), 291.

53 Marcon, *The Knowledge of Nature*, 55–73.

54 Marcon, *The Knowledge of Nature*, 6 and 87–102.

55 Marcon, *The Knowledge of Nature*, 90–6.

56 Marcon, *The Knowledge of Nature*, 91 (emphasis added).

57 Timon Screech, 'The Visual Legacy of Dodonaeus in Botanical and Human Categorisation', in Vande Walle and Kasaya, eds., *Dodonaeus in Japan*, 221–3, T. Yoshida, '"Dutch Studies" and Natural Sciences', in Blussé, Remmlink, and Smits, eds., *Bridging the Divide*, Kenkichiro Koizumi, 'The Emergence of Japan's First Physicists: 1868–1900', *History and Philosophy of the Physical Sciences* 6 (1975): 7–13, James Bartholomew, *The Formation of Science in Japan: Building a Research Tradition* (New Haven: Yale University Press, 1989), 10–15, Marcon, *The Knowledge of Nature*, 128–30, Hiroshi, 'The Herbal of Dodonaeus', 100–1, and Tôru Haga, 'Dodonaeus and Tokugawa Culture: Hiraga Gennai and Natural History in Eighteenth-Century Japan', in Vande Walle and Kasaya, eds., *Dodonaeus in Japan*, 242–51.

58 Marcon, *The Knowledge of Nature*, 135–7, and Skuncke, *Carl Peter Thunberg*, 93–9 and 101–4.

59 Skuncke, *Carl Peter Thunberg*, 120–6.

60 Skuncke, *Carl Peter Thunberg*, 122–6.

61 Skuncke, *Carl Peter Thunberg*, 105 and 128–35, and Marcon, *The Knowledge of Nature*, 135–7.

62 Skuncke, *Carl Peter Thunberg*, 130 and 206, and Richard Rudolph, 'Thunberg in Japan and His *Flora Japonica* in Japanese', *Monumenta Nipponica* 29 (1974): 168.

63 Carl Thunberg, *Flora Japonica* (Leipzig: I. G. Mülleriano, 1784), 229.

第五章

1 Justin Smith, 'The Ibis and the Crocodile: Napoleon's Egyptian Campaign and Evolutionary Theory in France, 1801–1835', *Republic of Letters* 6 (2018), Paul Nicholson, 'The Sacred Animal Necropolis at North Saqqara: The Cults and Their Catacombs', in *Divine Creatures: Animal Mummies in Ancient Egypt*, ed. Salima Ikram (Cairo: American University in Cairo Press, 2005), and Caitlin Curtis, Craig Millar, and David Lambert, 'The Sacred Ibis Debate: The First Test of Evolution',

PLOS Biology 16 (2018).

2   Jean Herold, *Bonaparte in Egypt* (London: Hamish Hamilton, 1962), 164–200, Charles Gillispie, 'Scientific Aspects of the French Egyptian Expedition 1798–1801', *Proceedings of the American Philosophical Society* 133 (1989), Nina Burleigh, *Mirage: Napoleon's Scientists and the Unveiling of Egypt* (New York: Harper, 2007), vi–x, and Jane Murphy, 'Locating the Sciences in Eighteenth-Century Egypt', *The British Journal for the History of Science* 43 (2010).

3   Toby Appel, *The Cuvier–Geoffroy Debate: French Biology in the Decades before Darwin* (Oxford: Oxford University Press, 1987), 1–10 and 69–97, Burleigh, *Mirage*, 195–207, Curtis, Millar, and Lambert, 'The Sacred Ibis Debate', Smith, 'The Ibis and the Crocodile', and Murphy, 'Locating the Sciences', 558–65.

4   Appel, *The Cuvier–Geoffroy Debate*, 72–7, and Nicholson, 'The Sacred Animal Necropolis', 44–52.

5   Curtis, Millar, and Lambert, 'The Sacred Ibis Debate', 2–5, Smith, 'The Ibis and the Crocodile', 5–9, and Martin Rudwick, *Bursting the Limits of Time: The Reconstruction of Geohistory in the Age of Revolution* (Chicago: University of Chicago Press, 2007), 394–6.

6   Curtis, Millar, and Lambert, 'The Sacred Ibis Debate', 2–5, Smith, 'The Ibis and the Crocodile', 5–9, Rudwick, *Bursting the Limits of Time*, 394–6, Appel, *The Cuvier–Geoffroy Debate*, 82, and Martin Rudwick, *Georges Cuvier, Fossil Bones, and Geological Catastrophes: New Translations and Interpretations of the Primary Texts* (Chicago: University of Chicago Press, 2008), 229.

7   Smith, 'The Ibis and the Crocodile', 4, Robert Young, *Darwin's Metaphor: Nature's Place in Victorian Culture* (Cambridge: Cambridge University Press, 1985), 40–1, Marwa Elshakry, 'Spencer's Arabic Readers', in *Global Spencerism: The Communication and Appropriation of a British Evolutionist*, ed. Bernard Lightman (Leiden: Brill, 2016), and G. Clinton Godart, 'Spencerism in Japan: Boom and Bust of a Theory', in *Global Spencerism*, ed. Lightman.

8   Janet Browne, *Charles Darwin: Voyaging* (London: Jonathan Cape, 1995), and Ana Sevilla, 'On the Origin of Species and the Galapagos Islands', in *Darwin, Darwinism and Conservation in the Galapagos Islands*, eds. Diego Quiroga and Ana Sevilla (Cham: Springer International, 2017).

9   James Secord, 'Global Darwin', in *Darwin*, eds. William Brown and Andrew Fabian (Cambridge: Cambridge University Press, 2010), Alexander Vucinich, *Darwin in Russian Thought* (Berkeley: University of California Press, 1989), 12, and G. Clinton Godart, *Darwin, Dharma, and the Divine: Evolutionary Theory and*

Religion in Modern Japan (Honolulu: University of Hawaii Press, 2017), 19–20.

10　Alex Levine and Adriana Novoa, *!Darwinistas! The Construction of Evolutionary Thought in Nineteenth Century Argentina* (Leiden: Brill, 2012), x–xii, 85, and 91–5, and Adriana Novoa and Alex Levine, *From Man to Ape: Darwinism in Argentina, 1870–1920* (Chicago: University of Chicago Press, 2010), 17.

11　Levine and Novoa, *!Darwinistas!*, 91–5, and Novoa and Levine, *From Man to Ape*, 33–7.

12　Levine and Novoa, *!Darwinistas!*, 85–95, Novoa and Levine, *From Man to Ape*, 33–7, Charles Darwin to Francisco Muniz, 26 February 1847, Darwin Correspondence Project, Letter no. 1063, accessed 14 August 2020, https://www.darwinproject.ac.uk/letter/DCP-LETT-1063.xml, Charles Darwin to Richard Owen, 12 February [1847], Darwin Correspondence Project, Letter no. 1061, accessed 14 August 2020, https://www.darwinproject.ac.uk/letter/DCP-LETT-1061.xml, and Charles Darwin to Richard Owen, [4 February 1842], Darwin Correspondence Project, Letter no. 617G, accessed 14 August 2020, https://www.darwinproject.ac.uk/letter/DCP-LETT-617G.xml.

13　Levine and Novoa, *!Darwinistas!*, 85, Novoa and Levine, *From Man to Ape*, 31, Arturo Argueta Villamar, 'Darwinism in Latin America: Reception and Introduction', in Quiroga and Sevilla, eds., *Darwin, Darwinism and Conservation*, and Thomas Glick, Miguel Ángel Puig-Samper, and Rosaura Ruiz, eds., *The Reception of Darwinism in the Iberian World: Spain, Spanish America, and Brazil* (Dordrecht: Springer Netherlands, 2001).

14　Novoa and Levine, *From Man to Ape*, 18–19, 30, and 78–81, Maria Margaret Lopes and Irina Podgorny, 'The Shaping of Latin American Museums of Natural History, 1850–1990', *Osiris* 15 (2000): 108–18, and Carolyne Larson, '"Noble and Delicate Sentiments": Museum Natural Scientists as an Emotional Community in Argentina, 1862–1920', *Historical Studies in the Natural Sciences* 47 (2017): 43–50.

15　Levine and Novoa, *!Darwinistas!*, 113–6, Novoa and Levine, *From Man to Ape*, 83–7, Larson, '"Noble and Delicate Sentiments"', 53, Marcelo Montserrat, 'The Evolutionist Mentality in Argentina: An Ideology of Progress', in Glick, Puig-Samper, and Ruiz, eds., *The Reception of Darwinism*, 6, and Francisco Moreno, *Viaje a la patagonia austral* (Buenos Aires: Sociedad de Abogados Editores), 28 and 199.

16　Levine and Novoa, *!Darwinistas!*, 113–6, Novoa and Levine, *From Man to Ape*, 83–7, Carolyne Larson, *Our Indigenous Ancestors: A Cultural History of*

Museums, Science, and Identity in Argentina, 1877–1943 (University Park: Penn State University Press, 2015), 17–20, and Frederico Freitas, 'The Journeys of Francisco Moreno', accessed 5 June 2020, https://fredericofreitas.org/2009/08/18/the-journeys-of-franciscomoreno/.

17   Levine and Novoa, *!Darwinistas!*, 113–23, and Novoa and Levine, *From Man to Ape*, 83–7 and 148–50.

18   Levine and Novoa, *!Darwinistas!*, 116, Larson, *Our Indigenous Ancestors*, 35–42, and Sadiah Qureshi, 'Looking to Our Ancestors', in *Time Travelers: Victorian Encounters with Time and History*, eds. Adelene Buckland and Sadiah Qureshi (Chicago: University of Chicago Press, 2020).

19   Larson, *Our Indigenous Ancestors*, 35–42, Novoa and Levine, *From Man to Ape*, 125, and Carlos Gigoux, '"Condemned to Disappear": Indigenous Genocide in Tierra del Fuego', *Journal of Genocide Research* (2020).

20   Levine and Novoa, *!Darwinistas!*, 113–5, and Novoa and Levine, *From Man to Ape*, 149–53.

21   Levine and Novoa, *!Darwinistas!*, 195–9, Novoa and Levine, *From Man to Ape*, 145, Montserrat, 'The Evolutionist Mentality in Argentina', 6, Larson, '"Noble and Delicate Sentiments"', 57–66, and Irina Podgorny, 'Bones and Devices in the Constitution of Paleontology in Argentina at the End of the Nineteenth Century', *Science in Context* 18 (2005).

22   Levine and Novoa, *!Darwinistas!*, 200–2.

23   Levine and Novoa, *!Darwinistas!*, 200–2.

24   Thomas Glick, 'The Reception of Darwinism in Uruguay', in Glick, Puig-Samper, and Ruiz, eds., *The Reception of Darwinism*, Pedro M. Pruna Goodgall, 'Biological Evolutionism in Cuba at the End of the Nineteenth Century', in Glick, Puig-Samper, and Ruiz, eds., *The Reception of Darwinism*, Roberto Moreno, 'Mexico', in *The Comparative Reception of Darwinism*, ed. Thomas Glick (Chicago: University of Chicago Press, 1988).

25   Levine and Novoa, *!Darwinistas!*, 138, and Podgorny, 'Bones and Devices', 261.

26   Vucinich, *Darwin in Russian Thought*, 217–8, Daniel Todes, *Darwin Without Malthus: The Struggle for Existence in Russian Evolutionary Thought* (Oxford: Oxford University Press, 1989), 143–6, Nikolai Severtzov, 'The Mammals of Turkestan', *Annals and Magazine of Natural History* 36 (1876), and Nikolai Severtzov to Charles Darwin, 26 September [1875], Darwin Correspondence Project, Letter no. 10172, accessed 14 August 2020, https://www.darwinproject.ac.uk/letter/DCP-LETT-10172.xml.

27   Todes, *Darwin Without Malthus*, 144–7.

28   Todes, *Darwin Without Malthus*, 146–51, and Severtzov, 'The Mammals of Turkestan', 41–5, 172–217, and 330–3.

29   Todes, *Darwin Without Malthus*, 148–51.

30   Vucinich, *Darwin in Russian Thought*, 12–32, and James Rogers, 'The Reception of Darwin's *Origin of Species* by Russian Scientists', *Isis* 64 (1973).

31   Alexander Vucinich, *Science in Russian Culture: A History to 1860* (London: Peter Owen, 1965), 247–384, and Alexander Vucinich, *Science in Russian Culture, 1861–1917* (Stanford: Stanford University Press, 1970), 3–86.

32   Vucinich, *Darwin in Russian Thought*, 18–19 and 84, Michael Katz, 'Dostoevsky and Natural Science', *Dostoevsky Studies* 9 (1988), George Kline, 'Darwinism and the Russian Orthodox Church', in *Continuity and Change in Russian and Soviet Thought*, ed. Ernest Simmons (Cambridge, MA: Harvard University Press, 1955), Anna Berman, 'Darwin in the Novels: Tolstoy's Evolving Literary Response', *The Russian Review* 76 (2017), and Leo Tolstoy, *Anna Karenina*, trans. Constance Garnett (New York: The Modern Library, 2000), 533.

33   Todes, *Darwin Without Malthus*, 3–29.

34   Todes, *Darwin Without Malthus*, 82–102, Vucinich, *Darwin in Russian Thought*, 278–81, Kirill Rossiianov, 'Taming the Primitive: Elie Metchnikov and His Discovery of Immune Cells', *Osiris* 23 (2008), and Ilya Mechnikov, 'Nobel Lecture: On the Present State of the Question of Immunity in Infectious Diseases', The Nobel Prize, accessed 14 August 2020, https://www.nobelprize.org/prizes/medicine/1908/mechnikov/lecture/

35   Todes, *Darwin Without Malthus*, 82–5 and 91.

36   Todes, *Darwin Without Malthus*, 82–102, and Vucinich, *Darwin in Russian Thought*, 278–81.

37   Rossiianov, 'Taming the Primitive', 223, and Vucinich, *Darwin in Russian Thought*, 281.

38   Rossiianov, 'Taming the Primitive', 214.

39   Ann Koblitz, 'Science, Women, and the Russian Intelligentsia: The Generation of the 1860s', *Isis* 79 (1988), Mary Creese, *Ladies in the Laboratory IV: Imperial Russia's Women in Science, 1800–1900: A Survey of Their Contributions to Research* (Lanham: Rowman & Littlefield, 2015), xi–xii and 76–8, and Marilyn Ogilvie and Joy Harvey, 'Sofia Pereiaslavtseva', in *The Biographical Dictionary of Women in Science: Pioneering Lives from Ancient Times to the Mid-20th Century*, eds. Marilyn Ogilvie and Joy Harvey (London: Routledge, 2000).

40 Creese, *Ladies in the Laboratory IV*, 76–8.

41 Creese, *Ladies in the Laboratory IV*, 76–8.

42 Todes, *Darwin Without Malthus*, 123–34, and Jerry Bergman, *The Darwin Effect: Its Influence on Nazism, Eugenics, Racism, Communism, Capitalism, and Sexism* (Master Books: Green Forest, 2014), 288–9.

43 Todes, *Darwin Without Malthus*, 45–7.

44 Todes, *Darwin Without Malthus*, 51–9.

45 Todes, *Darwin Without Malthus*, 51–9.

46 Vucinich, *Darwin in Russian Thought*, 87.

47 Godart, *Darwin, Dharma, and the Divine*, 2–3 and 26–30, Masao Watanabe, *The Japanese and Western Science* (Philadelphia: University of Pennsylvania Press, 1990), 41–67, Kuang-chi Hung, 'Alien Science, Indigenous Thought and Foreign Religion: Reconsidering the Reception of Darwinism in Japan', *Intellectual History Review* 19 (2009), and Ian Miller, *The Nature of the Beasts: Empire and Exhibition at the Tokyo Imperial Zoo* (Berkeley: University of California Press, 2013), 51.

48 Miller, *The Nature of the Beasts*, 51–2.

49 Miller, *The Nature of the Beasts*, 49–50, Taku Komai, 'Genetics of Japan, Past and Present', *Science* 123 (1956): 823, and James Bartholomew, *The Formation of Science in Japan: Building a Research Tradition* (New Haven: Yale University Press, 1989), 59.

50 Bartholomew, *The Formation of Science in Japan*, 49–100, and Watanabe, *The Japanese and Western Science*, 41–67.

51 Hung, 'Alien Science', 231, Godart, *Darwin, Dharma, and the Divine*, 28, Watanabe, *The Japanese and Western Science*, 39–50, Eikoh Shimao, 'Darwinism in Japan, 1877–1927', *Annals of Science* 38 (1981): 93, and Isono Naohide, 'Contributions of Edward S. Morse to Developing Young Japan', in *Foreign Employees in Nineteenth-Century Japan*, eds. Edward Beauchamp and Akira Iriye (Boulder: Westview, 1990).

52 Komai, 'Genetics of Japan', 823, Bartholomew, *The Formation of Science in Japan*, 68–70, and Frederick Churchill, *August Weismann: Development, Heredity, and Evolution* (Cambridge, MA: Harvard University Press, 2015), 354–6.

53 Churchill, *August Weismann*, 354–6 and 644–5, and Komai, 'Genetics of Japan', 823.

54 Watanabe, *The Japanese and Western Science*, 71–3.

55 Godart, *Darwin, Dharma, and the Divine*, 2–21.

56 Godart, *Darwin, Dharma, and the Divine*, 103–12, Watanabe, *The Japanese and*

Western Science, 84–95, Shimao, 'Darwinism in Japan', 95, Gregory Sullivan, 'Tricks of Transference: Oka Asajirō (1868–1944) on Laissez-Faire Capitalism', *Science in Context* 23 (2010): 370–85, and Gregory Sullivan, *Regenerating Japan: Organicism, Modernism and National Destiny in Oka Asajirō's Evolution and Human Life* (Budapest: Central European University Press, 2018), 1–3.

57 Godart, *Darwin, Dharma, and the Divine*, 103–12, Watanabe, *The Japanese and Western Science*, 84–95, and Sullivan, 'Tricks of Transference', 373–85.

58 Godart, *Darwin, Dharma, and the Divine*, 103, Watanabe, *The Japanese and Western Science*, 84–95, Sullivan, 'Tricks of Transference', 370–85, and Ernest Lee and Stefanos Kales, 'Chemical Weapons', in *War and Public Health*, eds. Barry Levy and Victor Sidel (Oxford: Oxford University Press, 2008), 128.

59 Bartholomew, *The Formation of Science in Japan*, 69–70, and Watanabe, *The Japanese and Western Science*, 95.

60 Xiaoxing Jin, 'The Evolution of Evolutionism in China, 1870–1930', *Isis* 111 (2020): 50–1.

61 Jin, 'The Evolution of Evolutionism in China', 50–2, Xiaoxing Jin, 'Translation and Transmutation: *The Origin of Species* in China', *The British Journal for the History of Science* 52 (2019): 122–3, and Yang Haiyan, 'Knowledge Across Borders: The Early Communication of Evolution in China', in *The Circulation of Knowledge between Britain, India, and China*, eds. Bernard Lightman, Gordon McOuat, and Larry Stewart (Leiden: Brill, 2013).

62 Jin, 'The Evolution of Evolutionism in China', 48–50, and James Pusey, *China and Charles Darwin* (Cambridge, MA: Harvard University Press, 1983), 16 and 58–60.

63 Jin, 'The Evolution of Evolutionism in China', 50–2, Yang Haiyan, 'Encountering Darwin and Creating Darwinism in China', in *The Cambridge Encyclopedia of Darwin and Evolutionary Thought*, ed. Michael Ruse (Cambridge: Cambridge University Press, 2013), 253, Frank Dikötter, *The Discourse of Race in Modern China* (Oxford: Oxford University Press, 2015), 140, and Ke Zunke and Li Bin, 'Spencer and Science Education in China', in Lightman, ed., *Global Spencerism*.

64 Pusey, *China and Charles Darwin*, 92–117 and 317–8.

65 Pusey, *China and Charles Darwin*, 58–9, Joseph Needham, *Science and Civilisation in China: The History of Scientific Thought* (Cambridge: Cambridge University Press, 1956), vol. 2, 74–81 and 317–8, and Joseph Needham and Donald Leslie, 'Ancient and Mediaeval Chinese Thought on Evolution', in *Theories and Philosophies of Medicine* (New Delhi: Institute of History of Medicine and Medical Research, 1973).

66 Jixing Pan, 'Charles Darwin's Chinese Sources', *Isis* 75 (1984).

67 Benjamin Elman, *A Cultural History of Modern Science in China* (Cambridge, MA: Harvard University Press, 2009), 198–220, Peter Lavelle, 'Agricultural Improvement at China's First Agricultural Experiment Stations', in *New Perspectives on the History of Life Sciences and Agriculture*, eds. Denise Phillips and Sharon Kingsland (Cham: Springer International, 2015), 323–41, and Joseph Lawson, 'The Chinese State and Agriculture in an Age of Global Empires, 1880–1949', in *Eco-Cultural Networks and the British Empire: New Views on Environmental History*, eds. James Beattie, Edward Melillo, and Emily O'Gorman (London: Bloomsbury, 2015).

68 Elman, *A Cultural History of Modern Science in China*, 198 and 220.

69 Jin, 'Translation and Transmutation', 125–40, and Yang, 'Encountering Darwin and Creating Darwinism in China', 254–5.

70 Jin, 'Translation and Transmutation', 125–40, Jin, 'The Evolution of Evolutionism in China', 52–4, and Yang, 'Encountering Darwin and Creating Darwinism in China', 254–5.

71 Jin, 'Translation and Transmutation', 125–40, Jin, 'The Evolution of Evolutionism in China', 52–4, Yang, 'Encountering Darwin and Creating Darwinism in China', 254–5, Pusey, *China and Charles Darwin*, 318, and Zhou Rong, *The Revolutionary Army: A Chinese Nationalist Tract of 1903*, trans. John Lust (Paris: Mouton, 1968), 58.

72 Yang, 'Encountering Darwin and Creating Darwinism in China', 254–5.

73 Pusey, *China and Charles Darwin*, 321–2, and Dikötter, *The Discourse of Race in Modern China*, 140.

74 Secord, 'Global Darwin', 51, and Todes, *Darwin Without Malthus*, 11.

第六章

1 Richard Staley, *Einstein's Generation: The Origins of the Relativity Revolution* (Chicago: University of Chicago Press, 2008), 169–70, Paul Greenhalgh, *Ephemeral Vistas: The Expositions Universelles, Great Exhibitions and World's Fairs, 1851–1939* (Manchester: Manchester University Press, 1988), and 'Liste de membres du Congres international de physique', in *Rapports presentes au Congres international de physique reuni a Paris en 1900*, eds. Charles-Édouard Guillaume and Lucien Poincaré (Paris: Gauthier-Villars, 1901), 4:129–69.

2 Staley, *Einstein's Generation*, 138–63, Charles-Édouard Guillaume, 'The International Physical Congress', *Nature* 62 (1900), and Richard Mandell, *Paris*

1900: The Great World's Fair (Toronto: Toronto University Press, 1967), 62–88.

3   Staley, *Einstein's Generation*, 137, and Charles-Édouard Guillaume and Lucien Poincaré, 'Avertissement', in Guillaume and Poincaré, eds., *Rapports presentes*, 1:v. (Final two quotes in this paragraph are my own translation. The first quote is from Staley.)

4   Iwan Rhys Morus, *When Physics Became King* (Chicago: University of Chicago Press, 2005), 77–81, and James Clerk Maxwell, 'A Dynamical Theory of the Electromagnetic Field', *Philosophical Transactions of the Royal Society* 155 (1865): 460 and 466.

5   Morus, *When Physics Became King*, 170–2 and 188–91, and 'Liste de membres du Congres international de physique'.

6   Peter Lebedev, 'Les forces de Maxwell-Bartoli dues a la pression de la lumiere', in Guillaume and Poincaré, eds., *Rapports presentes*, 2:133–40, and Alexander Vucinich, *Science in Russian Culture, 1861–1917* (Stanford: Stanford University Press, 1963), 2:367–8.

7   Hantaro Nagaoka, 'La magnetostriction', in Guillaume and Poincaré, eds., *Rapports presentes*, 2:536–56, Subrata Dasgupta, *Jagadis Chandra Bose and the Indian Response to Western Science* (New Delhi: Oxford University Press, 1999), 109–10, and Jagadish Chandra Bose, 'De la généralité des phénomenes moléculaires produits par l'électricité sur la matiere inorganique et sur la matiere vivante', in Guillaume and Poincaré, eds., *Rapports presentes*, 3:581–7 (translation my own).

8   Morus, *When Physics Became King*, and Daniel Headrick, *The Tentacles of Progress: Technology Transfer in the Age of Imperialism, 1850–1940* (Oxford: Oxford University Press, 1988), 97–144.

9   Aaron Ihde, *The Development of Modern Chemistry* (New York: Harper & Row, 1964 [1984]), 94, 231–58, 443–74, and 747–9, and V. N. Pitchkov, 'The Discovery of Ruthenium', *Platinum Metals Review* 40 (1996): 184.

10   Ihde, *The Development of Modern Chemistry*, 249 and 488.

11   Charles Édouard Guillaume, 'The International Physical Congress', *Nature* 62 (1900): 428.

12   Moisei Radovsky, *Alexander Popov: Inventor of the Radio*, trans. G. Yankovsky (Moscow: Foreign Languages Publishing House, 1957), 23–61.

13   Sungook Hong, *Wireless: From Marconi's Black-Box to the Audion* (Cambridge, MA: The MIT Press, 2001), 4, and Radovsky, *Alexander Popov*, 54–61.

14   Radovsky, *Alexander Popov*, 5–23.

15   Radovsky, *Alexander Popov*, 23–38, 69–73, and 79.

16 Radovsky, *Alexander Popov*, 69–73 and 79, Daniel Headrick, *The Invisible Weapon: Telecommunications and International Politics, 1851–1945* (Oxford: Oxford University Press, 1991), 123, and Robert Lochte, 'Invention and Innovation of Early Radio Technology', *Journal of Radio Studies* 7 (2000).

17 Vucinich, *Science in Russian Culture*, 2:1–78, Paul Josephson, *Physics and Politics in Revolutionary Russia* (Berkeley: University of California Press, 1991), 9–39, and Natalia Nikiforova, 'Electricity at Court: Technology in Representation of Imperial Power', in *Electric Worlds: Creations, Circulations, Tensions, Transitions*, eds. Alain Beltran, Léonard Laborie, Pierre Lanthier, and Stéphanie Le Gallic (Brussels: Peter Lang, 2016), 66–8.

18 Joseph Bradley, *Voluntary Associations in Tsarist Russia: Science, Patriotism, and Civil Society* (Cambridge, MA: Harvard University Press, 2009), 171–2, and Radovsky, *Alexander Popov*, 18.

19 Vucinich, *Science in Russian Culture*, 2:366–8.

20 Vucinich, *Science in Russian Culture*, 2:151–63, Loren Graham, *Science in Russia and the Soviet Union: A Short History* (Cambridge: Cambridge University Press, 1993), 45–53, and Michael Gordin, *A Well-Ordered Thing: Dmitrii Mendeleev and the Shadow of the Periodic Table* (New York: Basic Books, 2004).

21 Vucinich, *Science in Russian Culture*, 2:163, and Gordin, *A Well-Ordered Thing*, 8–9.

22 Michael Gordin, 'A Modernization of "Peerless Homogeneity": The Creation of Russian Smokeless Gunpowder', *Technology and Culture* 44 (2003): 682–93, and Michael Gordin, 'No Smoking Gun: D. I. Mendeleev and Pyrocollodion Gunpowder', in *Troisiemes journees scientifiques Paul Vieille* (Paris: A3P, 2000).

23 Gordin, 'The Creation of Russian Smokeless Gunpowder', 678–82.

24 Gordin, 'The Creation of Russian Smokeless Gunpowder', 680–2.

25 Gordin, 'The Creation of Russian Smokeless Gunpowder', 682–90, and Gordin, 'No Smoking Gun', 73–4.

26 Francis Michael Stackenwalt, 'Dmitrii Ivanovich Mendeleev and the Emergence of the Modern Russian Petroleum Industry, 1863–1877', *Ambix* 45 (1998), and Zack Pelta-Hella, 'Braving the Elements: Why Mendeleev Left Russian Soil for American Oil', Science History Institute, accessed 9 August 2020, https://www.sciencehistory.org/distillations/braving-the-elements-why-mendeleev-left-russiansoil-for-american-oil.

27 Mary Creese, *Ladies in the Laboratory IV: Imperial Russia's Women in Science, 1800–1900* (Lanham: Rowman & Littlefield, 2015), 54–61.

28 Creese, *Ladies in the Laboratory IV*, 52–5.

29 Creese, *Ladies in the Laboratory IV*, 55–6, and Ann Koblitz, *Science, Women and Revolution in Russia* (London: Routledge, 2014), 129.

30 Creese, *Ladies in the Laboratory IV*, 55–6, and Gisela Boeck, 'Ordering the Platinum Metals–The Contribution of Julia V. Lermontova (1846/47–1919)', in *Women in Their Element: Selected Women's Contributions to the Periodic System*, eds. Annette Lykknes and Brigitte Van Tiggelen (New Jersey: World Scientific, 2019), 112–23.

31 Creese, *Ladies in the Laboratory IV*, 57–8.

32 Gordin, *A Well-Ordered Thing*, 63–4, and 'Liste de membres du Congres international de physique', 159.

33 Josephson, *Physics and Politics*, 16–18, Alexei Kojevnikov, *Stalin's Great Science: The Times and Adventures of Soviet Physicists* (London: Imperial College Press, 2004), 1–22, and Nathan Brooks, 'Chemistry in War, Revolution, and Upheaval: Russia and the Soviet Union, 1900–1929', *Centaurus* 39 (1997): 353–8.

34 Yakup Bektas, 'The Sultan's Messenger: Cultural Constructions of Ottoman Telegraphy, 1847–1880', *Technology and Culture* 41 (2000): 671–2, Yakup Bektas, 'Displaying the American Genius: The Electromagnetic Telegraph in the Wider World', *The British Journal for the History of Science* 34 (2001): 199–214, and John Porter Brown, 'An Exhibition of Professor Morse's Magnetic Telegraph before the Sultan', *Journal of the American Oriental Society* 1 (1849): liv–lvii.

35 Bektas, 'Displaying the American Genius', 199–216, Bektas, 'The Sultan's Messenger', 672, and Brown, 'An Exhibition', lv.

36 Roderic Davison, *Essays in Ottoman and Turkish History, 1774–1923: The Impact of the West* (Austin: University of Texas Press, 2013), 133–54, and Bektas, 'The Sultan's Messenger', 669–94.

37 Ekmeleddin İhsanoğlu, *The House of Sciences: The First Modern University in the Muslim World* (Oxford: Oxford University Press, 2019), 1–5, Meltem Akbaş, 'The March of Military Physics–I: Physics and Mechanical Sciences in the Curricula of the 19th Century Ottoman Military Schools', *Studies in Ottoman Science* 13 (2012), Meltem Akbaş, 'The March of Military Physics–II: Teachers and Textbooks of Physics and Mechanical Sciences of the 19th Century Ottoman Military Schools', *Studies in Ottoman Science* 14 (2012), and Mustafa Kaçar, 'The Development in the Attitude of the Ottoman State towards Science and Education and the Establishment of the Engineering Schools (Mühendishanes)', in *Science, Technology and Industry in the Ottoman World*, eds. Ekmeleddin İhsanoğlu, Ahmed

Djebbar, and Feza Günergun (Turnhout: Brepols Publishers, 2000).

38   Feza Günergun, 'Chemical Laboratories in Nineteenth-Century Istanbul: A Case-Study on the Laboratory of the Hamidiye Etfal Children's Hospital', *Spaces and Collections in the History of Science*, eds. Marta Lourenço and Ana Carneiro (Lisbon: Museum of Science of the University of Lisbon, 2009), 91, Ekmeleddin İhsanoğlu, 'Ottoman Educational and Scholarly Scientific Institutions', in *History of the Ottoman State, Society, and Civilization*, ed. Ekmeleddin İhsanoğlu (Istanbul: Research Center for Islamic History, Art and Culture, 2001), 2:484–5, and İhsanoğlu, *The House of Sciences*, 1–5.

39   İhsanoğlu, *The House of Sciences*, xii, 2, and 77.

40   Akbaş, 'The March of Military Physics–II', 91–2, Feza Günergun, 'Derviş Mehmed Emin pacha (1817–1879), serviteur de la science et de l'État ottoman', in *Medecins et ingenieurs ottomans a l'age des nationalismes*, ed. Méropi Anastassiadou-Dumont (Paris: L'Institut français d'études anatoliennes, 2003), 174–6 (translation from the French my own), and George Vlahakis, Isabel Maria Malaquias, Nathan Brooks, François Regourd, Feza Günergun, and David Wright, *Imperialism and Science: Social Impact and Interaction* (Santa Barbara: ABC-CLIO, 2006), 103–4.

41   Vlahakis et al., *Imperialism and Science*, 104–5, M. Alper Yalçinkaya, *Learned Patriots: Debating Science, State, and Society in the Nineteenth-Century Ottoman Empire* (Chicago: University of Chicago Press, 2015), 65, and Emre Dölen, 'Ottoman Scientific Literature during the 18th and 19th Centuries', 168–71.

42   Günergun, 'Derviş Mehmed Emin', İhsanoğlu, *The House of Sciences*, 23–6, Alper Yalçinkaya, *Learned Patriots*, 73–5, and Murat Şiviloğlu, *The Emergence of Public Opinion: State and Society in the Late Ottoman Empire* (Cambridge: Cambridge University Press, 2018), 148–9.

43   İhsanoğlu, *The House of Sciences*, 28, Alper Yalçinkaya, *Learned Patriots*, 76, and Marwa Elshakry, 'When Science Became Western: Historiographical Reflections', *Isis* 101 (2010).

44   Daniel Stolz, *The Lighthouse and the Observatory: Islam, Science, and Empire in Late Ottoman Egypt* (Cambridge: Cambridge University Press, 2018), 207–42, Vanessa Ogle, *The Global Transformation of Time, 1870–1950* (Cambridge, MA: Harvard University Press, 2015), 149–76, and James Gelvin and Nile Green, eds., *Global Muslims in the Age of Steam and Print* (Berkeley: University of California Press, 2014).

45   Ferhat Ozcep, 'Physical Earth and Its Sciences in Istanbul: A Journey from Pre-Modern (Islamic) to Modern Times', *History of Geo-and Space Sciences* 11 (2020):

189.

46   Amit Bein, 'The Istanbul Earthquake of 1894 and Science in the Late Ottoman Empire', *Middle Eastern Studies* 44 (2008): 916, and Ozcep, 'Physical Earth', 186.

47   Bein, 'The Istanbul Earthquake of 1894', and Ozcep, 'Physical Earth'.

48   Ozcep, 'Physical Earth', 189–93.

49   Bein, 'The Istanbul Earthquake of 1894', 920, Ozcep, 'Physical Earth', 186, and Demetrios Eginitis, 'Le tremblement de terre de Constantinople du 10 juillet 1894', *Annales de geographie* 15 (1895): 165 (translation my own).

50   İhsanoğlu, *The House of Sciences*, 86–93 and 218–22, and Lâle Aka Burk, 'Fritz Arndt and His Chemistry Books in the Turkish Language', *Bulletin of the History of Chemistry* 28 (2003).

51   Jagadish Chandra Bose, 'Electro-Magnetic Radiation and the Polarisation of the Electric Ray', in *Collected Physical Pages of Sir Jagadis Chunder Bose* (London: Longmans, Green and Co., 1927), and Dasgupta, *Jagadis Chandra Bose*, 1–3.

52   Bose, 'Electro-Magnetic Radiation', 77–101.

53   Bose, 'Electro-Magnetic Radiation', 100–1.

54   Dasgupta, *Jagadis Chandra Bose*, 16–28, John Lourdusamy, *Science and National Consciousness in Bengal: 1870–1930* (New Delhi: Orient Blackswan, 2004), 100–1, and Deepak Kumar, 'Science in Higher Education: A Study in Victorian India', *Indian Journal of History of Science* 19 (1984): 253–5.

55   Lourdusamy, *Science and National Consciousness*, 56–95, and Pratik Chakrabarti, *Western Science in Modern India: Metropolitan Methods, Colonial Practices* (New Delhi: Orient Blackswan, 2004), 157.

56   Lourdusamy, *Science and National Consciousness*, 101, and Dasgupta, *Jagadis Chandra Bose*, 32–4.

57   Lourdusamy, *Science and National Consciousness*, 101, and Dasgupta, *Jagadis Chandra Bose*, 43.

58   Dasgupta, *Jagadis Chandra Bose*, 51–5 and 72–3, and Jagadish Chandra Bose, 'On the Rotation of Plane of Polarisation of Electric Waves by a Twisted Structure', *Proceedings of the Royal Society of London* 63 (1898): 150–2.

59   Dasgupta, *Jagadis Chandra Bose*, 48–9 and 82, Viśvapriya Mukherji, 'Some Historical Aspects of Jagadis Chandra Bose's Microwave Research during 1895–1900', *Indian Journal of History of Science* 14 (1979): 97, and Jagadish Chandra Bose, 'On a Self-Recovering Coherer and the Study of the Cohering Action of Different Metals', *Proceedings of the Royal Society of London* 65 (1900).

60   Dasgupta, *Jagadis Chandra Bose*, 56.

61 Dasgupta, *Jagadis Chandra Bose*, 109, and Lourdusamy, *Science and National Consciousness*, 115.

62 David Arnold, *Science, Technology and Medicine in Colonial India* (Cambridge: Cambridge University Press, 2000), 129–34 and 191, Deepak Kumar, *Science and the Raj, 1857–1905* (New Delhi: Oxford University Press, 1995), 74–179, and Aparajito Basu, 'Chemical Research in India (1876–1918)', *Annals of Science* 52 (1995): 592.

63 Suvobrata Sarkar, *Let There be Light: Engineering, Entrepreneurship, and Electricity in Colonial Bengal, 1880–1945* (Cambridge: Cambridge University Press, 2020), 119, and Aparajita Basu, 'The Conflict and Change-Over in Indian Chemistry', *Indian Journal of History of Science* 39 (2004): 337–46.

64 Arnold, *Science, Technology and Medicine*, 138–40 and 166, and Kumar, 'Science in Higher Education', 253–5.

65 Chakrabarti, *Western Science*, 157–62, and Lourdusamy, *Science and National Consciousness*, 56–95.

66 Lourdusamy, *Science and National Consciousness*, 144–5, David Arnold, *Toxic Histories: Poison and Pollution in Modern India* (Cambridge: Cambridge University Press, 2016), 114, Priyadaranjan Ray, 'Prafulla Chandra Ray: 1861–1944', *Biographical Memoirs of Fellows of the Indian National Science Academy* 1 (1944), and Prafulla Chandra Ray, *Life and Experiences of a Bengali Chemist* (London: Kegan Paul, French, Trübner, 1923), 1–47.

67 Lourdusamy, *Science and National Consciousness*, 144–5, and Ray, *Life and Experiences*, 50–76.

68 Ray, *Life and Experiences*, 112–3, and Madhumita Mazumdar, 'The Making of an Indian School of Chemistry, Calcutta, 1889–1924', in *Science and Modern India: An Institutional History, c.1784–1947*, ed. Uma Das Gupta (New Delhi: Pearson Longman, 2011), 806–12.

69 Ray, *Life and Experiences*, 113–5, Mazumdar, 'The Making of an Indian School of Chemistry', 807, and Dhruv Raina, *Images and Contexts: The Historiography of Science and Modernity in India* (New Delhi: Oxford University Press, 2010), 75.

70 Mazumdar, 'The Making of an Indian School of Chemistry', 807, Ray, *Life and Experiences*, 113–4, Arnab Rai Choudhuri and Rajinder Singh, 'The FRS Nomination of Sir Prafulla C. Ray and the Correspondence of N. R. Dhar', *Notes and Records* 721 (2018): 58–61, and Prafulla Chandra Ray, 'On Mercurous Nitrite', *Journal of the Asiatic Society of Bengal* 65 (1896): 2–9.

71 Lourdusamy, *Science and National Consciousness*, 143–52 and 170–2, Ray, *Life*

and *Experiences*, 92–111, and Pratik Chakrabarti, 'Science and Swadeshi: The Establishment and Growth of the Bengal Chemical and Pharmaceutical Works, 1893–1947', in Gupta, ed., *Science and Modern India*, 117–8.

72 Lourdusamy, *Science and National Consciousness*, 154.

73 Ray, *Life and Experiences*, 104–14, Lourdusamy, *Science and National Consciousness*, 154, Raina, *Images and Contexts*, 61–72, Projit Bihari Mukharji, 'Parachemistries: Colonial Chemopolitics in a Zone of Contest', *History of Science* 54 (2016): 362–5, Prafulla Chandra Ray, 'Antiquity of Hindu Chemistry', in *Essays and Discourses*, ed. Prafulla Chandra Ray (Madras: G. A. Natesan & Co., 1918), 102, Prafulla Chandra Ray, 'The Bengali Brain and Its Misuse', in Ray, ed., *Essays and Discourses*, 207, and Prafulla Chandra Ray, *A History of Hindu Chemistry* (Calcutta: Bengal Chemical and Pharmaceutical Works, 1902–4), 2 vols.

74 Mukharji, 'Parachemistries', 362–5, Raina, *Images and Contexts*, 61–72, Ray, *Life and Experiences*, 115–8, and Prafulla Chandra Ray, *The Rasārna.vam, or The Ocean of Mercury and Other Metals and Minerals* (Calcutta: Satya Press, 1910), 1–2.

75 Basu, 'Conflict and Change-Over', 337–44, and Arnold, *Science, Technology and Medicine*, 191.

76 Arnold, *Science, Technology and Medicine*, 165, and Mazumdar, 'The Making of an Indian School of Chemistry', 23.

77 Greg Clancey, *Earthquake Nation: The Cultural Politics of Japanese Seismicity, 1868–1930* (Berkeley: University of California Press, 2006), 128–50.

78 Haruyo Yoshida, 'Aikitu Tanakadate and the Controversy over Vertical Electrical Currents in Geomagnetic Research', *Earth Sciences History* 20 (2001): 156–60.

79 Kenkichiro Koizumi, 'The Emergence of Japan's First Physicists: 1868–1900', *Historical Studies in the Physical Sciences* 6 (1975): 72–81.

80 Koizumi, 'The Emergence of Japan's First Physicists', 72–81, James Bartholomew, *The Formation of Science in Japan: Building a Research Tradition* (New Haven: Yale University Press, 1989), 62–75, and Aikitsu Tanakadate, 'Mean Intensity of Magnetization of Soft Iron Bars of Various Lengths in a Uniform Magnetic Field', *The Philosophical Magazine* 26 (1888).

81 Yoshida, 'Aikitu Tanakadate', 159–72.

82 John Cawood, 'The Magnetic Crusade: Science and Politics in Early Victorian Britain', *Isis* 70 (1979), Yoshida, 'Aikitu Tanakadate', 159–72, and Cargill Knott and Aikitsu Tanakadate, 'A Magnetic Survey of All Japan', *The Journal of the College of Science, Imperial University, Japan* 2 (1889): 168 and 216.

83　Yoshida, 'Aikitu Tanakadate', 159–72, and Aikitsu Tanakadate and Hantaro Nagaoka, 'The Disturbance of Isomagnetics Attending the Mino-Owari Earthquake of 1891', *The Journal of the College of Science, Imperial University, Japan* 5 (1893): 150 and 175.

84　Koizumi, 'The Emergence of Japan's First Physicists', 4–16, Bartholomew, *The Formation of Science in Japan*, 49–50, and William Brock, 'The Japanese Connexion: Engineering in Tokyo, London, and Glasgow at the End of the Nineteenth Century', *The British Journal for the History of Science* 14 (1981): 229.

85　Bartholomew, *The Formation of Science in Japan*, 52, Koizumi, 'The Emergence of Japan's First Physicists', 77, and Yoshiyuki Kikuchi, *Anglo-American Connections in Japanese Chemistry: The Lab as Contact Zone* (Basingstoke: Palgrave Macmillan, 2013), 97–8.

86　Kikuchi, *Anglo-American Connections*, 45–6 and 90, and Togo Tsukahara, *Affinity and Shinwa Ryoku: Introduction of Western Chemical Concepts in Early Nineteenth-Century Japan* (Amsterdam: J. C. Gieben, 1993), 1–3 and 149–50.

87　Tetsumori Yamashima, 'Jokichi Takamine (1854–1922), the Samurai Chemist, and His Work on Adrenalin', *Journal of Medical Biography* 11 (2003), and William Shurtleff and Akiko Aoyagi, *Jokichi Takamine (1854–1922) and Caroline Hitch Takamine (1866–1954): Biography and Bibliography* (Lafayette: Soyinfo Center, 2012), 5–14.

88　Yamashima, 'Jokichi Takamine (1854–1922)', and Shurtleff and Aoyagi, *Jokichi Takamine*, 224.

89　Bartholomew, *The Formation of Science in Japan*, 63, and Koizumi, 'The Emergence of Japan's First Physicists', 82–4.

90　Koizumi, 'The Emergence of Japan's First Physicists', 84–7.

91　Koizumi, 'The Emergence of Japan's First Physicists', 90–2, Eri Yagi, 'On Nagaoka's Saturnian Atom (1903)', *Japanese Studies in the History of Science* 3 (1964), and Hantaro Nagaoka, 'Motion of Particles in an Ideal Atom Illustrating the Line and Band Spectra and the Phenomena of Radioactivity', *Journal of the Tokyo Mathematico-Physical Society* 2 (1904).

92　'Liste de membres du Congres international de physique', 156, Koizumi, 'The Emergence of Japan's First Physicists', 89, and Tanakadate and Nagaoka, 'The Disturbance of Isomagnetics'.

93　Eri Yagi, 'The Development of Nagaoka's Saturnian Atomic Model, I–Dispersion of Light', *Japanese Studies in the History of Science* 6 (1967): 25, and Eri Yagi, 'The Development of Nagaoka's Saturnian Atomic Model, II–Nagaoka's Theory of the

Structure of Matter', *Japanese Studies in the History of Science* 11 (1972): 76–8.

94　Yagi, 'On Nagaoka's Saturnian Atom', 29–47, Lawrence Badash, 'Nagaoka to Rutherford, 22 February 1911', *Physics Today* 20 (1967), and Ernest Rutherford, 'The Scattering of α and β Particles by Matter and the Structure of the Atom', *Philosophical Magazine* 21 (1911): 688.

95　Koizumi, 'The Emergence of Japan's First Physicists', 65.

96　Bartholomew, *The Formation of Science in Japan*, 199–201.

97　Koizumi, 'The Emergence of Japan's First Physicists', 96.

98　'In Memory of Pyotr Nikolaevich Lebedev', *Physics-Uspekhi* 55 (2012).

99　Morus, *When Physics Became King*, 167.

100　Koizumi, 'The Emergence of Japan's First Physicists', 18.

第七章

1　Josef Eisinger, *Einstein on the Road* (Amherst: Prometheus Books, 2011), 32–4, Danian Hu, *China and Albert Einstein: The Reception of the Physicist and His Theory in China, 1917–1979* (Cambridge, MA: Harvard University Press, 2009), 66–74, Albert Einstein, *The Travel Diaries of Albert Einstein: The Far East, Palestine, and Spain, 1922–1923*, ed. Ze'ev Rosenkranz (Princeton: Princeton University Press, 2018), 135, and Alice Calaprice, ed., *The Ultimate Quotable Einstein* (Princeton: Princeton University Press, 2011), 419.

2　Eisinger, *Einstein on the Road*, 34–51, and Einstein, *Travel Diaries*, 143.

3　Eisinger, *Einstein on the Road*, 36–46, and Seiya Abiko, 'Einstein's Kyoto Address: "How I Created the Theory of Relativity"', *Historical Studies in the Physical and Biological Sciences* 31 (2000): 1–6.

4　Eisinger, *Einstein on the Road*, 58–63, David Rowe and Robert Schulmann, eds., *Einstein on Politics: His Private Thoughts and Public Stands on Nationalism, Zionism, War, Peace, and the Bomb* (Princeton: Princeton University Press, 2007), 95–105 and 125–6, and Richard Crockatt, *Einstein and Twentieth-Century Politics* (Oxford: Oxford University Press, 2016), 77–106.

5　Eisinger, *Einstein on the Road*, 58–63, Calaprice, ed., *Quotable Einstein*, 194 and 202, and Rowe and Schulmann, *Einstein on Politics*, 156–9.

6　Calaprice, ed., *Quotable Einstein*, 165.

7　Calaprice, ed., *Quotable Einstein*, 292, Crockatt, *Einstein and Twentieth-Century Politics*, 29, Rowe and Schulmann, *Einstein on Politics*, 189–97, and Kenkichiro Koizumi, 'The Emergence of Japan's First Physicists: 1868–1900', *Historical Studies in the Physical Sciences* 6 (1975): 80.

8   Ashish Lahiri, 'The Creative Mind: A Mirror or a Component of Reality?', in *Tagore, Einstein and the Nature of Reality: Literary and Philosophical Reflections*, ed. Partha Ghose (London: Routledge, 2019), 215–7.

9   Abraham Pais, 'Paul Dirac: Aspects of His Life and Work', in *Paul Dirac: The Man and His Work*, ed. Peter Goddard (Cambridge: Cambridge University Press, 1998), 14–16, Kenji Ito, 'Making Sense of Ryôshiron (Quantum Theory): Introduction of Quantum Physics into Japan, 1920–1940' (PhD diss., Harvard University, 2002), 260–1, and Yan Kangnian, 'Niels Bohr in China', in *Chinese Studies in the History and Philosophy of Science and Technology*, eds. Fan Dainian and Robert Cohen (Dordrecht: Springer Netherlands, 1996), 433–7.

10 Alexei Kojevnikov, *Stalin's Great Science: The Times and Adventures of Soviet Physicists* (London: Imperial College Press, 2004), 103–6, and Istvan Hargittai, *Buried Glory: Portraits of Soviet Scientists* (Oxford: Oxford University Press, 2013), 98–102.

11 Kojevnikov, *Stalin's Great Science*, 107–8, and Hargittai, *Buried Glory*, 103.

12 Hargittai, *Buried Glory*, 104–5, and Jack Boag, David Shoenberg, and P. Rubinin, eds., *Kapitza in Cambridge and Moscow: Life and Letters of a Russian Physicist* (Amsterdam: North-Holland, 1990), 235.

13 Kojevnikov, *Stalin's Great Science*, 107–9, and Hargittai, *Buried Glory*, 104–5.

14 Kojevnikov, *Stalin's Great Science*, 116–7, Peter Kapitza, 'Viscosity of Liquid Helium below the λ-Point', *Nature* 74 (1938): 74, and Sébastien Balibar, 'Superfluidity: How Quantum Mechanics Became Visible', in *History of Artificial Cold, Scientific, Technological and Cultural Issues*, ed. Kostas Gavroglu (Dordrecht: Springer, 2014).

15 Kojevnikov, *Stalin's Great Science*, 1–28, Valerii Ragulsky, 'About People with the Same Life Attitude: 100th Anniversary of Lebedev's Lecture on the Pressure of Light', *Physics-Uspekhi* 54 (2011): 294, Paul Josephson, *Physics and Politics in Revolutionary Russia* (Berkeley: University of California Press, 1991), 1–6 and 62, Loren Graham, *Science in Russia and the Soviet Union: A Short History* (Cambridge: Cambridge University Press, 1993), 79–98, and R. W. Davies, 'Soviet Military Expenditure and the Armaments Industry, 1929–33: A Reconsideration', *Europe–Asia Studies* 45 (1993): 578.

16 Kojevnikov, *Stalin's Great Science*, 41, and Josephson, *Physics and Politics*, 1–6, 106, and 134–5.

17 Josephson, *Physics and Politics*, 6 and 23, Loren Graham, *Science, Philosophy, and Human Behavior in the Soviet Union* (New York: Columbia University Press,

1987), 322–3, and Clemens Dutt, ed., *V. I. Lenin: Collected Works*, trans. Abraham Fineberg (Moscow: Progress Publishers, 1962), 14:252–7 and 33:227–36.

18   Alexander Vucinich, *Einstein and Soviet Ideology* (Stanford: Stanford University Press, 2001), 1–5, 13, and 58–68, V. P. Vizgin and G. E. Gorelik, 'The Reception of the Theory of Relativity in Russia and the USSR', in *The Comparative Reception of Relativity*, ed. Thomas Glick (Dordrecht: Springer, 1987), and Ethan Pollock, *Stalin and the Soviet Science Wars* (Princeton: Princeton University Press, 2009), 78–9.

19   Kojevnikov, *Stalin's Great Science*, 49–53, and Josephson, *Physics and Politics*, 114–6.

20   Kojevnikov, *Stalin's Great Science*, 53–6, and Victor Frenkel, *Yakov Illich Frenkel*, trans. Alexander Silbergleit (Basel: Springer Basel, 1996), 28–9.

21   Kojevnikov, *Stalin's Great Science*, 48–55.

22   Kojevnikov, *Stalin's Great Science*, 48–55, and Yakov Frenkel, 'Beitrag zur Theorie der Metalle', *Zeitschrift für Physik* 29 (1924).

23   Josephson, *Physics and Politics*, 221, and M. Shpak, 'Antonina Fedorovna Prikhot'ko (On Her Sixtieth Birthday)', *Soviet Physics Uspekhi* 9 (1967): 785–6.

24   Shpak, 'Antonina Fedorovna Prikhot'ko', 785–6.

25   Kojevnikov, *Stalin's Great Science*, 74–6, Hargittai, *Buried Glory*, 119–20, Josephson, *Physics and Politics*, 224, and Karl Hall, 'The Schooling of Lev Landau: The European Context of Postrevolutionary Soviet Theoretical Physics', *Osiris* 23 (2008).

26   Kojevnikov, *Stalin's Great Science*, 85–92, Hargittai, *Buried Glory*, 121, and Nikolai Krementsov and Susan Gross Solomon, 'Giving and Taking across Borders: The Rockefeller Foundation and Russia, 1919–1928', *Minerva* 39 (2001).

27   Kojevnikov, *Stalin's Great Science*, 117, and L. Reinders, *The Life, Science and Times of Lev Vasilevich Shubnikov: A Pioneer of Soviet Cryogenics* (Cham: Springer, 2018), 23–32.

28   Reinders, *Lev Vasilevich Shubnikov*, 171–92.

29   Kojevnikov, *Stalin's Great Science*, 85–8, Hargittai, *Buried Glory*, 109–10 and 125, and Josephson, *Physics and Politics*, 312.

30   Hargittai, *Buried Glory*, 128.

31   Hargittai, *Buried Glory*, 112 and 122.

32   Hu, *China and Albert Einstein*, 58–9, Gao Pingshu, 'Cai Yuanpei's Contributions to China's Science', in Dainian and Cohen, eds., *Chinese Studies*, 399, and Dai Nianzu, 'The Development of Modern Physics in China: The 50th Anniversary of

the Founding of the Chinese Physical Society', in Dainian and Cohen, eds., *Chinese Studies*, 208.

33   Hu, *China and Albert Einstein*, 89–92.

34   Hu, *China and Albert Einstein*, 92–7.

35   Hu, *China and Albert Einstein*, 58–61 and 133.

36   Hu, *China and Albert Einstein*, 66–9, and Gao, 'Cai Yuanpei's Contributions', 397–404.

37   Hu, *China and Albert Einstein*, 127, and Dai, 'Development of Modern Physics', 209–10.

38   Danian Hu, 'American Influence on Chinese Physics Study in the Early Twentieth Century', *Physics in Perspective* 17 (2016): 277.

39   Hu, *China and Albert Einstein*, 44–6.

40   Hu, *China and Albert Einstein*, 116–7, and Mary Bullock, 'American Science and Chinese Nationalism: Reflections on the Career of Zhou Peiyuan', in *Remapping China: Fissures in Historical Terrain*, eds. Gail Hershatter, Emily Honig, Jonathan Lipman, and Randall Stross (Stanford: Stanford University Press, 1996), 214–5.

41   Hu, *China and Albert Einstein*, 116–7, and Bullock, 'American Science and Chinese Nationalism', 214–6.

42   Hu, *China and Albert Einstein*, 116–9, and P'ei-yuan Chou, 'The Gravitational Field of a Body with Rotational Symmetry in Einstein's Theory of Gravitation', *American Journal of Mathematics* 53 (1931).

43   Hu, *China and Albert Einstein*, 119–20, and Bullock, 'American Science and Chinese Nationalism', 217.

44   Hu, *China and Albert Einstein*, 119–20, and Dai, 'Development of Modern Physics', 210–13.

45   Zhang Wei, 'Millikan and China', in Dainian and Cohen, eds., *Chinese Studies*.

46   Dai, 'Development of Modern Physics', 210, Zuoyue Wang, 'Zhao Zhongyao', in *New Dictionary of Scientific Biography*, ed. Noretta Koertge (Detroit: Charles Scribner's Sons, 2008), 8:397–402, and William Duane, H. H. Palmer, and Chi-Sun Yeh, 'A Remeasurement of the Radiation Constant, h, by Means of X-Rays', *Proceedings of the National Academy of Sciences of the United States of America* 7 (1921).

47   Zhang, 'Millikan and China', 441–2, Dai, 'Development of Modern Physics', 210, Zuoyue, 'Zhao Zhongyao', 397–402, and C. Y. Chao, 'The Absorption Coefficient of Hard γ -Rays', *Proceedings of the National Academy of Sciences of the United States of America* 16 (1930).

48 Jagdish Mehra and Helmut Rechenberg, *The Historical Development of Quantum Theory* (New York: Springer, 1982), 6:804, and Cong Cao, 'Chinese Science and the "Nobel Prize Complex"', *Minerva* 42 (2004): 154.

49 Gao, 'Cai Yuanpei's Contributions', 398.

50 Ito, 'Making Sense of Ryôshiron', 20–1, 91–2, and 165–6.

51 Ito, 'Making Sense of Ryôshiron', 56–7 and 87–8, Tsutomu Kaneko, 'Einstein's Impact on Japanese Intellectuals', in Glick, ed., *The Comparative Reception of Relativity*, 354, Morris Low, *Science and the Building of a New Japan* (Basingstoke: Palgrave Macmillan, 2005), 1–16, and Dong-Won Kim, 'The Emergence of Theoretical Physics in Japan: Japanese Physics Community between the Two World Wars', *Annals of Science* 52 (1995).

52 Ito, 'Making Sense of Ryôshiron', 171, Kaneko, 'Einstein's Impact on Japanese Intellectuals', 354, Low, *Science and the Building of a New Japan*, 9, and Kim, 'Emergence of Theoretical Physics', 386.

53 Low, *Science and the Building of a New Japan*, 10, Kim, 'Emergence of Theoretical Physics', 386–7, and L. M. Brown et al., 'Cosmic Ray Research in Japan before World War II', *Progress of Theoretical Physics Supplement* 105 (1991): 25.

54 Ito, 'Making Sense of Ryôshiron', 173–206, Low, *Science and the Building of a New Japan*, 18–20, and Dong-Won Kim, *Yoshio Nishina: Father of Modern Physics in Japan* (London: Taylor and Francis, 2007), 1–15.

55 Kim, *Yoshio Nishina*, 15–46, Ito, 'Making Sense of Ryôshiron', 206–8, and Low, *Science and the Building of a New Japan*, 20.

56 Kim, *Yoshio Nishina*, 15–46, Low, *Science and the Building of a New Japan*, 20–2, and *A Century of Discovery: The History of RIKEN* (Wako: Riken, 2019), 22.

57 Ito, 'Making Sense of Ryôshiron', 208–9 and 239–45, Kim, *Yoshio Nishina*, 26–39, and Low, *Science and the Building of a New Japan*, 20–2.

58 Kim, *Yoshio Nishina*, 26–39, and Yuji Yazaki, 'How the Klein–Nishina Formula was Derived: Based on the Sangokan Nishina Source Materials', *Proceedings of the Japan Academy. Series B, Physical and Biological Sciences* 93 (2017).

59 Ito, 'Making Sense of Ryôshiron', 110–16 and 260, Low, *Science and the Building of a New Japan*, 22, and Kim, *Yoshio Nishina*, 55.

60 Ito, 'Making Sense of Ryôshiron', 261, Low, *Science and the Building of a New Japan*, 22, and Kim, *Yoshio Nishina*, 64.

61 Ito, 'Making Sense of Ryôshiron', 1, Low, *Science and the Building of a New Japan*, 106–7, Nicholas Kemmer, 'Hideki Yukawa, 23 January 1907–8 September 1981', *Biographical Memoirs of Fellows of the Royal Society* 29 (1983), L. M.

Brown et al., 'Yukawa's Prediction of the Mesons', *Progress of Theoretical Physics Supplement* 105 (1991): 10, and Hideki Yukawa, *Tabibito (The Traveler)*, trans. L. Brown and R. Yoshida (Singapore: World Scientific, 1982), 10–11 and 36–7.

62   Ito, 'Making Sense of Ryôshiron', 280, Kim, 'Emergence of Theoretical Physics', 395, Low, *Science and the Building of a New Japan*, 106–7 and 119–21, Yukawa, *Tabibito*, 12, and Hideki Yukawa, *Creativity and Intuition: A Physicist Looks at East and West*, trans. John Bester (Tokyo: Kodansha International, 1973), 31–5.

63   Kim, 'Emergence of Theoretical Physics', 395–9, Low, *Science and the Building of a New Japan*, 106–7, and Yukawa, *Tabibito*, 170.

64   Ito, 'Making Sense of Ryôshiron', 280–1, Kim, 'Emergence of Theoretical Physics', 395, Low, *Science and the Building of a New Japan*, 108, Brown et al., 'Yukawa's Prediction of the Mesons', 14, and L. M. Brown et al., 'Particle Physics in Japan in the 1940s Including Meson Physics in Japan after the First Meson Paper', *Progress of Theoretical Physics Supplement* 105 (1991): 35–40.

65   Low, *Science and the Building of a New Japan*, 120, Yukawa, *Tabibito*, 24, Brown et al., 'Particle Physics in Japan', 35, and Hideki Yukawa, 'On the Interaction of Elementary Particles', *Proceedings of the Physico-Mathematical Society of Japan* 17 (1935).

66   Brown et al., 'Cosmic Ray Research in Japan', 31, Kim, 'Emergence of Theoretical Physics', 387, and Low, *Science and the Building of a New Japan*, 77–9.

67   Robert Anderson, *Nucleus and Nation: Scientists, International Networks, and Power in India* (Chicago: University of Chicago Press, 2010), 24–6, Pramod Naik, *Meghnad Saha: His Life in Science and Politics* (Cham: Springer, 2017), 32–3, and D. S. Kothari, 'Meghnad Saha, 1893–1956', *Biographical Memoirs of Fellows of the Royal Society* 5 (1960): 217–8.

68   Anderson, *Nucleus and Nation*, 24–6, Naik, *Meghnad Saha*, 32–3, and Kothari, 'Meghnad Saha', 217–9.

69   Anderson, *Nucleus and Nation*, 26–31, Naik, *Meghnad Saha*, 33–47, and Kothari, 'Meghnad Saha', 218–9.

70   Anderson, *Nucleus and Nation*, 26–31, Naik, *Meghnad Saha*, 33–47, and Kothari, 'Meghnad Saha', 218–9.

71   Anderson, *Nucleus and Nation*, 1–15 and 57, David Arnold, 'Nehruvian Science and Postcolonial India', *Isis* 104 (2013): 262–5, David Arnold, *Science, Technology and Medicine in Colonial India* (Cambridge: Cambridge University Press, 2000), 169–210, G. Venkataraman, *Journey into Light: Life and Science of C. V. Raman* (Bangalore: Indian Academy of Sciences, 1988), 457, and Benjamin Zachariah,

Developing India: An Intellectual and Social History, c. 1930–50 (New Delhi: Oxford University Press, 2005), 236–8.

72 Anderson, *Nucleus and Nation*, 23–35, Naik, *Meghnad Saha*, 48–65, Kothari, 'Meghnad Saha', 223–4, and Purabi Mukherji and Atri Mukhopadhyay, *History of the Calcutta School of Physical Sciences* (Singapore: Springer, 2018), 14–15.

73 Kothari, 'Meghnad Saha', 220–1, and Meghnad Saha, 'Ionization in the Solar Chromosphere', *Philosophical Magazine* 40 (1920).

74 Naik, *Meghnad Saha*, 94–123, Kothari, 'Meghnad Saha', 229, and Abha Sur, 'Scientism and Social Justice: Meghnad Saha's Critique of the State of Science in India', *Historical Studies in the Physical and Biological Sciences* 33 (2002).

75 Mukherji and Mukhopadhyay, *History of the Calcutta School*, 111–5, and Jagdish Mehra, 'Satyendra Nath Bose, 1 January 1894–4 February 1974', *Biographical Memoirs of Fellows of the Royal Society* 21 (1975): 118–20.

76 Anderson, *Nucleus and Nation*, 26–7, and Mehra, 'Satyendra Nath Bose', 118–20.

77 Anderson, *Nucleus and Nation*, 28, Mehra, 'Satyendra Nath Bose', 122, and Meghnad Saha and Satyendra Nath Bose, *The Principle of Relativity* (Calcutta: University of Calcutta, 1920).

78 Anderson, *Nucleus and Nation*, 41, Mehra, 'Satyendra Nath Bose', 123–9, and Rajinder Singh, *Einstein Rediscovered: Interactions with Indian Academics* (Düren: Shaker Verlag, 2019), 23.

79 Mehra, 'Satyendra Nath Bose', 123–9.

80 Mehra, 'Satyendra Nath Bose', 130–42, Singh, *Einstein Rediscovered*, 23, Wali Kameshwar, ed., *Satyendra Nath Bose, His Life and Times: Selected Works* (Hackensack: World Scientific Publishing, 2009), xxix, and Satyendra Nath Bose, 'Plancks Gesetz und Lichtquantenhypothese', *Zeitschrift fur Physik* 26 (1924).

81 Singh, *Einstein Rediscovered*, 10, and Rasoul Sorkhabi, 'Einstein and the Indian Minds: Tagore, Gandhi and Nehru', *Current Science* 88 (2005): 1187–90.

82 Venkataraman, *Journey into Light*, 186–91 and 267, Mukherji and Mukhopadhyay, *History of the Calcutta School*, 53–5, S. Bhagavantam, 'Chandrasekhara Venkata Raman. 1888–1970', *Biographical Memoirs of Fellows of the Royal Society* 17 (1971): 569, and Chandrasekhara Venkata Raman, 'The Colour of the Sea', *Nature* 108 (1921): 367.

83 Raman, 'The Colour of the Sea', 367, Venkataraman, *Journey into Light*, 195–6, and Bhagavantam, 'Chandrasekhara Venkata Raman', 568–9.

84 Arnold, *Science, Technology and Medicine*, 169, and Chandrasekhara Venkata Raman, 'A New Radiation', *Indian Journal of Physics* 2 (1928).

85 Anderson, *Nucleus and Nation*, 65–7, and Venkataraman, *Journey into Light*, 255–66.

86 Venkataraman, *Journey into Light*, 389.

87 Venkataraman, *Journey into Light*, 318–9, Abha Sur, 'Dispersed Radiance: Women Scientists in C. V. Raman's Laboratory', *Meridians* 1 (2001), and Arvind Gupta, *Bright Sparks: Inspiring Indian Scientists from the Past* (Delhi: Indian National Academy of Sciences, 2012), 123–6.

88 Venkataraman, *Journey into Light*, 318–9, Sur, 'Dispersed Radiance', and Gupta, *Bright Sparks*, 115–8.

89 Venkataraman, *Journey into Light*, 459, Arnold, *Science, Technology and Medicine*, 210, and Anderson, *Nucleus and Nation*, 42.

90 David Holloway, *Stalin and the Bomb: The Soviet Union and Atomic Energy, 1939–1956* (New Haven: Yale University Press, 1994), 294, and Lawrence Sullivan and Nancy Liu-Sullivan, *Historical Dictionary of Science and Technology in Modern China* (Lanham: Rowman & Littlefield, 2015), 424.

第八章

1 Masao Tsuzuki, 'Report on the Medical Studies of the Effects of the Atomic Bomb', in *General Report Atomic Bomb Casualty Commission* (Washington, DC: National Research Council, 1947), 68–74, Susan Lindee, *Suffering Made Real: American Science and the Survivors at Hiroshima* (Chicago: University of Chicago Press, 1994), 24–5, Frank Putnam, 'The Atomic Bomb Casualty Commission in Retrospect', *Proceedings of the National Academy of Sciences* 95 (1998): 5246–7, and 'Damage Surveys in the Post-War Turmoil', Hiroshima Peace Memorial Museum, accessed 25 August 2020, http://www.pcf.city.hiroshima.jp/virtual/VirtualMuseum_e/exhibit_e/exh0307_e/exh03075_e.html.

2 'Japanese Material: Organization for Study of Atomic Bomb Casualties, Monthly Progress Reports', in *General Report Atomic Bomb Casualty Commission*, 16, John Beatty, 'Genetics in the Atomic Age: The Atomic Bomb Casualty Commission, 1947–1956', in *The Expansion of American Biology*, eds. Keith Benson, Janes Maienschein, and Ronald Rainger (New Brunswick: Rutgers University Press, 1991), 285 and 297, and Susan Lindee, 'What is a Mutation? Identifying Heritable Change in the Offspring of Survivors at Hiroshima and Nagasaki', *Journal of the History of Biology* 25 (1992).

3 Lindee, *Suffering Made Real*, 24–5 and 73–4, Lindee, 'What is a Mutation?', 232–3, Beatty, 'Genetics in the Atomic Age', 285–7, and Putnam, 'The Atomic Bomb

Casualty Commission', 5426.

4　Lindee, *Suffering Made Real*, 178–84, and Lindee, 'What is a Mutation?', 234–45.

5　Lindee, 'What is a Mutation?', 250, and Vassiliki Smocovitis, 'Genetics behind Barbed Wire: Masuo Kodani, Émigré Geneticists, and Wartime Genetics Research at Manzanar Relocation Center', *Genetics* 187 (2011).

6　Smocovitis, 'Genetics behind Barbed Wire', Soraya de Chadarevian, *Heredity under the Microscope: Chromosomes and the Study of the Human Genome* (Chicago: University of Chicago Press, 2020), 5–6, and Masuo Kodani, 'The Supernumerary Chromosome of Man', *American Journal of Human Genetics* 10 (1958).

7　Lindee, 'What is a Mutation?', 232–3, Beatty, 'Genetics in the Atomic Age', 287–93, Lisa Onaga, 'Measuring the Particular: The Meanings of Low-Dose Radiation Experiments in Post-1954 Japan', *Positions: Asia Critique* 26 (2018), Aya Homei, 'Fallout from Bikini: The Explosion of Japanese Medicine', *Endeavour* 31 (2007), and Kaori Iida, 'Peaceful Atoms in Japan: Radioisotopes as Shared Technical and Sociopolitical Resources for the Atomic Bomb Casualty Commission and the Japanese Scientific Community in the 1950s', *Studies in History and Philosophy of Science Part C: Studies in History and Philosophy of Biological and Biomedical Sciences* 80 (2020).

8　Lindee, *Suffering Made Real*, 59–60, Iida, 'Peaceful Atoms in Japan', 2, and Onaga, 'Measuring the Particular', 271.

9　Beatty, 'Genetics in the Atomic Age', 312, and 'The Fourth Geneva Conference', *IAEA Bulletin* 13 (1971): 2–18.

10　James Watson, *The Double Helix: A Personal Account of the Discovery of the Structure of DNA* (London: Weidenfeld & Nicolson, 1968), Soraya de Chadarevian, *Designs for Life: Molecular Biology after World War II* (Cambridge: Cambridge University Press, 2002), and Francis Crick, 'On Protein Synthesis', *Symposia of the Society for Experimental Biology* 12 (1958): 161.

11　Susan Lindee, 'Scaling Up: Human Genetics as a Cold War Network', *Studies in History and Philosophy of Science Part C: Studies in History and Philosophy of Biological and Biomedical Sciences* 47 (2014), and Susan Lindee, 'Human Genetics after the Bomb: Archives, Clinics, Proving Grounds and Board Rooms', *Studies in History and Philosophy of Science Part C: Studies in History and Philosophy of Biological and Biomedical Sciences* 55 (2016).

12　Robin Pistorius, *Scientists, Plants and Politics: A History of the Plant Genetic Resources Movement* (Rome: International Plant Genetic Resources Institute,

1997), 55–7, Helen Curry, 'From Working Collections to the World Germplasm Project: Agricultural Modernization and Genetic Conservation at the Rockefeller Foundation', *History and Philosophy of the Life Sciences* 39 (2017), John Perkins, *Geopolitics and the Green Revolution: Wheat, Genes, and the Cold War* (Oxford: Oxford University Press, 1997), R. Douglas Hurt, *The Green Revolution in the Global South: Science, Politics, and Unintended Consequences* (Tuscaloosa: University of Alabama Press, 2020), Alison Bashford, *Global Population: History, Geopolitics, and Life on Earth* (New York: Columbia University Press, 2014), and David Grigg, 'The World's Hunger: A Review, 1930–1990', *Geography* 82 (1997): 201.

13 Perkins, *Geopolitics and the Green Revolution*, Joseph Cotter, *Troubled Harvest: Agronomy and Revolution in Mexico, 1880–2002* (Westport: Praeger, 2003), 249–50, and Bruce Jennings, *Foundations of International Agricultural Research: Science and Politics in Mexican Agriculture* (Boulder: CRC Press, 1988), 145.

14 Lindee, 'Human Genetics after the Bomb', de Chadarevian, *Designs for Life*, 50 and 74–5, Michelle Brattain, 'Race, Racism, and Antiracism: UNESCO and the Politics of Presenting Science to the Postwar Public', *American Historical Review* 112 (2007): 1387, and Elise Burton, *Genetic Crossroads: The Middle East and the Science of Human Heredity* (Stanford: Stanford University Press, 2021).

15 Naomi Oreskes and John Krige, eds., *Science and Technology in the Global Cold War* (Cambridge, MA: The MIT Press, 2014), Ana Barahona, 'Transnational Knowledge during the Cold War: The Case of the Life and Medical Sciences', *Historia, Ciencias, Saude-Manguinhos* 26 (2019), Heike Petermann, Peter Harper, and Susanne Doetz, eds., *History of Human Genetics: Aspects of Its Development and Global Perspectives* (Cham: Springer, 2017), and Patrick Manning and Mat Savelli, eds., *Global Transformations in the Life Sciences, 1945–1980* (Pittsburgh: University of Pittsburgh Press, 2018).

16 Efraím Hernández Xolocotzi, 'Experiences in the Collection of Maize Germplasm', in *Recent Advances in the Conservation and Utilization of Genetic Resources*, ed. Nathan Russel (Mexico City: CIMMYT, 1988), and Elvin Stakman, Richard Bradfield, and Paul Christoph Mangelsdorf, *Campaigns Against Hunger* (Cambridge, MA: The Belknap Press, 1967), 61.

17 Cotter, *Troubled Harvest*, 11–12, and Curry, 'From Working Collections', 3–6.

18 Cotter, *Troubled Harvest*, 1–12, and Jennings, *Foundations of International Agricultural Research*, 1–37, 145, and 162.

19 Artemio Cruz León, Marcelino Ramírez Castro, Francisco Collazo-Reyes, Xóchitl

Flores Vargas, 'La obra escrita de Efraím Hernández Xolocotzi, patrimonio y legado', *Revista de Geografía Agricola* 50 (2013), 'Efraim Hernandez Xolocotzi', Instituto de Biología, Universidad Nacional Autónama de México, accessed 24 April 2020, http://www.ibiologia.unam.mx/jardin/gela/page4.html, 'Efraim Hernández Xolocotzi', Biodiversidad Mexicana, accessed 6 May 2020, https://www.biodiversidad.gob.mx/biodiversidad/curiosos/sXX/EfrainHdezX.php, and Edwin Wellhausen, Louis Roberts, Efraím Hernández Xolocotzi, and Paul Mangelsdorf, *Races of Maize in Mexico* (Cambridge, MA: The Bussey Institution, 1952), 9. 我非常感激里卡多・阿吉拉爾－岡薩雷斯（Ricardo Aguilar-González）與我分享他就墨西哥歷史和納瓦特爾語名字方面的知識，讓我得以更深入認識埃弗連姆，埃爾南德茲・索洛科齊的背景。完成本章之後，我也得以經介紹參閱了以下博士論文：Matthew Caire-Pérez, 'A Different Shade of Green: Efraím Hernández Xolocotzi, Chapingo, and Mexico's Green Revolution, 1950–1967' (PhD diss., University of Oklahoma, 2016)，該著述就埃爾南德茲的生平提出了更詳細的說明，特別在頁 73 至 81，還談到了他在綠色革命所扮演的更廣泛角色。

20 Hernández, 'Experiences', 1–6, Edwin Wellhausen, 'The Indigenous Maize Germplasm Complexes of Mexico', in Russel, ed., *Recent Advances*, 18, Paul Mangelsdorf, *Corn: Its Origin, Evolution, and Improvement* (Cambridge, MA: Harvard University Press, 1974), 101–5, and Garrison Wilkes, 'Teosinte and the Other Wild Relatives of Maize', in Russel, ed., *Recent Advances*, 72.

21 Helen Curry, 'Breeding Uniformity and Banking Diversity: The Genescapes of Industrial Agriculture, 1935–1970', *Global Environment* 10 (2017), Mangelsdorf, *Corn*, 24 and 106, and Wellhausen, Roberts, Hernández, and Mangelsdorf, *Races of Maize*, 22.

22 Cotter, *Troubled Harvest*, 232, Mangesldorf, *Corn*, 101, Wellhausen, Roberts, Hernández, and Mangelsdorf, *Races of Maize*, 34, and Hernández, 'Experiences', 6.

23 Hernández, 'Experiences', 1, Cotter, *Troubled Harvest*, 192 and 234, Curry, 'From Working Collections', 6, and Jonathan Harwood, 'Peasant Friendly Plant Breeding and the Early Years of the Green Revolution in Mexico', *Agricultural History* 83 (2009).

24 Gisela Mateos and Edna Suárez Díaz, 'Mexican Science during the Cold War: An Agenda for Physics and the Life Sciences', *Ludus Vitalis* 20 (2012): 48–59, Ana Barahona, 'Medical Genetics in Mexico: The Origins of Cytogenetics and the Health Care System', *Historical Studies in the Natural Sciences* 45 (2015), José Alonso-Pavon and Ana Barahona, 'Genetics, Radiobiology and the Circulation

of Knowledge in Cold War Mexico, 1960–1980', in *The Scientific Dialogue Linking America, Asia and Europe between the 12th and the 20th Century*, ed. Fabio D'Angelo (Naples: Associazione culturale Viaggiatori, 2018), Thomas Glick, 'Science in Twentieth-Century Latin America', in *Ideas and Ideologies in Twentieth-Century Latin America*, ed. Leslie Bethel (Cambridge: Cambridge University Press, 1996), 309, Larissa Lomnitz, 'Hierarchy and Peripherality: The Organisation of a Mexican Research Institute', *Minerva* 17 (1979), and *Biomedical Research Policies in Latin America: Structures and Processes* (Washington, DC: Pan American Health Organization, 1965), 165–7.

25 Ana Barahona, Susana Pinar, and Francisco Ayala, 'Introduction and Institutionalization of Genetics in Mexico', *Journal of the History of Biology* 38 (2005): 287–9.

26 Barahona, Pinar, and Ayala, 'Introduction and Institutionalization', 287–9, Ana Barahona, 'Transnational Science and Collaborative Networks: The Case of Genetics and Radiobiology in Mexico, 1950–1970', *Dynamis* 35 (2015): 347–8, and Eucario López-Ochoterena, '*In Memoriam*: Rodolfo Félix Estrada (1924–1990)', Ciencias UNAM, accessed 3 July 2020, http://repositorio.fciencias.unam. mx:8080/xmlui/bitstream/handle/11154/143333/41VMemoriamRodolfo.pdf.

27 Alfonso León de Garay, Louis Levine, and J. E. Lindsay Carter, *Genetic and Anthropological Studies of Olympic Athletes* (New York: Academic Press, 1974), ix–xvi, 1–23, and 30.

28 Barahona, Pinar, and Ayala, 'Introduction and Institutionalization', 289, James Rupert, 'Genitals to Genes: The History and Biology of Gender Verification in the Olympics', *Canadian Bulletin of Medical History* 28 (2011), and De Garay, Levine, and Carter, *Genetic and Anthropological Studies*, ix–xvi, 1–23, and 30.

29 De Garay, Levine, and Carter, *Genetic and Anthropological Studies*, 43, 147, and 230, James Meade and Alan Parkes, eds., *Genetic and Environmental Factors in Human Ability* (London: Eugenics Society, 1966), Angela Saini, *Superior: The Return of Race Science* (London: Fourth Estate, 2019), and Alison Bashford, 'Epilogue: Where Did Eugenics Go?', in *The Oxford Handbook of the History of Eugenics*, eds. Alison Bashford and Philippa Levine (Oxford: Oxford University Press, 2010).

30 Ana Barahona and Francisco Ayala, 'The Emergence and Development of Genetics in Mexico', *Nature Reviews Genetics* 6 (2005): 860, Glick, 'Science in Twentieth-Century Latin America', 297, and Francisco Salzano, 'The Evolution of Science in a Latin-American Country: Genetics and Genomics in Brazil', *Genetics* 208 (2018).

31 Gita Gopalkrishnan, *M. S. Swaminathan: One Man's Quest for a Hunger-Free World* (Chennai: Sri Venkatesa Printing House, 2002), 8–24, and Hurt, *The Green Revolution in the Global South*, 45–6.

32 Gopalkrishnan, *M. S. Swaminathan*, 24–5.

33 Gopalkrishnan, *M. S. Swaminathan*, 28–9, Debi Prosad Burma and Maharani Chakravorty, 'Biochemistry: A Hybrid Science Giving Birth to Molecular Biology', in *History of Science, Philosophy, and Culture in Indian Civilization: From Physiology and Chemistry to Biochemistry*, eds. Debi Prosad Burma and Maharani Chakravorty (Delhi: Longman, 2011), vol. 13, part 2, 157, and David Arnold, 'Nehruvian Science and Postcolonial India', *Isis* 104 (2013): 366.

34 Gopalkrishnan, *M. S. Swaminathan*, 35–42.

35 Gopalkrishnan, *M. S. Swaminathan*, 43–4, Cotter, *Troubled Harvest*, 252, Curry, 'From Working Collections', 7–9, Hurt, *The Green Revolution in the Global South*, 46, and Srabani Sen, '1960–1999: Four Decades of Biochemistry in India', *Indian Journal of History of Science* 46 (2011): 175–9.

36 Gopalkrishnan, *M. S. Swaminathan*, 45, Hurt, *The Green Revolution in the Global South*, 46, and 'Dilbagh Athwal, Geneticist and "Father of the Wheat Revolution"– Obituary', The Telegraph, accessed 2 September 2020, https://www.telegraph. co.uk/obituaries/2017/05/22/dilbagh-athwal-geneticist-father-wheat-revolution- obituary/.

37 Arnold, 'Nehruvian Science', 362 and 368, Sen, 'Four Decades of Biochemistry', 175, Sigrid Schmalzer, *Red Revolution, Green Revolution: Scientific Farming in Socialist China* (Chicago: University of Chicago Press, 2016), 5.

38 Jawaharlal Nehru, *Jawaharlal Nehru on Science and Society: A Collection of His Writings and Speeches* (New Delhi: Nehru Memorial Museum and Library, 1988), 137–8, and Robert Anderson, *Nucleus and Nation: Scientists, International Networks, and Power in India* (Chicago: University of Chicago Press, 2010), 4 and 237.

39 Indira Chowdhury, *Growing the Tree of Science: Homi Bhabha and the Tata Institute of Fundamental Research* (New Delhi: Oxford University Press, 2016), 175, Krishnaswamy VijayRaghavan, 'Obaid Siddiqi: Celebrating His Life in Science and the Cultural Transmission of Its Values', *Journal of Neurogenetics* 26 (2012), Zinnia Ray Chaudhuri, 'Her Father's Voice: A Photographer Pays Tribute to Her Celebrated Scientist-Father', Scroll.in, accessed 5 May 2020, https://scroll. in/roving/802600/her-fathers-voice-a-photographer-pays-tribute-to-her-celebrated- scientistfather, and 'India Mourns Loss of "Aristocratic" & Gutsy Molecular

Biology Guru', Nature India, accessed 4 May 2020, https://www.natureasia.com/en/nindia/article/10.1038/nindia.2013.102.

40 'India Mourns', VijayRaghavan, 'Obaid Siddiqi', 257–9, and Chowdhury, *Growing the Tree of Science*, 175.

41 VijayRaghavan, 'Obaid Siddiqi', 257–9, Chowdhury, *Growing the Tree of Science*, 175, and Alan Garen and Obaid Siddiqi, 'Suppression of Mutations in the Alkaline Phosphatase Structural Cistron of *E. coli*', *Proceedings of the National Academy of Sciences of the United States of America* 48 (1962).

42 Chowdhury, *Growing the Tree of Science*, 175–8.

43 Chowdhury, *Growing the Tree of Science*, 181–2, VijayRaghavan, 'Obaid Siddiqi', 259, and Obaid Siddiqi and Seymour Benzer, 'Neurophysiological Defects in Temperature-Sensitive Paralytic Mutants of Drosophila Melanogaster', *Proceedings of the National Academy of Sciences of the United States of America* 73 (1976).

44 Chowdhury, *Growing the Tree of Science* 183, Krishnaswamy VijayRaghavan and Michael Bate, 'Veronica Rodrigues (1953–2010)', *Science* 330 (2010), Namrata Gupta and A. K. Sharma, 'Triple Burden on Women Academic Scientists', in *Women and Science in India: A Reader*, ed. Neelam Kumar (Delhi: Oxford University Press, 2009), 236, and Malathy Duraisamy and P. Duraisamy, 'Women's Participation in Scientific and Technical Education and Labour Markets in India', in Kumar, ed., *Women and Science in India*, 293.

45 Chowdhury, *Growing the Tree of Science*, 183, and VijayRaghavan and Bate, 'Veronica Rodrigues', 1493–4.

46 Chowdhury, *Growing the Tree of Science* 183, and VijayRaghavan and Bate, 'Veronica Rodrigues', 1493–4.

47 Chowdhury, *Growing the Tree of Science* 183, VijayRaghavan and Bate, 'Veronica Rodrigues', 1493–4, and Veronica Rodrigues and Obaid Siddiqi, 'Genetic Analysis of Chemosensory Path', *Proceedings of the Indian Academy of Sciences* 87 (1978).

48 Arnold, 'Nehruvian Science', 368, and 'Teaching', Indian Agricultural Research Institute, accessed 2 September 2020, https://www.iari.res.in/index.php?option=com_content&view=article&id=284&Itemid=889.

49 VijayRaghavan and Bate, 'Veronica Rodrigues', 1493.

50 Laurence Schneider, *Biology and Revolution in Twentieth-Century China* (Lanham: Rowman & Littlefield, 2005), 123, Eliot Spiess, 'Ching Chun Li, Courageous Scholar of Population Genetics, Human Genetics, and Biostatistics: A Living History Essay', *American Journal of Medical Genetics* 16 (1983): 610–11, and Aravinda Chakravarti, 'Ching Chun Li (1912–2003): A Personal Remembrance of

a Hero of Genetics', *The American Journal of Human Genetics* 74 (2004): 790.

51 Schneider, *Biology and Revolution*, 122, and Spiess, 'Ching Chun Li', 604–5.

52 Schneider, *Biology and Revolution*, 117–44, Li Peishan, 'Genetics in China: The Qingdao Symposium of 1956', *Isis* 79 (1988), and Trofim Lysenko, 'Concluding Remarks on the Report on the Situation in the Biological Sciences, in *Death of a Science in Russia: The Fate of Genetics as Described in Pravda and Elsewhere*, ed. Conway Zirkle (Philadelphia: University of Pennsylvania Press, 1949), 257.

53 Schneider, *Biology and Revolution*, 117–44, Li, 'Genetics in China', 228, and Mao Zedong, 'On the Correct Handling of Contradictions among the People', in *Selected Readings from the Works of Mao Tsetung* (Peking: Foreign Languages Press, 1971), 477–8.

54 Li Jingzhun, 'Genetics Dies in China', *Journal of Heredity* 41 (1950).

55 Spiess, 'Ching Chun Li', 613.

56 Schmalzer, *Red Revolution*, 27, Sigrid Schmalzer, 'On the Appropriate Use of Rose-Colored Glasses: Reflections on Science in Socialist China', *Isis* 98 (2007), and Chunjuan Nancy Wei and Darryl E. Brock, eds., *Mr. Science and Chairman Mao' Cultural Revolution: Science and Technology in Modern China* (Lanham: Lexington Books, 2013).

57 Schmalzer, *Red Revolution*, 4, Schneider, *Biology and Revolution*, 3 and 196, Jack Harlan, 'Plant Breeding and Genetics', in *Science in Contemporary China*, ed. Leo Orleans (Stanford: Stanford University Press, 1988), 296–7, John Lewis and Litai Xue, *China Builds the Bomb* (Stanford: Stanford University Press, 1991), and Mao Zedong, *Speech at the Chinese Communist Party' National Conference on Propaganda Work* (Beijing: Foreign Languages Press, 1966), 3.

58 Schneider, *Biology and Revolution*, 169–77, Li, 'Genetics in China', 230–5, Yu Guangyuan, 'Speeches at the Qingdao Genetics Conference of 1956', in *Chinese Studies in the History and Philosophy of Science and Technology*, eds. Fan Dainian and Robert Cohen (Dordrecht: Kluwer, 1996), 27–34, and Karl Marx, *The Collected Works of Karl Marx and Frederick Engels*, trans. Victor Schnittke and Yuri Sdobnikov (London: Lawrence & Wishart, 1987), 29:263.

59 Schmalzer, *Red Revolution*, 38–9.

60 Schmalzer, *Red Revolution*, 73, Deng Xiangzi and Deng Yingru, *The Man Who Puts an End to Hunger: Yuan Longping, 'ather of Hybrid Rice'* (Beijing: Foreign Languages Press, 2007), 29–37, and Yuan Longping, *Oral Autobiography of Yuan Longping*, trans. Zhao Baohua and Zhao Kuangli (Nottingham: Aurora Publishing, 2014), Kindle Edition, loc. 492 and 736.

61   Schneider, *Biology and Revolution*, 13, Schmalzer, *Red Revolution*, 4, 40–1, and 73, Deng and Deng, *Yuan Longping*, 30, and Yuan, *Oral Autobiography*, loc. 626 and 756.

62   Schmalzer, *Red Revolution*, 75, Deng and Deng, *Yuan Longping*, 42 and 60–1, and Yuan, *Oral Autobiography*, loc. 797.

63   Schmalzer, *Red Revolution*, 75.

64   Schmalzer, *Red Revolution*, 75, and Deng and Deng, *Yuan Longping*, 60–1.

65   Schmalzer, *Red Revolution*, 86, Deng and Deng, *Yuan Longping*, 88–98, and Yuan, *Oral Autobiography*, loc. 1337 and 1463.

66   Schmalzer, *Red Revolution*, 75, and Yuan, *Oral Autobiography*, loc. 1337 and 1463.

67   Schmalzer, *Red Revolution*, 4, and 'Breeding Program Management', International Rice Research Institute, accessed 2 September 2020, http://www.knowledgebank. irri.org/ricebreedingcourse/Hybrid_Rice_Breeding_&_Seed_Production.htm.

68   Nadia Abu El-Haj, *The Genealogical Science: The Search for Jewish Origins and the Politics of Epistemology* (Chicago: University of Chicago Press, 2012), 86–98, Nurit Kirsh, 'Population Genetics in Israel in the 1950s: The Unconscious Internalization of Ideology', *Isis* 94 (2003), Nurit Kirsh, 'Genetic Studies of Ethnic Communities in Israel: A Case of Values-Motivated Research', in *Jews and Sciences in German Contexts*, eds. Ulrich Charpa and Ute Deichmann (Tübingen: Mohr Sibeck, 2007), 182, and Burton, *Genetic Crossroads*, 114.

69   Burton, *Genetic Crossroads*, 114, and El-Haj, *The Genealogical Science*, 87.

70   Burton, *Genetic Crossroads*, 104–5 and 114–5.

71   El-Haj, *The Genealogical Science*, 87–97, and Joseph Gurevitch and E. Margolis, 'Blood Groups in Jews from Iraq', *Annals of Human Genetics* 19 (1955).

72   *Facts and Figures* (New York: Israel Office of Information, 1955), 56–9, Moshe Prywes, ed., *Medical and Biomedical Research in Israel* (Jerusalem: Hebrew University of Jerusalem, 1960), xiii, 12–18, and 33–9, and Yakov Rabkin, 'Middle East', in *The Cambridge History of Science: Modern Science in National, Transnational, and Global Context*, eds. Hugh Slotten, Ronald Numbers, and David Livingstone (Cambridge: Cambridge University Press, 2020), 424, 434–5, and 438–43.

73   Rabkin, 'Middle East', 424–43, Arnold Reisman, 'Comparative Technology Transfer: A Tale of Development in Neighboring Countries, Israel and Turkey', *Comparative Technology Transfer and Society* 3 (2005): 331, Burton, *Genetic Crossroads*, 107–13, 138–50, and 232–9, and Murat Ergin, '*Is the Turk a White Man?': Race and Modernity in the Making of Turkish Identity* (Leiden: Brill, 2017).

74   Kirsh, 'Population Genetics', 641, Shifra Shvarts, Nadav Davidovitch, Rhona
      Seidelman, and Avishay Goldberg, 'Medical Selection and the Debate over Mass
      Immigration in the New State of Israel (1948–1951)', *Canadian Bulletin of Medical
      History* 22 (2005), and Roselle Tekiner, 'Race and the Issue of National Identity in
      Israel', *International Journal of Middle East Studies* 23 (1991).

75   Burton, *Genetic Crossroads*, 108 and 146, El-Haj, *The Genealogical Science*, 63,
      Kirsh, 'Population Genetics', 635, and Joyce Donegani, Karima Ibrahim, Elizabeth
      Ikin, and Arthur Mourant, 'The Blood Groups of the People of Egypt', *Heredity* 4
      (1950).

76   Nurit Kirsh, 'Geneticist Elisabeth Goldschmidt: A Two-Fold Pioneering Story',
      Israel Studies 9 (2004).

77   Burton, *Genetic Crossroads*, 157–9, Batsheva Bonné, 'Chaim Sheba (1908–1971)',
      American Journal of Physical Anthropology 36 (1972), Raphael Falk, *Zionism and
      the Biology of Jews* (Cham: Springer, 2017), 145–8, and Elisabeth Goldschmidt,
      ed., *The Genetics of Migrant and Isolate Populations* (New York: The Williams
      and Wilkins Company, 1973), v.

78   Goldschmidt, *The Genetics of Migrant and Isolate Populations*, Burton, *Genetic
      Crossroads*, 161–3, El-Haj, *The Genealogical Science*, 63–5 and 99, Kirsh,
      'Population Genetics', 653, and Kirsh, 'Geneticist Elisabeth Goldschmidt', 90.

79   Burton, *Genetic Crossroads*, 161–3, El-Haj, *The Genealogical Science*, 63–5 and
      99, Kirsh, 'Population Genetics', 653, Kirsh, 'Geneticist Elisabeth Goldschmidt',
      90, Newton Freire-Maia, 'The Effect of the Load of Mutations on the Mortality
      Rate in Brazilian Populations', in *The Genetics of Migrant and Isolate Populations*,
      ed. Elisabeth Goldschmidt (New York: The Williams and Wilkins Company, 1973),
      221–2, and Katumi Tanaka, 'Differences between Caucasians and Japanese in the
      Incidence of Certain Abnormalities', in Goldschmidt, ed., *The Genetics of Migrant
      and Isolate Populations*.

80   El-Haj, *The Genealogical Science*, 86, Arthur Mourant, *The Distribution of the
      Human Blood Groups* (Oxford: Blackwell Scientific Publishing, 1954), 1, Michelle
      Brattain, 'Race, Racism, and Antiracism: UNESCO and the Politics of Presenting
      Science to the Postwar Public', *American Historical Review* 112 (2007), and *Four
      Statements on Race* (Paris: UNESCO, 1969), 18.

81   Burton, *Genetic Crossroads*, 96 and 103, El-Haj, *The Genealogical Science*, 1–8,
      and Arthur Mourant, Ada Kopeć, and Kazimiera Domaniewska-Sobczak, *The
      Distribution of the Human Blood Groups and Other Polymorphisms*, 2nd edn
      (London: Oxford University Press, 1976), 79–83.

82   Aaron Rottenberg, 'Daniel Zohary (1926–2016)', *Genetic Resources and Crop Evolution* 64 (2017).

83   Rottenberg, 'Daniel Zohary', 1102–3, and Jack Harlan and Daniel Zohary, 'Distribution of Wild Wheats and Barley', *Science* 153 (1966): 1074.

84   Rottenberg, 'Daniel Zohary', 1104–5, Harlan and Zohary, 'Distribution of Wild Wheats and Barley', 1076, Pistorius, *Scientists, Plants and Politics*, 17, and Daniel Zohary and Maria Hopf, *Domestication of Plants in the Old World* (Oxford: Clarendon Press, 1988), 2 and 8.

85   Zohary and Hopf, *Domestication of Plants*, 8, and Prywes, *Medical and Biomedical Research*, 155.

86   Burton, *Genetic Crossroads*, 17.

87   Burton, *Genetic Crossroads*, 128–50, 167–75, and 219–41.

88   'June 2000 White House Event', National Human Genome Research Institute, accessed 1 September 2020, https://www.genome.gov/10001356/june-2000-whitehouse-event.

89   'June 2000 White House Event'.

90   'June 2000 White House Event' and 'Fiscal Year 2001 President's Budget Request for the National Human Genome Research Institute', National Human Genome Research Institute, accessed 1 September 2020, https://www.genome.gov/10002083/2000-release-fy-2001-budget-request.

91   Nancy Stepan, 'Science and Race: Before and after the Human Genome Project', *Socialist Register* 39 (2003), Sarah Zhang, '300 Million Letters of DNA are Missing from the Human Genome', The Atlantic, accessed 1 September 2020, https://www.theatlantic.com/science/archive/2018/11/human-genome-300-millionmissing-letters-dna/576481/, Elise Burton, 'Narrating Ethnicity and Diversity in Middle Eastern National Genome Projects', *Social Studies of Science* 48 (2018), Projit Bihari Mukharji, 'The Bengali Pharaoh: Upper-Caste Aryanism, Pan-Egyptianism, and the Contested History of Biometric Nationalism in Twentieth-Century Bengal', *Comparative Studies in Society and History* 59 (2017): 452, 'The Indian Genome Variation database (IGVdb): A Project Overview', *Human Genetics* 119 (2005), 'Mission', Genome Russia Project, accessed 1 September 2020, http://genomerussia.spbu.ru, and 'Summary', Han Chinese Genomes, accessed 1 September 2020, https://www.hanchinesegenomes.org/HCGD/data/summary.

92   David Cyranoski, 'China Expands DNA Data Grab in Troubled Western Region', *Nature News* 545 (2017), Sui-Lee Wee, 'China Uses DNA to Track Its People, with the Help of American Expertise', The New York Times, accessed 1 September

2020, https://www.nytimes.com/2019/02/21/business/china-xinjiang-uighurdnathermo-fisher.html, 'Ethnical Non Russian Groups', Genome Russian Project, accessed 1 September 2020, http://genomerussia.spbu.ru/?page_id=862&lang=en, and 'Trump Administration to Expand DNA Collection at Border and Give Data to FBI', The Guardian, accessed 20 February 2021, https://www.theguardian.com/us-news/2019/oct/02/us-immigration-border-dna-trump-administration.

尾聲

1   'Harvard University Professor and Two Chinese Nationals Charged in Three Separate China Related Cases', Department of Justice, accessed 20 September 2020, https://www.justice.gov/opa/pr/harvard-university-professor-and-two-chinesenationals-charged-three-separate-china-related, 'Affidavit in Support of Application for Criminal Complaint', Department of Justice, accessed 20 September 2020, https://www.justice.gov/opa/press-release/file/1239796/download, and 'Harvard Chemistry Chief's Arrest over China Links Shocks Researchers', Nature, accessed 4 April 2020, https://www.nature.com/articles/d41586-020-00291-2.

2   'Harvard University Professor and Two Chinese Nationals Charged', 'Affidavit in Support of Application for Criminal Complaint', and 'Harvard Chemistry Chief's Arrest'.

3   'Remarks Delivered by FBI Boston Division Special Agent in Charge Joseph R. Bonavolonta Announcing Charges against Harvard University Professor and Two Chinese Nationals', Federal Bureau of Investigation, accessed 20 September 2020, https://www.fbi.gov/contact-us/field-offices/boston/news/press-releases/remarksdelivered-by-fbi-boston-special-agent-in-charge-joseph-r-bonavolonta-announcingcharges-against-harvard-university-professor-and-two-chinese-nationals, Elizabeth Gibney, 'UC Berkeley Bans New Research Funding from Huawei', Nature 566 (2019), Andrew Silver, Jeff Tollefson, and Elizabeth Gibney, 'How US–China Political Tensions are Affecting Science', Nature 568 (2019), Mihir Zaveri, 'Wary of Chinese Espionage, Houston Cancer Center Chose to Fire 3 Scientists', The New York Times, accessed 7 December 2020, https://www.nytimes.com/2019/04/22/health/md-anderson-chinese-scientists.html, and 'Meng Wanzhou: Questions over Huawei Executive's Arrest as Legal Battle Continues', BBC News, accessed 16 December 2020, https://www.bbc.co.uk/news/world-us-canada-54756044.

4   World Bank National Accounts Data, and OECD National Accounts Data Files, accessed 16 February 2021, https://data.worldbank.org. See comparative data for

China and the United States, 1982–2019, for 'GDP growth (annual %)', 'GDP (current US$)', and 'GDP, PPP (current international $)'. 'China Overtakes Japan as World's Second-Biggest Economy', BBC News, accessed 20 February 2021, https://www.bbc.co.uk/news/business-12427321. See also Thomas Piketty, *Capital in the Twenty-First Century* (Cambridge, MA: Harvard University Press, 2014), 78 and 585, and Jude Woodward, *The US vs China: Asia's New Cold War?* (Manchester: Manchester University Press, 2017) for a general account of both the geopolitics and the economics.

5　　Piketty, *Capital in the Twenty-First Century*, 31 and 412.

6　　'Notice of the State Council: New Generation of Artificial Intelligence Development Plan', Foundation for Law and International Affairs, accessed 12 December 2020, https://flia.org/wp-content/uploads/2017/07/A-New-Generation-of-Artificial-Intelligence-Development-Plan-1.pdf (translation by Flora Sapio, Weiming Chen, and Adrian Lo), 'Home', Beijing Academy of Artificial Intelligence, accessed 13 December 2020, https://www.baai.ac.cn/en, and Sarah O'Meara, 'China's Ambitious Quest to Lead the World in AI by 2030', *Nature* 572 (2019).

7　　'New Generation of Artificial Intelligence Development Plan', and Kai-Fu Lee, *AI Superpowers: China, Silicon Valley, and the New World Order* (New York: Houghton Mifflin Harcourt, 2018), 227.

8　　Huiying Liang et al., 'Evaluation and Accurate Diagnoses of Pediatric Diseases Using Artificial Intelligence', *Nature Medicine* 25 (2019), and Tanveer Syeda-Mahmood, 'IBM AI Algorithms Can Read Chest X-Rays at Resident Radiologist Levels', IBM Research Blog, accessed 16 December 2020, https://www.ibm.com/blogs/research/2020/11/ai-x-rays-for-radiologists/.

9　　Lee, *AI Superpowers*, 14–17, and Drew Harwell and Eva Dou, 'Huawei Tested AI Software That Could Recognize Uighur Minorities and Alert Police, Report Says', Washington Post, accessed 16 December 2020, https://www.washingtonpost.com/technology/2020/12/08/huawei-tested-ai-software-that-could-recognize-uighurminorities-alert-police-report-says/.

10　Karen Hao, 'The Future of AI Research is in Africa', MIT Technology Review, accessed 16 December 2020, https://www.technologyreview.com/2019/06/21/134820/ai-africa-machine-learning-ibm-google/, and 'Moustapha Cissé', African Institute for Mathematical Sciences, accessed 13 December 2020, https://nexteinstein.org/person/moustapha-cisse/.

11　Shan Jie, 'China Exports Facial ID Technology to Zimbabwe', Global Times, accessed 14 December 2020, https://www.globaltimes.cn/content/1097747.shtml, and Amy Hawkins, 'Beijing's Big Brother Tech Needs African Faces', Foreign Policy, accessed 14 December 2020, https://foreignpolicy.com/2018/07/24/ beijingsbig-brother-tech-needs-african-faces/.

12   Elizabeth Gibney, 'Israel–Arab Peace Accord Fuels Hope for Surge in Scientific Research', *Nature* 585 (2020).

13   Eliran Rubin, 'Tiny IDF Unit is Brains behind Israel Army Artificial Intelligence', Haaretz, accessed 12 December 2020, https://www.haaretz.com/israel-news/ tinyidf-unit-is-brains-behind-israeli-army-artificial-intelligence-1.5442911, and Jon Gambrell, 'Virus Projects Renew Questions about UAE's Mass Surveillance', Washington Post, accessed 12 December 2020, https://www.washingtonpost.com/ world/the_americas/virus-projects-renew-questions-about-uaes-masssurveillance/2 020/07/09/4c9a0f42-c1ab-11ea-8908-68a2b9eae9e0_story.html.

14   Agence France-Presse, 'UAE Successfully Launches Hope Probe', The Guardian, accessed 20 November 2020, http://www.theguardian.com/science/2020/jul/20/ uae-mission-mars-al-amal-hope-space, and Elizabeth Gibney, 'How a Small Arab Nation Built a Mars Mission from Scratch in Six Years', Nature, accessed 9 July 2020, https://www.nature.com/immersive/d41586-020-01862-z/index.html.

15   Gibney, 'How a Small Arab Nation', and Sarwat Nasir, 'UAE to Sign Agreement with Virgin Galactic for Spaceport in Al Ain Airport', Khaleej Times, accessed 16 December 2020, https://www.khaleejtimes.com/technology/uae-to-sign-agreement- with-virgin-galactic-for-spaceport-in-al-ain-airport.

16   'UAE Successfully Launches Hope Probe' and Jonathan Amos, 'UAE Hope Mission Returns First Image of Mars', BBC News, accessed 16 February 2021, https://www.bbc.co.uk/news/science-environment-56060890.

17   Smriti Mallapaty, 'How China is Planning to Go to Mars amid the Coronavirus Outbreak', *Nature* 579 (2020), 'China Becomes Second Nation to Plant Flag on the Moon', BBC News, accessed 4 December 2020, https://www.bbc.com/news/ world-asia-china-55192692, and Jonathan Amos, 'China Mars Mission: Tianwen- 1Spacecraft Enters into Orbit', BBC News, accessed 16 February 2021, https:// www.bbc.co.uk/news/science-environment-56013041.

18   Çağrı Mert Bakırcı-Taylor, 'Turkey Creates Its First Space Agency', *Nature* 566 (2019), Sanjeev Miglani and Krishna Das, 'Modi Hails India as Military Space Power after Anti-Satellite Missile Test', Reuters, accessed 16 December 2020, https://uk.reuters.com/article/us-india-satellite/modi-hails-india-as-military- spacepower-after-anti-satellite-missile-test-idUKKCN1R80IA, and Umar Farooq,

'The Second Drone Age: How Turkey Defied the U.S. and Became a Killer Drone Power', The Intercept, accessed 16 February 2021, https://theintercept.com/2019/05/14/turkey-second-drone-age/.

19   John Houghton, Geoffrey Jenkins, and J. J. Ephraums, eds., *Climate Change: The IPCC Scientific Assessment* (Cambridge: Cambridge University Press, 1990), xi–xii and 343–58.

20   Matt McGrath, 'Climate Change: China Aims for "Carbon Neutrality" by 2060', BBC News, accessed 13 December 2020, https://www.bbc.com/news/scienceenvironment-54256826, 'China's Top Scientists Unveil Road Map to 2060 Goal', The Japan Times, accessed 13 December 2020, https://www.japantimes.co.jp/news/2020/09/29/asia-pacific/science-health-asia-pacific/china-climate-change-roadmap-2060/, and 'Division of New Energy and Material Chemistry', Tsinghua University Institute of Nuclear and New Energy Technology, accessed 13 December 2020, http://www.inet.tsinghua.edu.cn/publish/ineten/5685/index.html.

21   *Digital Belt and Road Program: Science Plan* (Beijing: Digital Belt and Road Program, 2017), 1–25 and 93–4, Ehsan Masood, 'Scientists in Pakistan and Sri Lanka Bet Their Futures on China', Nature, accessed 3 May 2019, https://www.nature.com/articles/d41586-019-01125-6, and Anatol Lieven, *Climate Change and the Nation State: The Realist Case* (London: Allen Lane, 2020), xi–xxiv, 1–35, and 139–46.

22   Christoph Schumann, 'SASSCAL's Newly Appointed Executive Director–Dr Jane Olwoch', Southern African Science Service Centre for Climate Change and Adaptive Land Management, accessed 16 December 2020, https://www.sasscal.org/sasscals-newly-appointed-executive-director-dr-jane-olwoch/, and *Climate Change and Adaptive Land Management in Southern Africa* (Göttingen: Klaus Hess Publishers, 2018).

23   Carolina Vera, 'Farmers Transformed How We Investigate Climate', *Nature* 562 (2018).

24   Lee, *AI Superpowers*.

25   Shan Lu et al., 'Racial Profiling Harms Science', *Science* 363 (2019), Catherine Matacic, 'Uyghur Scientists Swept Up in China's Massive Detentions', Science, accessed 10 October 2020, https://www.sciencemag.org/news/2019/10/theres-nohope-rest-us-uyghur-scientists-swept-china-s-massive-detentions, Declan Butler, 'Prominent Sudanese Geneticist Freed from Prison as Dictator Ousted', Nature, accessed 17 December 2020, https://www.nature.com/articles/d41586-019-01231-5, Alison Abbott, 'Turkish Science on the Brink', *Nature* 542 (2017), and

John Pickrell, '"Landscape of Fear" Forces Brazilian Rainforest Researchers into Anonymity', Nature Index, accessed 6 December 2020, https://www.natureindex.com/newsblog/landscape-of-fear-forces-brazilian-forest-researchers-into-anonymity.

科學人文 85

被蒙蔽的視野：科學全球發展史的真貌
Horizons: The Global Origins of Modern Science

作者	詹姆士・波斯克特
譯者	蔡承志
主編	王育涵
特約校對	周世勳
封面設計	江孟達工作室
內頁排版	張靜怡
總編輯	胡金倫
董事長	趙政岷
出版者	時報文化出版企業股份有限公司
	108019 臺北市和平西路三段 240 號 7 樓
	發行專線｜02-2306-6842
	讀者服務專線｜0800-231-705｜02-2304-7103
	讀者服務傳真｜02-2302-7844
	郵撥｜1934-4724 時報文化出版公司
	信箱｜10899 臺北華江橋郵政第 99 信箱
時報悅讀網	www.readingtimes.com.tw
人文科學線臉書	http://www.facebook.com/humanities.science
法律顧問	理律法律事務所｜陳長文律師、李念祖律師
印刷	家佑印刷有限公司
初版一刷	2023 年 4 月 28 日
定價	新臺幣 680 元

Horizons by James Poskett
Original English Language edition first Published by Penguin Books Ltd.
London Text copyright © James Poskett, 2020
The author has asserted his moral rights
Licensed through Andrew Nurnberg Associates International Limited.
Complex Chinese edition copyright © 2023 by China Times Publishing Company
All rights reserved.

ISBN 978-626-353-721-7｜Printed in Taiwan

被蒙蔽的視野：科學全球發展史的真貌／詹姆士・波斯克特著；蔡承志譯.
-- 初版 .-- 臺北市：時報文化，2023.04｜544 面；14.8×21 公分 .
譯自：Horizons: the global origins of modern science.
ISBN 978-626-353-721-7（平裝）｜1. CST：科學 2. CST：歷史｜309｜112004902

時報文化出版公司成立於一九七五年，並於一九九九年股票上櫃公開發行，於二〇〇八年脫離中時集團非屬旺中，以「尊重智慧與創意的文化事業」為信念。